山东省普通高等教育一流教材
科学出版社“十三五”普通高等教育本科规划教材

# 化工安全与环保

（第二版）

温路新　李大成　刘　敏　刘军海　编著

科学出版社
北　京

## 内 容 简 介

本书为化工安全教育与培训教材，全书共十二章。前六章以火灾、爆炸及中毒等事故的预防为中心，全面阐述密封、腐蚀控制、化工检测与自动控制、通风置换及除尘、阻火隔爆与爆炸泄压等安全技术，构建了一个比较完整、通用的化工安全技术体系。该安全技术体系的指导思想是通过对危险化学品实施有效控制，预防安全事故、职业病与环境污染的发生。第七～九章重点从化工工艺等全局性设计、化学反应等特殊过程和压力容器等方面深入讨论化工安全问题。后三章简要介绍有关安全生产、职业健康及环境保护方面的法律、法规、标准、管理制度和现代管理方法，重点讨论各种职业性危害和环境污染的防治方法。

本书可作为高等学校化学工程与工艺及相关专业本科生的化工安全类课程的教材，也可作为化工企业技术人员、管理人员的培训教材以及安全工程等专业工程技术人员的参考书。

**图书在版编目（CIP）数据**

化工安全与环保/温路新等编著．—2版．—北京：科学出版社，2020.4
科学出版社“十三五”普通高等教育本科规划教材
ISBN 978-7-03-064797-9

Ⅰ．①化…　Ⅱ．①温…　Ⅲ．①化工安全-高等学校-教材②化学工业-环境保护-高等学校-教材　Ⅳ．①TQ086②X78

中国版本图书馆CIP数据核字（2020）第057889号

责任编辑：侯晓敏 / 责任校对：何艳萍
责任印制：吴兆东 / 封面设计：迷底书装

科学出版社出版
北京东黄城根北街16号
邮政编码：100717
http://www.sciencep.com
三河市春园印刷有限公司印刷
科学出版社发行　各地新华书店经销
*
2014年9月第　一　版　开本：787×1092　1/16
2020年4月第　二　版　印张：16
2025年7月第二十一次印刷　字数：410 000

**定价：59.00元**

（如有印装质量问题，我社负责调换）

# 第二版前言

安全生产与环境保护工作事关广大人民根本利益。党的二十大提出必须“坚持安全第一、预防为主”。为安全生产与环境保护事业强化人才支撑是本次改版的宗旨。

危险化学品是化工安全生产的主要危险源和职业病的主要发生源，也是环境的主要污染源，这是化工安全生产的基本特点。对危险化学品实施有效控制是化工企业抓好安全生产、职业健康和环境保护这三项工作的总纲。本书第一版以危险化学品控制技术为纲，构建了一个化工安全技术体系。经过第二版补充、修改，该化工安全技术体系更加充实。该化工安全技术体系包括密封、腐蚀控制、化工检测与自动控制、通风置换及除尘、阻火隔爆与爆炸泄压等安全技术，都是化工生产实践中广泛应用的技术。这些技术既是具有普遍性的化工安全事故及职业病的预防技术，又是实现环境污染源头防控的重要技术。该安全技术体系的建立与完善，不仅使化工安全技术知识得以系统化，而且便于将安全生产、职业健康和环境保护三方面的教育融合起来。该化工安全技术体系中的各项安全技术分别紧密联系化工原理、化学反应工程、电化学、自动控制和化工设计等课程的知识，使化工安全与环保这门课程成为化学工程与工艺专业课程体系的一个有机组成部分。

在讨论各项安全技术时，本书特别注意紧扣有关安全生产法律、法规、标准对化工企业的要求。对重要的安全技术标准，有的摘要解读，有的概括介绍，有的仅列出标准名称以便读者查阅。第二版第七章与第十章各自新增一节，分别探讨了安全标准在化工安全评价与事故调查分析工作中的作用。2014 年前后，我国对有关安全生产和环境保护方面的法律、法规、标准等进行了大范围的修订，第二版均已更新为现行版本。结合有关法律、法规的修订，本书充分反映了我国在安全生产与环境保护等方面的伟大实践。同时，本书也介绍了我国安全生产与环境保护工作中许多有特色的做法。

在校学生学习本课程最大的障碍是缺乏实践知识。第二版提供了 60 多个化工安全事故案例，加强了对重点案例的分析与点评。有的案例在几个章节都出现，以结合章节内容从不同侧面分析案例的经验教训，但是每个案例的编号是唯一的。本书相关电子课件附有比较丰富的教学参考资料，包括化工安全事故案例视频资料、图片、事故调查报告以及有关安全与环境保护方面的法律、法规、标准文件等，可提供给使用本书的学校使用。对第一版在内容、文字方面存在的问题也尽力做了修改。

本书的出版得到了聊城大学的大力资助，以及聊城大学化学化工学院领导及王勇等老师的鼎力支持，在此表示衷心的感谢！同时对本书所引参考文献的全体作者表示衷心的感谢！

由于作者水平有限，不当之处敬请读者不吝指正。

温路新

2023 年 6 月

# 第一版前言

近年来国家大力实施安全发展战略，广大企业对于高素质化工安全人才的需求日益增长。为了促进化工行业安全生产持续健康发展，培养既懂化工技术，也懂化工安全、职业病防护和环境保护的复合型人才非常重要。编写本书就是为了适应这一新形势的需要。

本书的第一个特点是，以安全工程理论为指导，与化工生产实践密切结合，围绕火灾、爆炸和中毒事故的预防，构建了一个比较完整、通用的化工安全技术体系。该体系的主要基础是：密封技术（第二章）、腐蚀控制技术（第三章）、化工监测与自动控制技术（第四章）和通风与置换技术（第五章），可以归纳为危险化学品泄漏的预防与监控技术。该体系的建立使化工安全技术由措施、设施层面上升到技术层面。本书运用化学反应工程的流动模型理论，讨论了通风与置换过程中流体在车间或设备内部的流动与混合规律，研究了如何提高通风与置换效率问题，这一创新成果成为化工安全技术体系的重要组成部分。

本书的第二个特点是，以化工安全技术为主体，将安全生产、职业健康和环境保护三方面的教育结合为一体。化工企业许多原料、产品等属于危险化学品，既是导致安全事故的危险源，又是危害职工健康的有害因素，还是污染源。从源头抓起，安全生产、职业健康和环境保护三方面的工作关系密切。危险化学品泄漏是造成火灾、爆炸和中毒事故以及职业病和环境污染的重要原因，所以危险化学品泄漏的预防与监控技术必然是化工安全技术的重点。上述化工安全技术体系同时是职业性伤害预防技术，可以称为化工安全卫生技术体系。把环境保护与安全生产和职业健康教育结合起来，对于国内化工安全教材而言还是一种尝试。

本书之所以系统介绍密封、防腐蚀、通风、置换等技术，不仅因其在化工安全卫生技术系统中有举足轻重的作用，还因为在目前化学工程与工艺专业课程体系中没有这些内容的介绍。所以，这些技术连同有关化工安全、职业健康和环境保护方面的法律、法规、标准以及管理方面的知识等，都属于化工专业学生知识结构中的薄弱环节。学习上述知识可以弥补化工专业学生的知识短板，对于化工企业的职工也有较强的实用价值。本书注重用安全工程的概念、理论来分析有关安全技术，也适合安全工程专业的学生作为学习资料。为了帮助读者加深对有关安全技术的理解，全书提供了 102 个化工安全事故案例。有的案例可能在几个章节都出现，结合该章节内容从不同侧面分析案例的经验教训，但是每个案例的编号是唯一的。

作者先在化工厂工作，后从事化工教学几十年，深知化工安全卫生技术涉及多门学科、多个专业的理论和实践知识，个人水平有限，不当之处敬请读者不吝指正。对于本书所引参考文献的全体作者表示衷心的感谢！

温路新

2014 年 5 月 18 日

# 目　　录

# 第一章　化工安全概要

**本章学习目标**

（1）掌握化工安全生产与化工安全事故的特点及各类安全事故的本质。
（2）熟悉化工安全技术、安全管理与安全教育所包括的内容。
（3）熟悉危险化学品的分类，了解化学品安全标签与安全技术说明书的作用与内容。
（4）熟悉能量意外释放、危险源系统理论等事故致因理论。
（5）掌握危险源、重大危险源的概念及危险化学品的有效控制对化工安全工作的意义。
（6）了解化工安全生产的意义及本书的结构。

本章介绍安全工程的事故致因理论，初步讨论化工安全事故的根源——危险源，主要是危险化学品及其危险性，重点分析化工安全生产和化工安全事故的特点。

## 第一节　化学工业与安全

### 一、化学工业概述

化学工业的特点是主要采用化学方法将原料转化为产品。化学工业可以分为无机化学工业和有机化学工业两大类。

无机化学工业包括：基本无机化学工业（包括无机酸、碱、盐、化学肥料工业）；精细无机化学工业（包括稀有元素、无机试剂、药品、催化剂、电子材料、磁性材料、光学记录材料）；金属元素的无机化合物化学工业（如矿物颜料工业）；电化学工业（包括氯碱工业，金属钠、镁、铝的生产）；电热工业（如电石、黄磷的生产）；硅酸盐工业（包括水泥、玻璃、陶瓷和耐火材料生产）和冶金工业（包括钢铁、有色金属和稀有金属冶炼）。

有机化学工业包括：基本有机化学工业（以甲烷、一氧化碳、氢、乙烯、丙烯、丁二烯及芳烃为基础原料，合成醇、醛、酸、酮、酯等基本有机合成原料）；精细有机合成工业（包括染料、农药、医药、香料、试剂、纺织及印染助剂、塑料及橡胶添加剂）；高分子化学工业（包括合成树脂与塑料工业、橡胶工业、化学纤维工业、涂料工业）；农产品化学加工工业（农作物及其秸秆中的淀粉、油脂、纤维素和半纤维素的化学加工）；燃料化学加工工业（煤化工、木材化学加工、石油、天然气、油母页岩加工工业）；食品化学工业（糖、淀粉、蛋白质、油脂、酒类）；纤维素化学工业（造纸、人造纤维）。石油和天然气化学加工工业的迅速发展，极大地促进了整个化学工业的发展，改变了化学工业的面貌。据统计，现在 90%以上的有机化学产品来自石油化工。

随着化学工业的发展，跨类的部门层出不穷，我国化学工业逐步发展成为一个拥有化学矿山、化学肥料、基本化学原料、无机盐、有机原料、合成材料、农药、染料、涂料、医药、感光材料、国防化工、橡胶制品、助剂、试剂、催化剂、化工机械和化工建筑安装等 23 个行业的化学工业生产部门。我国的化工产品品种超过 4 万种，其中硫酸、合成氨、农药、电石、稀土、磷矿石和磷肥、烧碱和纯碱的产量在世界上名列前茅。人们的衣食住行、社会各行各业都离不开化学工业。

化学工业在国民经济中的地位日益重要，发展化学工业对于发展经济、巩固国防和改善民生都有重要意义。同时，我国化学工业在安全生产和环境保护等方面历史遗留问题较多，面临严峻的形势。化学工业要可持续发展，必须以人为本，科学发展，高度重视安全生产和环境保护问题。

## 二、化工安全生产的特点

化工生产的显著特点是它的原料、辅料、产品、半成品等都为化学品。有的化学品易燃易爆，有的能影响人体健康，有的污染环境。这些可能危害人体、设施、环境的化学物质统称为危险化学品。是否属于危险化学品以国务院有关部委发布的《危险化学品目录》为准。

国内外历年来的实践证明：危险化学品既是化工安全生产的主要危险源，也是环境的主要污染源，还是职业病的主要发生源，这是化工安全生产的基本特点。如果忽视安全生产与环境保护工作，化工企业容易发生化工安全事故和环境污染事故。这与化工生产的如下特点有关。

### 1. 危险化学品多

不同化工企业化学品的种类、数量和危险性极不相同。大型化工企业特别是石油化工生产企业，其化学品往往有上百种。储存、销售石油化学品的企业，其危险化学品的数量巨大，一个储罐可能储存成千上万吨汽油、柴油及其他化工原料。

### 2. 消耗能量多

不少化工企业是耗能大户。有些化工产品的生产需要在高温或低温条件下进行，都需要消耗大量能源，不少企业必须有高温热源。作为动力、照明或电加热，电气设备更是必不可少。气体压缩、液体输送、固体粉碎及液固分离等单元操作中都要使用化工机械。电能、机械能或其他能量一旦失控，很可能造成安全事故。

### 3. 设备工作条件苛刻

化工产品、原料和中间体多为气体或液体，化工生产多在密闭条件下进行。许多化工设备工作条件很苛刻，对于各种危险化学品的控制比较困难。例如，有的承受高温、高压，如果密封不好，容易泄漏；有的在低温或高真空下运转；有的经常接触强腐蚀介质，容易使设备管道受腐蚀而泄漏。

### 4. 生产技术复杂

化工生产技术具有多样性、复杂性和综合性的特点。仅我国化工产品品种就有数万种，各种产品的生产原料来源多种多样，工艺流程也各不相同。化工企业的生产过程通常包括各种化学反应及单元操作过程，需要综合运用多种技术。化工生产过程中，对于物料温度、压力、流量、杂质含量等操作条件的控制有严格的要求。许多化工装置有严格的操作规程。操作条件控制不当或违反操作规程，不仅影响产量，造成浪费，甚至可能发生安全事故。

5. 生产、经营方式区别大

化工企业生产方式区别很大，大型连续化的生产方式与小型间歇式的生产方式并存。这两种生产方式给安全生产带来不同的问题。

大型连续化生产在大量生产主产品的同时，往往会生产出许多联产品和副产品，而这些联产品和副产品大部分又是化学工业的重要原料，可以深加工。大型连续化生产装置中，物料大都通过管道输送，采取自动控制系统进行调节，形成一个首尾连贯、各环节紧密衔接的生产系统。这样的连续生产装置中任何一个环节发生故障，都有可能使生产过程中断，容易发生连环事故。由于自动化水平较高，化工操作不再是简单重复的体力劳动，而是以脑力劳动为主，要求人员素质高，对安全教育培训的要求高。

小型间歇生产方式往往化工检测水平低，自动控制程度低，安全设施不齐全，设备可能不密闭，人员与有害物料的直接接触机会多，可能引起事故或影响职工健康。有的小化工企业工作环境差，缺乏专职安全技术人员，存在安全隐患。

## 三、化工安全、职业健康与环境保护

1. 职业性有害因素、职业性危害与职业健康

职业性有害因素是指在职业活动中产生或存在的、可能对职业人群健康和作业能力造成不良影响的因素。职业性有害因素可分为化学、物理、生物和个体因素。化学因素包括有毒物质、窒息性气体、生产性粉尘和腐蚀性物质等。物理因素包括噪声、振动与各种电磁辐射及高温等异常环境条件等。生物因素包括细菌、病毒等。个体因素如精神心理因素、身体素质、生活习惯等。

职业性有害因素给职业人群健康、安全和作业能力造成的不良影响统称为职业性危害。职业病及工伤是主要的职业性危害，也属于安全事故。多数职业性危害是由化学因素造成的。这些化学因素及某些物理因素在厂区内可能造成职业性危害，排放到厂区外就可能导致环境污染。比较常见的有毒物、粉尘污染、噪声污染和电磁污染。噪声可能导致职工听觉损害，也分散操作人员的注意力，可能造成操作失误而导致安全事故。

职业健康即职业卫生（仅局限于工业生产活动时也称工业卫生），是指对工作环境中的职业性有害因素及其导致的职业性危害进行识别、评估、预测和防治工作。职业健康工作的目的是防治职业性危害，保障劳动者在职业活动中的身心健康，重点是职业病防治工作。

2. 安全生产、职业健康与环境保护

化工安全事故、职业病与环境污染的主要源头是危险化学品。源头防控是治本之策。以危险化学品的有效控制为纲，安全生产、职业健康和环境保护这三项工作都可纲举目张。有效控制危险化学品是化工生产安全性的根本保障，这是化工安全生产的又一重要特点。世界各国大型化工企业大多采用健康安全环境（HSE）管理体系，即安全、健康和环境保护一体化管理的现代管理模式。可以发现，安全生产中原有的狭义的安全概念，正在逐步演变为包括职业健康在内的人身安全、财产安全和环境安全的广义安全概念。本书用安全性这一术语表示这一广义的安全概念。

大气、水体和土壤污染多数是由化学物质造成的。危险化学品是主要的环境污染源。环

境保护技术包括三个层面：减少污染物产生的技术、减少污染物排放的技术、污染物处理技术。减少污染物产生或排放属于源头防控，污染物处理属于末端治理。污染物处理包括将化工生产过程排放的废气、废液和废渣回收利用或无害化处理。减少污染物产生的技术（如清洁生产技术）与减少污染物排放的技术（如预防危险化学品泄漏的密封技术），也是常用的化工安全事故预防技术。污染物处理过程也往往有安全与职业危害问题。

危险化学品污染有两种情况：一是企业排放的废气、废液和废渣污染环境；二是危险化学品的意外泄漏事故。化工装置经常性的轻微泄漏也可能导致土壤和地下水的污染。有些化工安全事故可能造成大量化学物质意外泄漏，导致突发性的环境污染事故，甚至波及社会形成污染事件。预防此类事故发生，就可以避免这种环境污染事故。**【案例 1-1】**印度博帕尔事件。1984 年 12 月美国联合碳化物公司设在印度博帕尔的农药厂发生中毒事件，约 30t 剧毒的甲基异氰酸酯（MIC）泄漏到大气中，导致 6495 人死亡，12.5 万人中毒，5 万多人因失明等原因终身受害，其污染的后遗症至今仍然存在。这一特大中毒和环境污染事故是迄今为止人类历史上最严重的工业灾难，史称印度博帕尔事件。

## 四、化工安全事故及其特点

事故是造成死亡、职业病、伤害、财产损失或其他损失的意外事件。生产经营活动中发生的、造成人身伤亡或者直接经济损失的是生产安全事故。化工企业发生的生产安全事故有多种，其中机械或电气伤害是机械能或电能失控导致的，属于机械或电气安全事故。危险化学品失控，即化学能失控导致的事故，如火灾、爆炸、中毒等属于化工安全事故。

火灾、爆炸和中毒事故是化工企业最大的危险。化工安全事故不仅可能造成企业财产的巨大损失，而且可能危及职工健康与生命，还可能导致环境污染甚至生态灾难。

化工安全事故发生后，如果不及时处理，易发生次生事故。爆炸可能导致火灾，火灾可能引起爆炸，次生事故可能发展成为连环事故，常常造成巨大损失。例如，设备爆炸事故发生后，产生的碎块能击破其他设备，可能造成易燃易爆或有毒物质的泄漏，引起新的火灾、爆炸及中毒事故。**【案例 1-2】**2005 年 11 月 13 日，中石油吉林石化分公司双苯厂发生连环爆炸事故。第一次爆炸发生在硝基苯粗馏塔。硝基苯进入粗馏塔蒸馏前，需要在间壁式预热器中用水蒸气预热。事故前粗馏塔停车时，先关闭了预热器的硝基苯加入阀，70min 后才关闭水蒸气加入阀；随后粗馏塔开车时，又错误地先开水蒸气加入阀，后开硝基苯加入阀，26℃的硝基苯进入早已被加热的预热器，发生突沸，导致管道振动，造成密封失效，外界空气漏入负压操作的粗馏塔中而发生硝基苯爆炸。爆炸引起的大火又引发其他装置、设施连续发生爆炸与火灾。事故共造成 8 人死亡，60 人受伤，直接经济损失 6908 万元。火灾扑救过程中，大量苯类有机物随消防用水排入松花江又导致水污染事件。污染物导致下游哈尔滨市自来水断供，又通过黑龙江进入俄罗斯，造成恶劣国际影响。国务院事故及事件调查组认定，这是一起特大安全生产责任事故和特别重大水污染责任事件。

火灾产生的高温，可能使邻近火焰的设备因高温而损坏、泄漏甚至爆炸。**【案例 1-3】**2013 年吉林省长春市宝源丰禽业有限公司“6·3”特别重大火灾事故。经国务院调查组调查，该事故直接原因为：该公司一车间女更衣室西面和毗连的二车间配电室的上部电气线路短路，引燃周围可燃物，火势蔓延和燃烧产生的高温导致氨设备和管道的氨气压力过高发生物理爆炸。大量氨气泄漏，介入了燃烧，同时氨气使多名职工中毒，121 人遇难。

该案例提示我们，大量使用危险化学品的非化工企业也存在发生火灾、爆炸及中毒等化工安全事故的危险，也应配备熟悉化工安全技术的人员，加强危险化学品安全管理和职工化工安全培训。

## 五、安全技术、安全管理和安全教育

化工企业是否发生安全事故、职业伤病和环境污染，作为安全生产主体的企业责任重大。国内外历年来的实践证明，对于安全事故、职业伤病与环境污染事故都应以预防为主。实现企业安全生产的三大对策是：安全技术、安全管理和安全教育，其中安全技术是基础。

### 1. 安全技术

安全技术是为消除或控制生产过程中的各种不安全、不卫生因素，改善劳动条件和保证安全生产，而在工艺、设备、监测、控制等方面所采用的技术包括技术措施和安全设施。化工安全技术包括事故预防技术和事故局限化技术，后者的作用是防止化工安全事故蔓延、减少人员伤亡及财产损失，如各种消防技术。以下化工安全技术均属于化工事故预防技术。

（1）密封技术和腐蚀控制技术（第二、三章）。实践证明，没有有害物质的泄漏或排放，就不会有中毒和火灾事故；多数爆炸事故也是在易燃、易爆气体从装置泄漏到外界之后发生的；部分环境污染事故是污染物从设备泄漏导致的。所以，密封技术和腐蚀控制技术等预防泄漏的技术对于化工安全事故、职业性危害和环境污染的预防有极其重要的作用。

（2）化工检测及自动控制技术（第四章）。许多事故的先兆或隐患都可能在化工仪表中发现。针对易燃易爆或有毒气体浓度超标、超温、超压、泄漏等紧急情况，可设置各种自控设施。有的自控设施可以自动检测生产中的危险因素并发出报警信号；有的在事故即将发生时可以紧急处理以避免事故的发生；有的在事故发生后可以自动紧急处理防止事故蔓延。

（3）通风、置换与除尘技术（第五章）。有害物质泄漏后，采取通风技术降低工作场所有害物质的浓度，可以避免事故发生和保障职工健康。采用除尘技术将粉尘浓度控制在规定的范围内，既可预防粉尘爆炸等安全事故，也可预防尘肺病等职业病，除尘技术还用于预防粉尘污染大气。

（4）阻火隔爆与爆炸泄压技术（第六章）。这两种技术主要包括多种防火、防爆安全设施的原理等，属于防火、防爆安全技术。

上述几项化工安全技术已经由措施、设施层面上升到技术层面。这些技术既是具有普遍性的化工安全事故及职业病的预防技术，又是实现环境污染源头防控的重要技术。以这些技术为基础，本书构建了一个比较完整的化工安全技术体系，指导思想是：通过对危险化学品的有效控制，为安全生产、职业健康及环境保护提供技术保障。以上安全技术在化工生产实践中得到了广泛应用，发挥着巨大的作用。化工安全技术必须以化工安全事故的预防技术为中心，要掌握各种类型的火灾与爆炸事故的特点及预防技术（第六章）和有关毒物、中毒事故预防及抢救的知识（第五章）。此外，特殊危险化学品（如炸药）、特殊过程（如化学反应过程）、特种设备（如压力容器）、特殊作业（如特殊检修作业）都各有特点，针对其特点还有一些特殊的安全技术措施或安全设施（第八、九章）。

在掌握上述具有普遍性的化工安全技术体系的基础上，化工企业人员必须熟悉本企业的化学品、工艺、设备、操作、作业的危险性，掌握其特殊的安全技术措施或安全设施。在建厂设计阶段就已经根据化工企业的各种危险因素，设计安装了各种安全设施，规定了各种安全措施。企业应当维护好已有的安全设施，坚持行之有效的安全措施，并不断加以改进，研究采用更先进、更有效的安全技术。在企业建设项目设计阶段，对于投产后生产过程中的各种危险、有害因素的认识越深刻，有关安全技术措施和设施的设计就越合理，企业安全工作的基础也越牢固。要高度重视化工安全设计工作（第七章）。

2. 安全管理

实践证明，没有严格的安全管理，再好的安全设施也可能徒有其表，再多的安全教育也可能流于形式。企业管理制度不健全或执行不严格、纪律松弛、管理混乱的化工企业必然事故频发。事故和职业性危害的预防通常是技术措施与管理措施并举，缺一不可。有许多管理措施对于预防事故、职业性危害和环境污染的发生，有重要的甚至是决定性的作用。

企业安全管理的主要内容是根据国家有关安全生产的法律、法规和标准，结合企业实际情况，制定、健全企业各项安全管理制度并严格执行。企业安全管理工作应贯彻“安全第一，预防为主，综合治理”的方针，体现全员、全过程、全方位、全天候的安全监督管理原则。企业应根据生产经营规模设置相应的管理部门，建立、健全从企业主要负责人到基层班组的安全生产管理网络。管理是一门科学，要积极采用现代安全管理方法（第十章）。

3. 安全教育

对化工事故案例的分析表明，安全教育培训不足是事故发生的重要原因。安全教育不仅是职工掌握安全生产知识与技能的主要途径，而且有利于加强企业各级管理人员和全体职工安全生产的责任感，有利于提高执行有关安全生产的法律、法规和规章制度的自觉性。企业应确立终身教育的观念和全员培训的目标，对管理人员和在岗的从业人员进行经常性的安全培训教育。

安全培训教育的内容不仅包括安全知识、安全设施、安全措施和安全技能等安全技术方面的知识，还应包括安全生产法律法规和企业安全管理制度等安全管理方面的知识。对于未来的化工技术与管理人员，熟悉安全技术与安全管理的知识是理所当然的，不懂安全生产、职业健康和环境保护的知识是不可想象的。在化工院校进行系统的安全教育，获得具有普遍性的安全知识和技能；进入企业后进行有针对性的安全培训，获得与本企业密切相关的特殊安全知识和技能，这应该是化工安全教育的合理模式。系统性的安全教育与有针对性的安全培训缺一不可，而且要把二者很好地结合起来。

安全技术、安全管理知识归根结底来源于化工生产实践，包括安全事故案例的血的教训。要选择典型案例，进行科学的案例分析，通过案例学习安全技术、安全管理知识。安全事故案例是化工安全教育最生动的教材。

有关安全、职业卫生与环境保护的标准是为保障化工生产的安全性而制定的规范性文件。许多标准要求强制贯彻执行，是化工企业技术与管理人员的必备知识，安全教育内容应当包括这些标准。多数标准属于技术标准，是安全技术工作的准则。安全技术标准通常规定有关安全工作的具体要求，安全技术则研究为什么这样要求及如何达到要求。有些标准属于管理标准，是安全管理工作的准则。化工安全技术与安全管理工作中，事事都离不开标准。

本书介绍了许多安全技术标准，有的择要解读，有的仅提供标准名称以便读者查阅。国内标准的代号一律用汉语拼音字母加阿拉伯数字编号，如GB表示强制性国家标准，GB/T为推荐性国家标准，HG 为化工行业标准，AQ为安全行业标准。汉语拼音字母后的阿拉伯数字编号是该标准的代号，标准代号后加一横杠，横杠后的阿拉伯数字表示标准制定或修订的年份（常省略）。修订标准时，标准代号不变。

## 第二节　危险化学品

对危险化学品的性质认识不足是化工企业发生安全事故的重要原因。本节介绍危险化学品的危险性、分类及传递危险化学品信息的媒介。

### 一、化学物质的危险性

#### 1. 物理化学危险性

物理化学危险性即理化危险，包括爆炸性危险、易燃性危险和氧化性危险。

1）爆炸性危险

有爆炸性危险的化学品首先是爆炸物（爆炸品）。爆炸物主要指炸药、火药等，其特点是通过化学反应可产生高温、高压气体，能对周围环境造成破坏作用。多数爆炸物对于热、火花、撞击、摩擦和冲击波等敏感，这些因素容易引起爆炸物发生爆炸。爆炸物爆炸时一般不需要外界供氧，因为有的爆炸物本身已经有氧化剂，如黑火药带有硝酸钾，有的爆炸物爆炸时会分解并发生自身氧化还原反应。

有爆炸性危险的化学品还有多种。易燃气体与空气混合能形成爆炸性混合气体，容易发生爆炸，如氢气、甲烷。不少易燃液体，如汽油、甲醇等常温下容易挥发，其蒸气与空气混合形成爆炸性混合气体，也容易发生爆炸。不少有机过氧化物有爆炸性危险。有机过氧化物是指分子中含有过氧基的有机物，可发生放热自加速分解反应，属热不稳定物质，本身易燃、易爆，对热、撞击或摩擦极为敏感。

2）易燃性危险

液体易燃性主要取决于其闪点，闪点≤93℃的液体称易燃液体。易燃液体的危险程度级别分为四级：1 类称极易燃液体（蒸气），闪点＜23℃、初沸点≤35℃；2 类称高度易燃液体（蒸气），闪点＜23℃、初沸点＞35℃；3 类称易燃液体（蒸气），闪点≥23℃、初沸点≤60℃；4 类称可燃液体，闪点≤93℃。多数易燃气体具有极度易燃性。固体易燃性主要取决于其燃点（特别是自燃点），还与其是否容易分解（或升华）生成可燃气体有相当大的关系。

3）氧化性危险

氧化性危险是强氧化剂的共性。强氧化剂多数自身不燃烧，但是具有强氧化性，与可燃物质能发生剧烈的强放热反应，比空气更容易使可燃物质燃烧甚至爆炸。具有氧化性危险的物质有硝酸盐、高氯酸盐、高锰酸盐、过氧化物等，它们受热、被撞或摩擦时极易分解，放出具有强氧化性的氧原子，若接触易燃物，特别是与粉末状可燃物混合时，可能引起着火和爆炸。氧化性气体（氧气、压缩空气等）也具有氧化性危险。

#### 2. 生物危险性

生物危险性包括毒性、窒息性、腐蚀性、刺激性、致癌性和致变性危险。

1）毒性和窒息性危险

毒物一次短时间内大量进入人体后，可引起急性中毒，小量毒物长期进入人体所引起的中毒称为慢性中毒。毒性和窒息性危险详见第五章。

2）腐蚀性和刺激性危险

腐蚀性物质可能导致皮肤或眼睛不可逆损伤，如溃疡、出血、真皮或表皮坏死。刺激性危险是指化学物质与皮肤、黏膜直接接触，引起较轻微的损伤，损伤是可逆的。

3）致癌性危险

世界卫生组织下属国际癌症研究中心（IARC）负责汇总、评价世界各国致癌性研究成果，根据这些研究成果，不定期地公布关于人类致癌因子的评估报告。IARC 将致癌因子分为 1、2A、2B、3、4 共 5 类，分类依据不是致癌风险大小，而是致癌证据的充分程度。只有第 1 类致癌因子属于明确的人类致癌因子，即有充分证据证明它对人类有致癌作用，或者对人致癌的证据虽然不够充分，但在动物实验中致癌证据明确，且有强有力的证据显示对人的作用机制与癌症相关。截至 2015 年 10 月，已公布的 1 类致癌因子共有 118 个，如甲醛、苯、香烟、镉、焦油和所有类型的电离辐射（放射性元素、X 射线、α 射线）等。2A、2B、3、4 类致癌因子有可能使动物或人致癌，但可能性大小不同。需要注意，物质的致癌性危险有一个浓度水平，低于该浓度水平时，即使是第 1 类致癌因子也没有致癌作用。

4）致变性危险

致变性又称变异性，是指某些化学物质能诱发生物活性。受其影响的如果是人或动物的生殖细胞，受害个体的正常功能会有不同程度的变化并可遗传至后代；如果是躯体细胞，则会诱发癌变，但不遗传。

### 3. 环境污染危险性

化学物质造成环境污染主要是指某些化学物质在大气、水体或土壤中的浓度超过正常值，危害人和动物的健康或植物的生长。

要特别注意，许多危险化学品具有多重危险性。例如，硫化氢既是有毒气体，又是易燃气体，还污染环境。

## 二、危险化学品分类

化学品跨国贸易中，如果化学品的分类、标示等不统一，必然会增加交易成本；如果有关化学品的安全信息传递不畅通，可能导致化学品对人类和环境造成危害。为此，联合国于 2003 年通过并正式公告了《全球化学品统一分类和标签制度》（GHS），2017 年发布了 GHS 第七版。为与国际接轨，必须实施 GHS，我国陆续修订了与化学品等相关的法规和标准等文件。《化学品分类和标签规范》（GB 30000）将化学品的危险种类分为理化危险、健康危险和环境危险三大类，三大类细分为若干小类。对每一小类都制定了相应的国家标准，标准内容为该类化学品的术语和定义、分类标准（通常按危险程度分类）、判定逻辑和指导、标签等。

### 1. 理化危险

GB 30000 系列标准将主要危险性为理化危险的化学品细分为 16 种，相应有 16 个国家标准，这 16 种化学品及其相应的国家标准为：爆炸物（GB 30000.2）；易燃气体（GB 30000.3）；气溶胶（GB 30000.4）；氧化性气体（GB 30000.5）；加压气体（GB 30000.6）；易燃液体（GB

30000.7）；易燃固体（GB 30000.8）；自反应物质和混合物（GB 30000.9）；自燃液体（GB 30000.10）；自燃固体（GB 30000.11）；自热物质和混合物（GB 30000.12）；遇水放出易燃气体的物质和混合物（GB 30000.13）；氧化性液体（GB 30000.14）；氧化性固体（GB 30000.15）；有机过氧化物（GB 30000.16）；金属腐蚀物（GB 30000.17）。

自热物质和混合物是指除自燃液体或自燃固体外，与空气反应不需要能量供应就能够自燃的固态或液态或混合物，此物质或混合物与自燃液体或自燃固体的不同之处在于，仅在大量（千克级）并经过长时间（数小时或数日）才会发生自燃。

遇水放出易燃气体的物质和混合物简称遇水燃烧物质。根据危险程度，GB 30000.13 将此类物质分为三类：1 级遇水燃烧物质遇水或潮气立即发生剧烈反应，产生可自燃的可燃气体多而且放出大量热量，属于这类危险品的有钠、钾、铷、锶、铯、钡等活泼金属及其氢化物、磷化物和硼烷等；2、3 级遇水燃烧物质遇水发生反应，产生的可燃气体通常不能自燃。它们遇水产生可燃气体的速度不同，1 级最快，3 级最慢。

### 2. 健康危险与环境危险

有健康危险的化学品细分为 10 种，相应制定了 10 个国家标准。例如，急性毒性（GB 30000.18）；皮肤腐蚀刺激（GB 30000.19）；严重眼损伤/眼刺激（GB 30000.20）；呼吸道或皮肤致敏（GB 30000.21）；致癌性（GB 30000.23）；吸入危害（GB 30000.27）等。针对有环境危险的化学品目前仅制定了两个国家标准：对水生环境的危害（GB 30000.28）和对臭氧层的危害（GB 30000.29）。

## 三、化学品安全标签和安全技术说明书

危险化学品安全管理的基础是对其危险性的认知和评价。许多事故案例表明，对于危险化学品的危险特性、物理化学性质、健康危害、急救方法、基本防护措施、泄漏处理、储存注意事项等方面知识了解少，是事故发生的重要原因。在生产、经营（包括进出口）、储存、运输和使用危险化学品的各个环节之间有效传递上述危险化学品信息，在各类企业内部加强有关危险化学品信息的学习都至关重要。化学品安全标签和安全技术说明书是传递危险化学品信息的媒介，是国内外化学品流通过程中的必备文件，这是《作业场所安全使用化学品公约》的规定，是国际社会共同遵守的规则。该公约是 1990 年国际劳工组织大会通过的。1994 年，经第八届全国人民代表大会常务委员会批准，我国参加了该公约。

### 1. 化学品安全标签

化学品安全标签简明扼要地对流通的化学品进行危险性标识，提出安全使用注意事项，向作业人员传递安全信息，以预防和减少化学危害，保障职工安全和健康。国家标准《化学品安全标签编写规定》（GB 15258—2009）对安全标签的内容与格式有如下规定。

（1）名称与标志。用中文和英文分别标明化学品的通用名称；用元素符号和数字表示分子中各原子数；标出化学品的主要成分和含有的有害组分、含量或浓度；标志采用《化学品分类和标签规范》规定的符号，每种化学品最多可选用两个标志，标志符号居标签右边。

（2）编号。标明联合国危险货物编号和中国危险货物编号，分别用 UN No.和 CN No.表示。

（3）警示词。根据化学品的危险程度和类别，用“危险”“警告”“注意”三个词分别进行危害程度的警示，当某种化学品具有两种及两种以上的危险性时，用危险性较大的警示词，

警示词位于化学品名称的下方，要求醒目、清晰。

（4）危险特性概述。概述化学品燃烧爆炸危险特性、健康危害和环境危害。

（5）安全措施。表述化学品在处置、搬运、储存和使用作业中，所必须注意的事项和发生意外时简单有效的救护措施等，要求内容简明扼要、重点突出。

（6）灭火。化学品为易（可）燃或助燃物质，应提示有效的灭火剂和禁用的灭火剂以及灭火注意事项。

（7）提示向生产销售企业索取安全技术说明书。

（8）化学品生产企业的名称、地址、邮政编码、应急咨询电话号码等。

2. 化学品安全技术说明书

化学品安全技术说明书在国际上简称为 SDS，它能提供化学品的详细信息，帮助用户掌握自主防护的有关技术，能起到减少职业危害和预防化学品事故的作用，是作业人员安全使用化学品的指导性文件，是企业进行危害控制和预防措施设计的技术依据。安全技术说明书是企业进行职工安全培训教育的可靠教材，应指导职工熟悉它，掌握必要的应急处理方法和自救措施。

国际标准化组织制定了国际标准 ISO 11014—1：1994（E），对化学品安全技术说明书的内容及其编写顺序进行了规范。参照以上国际标准，我国制定了国家标准《化学品安全技术说明书编写内容和项目顺序》（GB/T 16483）与《化学品安全技术说明书编写指南》（GB/T 17519—2013），对化学品安全技术说明书的编写有如下规定。

化学品安全技术说明书包括以下 16 部分内容：化学品及企业标识，包括化学品名称、企业名称、地址、电话、应急电话等；成分/组分信息，包括名称、分子式、分子量、规格、CAS 号（美国化学文摘检索服务号），如为混合物，需给出组分的百分比，尤其是危害组分的浓度或浓度范围；危险性概述，主要包括危害性类别、健康危害、环境危害等信息；急救措施，即现场作业人员意外受到化学品伤害时，所需采取的现场自救或互救的简要处理方法，包括眼睛接触、皮肤接触、吸入、食入的急救措施；燃爆特性及消防措施，是指化学品燃烧爆炸方面的特性（燃烧性、闪点、引燃温度、爆炸极限）和适宜的灭火介质、灭火方法及灭火注意事项；泄漏应急处理措施；化学品操作处置和安全储存方面的信息资料，包括操作处置作业中的安全注意事项、安全储存条件和注意事项；防护措施；理化特性；稳定性和反应活性；毒理学信息；环境资料；与化学品废弃有关的信息，包括被化学品污染的包装和无使用价值的化学品的安全处理方法，化学品废弃处置方法和注意事项；运输信息；法规信息，以及其他信息。

安全技术说明书采用“一物一书”的方式编写，同类物、同系物的安全技术说明书不能互相替代。混合物要填写主要有害成分和含量，数据应是实测值，不能用推测值，要综合表述其主、次危害性及急救、防护措施。虽然有些化学品安全技术说明书在数据库中可查用，但是很多时候生产企业必须按照以上国家标准制定化学品安全技术说明书。

根据我国《工作场所安全使用化学品规定》，生产企业应严格按照规定及时更新化学品安全技术说明书和安全标签的内容，使用单位有权向供应商索取最新版本的化学品安全技术说明书，运输单位应要求托运方提供安全技术说明书。根据《作业场所安全使用化学品公约》，进口危险化学品时，应有符合规定要求的中文安全技术说明书，并随商品提供给用户；出口危险化学品时，应有符合出口国规定要求的安全技术说明书。世界各国的GHS法规也正在逐步完善，不同国家的GHS法规有一定差别，出口化学品的企业需要了解并遵守出口国现行的GHS等相关法规。

## 第三节 事故致因理论简介

安全技术和安全管理的实践必须有正确的安全理论指导。熟悉安全工程的事故理论可为企业提供安全技术与管理的思路。100多年来，随着对安全事故发生与发展规律的深入研究及安全理念的变化，安全工程提出了多种事故致因理论，本节仅摘要介绍几种。

### 一、轨迹交叉理论与海因里希法则

轨迹交叉理论与海因里希法则是20世纪40年代提出的，其共同点是认为事故是由人的不安全行为与物的不安全状态造成的。轨迹交叉理论认为，当人的不安全行为与物的不安全状态发生于同一时间、同一地点，即二者轨迹交叉时，即可能发生事故，这是事故发生的直接原因；管理存在缺陷，导致了人的不安全行为和物的不安全状态，是事故发生的间接原因，也是根本原因。人的不安全行为一般指明显违反安全操作规程的行为，如用手触摸电线。物的不安全状态是指机械设备、物质等明显不符合安全要求的状态，如带电体绝缘损坏。用手触摸电线和带电体绝缘损坏同时、同地发生，则必然发生触电事故。实践表明，也有许多事故并不符合轨迹交叉理论，无人值守的自动控制岗位也可能发生安全事故。为预防事故发生，人的不安全行为与物的不安全状态都应当避免。

海因里希认为，大多数事故的原因是人的不安全行为，物的不安全状态也与事故有关，需要改善劳动条件。1941年海因里希统计了55万件机械事故，其中死亡、重伤事故1666件，轻伤事故48334件，其余为无伤害事故。他从中得出一个重要结论：在机械生产过程中，每发生330起意外事件，有300起未产生人员伤害，29起造成人员轻伤，1起导致重伤或死亡，这称为海因里希法则。这个统计规律说明，在进行同一项活动中，无数次意外事件必然导致重大伤亡事故的发生。而要防止重大事故的发生必须减少和消除无伤害事故，要重视事故的苗头和未遂事故，否则终会酿成大祸。

轨迹交叉理论与海因里希法则都说明了事故发生的偶然性与必然性的关系。从表面上看事故发生是偶然的、意外的，实际上导致事故发生的危险因素早已存在，如果对此认识不到位或者控制不得力，事故迟早要发生。事故的偶然性容易导致人的侥幸心理和麻痹思想。管理者违章指挥或操作者违规操作，经常是我国事故发生的重要原因。事故发生前，大部分违规或违章者知道自己在违规或违章，但是由于侥幸心理和惰性而明知故犯。实事求是讲，有些违规或违章后发生事故的概率不高，但有些违规或违章发生事故的概率相当高！而且，与事事照章行事相比，违规或违章往往既省时又省力，但是必须牢记：不怕一万就怕万一，侥幸心理和麻痹思想是安全生产的大敌！要经常通过事故案例对化工从业人员进行警示教育。警钟长鸣才能消除侥幸心理和麻痹思想。

### 二、能量意外释放理论

1961年，吉布森（Gibson）提出能量意外释放理论，其主要观点是事故是能量或危险物质的意外释放。危险物质的意外释放实际是化学能失控。该理论高度概括了事故的物理本质即能量失控。以危险化学品为载体的化学能因意外释放而失控，这是火灾、爆炸、中毒等化工安全事故的本质。

1966 年，哈登（Harden）完善了能量意外释放理论，提出“人受伤害的原因只能是某种能量的转移”，并提出将伤害分为两类：第一类伤害是由于意外释放的能量的数量超过了人体局部或全身的承受能力，这个承受能力称为损伤阈值，如电击伤害；第二类伤害是由于意外释放的能量影响了人体局部或全身性能量交换，主要指中毒、窒息和冻伤。对于伤害的这种分类，说明了不同类型的职业性伤害的本质。

生产过程中各种形式的能量失控是事故发生的根源。因此，防止事故必须控制能量，预防能量意外释放。通过工艺选择或改进，不用危险物质或减少能量和危险物质的使用量是最理想的措施。采用各种工程技术措施控制能量、预防能量意外释放是最基本的安全措施。控制能量的基本思路有以下几点：

（1）控制乃至消除能量或危险物质的意外释放，如密封技术和腐蚀控制技术就是将危险物质控制在设备、管道等空间范围内。这两项技术属于危险物质空间控制技术。

（2）限制能量的大小和危险物质浓度不超过规定的安全极限量。例如，通风可以降低厂房内的危险物质浓度，除尘可以降低有害粉尘的浓度。这属于危险物质浓度控制技术。

（3）开辟释放能量的渠道，防止能量蓄积。能量的大量蓄积会导致能量突然释放，因此要及时泄放多余能量，防止能量蓄积，如通过接地措施消除静电蓄积。缓慢地释放能量可以减轻其破坏作用，如用各种减振装置吸收冲击能量等。

（4）利用仪表监控能量或危险物质，如温度计、压力表、浓度测量仪表等。当能量积累达到危险程度或者即将意外释放时，利用自动控制系统可以控制能量的释放，或者切断能量的产生或传播途径，如自动断电，也可以自动报警，提示工作人员及时采取应对措施。

（5）设置屏蔽或屏障设施。屏蔽设施如果是防止人员与能量接触的物理实体，属于狭义的屏蔽。这种屏蔽设施可以设置在能源载体上，如电气绝缘层及安装在机械转动部分外面的防护罩等；也可以设置在人员与能源之间，如防火门、安全围栏等。人员佩戴的个体防护用品，可看作是设置在人员身上的屏蔽设施。屏蔽设施还可以安装在可能发生相互作用的两种能源之间。

（6）信息形式的屏蔽。各种警告措施等信息形式的屏蔽，可以阻止人员的不安全行为或避免发生行为失误，防止人员接触危险物质或能量。

（7）距离防护与时间防护。保持较远的距离，可以在能量意外释放时减少人员伤亡和财产损失，如远距离操作。必须与某些危险因素如辐射接触时，应尽可能缩短接触时间。

（8）缺乏知识、对存在的危险估计错误，或其他个人因素等原因，职工对于能量意外释放危险的识别和应对的能力差，可能增大能量意外释放的损失，应加强教育培训。

## 三、危险源系统理论

发生事故的危险存在于生产系统自身。危险源系统理论提出危险源的概念和系统安全的基本思想，这是安全工程的基本概念。

### 1. 危险源

危险源是可能导致人员伤害或财产损失事故的潜在的不安全因素。根据危险源在事故发生、发展中的作用，将危险源划分为两大类：第一类危险源和第二类危险源。

1）第一类危险源

根据能量意外释放理论，事故是能量或危险物质的意外释放。于是，将系统中存在的、可能发生意外释放的能量或危险物质称为第一类危险源。第一类危险源具有的能量越多，一旦发生事故其后果越严重；包含的危险物质的量越多，其危险性越大。

2）第二类危险源

在生产生活中，为了安全利用能量，让能量按照人们的意图流动、转换和做功，必须采取可靠的控制措施来约束能量，即必须控制第一类危险源，防止能量意外释放。所谓控制措施包括对有害物质或能量采取密闭、转移、隔离、减弱、监控等技术措施。实际上，绝对可靠的控制措施并不存在，在许多复杂因素的作用下，能量控制措施可能失效，从而发生事故。能导致能量控制措施失效的各种不安全因素，称为第二类危险源。第二类危险源包括人、物、环境三个方面的因素。

人的不安全行为和人失误都可能直接破坏对第一类危险源的控制，造成能量或危险物质的意外释放。人的不安全行为多是指违章操作，如不经允许在有可燃物的车间进行焊接，引发火灾。人失误是指人的行为结果偏离了预定的目标，或超出了可接受的界限，产生了不良后果。人失误往往是无意识的，如误开阀门使有毒气体从容器中排放到外界。

物的因素可以概括为物的故障。故障是指由于性能低下而不能实现预定功能的现象，物的不安全状态也可以看作是一种故障状态。物的故障可能直接使约束、限制能量或危险物质的措施失效而发生事故。有时物的故障可能导致人员失误，如仪表失灵可能导致人员判断与操作失误，造成事故。有时一种物的故障可能导致另一种物的故障，最终造成能量或危险物质的意外释放。例如，钢制容器表面防腐漆层受损，容器表面腐蚀加快，最终导致容器腐蚀穿孔，容器内易燃物质泄漏引起火灾。

环境因素主要指系统运行的环境，包括温度、湿度、照明、粉尘、通风、噪声、振动、电磁辐射等物理环境，以及企业和社会的软环境。不良的物理环境可能引起物的故障或人失误。例如，潮湿的环境会加速金属腐蚀而降低容器的强度；工作场所强烈的噪声影响人的情绪，分散人的注意力而发生人失误。企业的管理制度、人际关系或社会环境影响人的心理，可能引起人失误。

3）危险源与事故

一起事故的发生是两类危险源共同起作用的结果。一方面，第一类危险源的存在是事故发生的前提，没有第一类危险源就谈不上能量或危险物质的意外释放，也就没有事故。另一方面，如果没有第二类危险源的出现，使得对第一类危险源的控制失效，也不会发生能量或危险物质的意外释放。在事故发生时，第一类危险源释放出的能量，直接导致人员伤害或财产损失，决定事故后果的严重程度；第二类危险源出现的频繁程度，决定事故发生的可能性的大小。两类危险源共同决定危险源的危险性。正常生产中事故预防工作的重点是第二类危险源的控制问题。对于化工生产来说，第二类危险源主要是指能导致危险化学品控制措施失效的各种不安全因素。例如，密封设备内部存在易燃气体，这是发生火灾事故的前提；设备因腐蚀而导致易燃气体泄漏，环境中有助燃物空气，这是火灾事故发生的必要条件。控制设备腐蚀是预防此类事故的主要措施。

2. 系统安全理论

系统安全理论的要点是：在系统寿命周期内，应当用系统安全工程和管理方法，辨识系统中的危险源，并对危险源实行有效控制，使其危险性减至最小，从而使系统在规定的性能、时间和成本范围内达到最佳的安全程度。危险源是事故的根源。工业生产中不可能彻底消除危险源，所以没有绝对的安全。系统安全的目标不是零事故，而是最佳安全程度。

按照系统安全思想，在一个新系统的构思阶段就必须考虑其安全性的问题，制定并开始执行安全工作规划，并且将系统安全活动贯穿于系统寿命周期直到系统报废为止。所以，化工企业的安全工作是从企业或项目的初步设计开始的，从工厂选址、全厂布局、设备平面布置到工艺流程选择、设备制造、建筑设计、电气选择、防雷防静电设计，处处都必须充分考虑安全因素。政府对于企业安全工作的监督也应当贯彻全过程，涵盖所有环节。

## 四、变化-失误理论

1. 变化与事故

约翰逊发展了能量意外释放理论，提出变化-失误理论。该理论认为，没有变化就没有事故，系统运行过程中客观事物发生变化时，应及时发现变化并采取相应的措施以适应这些变化，否则将发生失误，导致事故。

化工生产过程中，经常发生各种各样的变化。企业中各层次的人员都可能因没有发现或没有适应客观情况的变化而产生失误。最典型的例子是仪表失灵后，操作人员没有及时发现，按照仪表的错误指示去操作，操作失误导致事故。火灾事故发生时，火灾现场情况瞬息万变，救灾指挥人员如果不能正确认识火灾变化趋势，可能发生指挥失误，不仅贻误时机，还可能发生次生事故。客观情况发生了变化，人的主观认识没有跟上，可能使人失误，人的失误又可能使客观情况发生新的变化，导致人又一次失误，许多事故就是这样发生和发展的。

在安全管理工作中，变化被看作是一种潜在的事故致因。首先应该尽早发现变化，通过观测和检查可以发现实际已经存在的变化，经过分析研究还可能发现潜在的或可能出现的变化。其次，应当根据变化提出并及时采取正确的应对措施。

2. 变更管理与应急管理

1）变更管理

对于有计划的变化，应事先进行危害分析并采取包括变更管理在内的安全措施，使变化过程中的风险始终处于可控状态。现代管理中的变更管理是针对人员、工作过程、工作程序、技术、设施等方面的变化而采取的有计划的控制。变更管理包括指令变更、工艺变更、设备变更、人员变更等。例如，采用新工艺、新技术、新设备及改变操作规程，都属于技术方面的变化，必须及时组织员工熟悉新工艺、新技术、新设备、新操作规程，特别要针对与原技术和设备的不同之处向操作员工进行交底，针对变更内容组织员工培训。指令变更要准确无误，一定要使操作人员听清楚、弄明白。从正常生产转为停车检修或检修之后的开车都有劳动组织方面的变化，如衔接不好容易出现事故。交接班容易造成工作不衔接，属于事故易发时间段，要严格交接班制度，交班要交代清楚，接班要认真检查。雷雨季节加强防雷工作，是对于季节变化应当采取的措施。

2）应急管理

应急管理是针对生产中突然发生的暂时性的变化而进行的有计划的控制。例如，正常生产中可能出现紧急停电、停水、停气等突然变化，有关操作规程应规定相应的应急措施。针对出现事故这一突然变化，必须采取应急管理措施。企业为应对各种安全事故而制定的应急管理方案称为事故应急救援预案，简称应急预案。应急预案要充分估计事故发生后可能发生的种种变化，制定完备有效的应对措施。在进行任何危险性较大（如处置易爆化学品）或危险性不明确的工作（如试制新产品）之前，必须制定应急预案，做到有备无患。

## 第四节　危险源及其辨识

### 一、危险源

危险源是导致安全事故的根源。按照危险源理论，系统中存在的可能发生意外释放的能量或危险物质为第一类危险源；使能量或危险物质的约束、限制措施失效、破坏的因素为第二类危险源。为使危险源的辨识和管理方便，实际工作中常将产生能量的能量源或拥有能量的能量载体作为第一类危险源处理。按此观点，化工企业常见的第一类危险源如下：

（1）危险物质，如各种有毒、有害、可燃烧爆炸的物质等。

（2）生产、加工、储存危险物质的装置、设备、场所。

（3）产生、供给能量的装置和设备，如锅炉及电力装置。

（4）一旦失控，可能造成能量突然释放的装置、设备、场所，如各种压力容器等。

（5）能量载体，如带电的导体、奔驰的车辆等。

（6）使人体或物体具有较高势能的装置、设备、场所，如高大的塔设备及其平台。

（7）人体一旦与之接触将导致人体能量意外释放或者使人体内部能量交换紊乱的物体，如超低温或有窒息性气体的装置、设备、场所。

### 二、重大危险源

对于发生安全事故可能性大、事故后果严重的重大危险源，采取更加严密的控制措施是十分重要的。所以，有必要识别重大危险源，确定安全防范的重点。

《中华人民共和国安全生产法》规定：重大危险源是指长期地或者临时地从事生产、搬运、使用或者储存危险物品，且危险物品的数量等于或者超过临界量的单元（包括场所和设施）。物质的危险特性及其数量是辨识重大危险源的重要依据。《危险化学品重大危险源辨识》（GB 18218—2014）规定了各种爆炸性物质、易燃物质、活性化学物质和有毒物质的名称及临界量。

企业应按照以上标准辨识并确定重大危险源。与一般危险源相比，重大危险源要求采取的管理与技术措施大不相同。企业应按照国家有关规定，建立重大危险源档案；针对重大危险源应设置安全监控报警系统；应定期检查、检验与重大危险源有关的设备及安全设施，并做好记录；重大危险源的防护距离应满足国家标准或规定，不符合国家标准或规定的，应采取切实可行的防范措施，并在规定期限内进行整改。针对重大危险源，企业应制定应急救援预案，配备必要的救援器材、装备，并按规定进行应急预案演练。企业应定期对重大危险源进行安全评价，应将重大危险源及相关安全措施、应急预案，报送当地县级以上人民政府安全生产监督管理部门和有关部门备案。按照国务院《生产安全事故应急条例》，重大事故发生后，管辖区政府应启动应急救援预案，迅速调动各种社会资源，协助企业尽快控制事故（第十章事故应急救援制度）。政府应加强对管辖区内重大危险源的监督检查。

## 三、危险源辨识

危险源辨识就是识别出存在的危险源，并确定其可能导致的事故类别和性质，以便对危险源进行分级管理和有效控制。危险源辨识是安全评价的基础。从危险源辨识开始，通过评估预测发生安全事故的可能性及事故后果的严重程度，直至提出安全对策、控制措施并做出评价结论，这一系列的工作称为安全评价。安全评价是化工安全生产的重要问题，第七章将系统讨论化工安全评价问题。

识别、确定重大危险源属于危险源辨识。此外，化工安全工作中经常对某些危险源（如危险物质、危险区域、危险设备、危险作业等）的危险程度进行分级。这种分级也属于危险源辨识。多种危险化学品的危险程度级别（简称危险级别）见 GB 30000 系列标准，如 GB 30000.7 将易燃液体分为四级。危险源的危险级别越高，安全要求也越高。危险源分级通常依据有关国家标准。例如，《建筑设计防火规范》（GB 50016—2014）根据生产及储存的危险化学品的某些性质，将工业生产及储存的火灾危险性分为甲、乙、丙、丁、戊 5 类（详见第七章表 7-1 与表 7-2）。这是对生产厂房和储存仓库两类建筑物的火灾危险性等级评估。本书及化工文献中经常提及的“甲、乙类厂房”、“甲、乙类液体储罐”等术语，就是特指根据 GB 50016 确定的场所或设备。第七章讨论化工安全评价时，归纳了与危险源分级有关的国家标准。

化工企业危险源辨识和管理的重点是危险化学品的辨识与管理。收集以下几方面的资料是企业危险化学品管理的基础性工作：①本企业有关危险化学品的种类；②本企业有关危险化学品的性质等，不仅包括其危害性，还包括其物理性质和化学性质；③本企业有关危险化学品的分布与状态，即本企业有关危险化学品分布在哪些设备中，其数量、温度、压力和聚集态，和哪些物质以什么比例混合，在设备中发生了哪些物理和化学变化；④本企业有哪些重大危险源及有关事故案例的经验教训。

## 四、危险源失控与化工安全事故

危险源的概念是由事故致因理论提出的，在安全生产实践中已被广泛采用，是安全工程的基本概念。危险源控制技术是安全工程的支柱。如果能完全消除危险源或能达到对危险源的可靠控制，则可称为本质安全。危险源一旦失控就可能出事故。只要能正确辨识并有效控制各种危险源，企业安全生产就有保证。危险化学品是化工企业的主要危险源，是化工安全事故的根源。化工生产的危险源控制主要是对危险化学品的控制。从危险化学品如何失控这一角度分析，绝大多数化工安全事故可以归入以下三类。

（1）密闭装置空间控制失效。

化工装置分为密闭装置与非密闭装置两大类。危险化学品的加工或储存通常在密闭装置中进行。危险化学品一旦从密闭装置内泄漏出来，就可能发生安全事故。易燃、易爆物质泄漏后遇空气可能发生火灾、爆炸事故，酸碱等腐蚀品泄漏后可能造成人员化学灼伤。案例 1-1 就是大量有毒气体泄漏导致的人员中毒及环境污染事故。化工企业发生的火灾、爆炸或中毒等安全事故大多属于密闭装置空间控制失效造成的。

（2）密闭装置压力控制失效。

密闭装置没有发生泄漏，也可能发生爆炸事故。例如，案例 1-3 中，液氨设备和管道并未发生泄漏，但是由于火势蔓延，燃烧产生的高温使装置中的液氨气化，导致液氨装置超压爆炸事故，液氨装置爆炸导致氨大规模泄漏，发生氨中毒事故。

（3）非密闭状态发生事故。

危险化学品处于非密闭状态，就必须采用其他限制能量或危险物质意外释放的措施，否则容易发生事故。例如，仓库非密闭状态储存固体或液体危险化学品，或者使用敞口的化工生产设备、容器等。密闭装置在加料、卸料、检修时临时打开，也容易发生事故。

**【案例 1-4】**1983 年 3 月云南建水化工厂油库内，6 名职工将桶装汽油卸入大油罐时，由于汽油挥发而且仓库内通风不良，仓库内油气浓度达到爆炸限。在开第 6 桶桶盖时，扳手与桶盖打滑摩擦产生的火花引爆了仓库内的油气混合气。油库墙倒屋塌，将汽油桶砸破，造成汽油燃烧。事故导致 7 人死亡。

实践表明，密闭是控制危险物质意外释放的最有效的手段，只要密闭装置不发生泄漏，对装置内部危险化学品的控制就不会失效，中毒、火灾等多数化工安全事故就不会发生。

## 思考题及练习题

1. 试述化工安全生产的特点。
2. 试述化工安全、职业健康与环境保护三者之间的关系。
3. 试述化工安全事故的本质与特点。
4. 试述化工安全技术的内涵。
5. 试述危险化学品的分类方法，分析该分类方法的依据。
6. 结合实例讨论掌握化学品的危险性及物理、化学性质的重要性。
7. 了解化学品安全标签与安全技术说明书的内容及其获取途径。
8. 能量意外释放理论的主要观点是什么？根据该理论预防事故有哪些基本思路？
9. 试述两类危险源及其与生产安全事故的关系。
10. 举例说明变化可以看作是一种潜在的事故致因。
11. 什么是重大危险源？化工企业应当如何管理重大危险源？
12. 什么是危险源辨识？如何对工业生产及储存的火灾危险性进行分级？
13. 调查研究所在学校（单位）存在的危险源及其危险性，并撰写调查报告。

# 第二章　密 封 技 术

**本章学习目标**

（1）掌握泄漏的危害与密封技术的分类，泄漏的途径与密封的基本原理。
（2）了解四种常用密封技术，熟悉垫片密封与填料密封的原理及应用等基本知识。
（3）熟悉阀门的有关基本知识、阀门密封技术的特点，掌握阀门的使用与维护常识。
（4）了解各种焊接缺陷特别是焊接裂纹的类型及危害。

化工生产中比较常见的意外泄漏大体有四种原因：设备管道等化工装置腐蚀穿孔、化工装置间的连接部位密封失效、焊接缺陷和铸件缺陷。化工装置腐蚀问题在下一章讨论，其他原因可以统称为密封问题，在本章讨论，重点是垫片密封、填料密封和阀门密封技术。

## 第一节　密封技术概述

### 一、密封的作用与分类

化工生产中的物料多为流体，容易发生泄漏。易燃、易爆和有毒物质的泄漏是化工企业火灾、爆炸和中毒事故的根源；污染物的泄漏是导致环境污染的重要原因；防止有用物质的泄漏是节约能源、降低成本的有效措施。预防和治理意外泄漏是化工企业永恒的任务。

泄漏有三种情况，防止泄漏都需要密封。第一种情况是物料由化工装置（化工设备、管道、阀门、仪表等）内部泄漏到外部环境中，这种“外漏”最常见。外漏通常发生在化工装置之间的连接部位或化工装置腐蚀穿孔处。第二种情况是物质由外部环境泄漏到负压状态的装置内部，案例 1-2 的起因就是这种泄漏。系统密封良好是真空操作的前提条件。第三种情况是物料由化工装置内部某一区域泄漏到另一区域，如案例 1-1 的起因是冲洗水由关闭着的阀门进口部位泄漏到出口部位，这种“内漏”属于阀门密封问题。化工装置有时突然发生泄漏且泄漏物料量很大，称泄漏事故；有时泄漏很轻微，但是泄漏速度可能会越来越大，属于事故隐患。**【案例 2-1】**2019 年 7 月 19 日河南义马气化厂空气分离装置发生爆炸事故，致 15 人死亡、16 人重伤。6 月 26 日该厂就已发现空分装置冷箱保温层内氧含量上升，判断有少量氧从空分装置泄漏出来，7 月 12 日又发现该冷箱外表面出现裂缝，说明泄漏速度增大，但是一直“带病”运行，终致大祸。液氧大量泄漏是该事故的主要原因。

化工生产广泛采用密封技术，并对密封技术提出了许多严苛的要求，极大地促进了密封技术的发展。密封技术分为静密封和动密封两大类。静密封为相对静止的结合面之间的密封，根据工作压力分为中低压静密封和高压静密封。动密封为相对运动的结合面之间的密封，按运动方式有旋转密封和往复密封两种基本类型。按密封件与做相对运动的零部件是否接触，动密封又分为接触式密封和非接触式密封。前者仅适用于密封面线速度较低的场合。

## 二、密封原理概述

化工装置之间的连接处，通常采用具有密封作用的部件即密封件进行密封。密封件与其他部件组成密封结构，复杂一些的称密封装置。密封件与其安放部位之间的结合面称为密封面或密封点。密封的基本要求是密封性好、安全可靠、寿命长，密封系统要求结构简单紧凑、制造维修方便、成本低廉。密封技术通常不能保证绝对无泄漏，同时密封件也会因磨损、腐蚀或老化而失效，故密封点也是可能的泄漏点，应尽量减少不必要的密封点。

泄漏有两个必要条件：有介质泄漏通道和存在导致泄漏的压力差。密封的基本原理是尽量加大介质通道泄漏阻力或者抵消泄漏压力差。按照密封原理分，密封方法有以下几种：

（1）尽量堵塞介质泄漏通道，加大介质泄漏阻力，如垫片密封、密封剂带压密封及填料密封。

（2）机械密封、间隙密封及迷宫密封分别通过对泄漏通道的改造，形成极大的流道阻力（流道面积极小、流道极曲折），实现密封。

（3）在泄漏部位增设做功元件，给泄漏流体加压，以抵消泄漏压力差，这一原理称动力密封。采用动力密封的有离心密封、副叶轮密封、螺旋密封等。

（4）注入某种用于密封的流体，可以抵消泄漏压力差，采用这一原理的有浮环密封（以液封气）、干气密封（以气封液或以气封气）等。以抵消泄漏压力差为原理的密封，均为非接触式动密封，主要用于各种泵及气体压缩机（包括高压离心式气体压缩机）的密封。

本章仅介绍垫片密封、密封剂带压密封、填料密封和机械密封等常用密封技术。

# 第二节　垫片密封与密封剂带压密封技术

## 一、垫片密封

### 1. 密封垫与其受力情况

垫片密封以密封垫为密封件，通过阻塞介质泄漏通道，加大泄漏阻力，实现静密封，简称垫密封。因常用于法兰间的密封，密封垫通常为环状，常称为垫圈或垫片。垫片有金属、非金属、非金属与金属组合垫三大类。金属垫片通常用于高温、高压等场合，常选用铜、铝等金属及软钢、不锈钢等合金材料制作。按形状分，金属垫片有平垫、波形垫、齿形垫、八角垫、椭圆垫和透镜垫等。有些环状密封垫以其横截面形状命名，如C形环、中空O形环、双锥环等。

非金属垫片常用橡胶板、石棉橡胶板、柔性石墨板、聚四氟乙烯板等非金属板，按标准尺寸裁成，有些品种有成品出售。对于一般的腐蚀性介质，最常用的是石棉橡胶板，这是以石棉纤维为主体，以橡胶为黏合剂，加多种填充剂压制而成的板材。垫密封材料最高使用温度与最高使用压力均有规定，石棉橡胶垫片适用于压力低于 5MPa 的场合，使用温度小于 450℃（对水蒸气）或小于 350℃（对油类）。制作垫片的橡胶板常用天然橡胶、丁腈橡胶和氯丁橡胶，普通橡胶垫片使用温度＜120℃。

非金属与金属组合起来有互补作用。用薄金属板将石棉或碳纤维板等包裹起来压制成型，称金属包垫片。用薄钢带与石棉带一起绕制成螺旋状，称缠绕式垫片或螺旋垫片。

按照密封垫受力情况，垫片密封分为强制密封与自紧密封两大类。强制密封完全靠外力（如螺栓紧力），对垫片施加载荷实现密封。一般垫片都可用于强制密封。自紧密封主要靠密封流体介质的压力对垫片施加载荷。自紧密封一般只用于高压密封（$9.8\text{MPa} \leqslant p < 98\text{MPa}$），通常采用C形环、中空O形环、双锥环和三角垫等金属垫圈。

2. 垫片密封原理

化工企业中，容器与阀门、阀门与管道、管道与管道之间多采用法兰连接。垫片密封广泛用于两法兰之间的结合面上。以螺栓紧固的法兰平垫密封为例，说明垫片密封的原理。

垫片密封有两个泄漏途径：垫片与法兰之间的泄漏称界面泄漏，垫片内部的泄漏称渗透泄漏。界面泄漏是垫片密封泄漏的主要原因，渗透泄漏只发生在内部有孔隙结构的垫片中。

1）渗透泄漏

渗透泄漏可视为流体在垫片内部无数毛细管内的流动。与流体层流流动阻力的影响因素类似，渗透泄漏的影响因素包括泄漏介质的压力、密度与黏度，还包括垫片的空隙率和宽度。其中空隙率是最重要的因素。因此，当用疏松材料作垫片时，常在材料中加入填充剂以堵塞垫片内部孔隙。但是，因为高压下孔隙会扩张、高温时填充剂会变质、低黏度介质渗透能力特别大，所以在高压、高温或低黏度介质条件下，必须选择金属材料垫片，以杜绝渗透泄漏。

2）界面泄漏与法兰密封面的型式

法兰密封面总有一定粗糙度，有加工痕迹、凸凹不平处等缺陷，这些缺陷是界面泄漏的主要通道。为防止界面泄漏，必须正确选择法兰密封面的型式。法兰密封面主要有以下型式。

（1）平面型密封面。其法兰两密封面均为平面，法兰表面存在各种缺陷，强制法兰与垫片完全贴合是困难的。全平面法兰（图2-1）仅用于低压、介质无毒场合的静密封。

突面法兰（图2-2）也属于平面型密封面，通常在突面（密封面）上加工出几条同心圆形密封线（俗称水线）。对于材质较软的平垫片，对垫片施加轴向压紧力时，垫片发生轴向压缩变形并嵌入密封线，从而增强密封效果。在轴向压紧力作用下，垫片径向也略有变形，垫片空隙率减小，渗透泄漏也减小。在无特殊要求时，中低压密封大多采用突面法兰。

（2）榫槽型密封面法兰（图2-3）是将平垫片安装在槽中，因为环形垫片窄，与法兰接触面积小，对垫片施加较小的载荷，即可在密封面上产生足够高的压力。榫槽型密封面适用于易燃、易爆、有毒介质及压力较高的场合，优点是垫片即使变形也不会被挤出，密封面不与介质接触，密封可靠，安装时便于两片法兰对正；缺点是维修或更换垫片有困难。

（3）凹凸型密封面法兰（图2-4）是将平垫片安装在凹面法兰的凹面内，也便于两片法兰对正。垫片较易拆卸，但是当操作温度高、垫片发生蠕变时，垫片仍然可能被挤出。

（4）其他密封型式通常用于特殊密封。例如，在法兰突面上设梯形密封槽，槽内安放金属八角垫或椭圆垫，这种密封型式称环连接面，在石油化工企业应用较多。高压管道法兰密封常用金属透镜垫片，其密封面为透镜垫片与高压管道口，法兰本身没有密封面，它的作用仅仅是借螺栓紧固力对透镜垫片施加载荷。

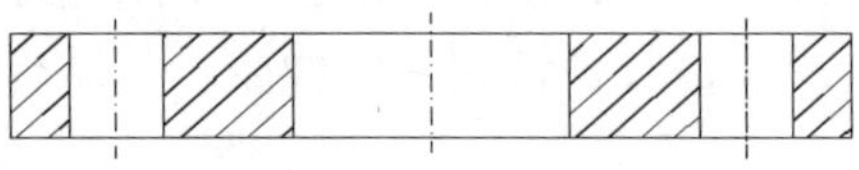

图2-1　全平面法兰

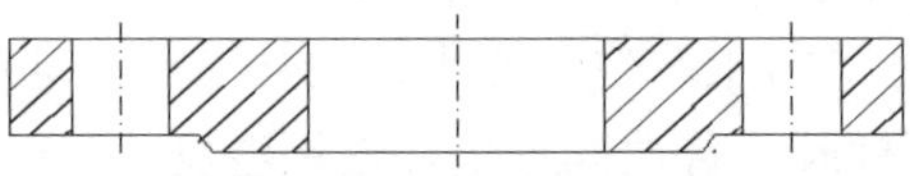

图2-2　突面法兰

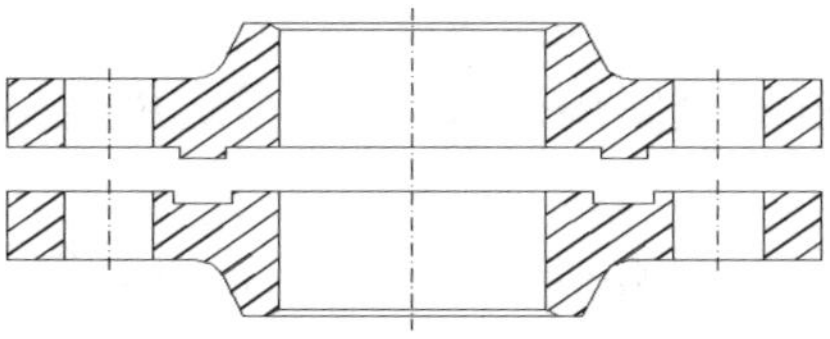

图 2-3　榫槽型密封面法兰

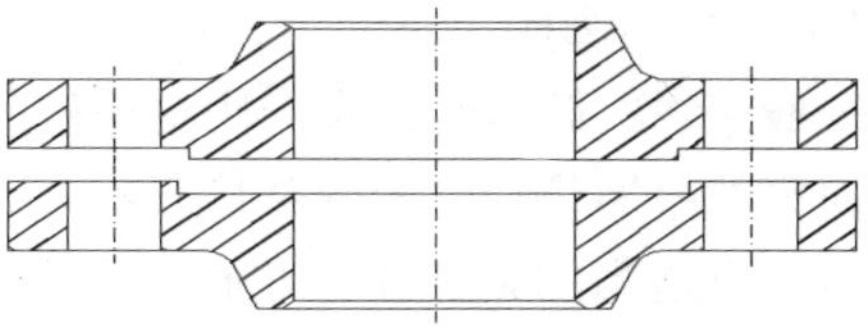

图 2-4　凹凸型密封面法兰

3）垫片的形变与回弹性

对垫片施加载荷时，垫片发生形变并产生压应力，该压应力称预紧应力或初始密封比压（单位为 Pa）。预紧应力使垫片与界面紧密贴合，弥补法兰密封面上的各种缺陷，加大流道泄漏阻力，从而实现垫片与法兰的初始密封。对垫片施加载荷时，硬垫片主要发生弹性形变，软垫片有明显的塑性形变。观察突面法兰使用过的石棉橡胶垫片可以发现，密封效果好的垫片有清晰、完整的水线压痕。铜、铝垫片通常也有较明显的塑性形变。

法兰投入使用时，在流体介质压力或温度的作用下，两法兰之间的距离可能有极微小的增加，已经发生弹性形变的垫片将回弹，保持密封状态。此时的密封不同于初始密封，而称工作密封。工作密封中，垫片对法兰密封面的压应力称压紧应力或密封比压。是否发生界面泄漏，取决于该压紧应力能否使垫片与界面紧密贴合，弥补法兰密封面上的各种缺陷。与初始密封相比，垫片的弹性形变减小，压紧应力相应减小。垫片回弹性越大，压紧应力越接近预紧压力，密封越好。密封垫的回弹性是防止界面泄漏的必要条件。回弹性取决于垫片发生弹性形变的特性，故非金属密封垫常用含橡胶成分的材料。金属密封垫的回弹性与其形状特别是横截面的形状关系很大。回弹性也受温度的影响，低温硬化和高温蠕变都降低垫片材料的回弹性。要注意掌握强制密封的预紧应力：对螺栓施加的载荷过小，垫片的弹性形变过小，回弹余地小，可能发生泄漏；施加载荷过大，会降低垫片的回弹性，甚至损坏垫片。

4）自紧密封简介

对于强制密封，密封流体的压力总是导致垫片的压紧应力小于预紧应力，是密封的不利因素。对于自紧密封，介质的压力是密封的有利因素，压力太低反而可能发生界面泄漏。以 C 形环为例，对垫片施加载荷时，金属 C 形环的上、下凸缘部分与上下法兰紧密接触部分会发生形变，接触面变宽成为环带状，初始密封得以建立。实现初始密封是自紧密封的前提条件。工作密封中，流体介质压力与环的回弹力共同使 C 形环的开口略微张开，与密封面紧密贴合，实现自紧密封，通常流体介质压力起主要作用，所以与强制密封相比，建立初始密封时，自紧密封需要的预紧应力较小。自紧式金属 O 型环的内侧开有许多小口，流体介质可从小口进入环内，自紧密封原理同 C 形环一样。还有一种金属充气 O 型环，将易气化的固体物质密闭在环内，使用时温度越高，气体压力越大，O 型环与法兰密封面接触越紧密。这种环适合于高温环境中的自紧密封。

### 3. 垫片密封泄漏原因及预防

以上对法兰密封面型式等问题的讨论，实际是密封结构问题。无论是强制密封还是自紧密封，密封结构型式多种多样。通过巧妙设计，密封结构可以达到既有良好的密封效果，成本又低廉。强制密封的密封结构由垫片、法兰与螺栓组成，其密封效果不仅取决于密封垫，更不能靠盲目地拧紧螺栓来实现。只有密封结构合理且密封垫、法兰与螺栓等都符合要求并实现良好配合，才能保证密封效果。必须正确选择密封垫、法兰与紧固螺栓。

1）密封垫选择

一般来说，低压时，应选用材质较软、垫片较宽的非金属垫；高压时，应选用材质较硬、接触面窄的金属垫片。密封垫应具有以下特点：

（1）有适当的柔韧性，在施加压力时能与密封面很好地贴合，但又不会产生破坏，如金属垫片硬度应比法兰低 HB 30～50。

（2）低温时不硬化，收缩量小；高温时不软化，抗蠕变性好。**【案例 2-2】**1986 年 1 月 28 日，美国挑战者号航天飞机升空后爆炸。原因是右侧助推火箭一个 O 型密封圈因低温损坏，使火箭内部的炽热气体外泄，最终该火箭撞击装满燃料的外挂燃料箱，燃料箱爆炸。

（3）不污染工艺介质，也不被介质腐蚀。例如，某厂将液氨系统用的钢透镜垫误认为是不锈钢垫用于尿素甲胺系统，结果钢透镜垫腐蚀泄漏导致停产。

（4）有良好的回弹性，能适应温度、压力的波动。在温度、压力有较大的波动时，更应选用回弹性好的密封垫。

（5）加工性能好，不黏结密封面，安装拆卸方便。价格便宜，不易老化，使用寿命长。

密封垫片使用时间过长，会老化变质失去密封能力，这是导致泄漏、发生事故的重要原因。应当定期检查，及时更换老化的密封垫片。**【案例 2-3】**1998 年 3 月，西安某煤气公司液化石油气储罐排污阀的法兰垫片由于长期运行而老化，与法兰密封面贴合不完全，局部丧失密封功能，导致液化石油气泄漏，发生连环爆炸，7 名消防人员和 4 名公司工作人员在救火过程中牺牲，1 人失踪，34 人受伤，附近 10 万居民转移。

2）法兰选择

为了密封可靠，多数法兰与管道的连接采用焊接方式。管道直接插入法兰内孔焊接的称平焊法兰（图 2-1、图 2-2）。平焊法兰的刚性较差，适用于压力 $p \leqslant 4\text{MPa}$ 的场合。管道与法兰的高颈端口焊接的称对焊法兰，又称高颈法兰（图 2-3、图 2-4），其焊口距离密封面较远，可减少应力集中，刚性较大，适用于压力、温度较高的场合。

法兰的主要参数包括公称直径（DN）与公称压力（PN）。选用法兰时，其公称直径和公称压力应当与其连接的管道及阀门的公称直径和公称压力一致才能配套。阀门、法兰及管道的公称直径有公制（单位为毫米）和英制（单位为吋）之分。公称直径与公称压力一旦确定，法兰各部位的尺寸（如外径、孔径、螺栓孔间距）也都确定，都可在法兰标准中查到。需要注意：管法兰（用于管道间连接的法兰）与设备法兰（又称容器法兰，用于容器等设备与管道连接的法兰）的标准有所不同。有的法兰系列标准中，还附有配套密封垫的标准。

法兰表面粗糙度对密封效果影响很大，特别是当采用非软质垫片时，法兰密封表面粗糙度大是造成泄漏的主要原因之一。例如，车削法兰面的刀纹是螺旋线，使用金属垫片时，如果粗糙度较大，垫片就不能堵死刀纹所形成的螺旋槽，在压力作用下，介质就会顺着这条沟槽泄漏出来。软垫片对法兰面的光洁度要求低很多，这是因为它容易塑性形变，堵死加工刀纹，从而防止了泄漏。对软垫片而言，法兰面过于光滑反而不利，因为此时界面泄漏阻力较小。所以，软、硬垫片对法兰表面粗糙度的要求不同。

3）法兰安装、保管、使用不当问题

（1）管路法兰不对口，两片法兰位置存在不平行、不同心、距离过大等问题。

（2）预紧螺栓时，操作失误，导致垫片压偏、压损或法兰变形。

（3）法兰密封面不清洁，特别是有硬度大的杂物损坏密封面。

（4）法兰密封面有碰伤或划痕，密封面已损坏。

4）紧固件问题

（1）螺栓等紧固件选择不当。螺栓材质、直径或个数不符合要求，预紧应力达不到要求。法兰的公称直径与公称压力确定后，法兰上应当配置的紧固螺栓的数量、直径及螺纹尺寸等都随之确定。安装时不可随意减少螺栓数量或者用小直径螺栓代替。螺栓及螺母的材质一般取决于其工作温度与压力，必须正确选择。例如，某合成氨厂高温变换炉的人孔法兰螺栓曾用碳钢制作，结果因螺栓高温蠕变导致泄漏。

（2）螺栓的预紧应力过大、过小或各螺栓的预紧应力不均匀，都可能导致垫片密封失效。紧固螺栓时，要对称地轮流上紧每个螺栓，尽可能使每个螺栓的预紧应力均匀。紧固螺栓必须在无压力时进行，带压紧固螺栓，可能使螺栓变形甚至断裂。

（3）振动导致紧固件松动。中石油吉林石化分公司双苯厂“11·13”爆炸事故中，操作人员操作错误，硝基苯进入早已加热了的预热器中，发生突沸气化，导致预热器管线剧烈振动，造成紧固件松动致法兰密封失效，空气吸入真空蒸馏系统而发生爆炸。

（4）温度、压力波动过大或超过允许值。温度、压力变化过大时，较长的直管道的长度变化也较大，可能超过法兰垫片回弹补偿能力而泄漏。为此要设计热补偿措施，如可伸缩波纹管或者在直管上加装U形弯曲部分等，可以避免此类泄漏。

## 二、密封剂带压密封技术

密封剂常用于带压堵漏。带压堵漏也称不停车堵漏，是指在无须停车和降低操作压力的情况下，对泄漏本体（设备、管道、阀门、法兰等）的泄漏部位进行的密封维修操作，属于带压密封技术。在泄漏量不太大时，如果停车修理经济损失太大，如果不修理情形可能进一步恶化，经济损失也日益增加，此时如能不停车堵漏是最好的选择。例如，海底天然气管道仅仅出现小的腐蚀穿孔时，可利用特种密封剂封堵，其外再加卡具，用水泥进行二次密封。带压堵漏属临时性应急抢修工作，通常应待停车检修时再彻底检修。带压密封技术通过堵塞泄漏通道，实现静密封。因堵塞泄漏通道的方法不同，带压密封技术有多种，使用最多的是密封剂注入法。

### 1. 密封剂注入法

密封剂注入法是一项现代带压密封技术。该方法的步骤是：首先设计、制作适用的密封夹具（卡具）；其次将夹具安装在泄漏部位，夹具与泄漏本体之间形成相对密闭的空腔并留有泄漏介质的排放口；然后用专门的密封工具，在足够大的压力下向空腔内迅速注入密封剂，密封剂充满空腔并短时间固化，从而实现密封。

1）密封剂

密封剂的性能决定带压密封的应用范围，是不停车堵漏成功与否的关键。密封剂应能快速固化，固化后的密封剂应能承受介质的压力、温度和腐蚀。密封剂可分为热固化型和非热固化型两大类。热固化型密封剂以合成橡胶为主料，加固化剂等辅料和填充料混炼而成。非热固化型密封剂有两种：一种是由无机耐酸材料及纤维中加入高温油脂混炼而成；另一种是以氟树脂为主料，加入一定数量的助剂加工而成。目前，国内外密封剂的型号很多，可适用于不同的温度、压力和介质。

2）密封工具

带压密封专用密封工具并不复杂，主要是液压泵、液压注射枪、手动注射枪等。液压注射枪及其连接件必须能耐60MPa以上的压力。密封施工前，必须设计、制作并安装适用的密封夹具。夹具是装在泄漏部位上的受压元件，必须能承受泄漏介质和注射密封剂的温度、压力及腐蚀性。夹具的选材、设计、制造等必须符合《压力容器安全技术监察规程》的技术要求，其强度必须符合带压堵漏技术规范的要求。

3）密封剂注入法的应用范围

目前，密封剂注入法的应用压力为真空～35MPa，温度为–200～700℃，介质为水、蒸气、油类、酸、碱、盐、煤气、氨气、氢气及石化产品等介质。密封剂注入法适用的泄漏部位包括：管法兰、设备法兰；管道及弯头、三通等管件；阀门，包括阀盖法兰、填料函；铸件气孔和设备局部腐蚀穿孔等。正确选用密封剂，掌握正确的操作规程，有一定施工经验，对于带压密封施工十分重要。带压密封技术的关键是对于泄漏情况的判断要准确，以决定可否采用带压密封。要摸清泄漏部位的具体情况，充分估计施工难度，据此制定科学周密、安全可靠的堵漏方案。

需要注意，带压密封是一门正在发展中的实践性很强的技术，有很多技术难题还没有解决。对于不同的泄漏本体、不同的泄漏原因、不同的压力和温度的堵漏施工针对性不强，封堵含颗粒的泄漏介质时成功率低。

### 2. 带压堵漏安全

密封剂的作用是堵漏，而不是代替泄漏本体增加机械强度。只有当泄漏部位仍具有原有机械强度、能继续承受原设计压力及温度时，才有可能进行带压密封。为了安全，有下列情况之一者，不能进行带压堵漏作业：毒性程度为极毒的介质；设备器壁等主要受压元件及管道因裂纹而产生的泄漏部位；管道腐蚀、冲刷减薄状况不清楚的泄漏点；由于介质泄漏，螺栓承受高于原来设计使用温度的泄漏点；泄漏点当量直径大于 10mm，且不符合堵漏施工要求的；堵漏现场安全措施不符合企业安全规定的。带压堵漏是专业性很强、危险性很大的维修作业，必须由培训合格的人员进行施工，最好由专业公司进行。有关部门制定了适用于各种带压堵漏技术的《承压设备带压密封技术规范》GB/T 26467。该规范对安全堵漏工艺和防护做出了若干规定。为了堵漏作业安全，必须严格执行有关规范。

密封剂注入法的缺点是密封夹具的设计、制作、安装比较费时，堵漏花费时间长。在保证堵漏质量和作业安全的前提下，为加快堵漏速度，开发了多种简易带压密封方法，例如，低压粘补技术、捆扎堵漏技术、模管成型带压修复技术等。这些简易带压密封方法也要特别注意安全。**【案例 2-4】**1993 年 3 月，江苏某化肥厂碳化车间清洗塔的一根测温套管法兰严重漏气。在操作人员企图用铁夹和橡胶内胎皮来堵住泄漏处时，突然起火，2 人烧死。起火原因是泄漏处喷出的高速气体主要成分为氢气，高速气体与橡胶摩擦产生静电火花，点燃了氢气。这种带压堵漏方案是错误的。

## 第三节　填料密封与机械密封

### 一、填料密封

#### 1. 填料及其分类

填料密封广泛用于离心泵、气体压缩机、反应釜搅拌器等化工机械的动密封，也用于各种阀门阀杆的密封。填料密封主要用于轴密封，即阻止流体介质沿化工机械的轴（做旋转或往复运动）或阀门的阀杆泄漏。

按制作方法，密封填料分为编织填料与成型填料。以纤维纺线（如棉、麻、塑料、金属、石棉及碳纤维和复合纤维纺线）为原料的编织填料（俗称盘根），常在阀杆密封中使用。成型填料泛指用聚四氟乙烯、橡胶、石墨、皮革及金属材料经模压或车削加工成型的密封圈。按照密封圈横截面形状分，成型填料有 O、V、U、L、J、Y 形等。

编织填料塑性大，属于软填料。用金属、尼龙、聚四氟乙烯等硬度较大的材料加工成型的填料常称为硬填料。软填料和硬填料的密封原理通常是不同的。

2. 填料密封原理

1）软填料密封原理

图 2-5（a）为软填料密封结构示意图。填料函中，多圈编织填料缠绕在轴上或多个成型填料套在轴上。填料正上方为填料压盖。该密封结构共有三条泄漏通道：填料内部渗透泄漏、填料与填料函内壁和填料与轴的界面泄漏。通过填料压盖施加载荷压紧时，软填料均易发生塑性形变：在轴向压缩，在径向延展，与轴及填料函内壁贴合，以上三条泄漏通道均被不同程度地阻塞。流体在填料函中的实际泄漏通道呈迷宫式。流体经过迷宫式通道时，多次阻塞、节流、降压，流动阻力大，从而实现密封，这称为“迷宫效应”。

轴与填料总要做相对运动，所以轴与填料的界面是主要泄漏通道。填料对轴的压紧力越大，密封效果越好，但是填料与轴的摩擦功耗与磨损也越大。密封与摩擦成为一对矛盾，所以填料密封需要润滑。浸渍在软填料中的润滑油在填料与轴的贴合面上形成液膜，类似于滑动轴承的边界润滑状态，增强了密封作用，这称为“轴承效应”。软填料密封是“迷宫效应”与“轴承效应”综合协同作用的结果。

2）填料密封对填料的要求

轴与填料、填料函、填料压盖等共同组成一个密封结构，只有密封结构合理、各部分都符合要求，才能保证密封效果。化工机械的轴和阀杆均有一定的粗糙度、椭圆度和弯曲度，轴在旋转中还可能发生振动，这些因素都不利于填料与轴的贴合。除了轴的加工、安装必须符合要求之外，密封填料通常应具备下列条件：①有一定的塑性，在填料压盖压紧时能产生径向压紧力并与轴紧密贴合；②应有足够的回弹力，以补偿轴的加工精度等因素造成的不利影响；③耐摩擦性能好，磨损轻，寿命长，放热少。可选择自润滑性能好的材料作填料或在填料中加润滑剂；④有足够的化学稳定性，不腐蚀密封面，不污染介质，填料不会被介质泡胀，填料中的浸渍剂也不会被介质溶解；⑤制作简单，填装方便。

3）填料对轴压紧力的分布

填料对轴的压紧力及其沿轴向的分布，是影响填料密封效果的重要因素。如果把介质泄漏来源的一端称内端，填料压盖一端称外端，径向压紧力的分布是由外端最大值急剧减少后趋于平缓，内端最小[图 2-5（a）]；而泄漏介质的压力分布是由内端到外端逐渐减小，压紧力分布极不合理，影响密封效果。所以，实际应用中不得不额外增大压紧力，使得靠近外端的填料所受压紧力特别大，轴运动时填料及轴的磨损也大。因此，软填料密封的应用受到一定限制。软填料密封用于阀门阀杆的密封尚可。离心式清水泵常使用软填料密封，它允许泵轴填料有微量泄漏，泄漏出来的水对泵轴有润滑和冷却作用。软填料用于其他离心泵时，填料与泵轴的更换比较频繁。输送易燃或有毒液体的离心泵不可使用填料密封。填料用于高速高压旋转轴的密封很不理想。

为了改善填料密封压紧力分布不合理的缺陷，某些大型阀门阀杆的填料密封，采用从内端施加载荷压紧软填料的密封结构，其压紧力分布见图 2-5(b)，在泄漏介质压力最大的内端，压紧力也最大。某些大型阀门阀杆采用内、外两端双向压紧软填料的密封结构，见图 2-5(c)，压紧力分布比较均匀，中间压紧力较小，易形成较厚的液膜，利于润滑和密封。

当轴做往复式运动时，压紧力的分布呈周期性变化：当轴由外端向内端运动时，内端填料压缩压紧力增大，外端填料膨胀压紧力减小；当轴由内端向外端运动时，内端填料膨胀压紧力减小，外端填料压缩压紧力增大。不仅压紧力的分布状况不合理，而且填料还频繁发生压缩、膨胀，对密封极为不利。往复运动的轴密封不适合采用软填料密封方式。

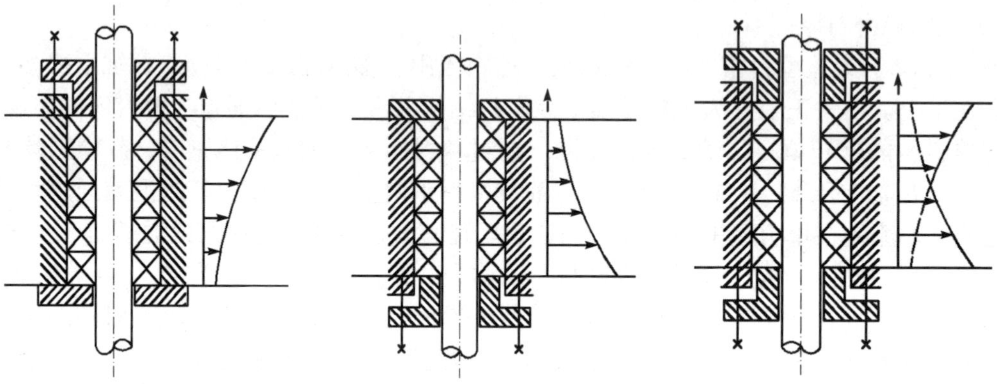

(a)　　(b)　　(c)

图 2-5　填料密封压紧力分布

4）硬填料密封应用简介

硬填料密封广泛应用于往复式气体压缩机等做往复式运动的轴的密封，也用于高速高压旋转运动的轴的密封。不同的应用场合，密封结构不同，密封原理也不同。硬填料密封常利用气体的压力达到自紧密封。

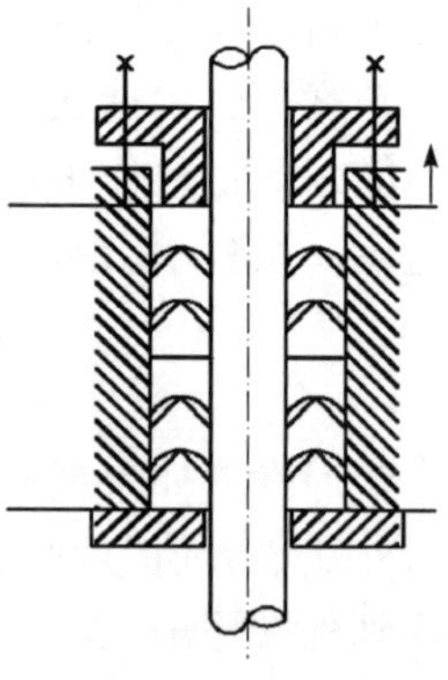

图 2-6　V 形环自紧密封原理示意图

有些硬填料可满足上述软填料密封的要求，其密封原理与软填料密封类似。在阀门阀杆部位的密封中，常使用填充聚四氟乙烯等材料制作的成型填料 V 形环，实现阀杆自紧密封。用于高、中、低压不同场合时，V 形环的角度、尺寸等参数不同，但其密封原理相同。如图 2-6 所示，在填料函与阀杆之间，安装几组填料(图 2-6 示意图为两组)，每组填料有上、中、下三个 V 形环，环之间留有间隙而不是完全紧密贴合。沿阀杆泄漏的流体进入这些间隙，在流体压力作用下，V 形环开口（注意开口方向）扩张，与阀杆及填料函贴合更紧密，实现自紧密封。对于自紧密封，填料压盖施加的初始压紧力可以小很多。

有的高压往复式气体压缩机填料函内，串联安装多组填料盒，每个填料盒内填充一组聚四氟乙烯 V 形环填料，实现活塞杆的自紧密封。填充聚四氟乙烯填料具有良好的密封性能，使用时，轴表面形成一层聚四氟乙烯薄膜，有很强的自润滑性能，可省去润滑油，使用寿命长。气体压缩机填料函外围，通常设计有冷却水夹套以降低填料密封的工作温度。

有些硬填料密封的原理与软填料密封完全不同。例如，活塞环属于开口式密封圈，有的密封圈由 3 块或 6 块圆弧块组成，称三瓣式或六瓣式密封圈，有的高压往复式气体压缩机活塞杆采用唇形密封。这三类硬填料密封的密封原理各不相同，可参阅有关化工机械书籍。

## 二、机械密封

机械密封是旋转轴用动密封，广泛应用于离心泵、反应釜、离心机、风机、潜水电机、冷冻机、内燃机等。我国离心泵和反应釜用机械密封已经标准化、系列化。与软填料密封相比，机械密封有如下优点：密封可靠，在长期运转中密封状态稳定，泄漏量约为软填料密封的 1%；使用寿命长，一般可达 1～2 年或更长；摩擦功率消耗仅为软填料密封的 20%～30%；一般情况下不需经常性维修；抗震性好，对旋转轴的振动及轴对密封腔的偏斜不敏感；能适应高温、低温、高压、真空、高速及各种强腐蚀性介质、含固体颗粒介质等苛刻工况的密封要求。但与软填料密封相比，机械密封有如下缺点：机械密封对加工要求高；安装与检修比较复杂；发生事故时处理较困难；价格高。所以，各种阀门、旋转阀杆的密封和常温、低压下运行的离心泵、真空泵等化工机械的旋转密封还是采用填料密封合适。

机械密封又称端面密封，靠一对或几对垂直于旋转轴、高精度的端面实现密封。一对密封端面中，一个为静止环（静环），一个为旋转环（动环），两环保持紧密贴合并相对滑动摩擦。流体通过两环之间的间隙泄漏时，泄漏阻力很大，从而实现密封。机械密封技术的关键是：设计密封结构，使两端面的间隙成为介质泄漏的唯一通道，并且端面间隙很小，流道阻力很大。《机械密封技术条件》规定，密封端面粗糙度，金属环不大于 0.2μm，非金属环不大于 0.4μm，对两密封端面的平行度、精度要求也很高。动环与静环的材料常用硬-硬搭配或硬-软搭配，常用硬材料为硬质合金、碳化硅或氮化硅陶瓷，常用软材料为浸渍石墨等。端面边使用边研磨，理想情况下，密封面可保持很高的光洁度与贴合度。

机械密封种类很多，通常由以下四大部分组成（图 2-7）：①静环 1 及动环 2；②以弹性元件 3（或磁性元件）为主的补偿缓冲机构，其作用是施力给动环，使其与静环保持紧密贴合，端面磨损也由补偿机构的弹力（或磁力）自动补偿；③使动环和旋转轴一起旋转的传动机构；④辅助密封。动环辅助密封圈 6 阻止介质沿动环与轴之间的间隙即图中所示的 B 通道泄漏。静环辅助密封圈 8 阻止介质沿静环与端盖 9 间的间隙即 C 通道泄漏。端盖与密封腔体连接处的静密封常用 O 形圈密封，其作用是阻止流体沿 D 通道泄漏。这三处辅助密封迫使流体介质只能通过两密封端面的间隙即图 2-7 所示的 A 通道泄漏。

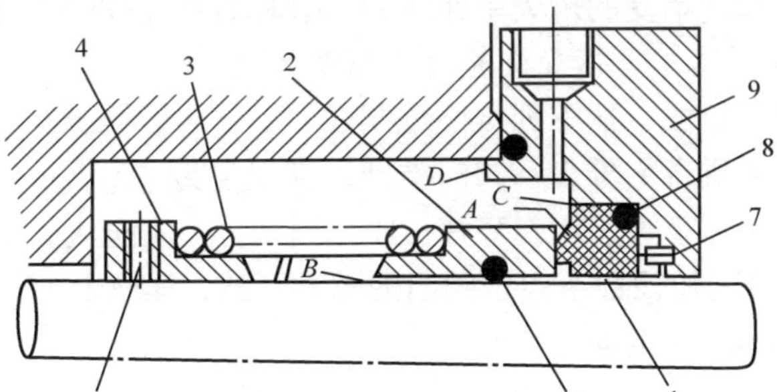


图 2-7　机械密封示意图

1.静环；2.动环；3.弹性元件；4.弹簧座；5.锁紧螺钉；6.动环辅助密封圈；7.防转销；8.静环辅助密封圈；9.端盖

## 第四节　阀门密封技术

本节介绍阀门的分类及型号、阀门常见故障与维护等，重点分析阀门密封技术。

### 一、阀门概述

调节阀门是控制化工生产过程的主要手段。阀门的基本功能是接通或截断流体管路，改变管路内流体的流向，调节流体的流量或压力，保证管路和设备正常运行。阀门在化工生产中的用途非常广泛，也是各种机械设备、车辆、船舶及家庭不可缺少的。

阀门的用途广泛，分类方法较多。按使用功能，阀门可分为截断阀、调节阀、分流阀、止回阀、安全阀、多用阀六类。截断阀用于接通或截断流体通路，包括截止阀、闸阀、旋塞阀、夹管阀、球阀、蝶阀、隔膜阀等；调节阀用于调节流体的压力、流量等，包括各种调节阀、节流阀和减压阀等；分流阀主要用于分配流体的通路去向，或将两相流体分离，包括滑阀、多通阀、疏水阀和排空气阀等；止回阀又称单向阀或止逆阀，其作用是只允许流体沿一个方向流动，当流体倒流时自动关闭，在有些情况下可用作防火防爆装置，止回阀有摇板式、升降式和球式等多种；安全阀的作用是：当超压时自动开启排气减压；当气压降低至一定值时，自动关闭，防止超压爆炸；多用阀是具有一种以上功能的阀门。

按驱动装置的类型，阀门可分两大类：少数阀门依靠介质（液体、气体）本身的能力而自行动作，如止回阀、安全阀、浮球调节阀、疏水阀、某些减压阀等；多数阀门或手动、或电动、液动、气动。按公称压力分类，阀门又可分为真空阀、低压阀、中压阀、高压阀、超高压阀。为了保证阀门的强度，除了结构设计之外，还必须正确地选用材料。就阀体材料而言，通常低压非腐蚀性流体用的阀门常使用铸铁或铸铜；中压阀常用铸钢或锻钢；高温或高压阀常使用合金钢；用于腐蚀性流体的阀门用不锈钢或塑料。阀门还可以按照阀体与管道的连接方式及使用温度等进行分类。

阀门种类繁多、构造各异，通常由阀体、阀座、启闭件、驱动机构、密封件、填料函、阀盖和紧固件等组成。启闭件也称阀芯、阀瓣或阀头，是阀门的关键部件。阀门的控制功能就是依靠驱动机构或流体，驱使阀芯做升降或滑移、旋摆、回转运动，从而改变流道面积的大小来实现的。

密封性能和强度性能是一切阀门最基本的性能。阀门的主要参数包括：公称压力（PN），指阀门在规定的温度下允许承受的最大工作压力；公称直径（DN），指阀体与管子连接端部的名义内径；温度范围（TN），指允许流体的温度范围。

阀门型号由七个单元组成，按下列顺序编制：

（1）第一单元用汉语拼音字母表示阀门类别，其规定为：Z 表示闸阀；J 截止阀；L 节流阀；Q 球阀；D 蝶阀；G 隔膜阀；X 旋塞阀；H 止回阀；A 安全阀；Y 减压阀；S 疏水阀。

（2）第二单元用一位阿拉伯数字表示阀门的驱动形式，其规定为：3 表示蜗轮；4 正齿轮；5 伞齿轮；6 气动；7 液动；9 电动。

（3）第三单元用一位阿拉伯数字表示阀门与管道等的连接方式，其规定为：1 表示内螺纹；2 外螺纹；4 法兰；6 焊接；7 对夹；8 卡箍；9 卡套。

（4）第四单元用一位阿拉伯数字表示阀体的结构形式。因为每种类型的阀门的结构形式并不相同，所以该阿拉伯数字表示阀体的结构形式，对于不同类别的阀门是不同的。以闸阀为例，其规定为：1 表示楔式、明杆、单闸板；2 楔式、明杆、双闸板；3 平行式、暗杆、单闸板；4 平行式、明杆、双闸板；5 楔式、暗杆、单闸板；6 楔式、暗杆、双闸板。对于截止阀和节流阀，规定为：1 表示直通式；4 直角式；5 直流式；8 波纹管式。

（5）第五单元用汉语拼音字母表示阀门密封面或衬里所用材料，其规定为：T 表示铜合金；X 橡胶；SN 尼龙塑料；SA 氟塑料；B 巴氏合金；H 不锈钢；D 渗氮钢；Y 硬质合金；CJ 衬胶；CQ 衬铅；CS 衬塑料；TC 搪瓷；P 渗硼钢。

（6）第六单元用数字表示阀门公称压力，它的单位是 1MPa 的十分之一，并以短横线与第五单元分开。

（7）第七单元用汉语拼音字母表示阀体材料，其规定为：Z 表示灰铸铁；C 碳素钢；R 铬镍钼钛耐酸钢；K 可锻铸铁；T 铜或铜合金；V 铬钼钒合金钢；G 高硅铸铁；I 铬钼合金钢；P 铬镍钛耐酸钢；Q 球墨铸铁。

例如，Z543H-16C 为伞齿轮传动法兰连接平板闸阀，公称压力 1.6MPa，阀体材料碳素钢。

## 二、阀门密封技术的特点

### 1. 外密封

阀门的密封分内密封和外密封。外密封的作用是防止阀门内部的介质向周围环境泄漏。阀门通常有 3～4 个可能的外泄漏点。化工阀门与连接管道之间多为法兰连接，采用垫片密封，是两个可能的外泄漏点。填料函与阀杆之间采用填料密封。为加工及维修方便，有的阀门带有阀盖，阀盖与阀体之间通常采用垫片密封。

### 2. 内密封

内密封的作用是保证阀门关闭严密，避免阀门关闭后流体仍然从阀门通过（内漏）。内密封是通过阀芯的密封面与阀座的密封面的直接紧密贴合实现的，这一对密封面称为密封副。能否成功实现内密封，取决于阀门关闭时这一对密封副的贴合是否紧密。

1）密封副的材质

阀门使用过程中，密封副要经受介质（包括流体中的固体颗粒、杂质）的冲刷和磨蚀。阀门每开关一次，一对密封副都要磨合一次。阀门关闭后，密封副承受着阀门进出口的压力差。密封副的工作状况相当苛刻。为了保证阀门的密封性能，延长阀门使用寿命，密封副的材质至关重要。密封副材料必须耐磨、耐腐蚀、耐擦伤、耐冲击，有较高的强度、硬度和良好的加工性能。密封副的材料要根据用途选择。例如，低压阀的密封面大多使用黄铜或青铜，高、中压阀大多使用不同型号的不锈钢，要求较高的高、中压阀或高温阀等使用钴基硬质合金等。如果介质的腐蚀性强，要优先考虑材料的耐腐蚀性，此时常使用非金属材料。例如，蝶阀的密封圈和隔膜阀的隔膜可采用各种橡胶材料。填充聚四氟乙烯等具有优良的耐磨性和耐腐蚀性，可用其制作密封副，在可使用的温度范围内具有比金属更好的密封性。

密封副与阀体的材质通常不同。密封副与阀体的结合方式有两类：一类是用合适的材料（如橡胶、塑料、巴氏合金等）制成密封圈，然后将其作为密封副安装在阀芯或阀座上。另一类是在阀芯或阀座上加工密封副。如果阀芯或阀座的材料适合加工密封副，就直接加工，否则需要先改造阀芯或阀座。改造方式有多种，如在阀芯或阀座基体金属上进行渗氮、渗铬处理，或在阀芯及阀座上热喷涂某种材料，或在阀芯及阀座上堆焊另一种合金。

2）阀门内密封的密封形式

为了保证阀门的密封性能，密封面要加工成一定的几何形状，以便采用有利的密封形式。同时，加工后的密封面要求具有很高的光洁度。

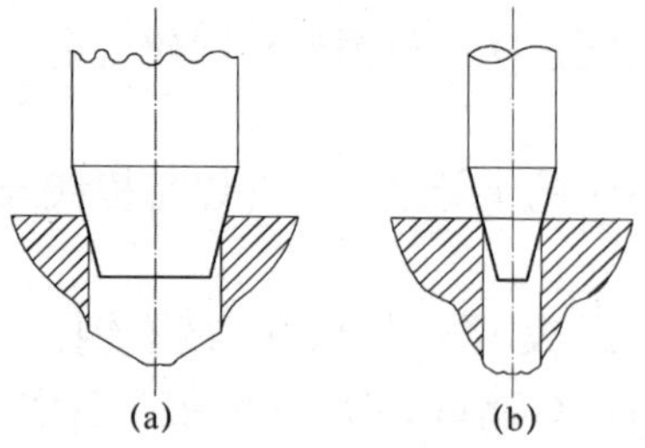

图 2-8　锥面密封

阀门内密封的密封形式有以下几种。①平面密封。一对密封副的几何形状都是平面，通过阀杆对密封副平面施加一定压紧力（关闭力），就可以实现密封，许多截止阀和闸阀采用平面密封。②锥面密封。一对密封副的几何形状都是锥面（图 2-8）。不少截止阀采用如图 2-8（a）的密封形式。不少调节阀采用如图 2-8（b）的密封形式，接触面积小，俗称针型阀。旋塞阀的旋塞通常为圆台状，整个圆台侧面为密封面，可旋转 90°或 180°，在某角度旋塞有通道。③球面密封。密封副中有一个或两个几何形状为球形。④圆弧面密封。一对密封副中有一个几何形状是圆弧面，另一个可能是 O 形圈或其他密封圈。⑤刀形面密封。一对密封副中有一个形如刀刃的密封面，关闭力不能太大，用于真空阀等。

## 三、阀门常见故障分析

### 1. 内漏

启闭件与阀座之间的泄漏即内漏不易发现，但是可能造成重大事故。**【案例 1-1】**印度博帕尔事件的起因就是阀门内漏。事故发生前，操作人员拟用高压水冲洗与甲基异氰酸酯（MIC）储罐相连的过滤器。为防止高压水进入储罐，操作规程规定：冲洗之前要用盲板将储罐与高压水系统隔断。操作人员仅关闭了与储罐联通的阀门。因该阀门内漏，高压冲洗水经该阀门进入 MIC 储罐，水与 MIC 在储罐内反应放热，致使 MIC 温度不断升高、气化，最后超压排入大气。工艺操作规程之所以规定要用盲板将储罐隔断，就是预防该阀门内漏。

为确保安全，化工检修前需要将检修部位与其他部位彻底隔绝。因阀门发生内漏的可能性较大，仅关闭阀门不可靠！彻底隔绝的方法之一是，在化工管路上两片法兰之间安装一块盲板。因为侥幸心理没有安装盲板而导致重大伤亡事故的绝非博帕尔事件。

盲板又称法兰盖，是中间没有孔的法兰。除了用于检修前管路隔绝之外，盲板的另一个作用是作为盖子安装在管路“盲肠”处的管口上，需要检查或清理管道时，可拆下盲板。

用于检修前化工管路的隔绝时，盲板的事前安装与事后拆除称盲板抽堵作业。盲板安装及拆除与否及安装位置的选取，是事关检修作业及生产安全的大事，故盲板抽堵作业列入特殊检修作业。作业前，必须先申请安全作业证，经批准之后方可进行（第八章）。

阀门内漏比较常见，阀门内漏的原因有：

（1）密封面问题。例如，密封副材料选择不当，经受不住介质的腐蚀而损坏或密封副接触贴合不严密。

（2）密封圈问题。密封圈与阀座或阀芯配合可能不严紧，关闭阀门时用力过大过猛，某些非金属密封圈容易损坏或松脱。

（3）阀芯脱落。多数阀门的阀芯与阀杆连接，阀芯上粘有沉淀或异物时，开关阀门可能造成阀杆与阀芯连接失灵甚至阀芯脱落。

（4）阀芯与阀座配合问题。例如，阀芯与阀杆连接不牢靠或阀杆弯扭，使阀芯与阀座上下不对中。

（5）因焊渣、铁锈、尘土、结晶、沉淀等杂质嵌入或卡在阀芯与阀座之间，阀门不能关严。

（6）其他原因。例如，为了便于更换阀座，有的高压阀门的阀座与阀体不是一体的，阀座与阀体之间的密封为垫片密封，一旦泄漏，阀门将会发生内漏。

### 2. 填料泄漏

与化工机械轴的密封不同，阀门阀杆的填料密封基本为静密封，阀杆材质及加工精度不如轴，使用过程还可能发生腐蚀。阀门填料泄漏比较常见，常见的泄漏原因如下。

（1）填料问题。例如，填料与工作介质的腐蚀性、温度、压力不相适应，填料使用太久已经老化等；填料装填过少或未压紧。选择阀门时，填料必须与介质适应。

（2）阀杆问题。例如，阀杆弯曲、有椭圆度、表面光洁度不够、有刻痕，阀杆已发生点腐蚀，或因露天缺乏保护而生锈等。

（3）填料压盖松动或者损坏，压紧力不足。例如，填料压盖有缺陷或已开裂。压紧填料时，要对称地旋转螺丝，不可偏歪，用力要均匀。

（4）截止阀等阀门的构造特点是出口一侧总与填料函连通。安装截止阀时，要注意阀体上流体流动方向标志，如果进出口颠倒，填料将长期承受阀门进口流体的压力，易泄漏。

### 3. 阀门开关失灵

阀门开关失灵的原因有：

（1）化工生产中许多阀门经常处于关闭状态，只有在特殊情况下才开启。这些常关阀门的阀杆或阀芯易腐蚀锈死，致使阀门无法开启。有的常开阀门也可能难以关闭。

（2）阀芯脱落或阀芯上粘有结晶、沉淀或异物，阀芯被卡住。

（3）填料压得过紧及阀杆弯扭或阀杆表面光洁度太差，缺少润滑。

## 四、阀门的维护

就化工厂建厂投资与日常维护费而言，阀门部分约占全厂的10%。对于阀门要合理选用、正确操作、精心维护。维护应重点关注密封副和阀杆，目的在于保证阀门启闭可靠、减少泄漏及各类事故和延长阀门的使用寿命。

### 1. 密封副的维护

在阀门使用及维修过程中，保持密封副的平整度和光洁度是延长阀门使用寿命的关键。关闭阀门时不要用力过大过猛，否则容易损坏密封面或扳断手轮、手柄，当一对密封副的接触面积非常小的情况下，更应注意。阀芯与阀座之间有硬度大的杂物，可能损坏密封副，如判断有杂物（如管路初用），可将阀门微启，利用介质的高速流动将杂物冲走，然后轻轻关闭，如此重复多次直至冲净。高速气流可能冲蚀密封副。例如，将截止阀、闸阀当作调节阀使用时，因流动通道截面积小，流体流速过大，密封副可能经受不住高速流动介质的冲蚀，容易内漏。在阀门使用过程中，如果密封副的光洁度达不到要求了，可以检修重新研磨以达到光洁度要求。

2. 阀杆的维护

不经常启闭的阀门也要定期转动阀杆。如阀门是机械启动，要按时对变速箱添加润滑油。阀杆螺纹经常与阀杆螺母摩擦，要涂少量黄干油、二硫化钼或石墨粉，起润滑作用，也防止生锈。对已经被尘土弄脏的润滑剂要及时更换，因为尘土中含有硬杂物，容易磨损螺纹和阀杆表面，影响使用寿命。要经常保持阀门的清洁。室外阀门要对阀杆加保护套，以防雨、雪、尘土等。不要依靠阀门支持其他重物，不要在阀门上站立。

手动阀门使用广泛，其手轮或手柄是按照普通人的力量来设计的，考虑了阀门能承受的强度和必要的关闭力，因此不能用长杠杆随意加大力臂。开关阀门时，用力应该平稳，开关要缓慢。阀门启闭速度过快，管道内的流体不仅流速发生突然变化，压力也要突然变化，可能使阀门、管道等受损。阀门应保持开关自如。阀门开关过于轻松时，填料容易泄漏；开关过于费力时，如因为填料太紧，可适当调整填料压盖，如因为阀杆歪斜，应修理阀杆。要经常检查并保持阀门零部件的完整性

## 第五节　焊接缺陷及其危害

金属焊接通常密封可靠，故化工容器的制作和检修常采用焊接技术。焊接缺陷是化工容器发生泄漏或破裂事故的隐患。了解焊接缺陷的表现、危害等知识很有必要。

### 一、焊接缺陷的危害

在化工容器的焊接制造过程中，可能产生各种焊接缺陷。在容器使用过程中，这些缺陷会发展恶化。焊接缺陷严重影响化工容器的强度和使用寿命，对于容器的安全使用是隐患。

**【案例 2-5】**2007 年德州石油化工厂司炉工在巡回检查时发现，正在运行的一台 SHL20/25/400-AI 锅炉左侧下锅筒环缝漏汽，汽柱高达 1m。采取紧急停炉措施两天后，对锅炉进行检验发现，在下锅筒顶部焊缝中间，有一条纵贯焊缝及热影响区的裂纹，长 150mm，焊缝上有返修的痕迹，锅筒内的线形裂纹已达百余条，其中穿透性裂纹有 35 条，长度分别为 15～60mm，裂纹均匀地分布在筒体与封头内外。在对该锅炉的操作进行详细了解之后，专家认为锅炉的启动和停炉操作程序不正确，这是下锅筒环焊缝局部开裂及热影响区产生裂纹的重要原因。

作为化工容器制造单位，要加强焊接和焊后热处理工艺的监督和检验，及时发现和消除超标的焊接缺陷。作为容器的使用单位要注意，不使用资质不合格的企业制作的化工容器，在化工装置维修中，必须保证焊接质量。还应注意的是：如何及时发现压力容器和管道的焊接裂纹等焊接缺陷；在工艺操作中如何避免焊接缺陷的发展。关于如何正确使用有焊接缺陷（包括返修后）的化工容器，将在压力容器安全一章中进行讨论。

### 二、焊接缺陷

金属焊接方法有几十种，主要分为熔焊、压焊和钎焊三大类。化工企业多采用熔焊。熔焊过程是利用热源产生的高温将母材和填充金属加热，并在局部区域发生熔化而形成焊接熔池，当热源离开后，焊接熔池温度迅速下降并凝固结晶形成焊缝。焊缝及其邻近区域的母材的组织和性能均发生了变化，母材发生变化的区域称为热影响区。焊接缺陷常发生在焊缝区

和热影响区。焊接缺陷包括外部缺陷和内部缺陷。

1. 外部缺陷

外部缺陷是指不借助仪器、从工件表面就可以发现的表面缺陷。常见的外部缺陷有咬边、焊瘤、凹陷及焊接变形等，有时还有表面气孔、表面裂纹和单面焊的根部未焊透等。

（1）尺寸缺陷。如焊缝太窄或太宽，焊缝加强高度过高或过低甚至下陷等[图 2-9（a）]。

（2）咬边。咬边是指焊趾的母材部位产生凹陷或沟槽[图 2-9（b）]，是由于电弧将焊缝边缘的母材熔化后，没有得到熔敷金属的充分补充所留下的缺口，是焊接操作不当造成的。咬边减小了母材的有效截面积，降低结构的承载能力，同时还可能引起应力集中，形成裂纹。

（3）烧穿。烧穿是指焊接过程中熔深超过工件厚度，熔化金属自焊缝背面流出，形成穿孔性缺陷。焊接电流过大，电弧在焊缝处停留过久，都会产生烧穿缺陷。工件间隙太大、钝边太小，也容易出现烧穿现象。烧穿完全破坏了焊缝，使接头丧失其连接及承载能力，是锅炉等压力容器产品不允许存在的缺陷。

（4）形状缺陷。如焊缝表面粗糙、焊道熔敷不均匀、焊缝与母材过渡不圆滑等。

（5）弧坑。焊接断弧或收弧时，焊道末端形成的低洼部分[图 2-9（c）]。产生原因主要是熄弧时间太短或焊接薄板时电流过大。

（6）焊瘤。焊缝中的液态金属流到因加热不足而未熔化的母材上，或从焊缝根部溢出、冷却后形成的未与母材熔合的金属瘤即为焊瘤。焊瘤常伴有未熔合、夹渣等其他缺陷，易导致裂纹。同时，焊瘤改变了焊缝的实际尺寸，会带来应力集中。

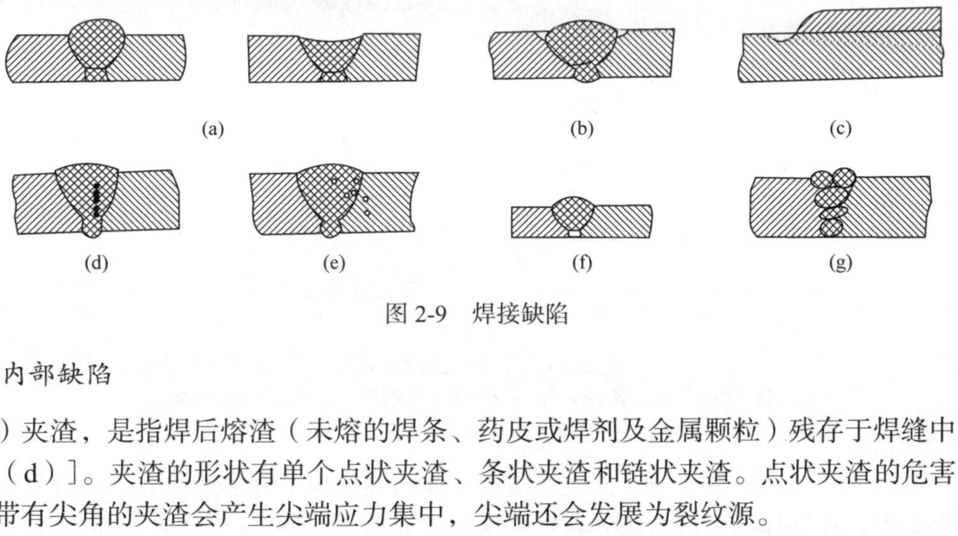


图 2-9　焊接缺陷

2. 内部缺陷

（1）夹渣，是指焊后熔渣（未熔的焊条、药皮或焊剂及金属颗粒）残存于焊缝中的现象[图 2-9（d）]。夹渣的形状有单个点状夹渣、条状夹渣和链状夹渣。点状夹渣的危害与气孔相似，带有尖角的夹渣会产生尖端应力集中，尖端还会发展为裂纹源。

（2）气孔，是指焊接时熔池中的气体未在金属凝固前逸出而残存于焊缝中所形成的空穴[图 2-9（e）]。该气体可能是熔池从外界吸收的，也可能是焊接冶金过程中反应生成的。常温固态金属中气体的溶解度只有高温液态金属中的几十分之一至几百分之一。熔池金属凝固过程中，有大量气体要从金属中逸散出来，当凝固速度大于气体逸出速度时，就形成气孔。气孔减少了焊缝的有效截面积，从而降低了接头的强度，降低了塑性，还会引起泄漏。气孔也是引起应力集中的因素。产生气孔的主要原因是母材或填充金属表面有锈、油污等，焊条潮湿也会增加高温金属中气体的含量，从而增加气孔量。

（3）未焊透，是指母材金属未熔化、焊缝金属没有进入接头根部的现象[图 2-9（f）]。未焊透会严重降低焊缝的抗疲劳强度，可能成为裂纹源，是造成焊缝破坏的重要原因。其次，未焊透减少了焊缝的有效截面积，使接头机械强度下降。

（4）未熔合，是指焊缝金属与母材金属或焊缝金属之间未熔化结合在一起的缺陷[图 2-9（g）]。按其所在部位，未熔合可分为坡口未熔合、层间未熔合和根部未熔合三种。未熔合是一种面积型缺陷，坡口未熔合和根部未熔合的结果是明显地减少了承载截面积，应力集中也比较严重，其危害性仅次于裂纹。采用较大的焊接电流，正确地进行焊接操作，注意坡口部位的清洁可以防止未熔合。

## 三、焊接裂纹

焊接裂纹是危害性最大的焊接内部缺陷，是设备、管道尤其是压力容器泄漏的重要原因。根据尺寸大小，裂纹分为三类：宏观裂纹即肉眼可见的裂纹；微观裂纹即在显微镜下才能发现的裂纹；超显微裂纹只有在高倍数显微镜下才能发现，通常指晶间裂纹和晶内裂纹。根据产生温度，裂纹分为热裂纹和冷裂纹。

### 1. 冷裂纹

冷裂纹是焊接容器最常见的裂纹，主要产生于热影响区的各位置，也有发生在焊缝区的，有纵向裂纹、横向裂纹（图 2-10）。冷裂纹在 200～300℃或以下的温度产生，故称冷裂纹。冷裂纹一般是在焊后一段时间（几小时或几天甚至更长）才出现，故又称延迟裂纹。焊接缺陷导致的压力容器事故中，绝大部分是冷裂纹引起的脆性断裂破坏。

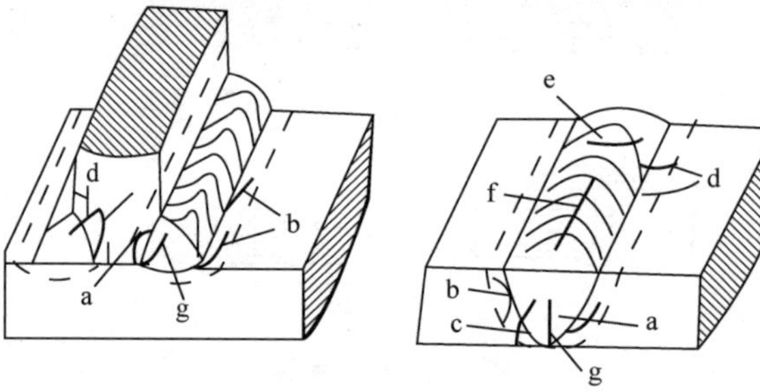


图 2-10　冷裂纹出现的部位

a. 焊道下裂纹；b. 焊趾裂纹；c. 根部热影响区裂纹；d. 横向热影响区裂纹；e. 横向裂纹；f. 纵向裂纹；g. 根部裂纹

焊接过程中，焊接材料中的水分或油污在电弧高温作用下分解产生氢，部分氢进入熔融的焊缝金属中。在钢焊缝中，大部分氢是以氢原子或离子的形式存在的，它们与焊缝金属形成间隙固溶体。由于氢原子和离子的半径很小，它们在焊缝金属晶格中容易扩散、聚集，当聚集到一定浓度时，就会破坏金属中原子的结合键，金属内局部区域就出现一些微观裂纹，微观裂纹不断地扩展，就成为宏观裂纹。氢在金属中扩散、聚集而诱发的裂纹称为氢致裂纹，该过程需要一定时间，这是裂纹延迟出现的原因。

焊接冷裂纹的生成有三个要素：氢气、应力和钢材组织。选用碱性焊条、焊条使用前进行烘干等都可以降低焊接接头中的含氢量，含氢量低于临界含氢量将不会产生冷裂纹。氢在金属中扩散、聚集和冷裂纹的产生，更倾向于发生在应力较大的部位，焊接后热处理可降低焊接接头应力，减少钢材吸附的氢，有可能避免冷裂纹产生。钢材组织中的马氏体易存在过饱和状态的氢，裂纹容易产生和发展。所以，在焊缝冷却到马氏体转变温度（200～300℃）时，易产生冷裂纹。某些钢材，如中高碳钢、合金钢等在焊接时易形成冷裂纹，在这些钢材中添加某些组分，避免钢材组织在焊接时发生不良变化，是避免焊接冷裂纹产生的重要措施。

2. 热裂纹与再热裂纹

热裂纹发生于焊缝金属凝固末期，是温度处于固相线附近的高温区（700～1000℃）产生的焊接裂纹，通常发生在含硫、磷等杂质较多的碳钢、低合金钢、奥氏体不锈钢等材料的气焊缝中。产生热裂纹主要是由于焊缝金属凝固结晶过程中存在结晶偏析现象，焊缝金属中不易凝固的低熔点杂质或共晶富集于晶界，其凝固较晚、凝固后强度较低，成为焊缝的薄弱环节，当受到焊缝凝固收缩拉应力作用时，容易开裂形成裂纹。热裂纹都是沿晶界开裂，又称结晶裂纹，最常见的情况是沿焊缝中心长度方向开裂，为纵向裂纹。热裂纹主要出现在焊缝金属中，如果母材中有低熔点杂质或共晶存在，在热影响区也可能产生热裂纹。

再热裂纹是当对容器进行退火处理，或经历多道焊接，或长期在高温下使用时，在焊接热影响区内的粗晶区沿晶界产生的裂纹。影响再热裂纹产生的主要因素是：材料中能引起沉淀强化的元素（如 Cr、Mo、V、Ti、Nb）、焊接的拘束应力、焊接及热处理工艺。

为发现焊接裂纹，焊接后要对焊件进行检查，必要时进行探伤。对于在用压力容器要加强外部检查和内部检验，必要时也要进行探伤。探伤属于无损伤检测，常采用的有超声波、X 射线或磁力检测等方法。发现焊接裂纹后，要及时采取措施消除超标的焊接缺陷。

## 思考题及练习题

1. 试述静密封与动密封的概念与分类。
2. 试述泄漏的必要条件和密封的基本思路。
3. 试述渗透泄漏与界面泄漏的概念及防止这两种泄漏的主要措施。
4. 如何正确选择密封垫？
5. 试述法兰密封面的常用型式及特点。
6. 试述软填料密封的原理。
7. 试比较填料密封与机械密封的优缺点与适用范围。
8. 阀门内漏的原因有哪些？如何防止？
9. 阀门填料泄漏的原因有哪些？如何防止？
10. 调查所在学校（单位）的自来水等管线的阀门、管道的型号及连接密封方式。
11. 焊接裂纹有哪几种？冷裂纹有什么危害？

# 第三章　腐蚀控制技术

**本章学习目标**

（1）结合物理化学中的电化学部分，熟悉电化学腐蚀的机理及影响因素，了解极化、去极化和金属表面钝化、过钝化等概念，掌握析氢腐蚀与吸氧腐蚀原理。

（2）了解常见局部腐蚀的原因，熟悉常用的腐蚀控制技术。

（3）了解化工建筑的防腐蚀技术。

腐蚀控制技术和密封技术均为防止泄漏的技术，是化工安全技术体系的重要组成部分。本章简要介绍金属材料电化学腐蚀的理论，重点讨论各种腐蚀控制技术。

## 第一节　电化学腐蚀概述

### 一、金属材料的腐蚀

腐蚀给国民经济造成的损失是巨大的。英国学者曾经统计了1957年、1971年和1984年因腐蚀造成的经济损失，结论是：腐蚀损失平均约占当年GDP的3.5%，几倍于各种自然灾害损失的总和，其中约23%的损失是可以避免的。德国、美国相继开展调查，得到相似的结论。化工企业的各种装置（设备、管道、阀门、仪表）与建（构）筑物长期在腐蚀性的环境下工作。电气、仪表因腐蚀而引起绝缘破坏、接触不良、指示失真，阀门因腐蚀而锈死或泄漏时有发生。设备、管道等因腐蚀造成危险化学品泄漏，是化工企业发生火灾、爆炸或中毒事故的重要原因。**【案例3-1】**2013年“11·22”青岛中石化东黄输油管道泄漏爆炸事故，共造成62人遇难，136人受伤，直接经济损失7.5亿元。事故起因是输油管道腐蚀损坏导致的石油泄漏。泄漏管道处于与排水暗渠交汇处且海潮倒灌能到达的区域，不时受海水腐蚀。事故前管道腐蚀穿透，原油泄漏流入暗渠。在暗渠这一密闭空间里，石油挥发组分与空气形成爆炸性混合气体。从原油泄漏到爆炸发生，间隔约8h，爆炸性混合气体在排水暗渠中蔓延、扩散，形成大范围连续爆炸的条件。发现石油泄漏后，现场处置人员使用不防爆的液压破碎锤，在暗渠盖板上进行钻孔，产生撞击火花，引爆了爆炸性混合气体。

腐蚀是指材料由于和周围环境作用而造成的破坏。按照腐蚀机理，腐蚀分为电化学腐蚀、化学腐蚀和物理腐蚀。物理腐蚀是指材料在介质中的溶解。化学腐蚀是指材料与介质发生纯化学作用而产生的破坏。化学腐蚀在金属和非金属材料上都可以发生，不产生电流。电化学腐蚀只发生在金属材料上，产生电流。金属的化学腐蚀与电化学腐蚀常常相伴发生，单纯化学腐蚀的例子很少。曾经认为金属的高温氧化是化学腐蚀，如钢铁在空气中加热至200～300℃时开始氧化，表面生成氧化膜。近代研究发现，钢铁表面的氧化膜有导电作用，故仍然属于电化学腐蚀。电化学腐蚀比化学腐蚀普遍得多，也强烈得多，是金属腐蚀的主要原因。金属在大气、水或土壤中的腐蚀通常为电化学腐蚀。

## 二、电化学腐蚀机理

### 1. 腐蚀电池与电化学腐蚀过程

研究电化学腐蚀的理论，对于正确解释腐蚀现象和选择腐蚀控制方法有重要的指导作用。电化学腐蚀的机理是：金属材料不同部位之间存在电势差，同电解质溶液接触时，构成原电池和闭合电路，在阳极金属原子失去电子成为离子。电解质溶液通常为酸、碱或盐的水溶液，它可能来自设备管道内部的物料，也可能来自设备管道外部环境。电化学腐蚀过程的本质是氧化还原反应，氧化反应在阳极发生，还原反应在阴极发生。上述原电池的阴、阳极直接接触，属于短路电池，称为腐蚀电池。例如，钢铁中的碳素体 $FeC_3$ 和石墨的电位高于纯铁，它们与铁分别成为腐蚀电池的阴极和阳极。

金属的电化学腐蚀过程包括阳极过程、阴极过程和电流流动三个互相串联的过程。

阳极过程主要是阳极反应，即金属的氧化反应，当反应产物为可溶性金属离子时，反应式可用以下通式表示

$$Me \longrightarrow Me^{n+} + ne^-$$

$Me^{n+}$以水合离子形式存在。反应产物也可能是可溶性的金属酸根离子（如 $HFeO_2^-$）或不溶性的金属氧化物（如 $Fe_2O_3$）、氢氧化物[如 $Fe(OH)_2$]。

阴极过程主要是阴极反应，即某些氧化剂的还原反应，最常见的是 $H^+$和 $O_2$，其还原反应分别为

$$2H^+ + 2e^- \longrightarrow H_2$$

$$O_2 + 4H^+ + 4e^- \longrightarrow 2H_2O \quad （酸性溶液）$$

$$O_2 + 2H_2O + 4e^- \longrightarrow 4OH^- \quad （中性和碱性溶液）$$

阳极过程和阴极过程都是由一系列串联的步骤组成，除了电极反应外，还包括介质中的反应物由液相主体向电极表面的运动、反应产物由电极表面向液相主体运动等液相传质过程。液相传质有三种方式：在电极表面附近的薄层通过扩散方式进行；在液相主体通过对流方式（自然对流和强制对流）进行；如果反应物或产物是离子，还有电迁移方式。

腐蚀电池中的电流流动过程形成闭合回路，在金属内部是电子的定向运动（由阳极流到阴极）；在电解质溶液内部是离子的定向运动（阳离子由阳极向阴极迁移，阴离子由阴极向阳极迁移）。电流流动过程的电阻取决于电解质溶液内部离子的定向运动。

### 2. 腐蚀电池的极化与去极化

电化学腐蚀速度可以用腐蚀电池的电流强度（腐蚀电流）来表征。试验表明，电化学腐蚀开始时，腐蚀电流初始值最大，之后大幅度减小，直至达到一个稳定值；在腐蚀电流变化的同时，阴极电位降低，阳极电位升高。这种现象称为腐蚀电池的极化。腐蚀电池极化中，阴极电位降低的现象，称为阴极极化，阳极电位升高的现象，称为阳极极化。

根据欧姆定律，腐蚀开始时的腐蚀电流 $I_0$，与阴、阳极间的电位差成正比，与腐蚀过程的总电阻成反比

$$I_0 = \frac{E_{c_0} - E_{a_0}}{R}$$

式中，$E_{c_0}$ 为腐蚀开始时的阴极电位；$E_{a_0}$ 为腐蚀开始时的阳极电位；$R$ 为闭合电路的总电阻，是电路外电阻与内电阻之和。

阴极极化的本质是：电化学腐蚀开始时，电子流入阴极的速度比阴极过程的速度快，过剩的电子在阴极积累起来，使阴极电位降低（负移）。阳极极化的本质是：电化学腐蚀开始时，电子离开阳极的速度比阳离子离开阳极的速度快，过剩的正电荷在阳极积累起来，使阳极电位升高（正移）。当腐蚀电流达到稳定值时，阴极极化中过剩电子在阴极的积累达到一定程度，阴极电位达到稳定状态；同时，阳极极化中过剩的正电荷在阳极的积累也达到一定程度，阳极电势也达到稳定状态。此时，腐蚀达到稳定状态，有如下关系

$$I = \frac{E_c - E_a}{R}$$

式中，$E_c$ 为腐蚀达到稳定状态时的阴极电势；$E_a$ 为腐蚀达到稳定状态时的阳极电势；$R$ 为总电阻，对于实际腐蚀过程实际是电解质溶液内部离子定向运动的电阻。$I$ 为腐蚀达到稳定状态时的腐蚀电流强度，其值必定小于腐蚀开始时腐蚀电池的电流强度 $I_0$。总之，极化的结果是阴极与阳极电势差即电流流动过程的推动力降低，而总电阻变化不大，所以腐蚀电流大幅度减小。对于金属电化学腐蚀控制而言，极化是有益的。

腐蚀电池的极化作用使电化学腐蚀速度减慢，而腐蚀性物质有削弱极化的作用，或称去极化作用。例如，金属在酸溶液中的腐蚀原因是：金属原子在阳极失去电子成为离子；在阴极，酸溶液中的氢离子接受电子放出氢气（该步骤为阴极过程的控制步骤）。所以腐蚀开始时，必有过剩的电子在阴极积累即阴极极化，到达阴极的氢离子接受电子使阴极去极化，腐蚀得以继续。此类腐蚀称氢去极化腐蚀或析氢腐蚀。

钢铁在水或潮湿空气中的腐蚀，其阳极过程包括：铁原子在阳极表面失去电子成为亚铁离子，亚铁离子由阳极表面向液相主体运动等步骤。其阴极过程包括：氧气分子由液相主体向阴极表面运动，在阴极表面得到电子还原为氢氧根，氢氧根由阴极表面向液相主体运动等步骤。水溶液中的二价铁离子与氢氧根结合为氢氧化亚铁，后者与水中溶解氧反应生成氢氧化铁，最终转化为氧化铁与氧化亚铁的水合物，它们是铁锈的主要成分。阴极过程的控制步骤为氧气分子向阴极表面的扩散过程，所以腐蚀开始时，过剩的电子必定在阴极积累即阴极极化，由液相主体扩散到达阴极表面的氧气，接受电子使阴极去极化，腐蚀得以继续。此类腐蚀称氧去极化腐蚀或吸氧腐蚀。

与阴极极化过程相反，氧气或氢离子等氧化剂在阴极得到电子使阴极去极化，这是电化学腐蚀过程得以持续的必要条件。

### 3. 宏观与微观腐蚀电池

通常电化学腐蚀发生在金属材料表面。腐蚀在暴露的整个金属表面比较均匀地发生时，称全面腐蚀，结果是金属变薄、质量减小。对于可能发生全面腐蚀的设备管道，需要计算应留出的腐蚀裕量，在设计时加大壁厚。

局部腐蚀只发生在金属的局部区域。与全面腐蚀相比，局部腐蚀更普遍、危害性更大。局部腐蚀种类较多，发生腐蚀的部位往往不同，不同部位之间形成电势差的原因不同。换热器的腐蚀通常是高温部分腐蚀较低温部分快，其实质是同一金属的不同部位处于温度不同的电解质溶液中，两部位之间存在电势差，发生电化学腐蚀，这种腐蚀电池称温差电池。盛水

的钢槽在气相与液相界面处的腐蚀速度往往较快，这种腐蚀电池称浓差电池，其实质是同一金属的不同部位处于浓度不同的电解质溶液中时，两部位之间存在电势差，发生电化学腐蚀。因同一金属的不同部位的氧浓度不同而发生的电化学腐蚀，称氧浓差电池。两种电势不同的金属互相接触，并处于电解质溶液中发生的电化学腐蚀，称电偶腐蚀，电势较低的金属（阳极）被腐蚀，电势较高的金属（阴极）被保护。为此，两种电势不同的金属连接处要加绝缘材料以避免电偶腐蚀。以上实例的共同点是阳极区和阴极区的尺寸较大，区分明显，所以称为宏观腐蚀电池或大电池。

金属材料表面化学成分或组织结构不均一时，在腐蚀过程中可形成无数微小的阴极或阳极，并与基体金属构成微观腐蚀电池，也称微电池。从暴露的整个金属表面看，众多微电池比较均匀分布时，导致全面腐蚀；完全均匀分布在金属表面的极端情况称均匀腐蚀；微电池只存在于局部狭小区域时，则发生局部腐蚀。所谓组织结构不均一，包括金属的金相组织（如铸铁中的铁素体、渗碳体与石墨）不均一，也包括晶粒与晶界的差异及金属晶格中的错位、空位、各向异性等。例如，晶间腐蚀是从金属表面开始，沿着晶界向内部发展，使晶粒间的结合力大大减弱，显著降低材料的强度，是危害性较大的局部腐蚀形式之一。晶间腐蚀的本质是：构成金属的微小晶体间的部位比晶体本身电势低，从而形成腐蚀电池，所以腐蚀在金属的晶粒边界或它的临近区域进行，而晶粒本身腐蚀很轻微。

### 三、金属表面钝化

普通碳钢储罐可以储存浓硫酸，这是因为浓硫酸使碳钢表面生成了一层耐腐蚀的薄膜（钝化膜），腐蚀速度大大降低，这种现象称金属的钝化。钝化后的金属比较耐腐蚀，即有钝性。腐蚀速度大幅度降低是钝化最明显的特征。例如，实验表明铁在硝酸中的腐蚀与硝酸浓度的关系是：硝酸浓度为 30%～40%时，腐蚀速度最快；浓度超过 40%，腐蚀速度急剧降低；浓度增至 60%以上时，铁的表面发生钝化，溶解速度突然下降为原来的万分之一。钝化后，即使外界条件改变了，金属也可能在相当程度上保持钝性。铁在浓硝酸中钝化完成后，放入稀硝酸中能在相当长时间内保持稳定。钝化是某些金属腐蚀控制最有效的手段之一。钝性的大小与钝化膜的化学性质、膜与金属结合的牢固度、膜的致密程度等密切相关。

金属表面在钝化之前易发生腐蚀的状态称为活化态，由活化态变为钝化态的过程称钝化的建立。钝化态是一个动态，钝化建立后，氧化膜仍在不断溶解，同时也在不断修补。如果氧化膜溶解速度与修补速度相等，就是稳定的钝化态；如果氧化膜溶解速度大于修补速度，金属表面将由钝化态向活化态过渡。金属表面还可能处于过钝化态。过钝化态是金属的另一种活化态，与钝化态相比，金属腐蚀速度又变快。例如，当硝酸浓度在 80%以上时，纯度在 99.6%以上的铝比不锈钢还耐腐蚀，这是因为在如此高浓度的硝酸中，不锈钢能发生过钝化，而铝不会。所以，纯铝材料制成的储罐可以储存浓硝酸。过钝化可能是金属进一步氧化为高价氧化物，也可能是因为发生了某种新的阳极反应。

金属钝化的原因常常是因为金属与某些物质发生了化学反应，产物在金属表面形成了钝化膜，这称为化学钝化。能使金属钝化的物质称为钝化剂，钝化剂通常是氧化剂。铬、铝、钛等金属在空气中或含氧的溶液中易被氧钝化，称为自钝化金属。将钝化性很强的金属（如铬）加入到钝化性较弱的金属（如铁）中，形成组成均一的固溶体合金，当铬的原子分数达到 1/8（质量分数达到 11.75%）以上时，合金表面的铬能氧化形成稳定致密的钝化膜，这是不锈钢耐腐蚀性较强的原因。也有些金属可以在非氧化性介质中钝化，此时膜的成分是盐类，如镁可在氢氟酸中钝化，汞和银可在氯离子的作用下钝化。

钝化后金属的电势强烈正移是钝化的另一个明显特征。例如，铁在钝化态时的电势可以比活化态正移 1V 左右，接近贵金属的电势。金属钝化后，其电化学特点接近贵金属。金属阳极电势正移是阳极极化的特征。通过外加电流使阳极极化可引起金属钝化，这种钝化称为阳极钝化或电化学钝化，这是阳极保护技术的原理。

电化学钝化和化学钝化都在金属表面产生钝化膜。目前有两种关于金属表面钝化膜的理论。成相膜理论认为，钝化膜为紧密的、覆盖性良好的固体物质，是独立的相。有的钝化膜的确如成相膜理论描述的一样，厚度可测，甚至可以与金属分离。但是，有的钝化膜并非固体产物，没有单独成相。吸附理论认为，只要金属表面或部分表面形成氧或含氧粒子（如 $O^{2-}$ 或 $OH^-$）的吸附层，就可改变金属与溶液的界面结构，使电极反应活化能升高，金属表面反应能力下降而钝化。这两种理论都与部分实验结果吻合。

许多电化学腐蚀过程的初生产物即正、负离子，还可能发生反应生成沉淀或气体，即次生产物。这些电化学腐蚀总过程还包括生成新相等次生过程。次生过程在金属上形成难溶性产物膜，可能加速金属的腐蚀，这称为垢层腐蚀；也可能抑制腐蚀，称为机械钝化，其保护作用比氧与金属直接反应生成的钝化膜要差得多。

## 四、电化学腐蚀的影响因素

金属材料电化学腐蚀的影响因素很多，可以归纳为金属材料本身和腐蚀介质两个方面。

### 1. 金属材料与电化学腐蚀

金属的组成、结构、性质、表面状态、变形和应力作用等因素都影响金属的耐腐蚀性。

1）金属的氧化性质

金属的耐腐蚀性首先取决于金属是否容易被氧化。铜、银、金等金属化学性质稳定，不易失去电子，所以不易腐蚀。根据金属的标准平衡电势能大致判断其耐腐蚀性，但是温度、介质、表面钝化等因素对于金属的实际电势影响很大。

2）合金

多数合金耐腐蚀性较好。但是，有些合金中的某一组分可能由于腐蚀优先溶解于电解质溶液，而另一组分富集于金属表面，这称为选择性腐蚀。例如，黄铜易发生选择性腐蚀而脱锌。**【案例 3-2】**2004 年 4 月，江西某厂一个闲置数年的液氯钢瓶阀门发生黄铜脱锌现象，腐蚀产物堵塞了阀门，由于气温升高，瓶内气压升高，将堵塞物冲出，发生液氯泄漏事故，282 人出现中毒反应，128 人住院治疗。事故后推测钢瓶中泄漏的液氯约 20kg。

选择性腐蚀是由于合金各相之间存在电势差而导致的电势学腐蚀。灰口铸铁在水或土壤环境中使用时，电势低的铁优先腐蚀溶解，剩下石墨骨架与铁锈组成的海绵状物质，这种现象称石墨化，也是一种选择性腐蚀，其实质是铁素体与石墨两相之间因电势不同形成微观腐蚀电池。白口铸铁不含石墨，不会石墨化。

3）金属材料表面性质

金属的表面状态也影响其耐腐蚀性。不洁、粗糙的金属比干净、光洁的金属易腐蚀，这是因为不洁金属表面易吸附水分，粗糙金属表面不仅吸附水分，而且腐蚀面积较大。有些材料如不锈钢，仅仅经过预处理提高表面光洁度，或者再进一步抛光，就能提高其耐腐蚀性。

金属材料表面可以覆盖镀膜或漆膜等各种保护性薄膜。如果保护膜是完整致密的，则有抗腐蚀作用；保护膜一旦不完整，在膜覆盖的部位与没有膜覆盖的部位之间，将产生电势差，可能腐蚀更快，表面膜不完整是发生电化学腐蚀的原因之一。

4）阳极与阴极的分布及面积比

腐蚀速度与阳极和阴极的分布有关。例如，在金属表面，当腐蚀能生成不溶性的、与金属结合牢固的保护膜时，阴极越分散，越能生成致密的保护膜，减轻腐蚀，普通碳钢在稀碱液中耐腐蚀就属于这种情形。腐蚀破坏发生在阳极，阳极腐蚀破坏速度和阳极、阴极的面积比关系极大，小阳极、大阴极能使设备很快腐蚀穿孔。**【案例 3-3】**某厂生产用储槽，其中溶液对钢腐蚀性不大，但产品不允许污染，故使用普通碳钢制造，内壁涂酚醛漆防腐。使用十几年后，底部涂层因机械磨损而破坏，需要维修。该厂利用扩产机会，改用底部不锈钢衬里、上部仍为普通碳钢涂酚醛漆的新储槽。新储槽使用仅仅几个月后，在不锈钢与普通碳钢的焊接处上方几厘米位置，因电偶腐蚀穿孔。涂料施工中的缺陷是不可避免的，在缺陷处的普通碳钢成为阳极，不锈钢阴极的面积大大超过阳极面积，是该储槽迅速腐蚀的主因。

5）金属应力

金属材料在机械加工或热加工过程中会发生变形。变形同时必然产生内应力，而高应力部位电势较低，成为腐蚀电池的阳极，因而腐蚀较快，如焊缝附近、钉子头部，这种腐蚀称为应力腐蚀。金属变形实际是金属某些部位的晶格发生了变化，必然影响该处电势。特别是在拉伸力的作用下，更易发生晶格变形，同时金属外表面的钝化膜也易破坏，不仅发生应力腐蚀、腐蚀疲劳，甚至在特定的介质中还会发生应力腐蚀破裂。设备制造过程中的焊接、冷热加工等过程，要注意避免残留应力，以防止应力腐蚀。焊接时要注意采用与基体相同成分的焊条，避免焊接缺陷，减少焊接应力。

### 2. 腐蚀介质对电化学腐蚀的影响

腐蚀介质即氧化剂，能在腐蚀电极的阴极得到电子使阴极去极化。可能作为去极化剂的物质有三类：阳离子（如氢离子、金属离子）、阴离子（如硝酸根等某些含氧酸根）、分子（如氧气、氢氧化铁沉淀、某些有机物）。腐蚀介质的 pH 和氧化性对于金属腐蚀影响很大。水的存在是电化学腐蚀的重要因素。

1）酸腐蚀

析氢腐蚀是化工企业常见的危害性较大的一类腐蚀。在 pH≤4～5 时，金属主要发生析氢腐蚀。在非氧化性酸溶液中，酸浓度越大，金属腐蚀越快，放出氢气越多。在氧化性酸溶液中，若金属表面能形成致密的氧化膜，则金属腐蚀速度随酸浓度增大而减小，否则金属腐蚀速度随酸浓度增大而加大。电解质溶液温度越高，电极反应越快，腐蚀速度越快。金属的析氢腐蚀速度与介质流速及压力无关。

2）氧腐蚀

吸氧腐蚀是自然界常见的破坏性最大的一类腐蚀。大多数金属在中性或碱性溶液中的腐蚀及少数正电性金属在弱酸性溶液中的腐蚀都属于吸氧腐蚀。

（1）溶解氧的浓度对吸氧腐蚀速度影响很大。一般溶解氧浓度越大，腐蚀速度越快，但是溶解氧浓度过大，可以使某些金属钝化，腐蚀速度又会大大降低。金属在中性水溶液中的腐蚀速度与水溶液中的氧含量关系很大，所以在进入锅炉之前，锅炉给水要除氧。

（2）电解质溶液温度升高，腐蚀过程中一系列串联的步骤都加速，通常腐蚀速度加快，但是温度升高使氧在介质中的溶解度下降，吸氧腐蚀将减速。例如，在敞口系统中，铁的腐蚀速度在 80℃达到最大值，然后随温度升高而下降。

（3）设备管道中电解质溶液的流速越大，阴极表面的滞流层就越薄，氧分子通过阴极表面滞流层的扩散过程越快，吸氧腐蚀速度越快。

（4）金属在中性盐溶液中的腐蚀随着盐浓度升高而有所加快，这是因为盐浓度高，盐溶液的导电性大。但是盐浓度过高，溶液中的溶解氧则减少，腐蚀又会变慢。例如，铁在 3%的氯化钠溶液中腐蚀最快，海水中的氯化钠浓度约为 3%，其腐蚀性比淡水大就是这个道理。

3）碱腐蚀

碱类电解质的腐蚀性与腐蚀产物的溶解性有关。当生成不溶性产物时，碱浓度越大，腐蚀速度越慢；当生成可溶性产物时，碱浓度越大，腐蚀速度越快。例如，钢铁在碱液中的腐蚀，在常温下钢铁是耐碱液腐蚀的，pH 为 4～9 时，腐蚀速度与 pH 几乎无关；pH 由 9 升至 14 时，腐蚀速度因氢氧化铁薄膜的生成而降低；pH＞14 时腐蚀速度又加快，这是因为氢氧化铁薄膜转化为可溶性的 $Na_2FeO_2$。铝和锌不耐碱腐蚀，原因是其钝化膜易溶解于碱液。

4）细菌参与的腐蚀

在工业循环冷却水或土壤中，有几种细菌可以加速钢材的腐蚀。硫酸盐还原菌（反硫化菌）常藏在垢层或污泥下，在厌氧条件下可将硫酸盐还原，生成腐蚀性气体硫化氢。打开有关设备后能闻到硫化氢恶臭味，还可能看到底部有一层黑色腐蚀产物，发生穿孔等。在工业循环冷却水中，繁殖最快、数量最多的是异养菌，这类细菌通常产生黏液，是管壁生成黏泥的主因。以异养菌为代表的好氧菌的繁殖消耗氧气，导致金属表面局部区域形成氧浓差电池，加速了腐蚀。硫细菌可将硫元素氧化为硫酸，亚硝酸细菌和硝酸细菌可以将氨转化为亚硝酸和硝酸，能降低局部区域循环冷却水的 pH，加速钢材的腐蚀。

## 第二节　几种常见的局部腐蚀

本节介绍的几种局部腐蚀比较常见，危害较大，应当根据这些腐蚀的发生原因及发展规律，采用有针对性的腐蚀预防措施。

### 一、孔腐蚀

在金属材料表面，出现直径数十微米的腐蚀小孔并不断向深处发展，其余部位腐蚀轻微，这种腐蚀称孔腐蚀或点腐蚀，简称孔蚀。孔蚀是普遍存在、危害较大的局部腐蚀。

孔蚀主要发生在自钝化金属及其合金上（如不锈钢、铝及铝合金、钛及钛合金）。孔蚀通常在此类金属钝化膜的缺陷处引发，如晶格缺陷处或有非金属杂质处。孔蚀的发生主要与腐蚀介质中的氯离子有关。部分氯离子比氧优先吸附在钝化膜的缺陷处，并与金属离子结合成为可溶性氯化物，排挤氧原子，阻止钝化膜的修复，使钝化膜的溶解趋势占优势。钝化膜溶解露出基体金属，形成极微小的蚀孔。蚀孔内的金属处于活态，电势低成为阳极；蚀孔外的金属有钝化膜，电势高成为阴极；孔内外金属组成活态-钝态腐蚀电极，并发生吸氧腐蚀。由于阴极面积大大超过阳极面积，腐蚀速度很快，极微小的蚀孔逐渐成为宏观可见的蚀孔。蚀孔通常沿重力方向发展，不断挖深直至穿孔，也有的扩大为蚀坑而自动愈合。

一般认为，金属发生孔腐蚀需要氯离子浓度达到某个临界值。临界氯离子浓度越高的金属越不容易发生孔腐蚀，即使发生孔腐蚀，孕育期也长，发展也慢。电解质溶液尤其是含氯离子的溶液，在设备管道中处于静止或滞流状态时，孔蚀显著加快。有人做过试验，将 1Cr13 不锈钢试片置于 50℃、流速 0.13m/s 的海水中，1 个月便穿孔；当流速为 2.5m/s 时，13 个月仍无蚀孔。有些设备长期停用比长期使用腐蚀还快，就是这个道理。

## 二、缝隙腐蚀

金属与其连接物之间存在很小的缝隙时，由于缝隙内的电解质溶液扩散受到限制，引起缝隙内金属加速腐蚀，称为缝隙腐蚀。缝隙宽度为 0.025～0.10mm，易发生腐蚀。缝隙太大电解质溶液扩散较容易，缝隙太小电解质溶液难以浸入缝隙内，缝隙腐蚀都难以发生。几乎所有的金属都可能发生缝隙腐蚀，但是以自钝化金属及其合金最敏感。几乎所有电解质溶液中都可能发生缝隙腐蚀，但是以含溶解氧的氯离子溶液最常见。

缝隙腐蚀与孔腐蚀起因不同，但是发展过程却很相似，都可以用闭塞腐蚀电池理论解释。缝隙与蚀孔都属闭塞空间。缝隙内金属一旦腐蚀，缝隙内的电解质溶液难以补充氧，氧浓度越来越低。缝隙内外形成氧浓差电池，缝隙内阳极（面积小）的溶解借助于缝隙外阴极（面积大）的存在可以持续进行。生成的金属阳离子难以扩散至缝隙外，在缝隙内积聚。缝隙内外形成电势差，促使缝隙外阴离子，如氯离子迁入缝隙内生成盐类物质。盐类在缝隙内水解生成氢离子。pH 下降至某临界值，金属去钝化，腐蚀速度加快。上述过程反复进行，闭塞空间内外流体组成、浓度差别越来越大，腐蚀持续强化。

缝隙腐蚀发生在金属构件之间、金属与非金属构件之间及金属表面与其上堆积物之间，如设备的衬板、垫片、污泥沉积处、海生物附着处、腐蚀产物附着处、金属涂层破损处。设备设计时，要尽量避免死角，以免积液或沉积物导致腐蚀。金属部件之间，尽量不用铆接、胀接、螺栓连接等容易留有缝隙的连接方式，要采取合理结构，尽可能避免缝隙腐蚀。

## 三、氢损伤

氢分子或氢原子进入金属材料中，可能发生氢脆、氢鼓泡、氢腐蚀等过程。氢脆与氢鼓泡在常温下即可发生，氢腐蚀则在高温、高压的氢气环境中发生。

### 1. 氢脆

氢脆是指氢对金属材料的物理作用而引起的损伤。例如，进入钢材内部的氢可以被铁吸附，使钢材韧性和抗拉强度下降，使用中可能发生脆性断裂。氢脆在温度为–30～30℃时易发生。氢脆是物理过程，氢并未与金属材料的组分发生任何化学变化，而是溶解于金属中形成固溶体。氢脆的详细机理仍然不清楚，大多数认为是：进入金属内部的氢原子位于点阵的空隙处，在应力作用下氢原子向裂纹前缘等应力集中区扩散，阻碍了该区域的位错运动。氢脆首先使钢材塑性下降（氢致塑性减损），然后产生裂纹（氢致裂纹），裂纹持续扩展，最终导致钢材损坏。

金属材料中的氢可能来自于金属冶炼过程，也可能来自于金属装置的制造、修理（如焊接）或使用（如酸洗）过程。析氢腐蚀也可能成为氢的来源。在金属材料加工过程中，应尽量避免与氢接触，以减少氢被金属材料吸附的机会。例如，焊接时焊条保持干燥等。已发生氢脆的，要尽早脱氢。氢脆发生初级阶段，经真空加热或短期加热烘烤或长期静置，钢材可以脱氢，由氢脆状态部分或完全恢复原状态。

2. 氢鼓泡

**【案例 3-4】**某炼油厂对液化石油气球罐进行内部防腐时，发现两台 400m$^3$ 球罐（材质为 16MnR，已使用 31 个月）内壁下部均匀分布着腐蚀麻坑，2 号罐有鼓泡 43 个，3 号罐 16 个，鼓泡高度 3～15mm，直径 50～120mm，鼓泡表面大部分开裂，鼓泡厚度为 4.5～12mm。

在液化石油气容器内部检查中，常发现这种钢材表面发生氢鼓泡现象。氢鼓泡形成原因是：氢原子进入金属内并向金属薄弱部位（如空穴、非金属夹杂物处）聚积生成氢分子；在某些部位氢气聚积形成夹层，夹层氢气压力越来越高，鼓起形成氢鼓泡；压力过大时鼓泡表面开裂。在钢材内部存在一定空穴条件下，氢脆可以发展为氢鼓泡。氢鼓泡常发生在液化石油气容器内壁，液化石油气中的硫化氢与铁的反应可能成为氢的来源。

3. 氢腐蚀

氢腐蚀是指氢对金属材料的化学作用引起的损伤。对于与氢亲和力较大的金属如钛、锆、铌，氢腐蚀是这些金属生成氢化物导致变脆的过程。含有氧元素的铜材的氢腐蚀，是氢原子夺取氧生成水，气态水可能在铜材内部集聚成为高压气体，对铜材造成破坏。

$$2H + Cu_2O \longrightarrow 2Cu + H_2O$$

化工生产中常见的氢腐蚀是钢材脱碳反应。钢材暴露在高温、高压的氢气环境中，氢气分子在钢材表面分解为氢原子并渗入钢材内部，与碳化物反应生成甲烷，使钢材脱碳，机械强度受到永久性的破坏。

$$4H + Fe_3C \longrightarrow 3Fe + CH_4$$

在钢材内部生成的甲烷如果外溢，钢材从外表看无任何异常，但可因脱碳而发生渗漏，如某厂氨合成塔热电偶套管多次因此发生渗漏，造成测温失灵。如果生成的甲烷集聚在钢材内部无法外溢，压力越来越大，最后可能导致钢材严重开裂。**【案例 3-5】**2000 年 12 月 30 日，山东省肥城市某化肥厂合成操作工在巡回检查中突然发现，直径 1000mm 合成塔底部有泄漏现象，在立即采取紧急停车措施并向调度报告的瞬间发生了爆燃，路过合成塔的 2 名职工当场烧死。事故是由合成塔底部副线异径管爆裂引起的。主要原因是异径管所使用的 20 号钢材，长期在 200℃左右温度下使用，合成氨原料气中的氢气向钢材中扩散，并与碳结合形成甲烷，导致材料基体严重脱碳和晶界开裂，材料严重脆化和强度降低。事故后，该厂将合成系统的异径管全部更换成 15 铬钼钢管，同时对相关的高压管道也进行了更换。

钢材中的碳含量越高，越容易发生氢腐蚀。钢材中的合金元素及组织也是影响氢腐蚀的重要因素。对于一定的钢材，在一定的氢分压下，存在发生氢腐蚀的起始温度与起始压力，在该起始温度之下或该起始压力之下，钢材不会发生氢腐蚀。

## 四、应力腐蚀破裂

应力腐蚀破裂（stress corrosion cracking，SCC）又称应力腐蚀开裂，是金属材料在拉伸应力和特定腐蚀介质共同作用下引起的脆性破裂。SCC 拉应力的来源可能是冶炼或装配中的残余应力，也可能是在使用中承受着的应力。SCC 的裂纹通常出现在与拉应力垂直的金属表面上，有主干有分支。压应力不会导致 SCC，拉应力是导致 SCC 的必要条件。拉应力不一定很大，可能远低于金属的屈服极限，特定介质的腐蚀性也不一定很强，但是二者共同作用的严重程度常出乎意料。

应力腐蚀破裂通常是特定的腐蚀介质与特定的合金材料组合时才可能发生。目前，已经发现的组合有几十种。例如，奥氏体不锈钢在氯化物溶液中发生的 SCC 称“氯脆”，碳钢在高温浓碱中发生的 SCC 称为“碱脆”，硫化物应力腐蚀破裂简称 SSCC。不同组合的 SCC 的机理不尽相同，防护措施也不相同，而且大多还在探索中，以下重点介绍 SSCC。

SSCC 常温下即可发生，危害性很大。我国液化石油气或天然气中，硫化氢含量通常较高，还含少量水分。据报道，有的碳钢或低合金钢容器与油、气接触 1 周到 3 个月后就可能出现裂纹。如同案例 3-4，我国液化石油气储罐检查中，常发现容器内壁有裂纹或鼓泡。世界各国多次发生过因 SSCC 导致的容器破裂事故，大都是在液化石油气容器及油、气输送管线上，破裂事故多导致严重的火灾、爆炸事故。**【案例 3-6】**1988 年 12 月 22 日，杭州艮山门火车站发现，三节液化石油气火车槽车上的 6 个安全阀有 5 个发生泄漏。卸料后检查发现，5 个安全阀弹簧（表面镀铬）都多处断裂，经过金相分析证实，弹簧断裂原因是硫化氢应力腐蚀，唯一未泄漏的安全阀弹簧表面涂了漆。事后进槽车内部检查发现，三节槽车罐内表面均有裂纹，经打磨后消除，不影响使用。该槽车装载液化石油气尚不足一个月。

SSCC 的机理尚未被完全揭示。化验结果表明，SSCC 的腐蚀产物的硫含量明显高，说明硫化物参与了腐蚀。有些学者将 SSCC 解释为氢脆破裂。拉伸应力可能破坏钢材表面的钝化膜，在硫化氢及水存在条件下，钢材易发生析氢腐蚀。硫化氢电离生成的氢离子在阴极得到电子成为氢原子；由于拉伸应力导致晶格变形，钢材容易吸附氢原子，氢原子扩散到钢材晶格缺陷处形成固溶体；氢原子积聚于某些晶格缺陷处（氢陷阱）结合为分子；随着氢陷阱处氢气压力升高且应力集中，生成裂纹。氢气积聚在接近钢材外表面处，可能引起氢鼓泡。在钢材内部，氢易向裂纹尖端处扩散，在裂纹中积聚，在氢气压力与拉应力共同作用下，微观裂纹逐渐发展为宏观裂纹，最终发生脆断。$HS^-$等硫化物能在一定程度上阻止氢原子转变为分子，这可能是 SSCC 比一般 SCC 裂纹发展快的原因。

控制影响 SSCC 的因素是预防 SSCC 的重要手段。影响 SSCC 发生、发展的有如下因素。①液化石油气中 $H_2S$ 浓度。液化石油气中 $H_2S$ 浓度有一个临界值，低于该临界值时，SSCC 不会发生。②液化石油气中水含量。SSCC 是一个电化学腐蚀过程，没有水就不会发生。液化石油气生产中，要进行脱水、脱硫精制处理。液化石油气储存中，要定时监测液化石油气中硫化氢与水的含量，发现超标及时处理。③钢材强度、硬度越高，液化石油气 $H_2S$ 浓度的临界值越小，越容易发生 SSCC。选择液化石油气容器（多为球罐）制作材料（包括焊接材料）时，必须考虑。④减少应力。根据国内外试验数据，液化石油气球罐整体热处理可以消除 90%以上的应力，水压试验也可以消除 30%左右的应力。详见有关金属腐蚀研究书籍。

对于液化石油气、天然气及石油运输和储存企业来说，运输和储存装置的电化学腐蚀是最主要的危险因素，腐蚀控制技术是最重要的安全技术。特别是长距离输送天然气的地下管道、海底管道，如何及时发现腐蚀泄漏点的位置，如何安全堵漏，如何准确预测管道的寿命，都是安全生产的重要研究课题。这些预防管道腐蚀的需要，促进了应力腐蚀破裂的研究，也促进了管道内壁在线检测仪器及技术的发展。

与应力腐蚀破裂相似，金属设备在腐蚀性介质中同时有交变或脉冲式拉伸应力的作用，能引起腐蚀疲劳，经过一段时间后金属构件将产生裂纹以至破坏。与应力腐蚀破裂不同，绝大多数金属或合金在任何腐蚀介质中都可能发生腐蚀疲劳。

### 五、磨损腐蚀

由于流体的流动速度大，金属材料局部遭受严重的腐蚀破坏，称为磨损腐蚀，简称磨蚀。磨损腐蚀是高速流体对金属表面的腐蚀产物机械冲刷作用和新裸露表面的腐蚀作用的综合结果。由湍流引起的湍流腐蚀就是一种磨损腐蚀。流体在设备管道中的流速越大，靠近管壁的滞流层就越薄，金属腐蚀总过程中的液相传质过程也越快，腐蚀速度越快。由于冲刷作用，湍流腐蚀的金属表面没有腐蚀产物积存，比较光滑，在流体流动方向上甚至可能形成冲刷沟槽。在流体改变运动方向的弯头或U形管底部易发生湍流腐蚀，导致管壁变薄甚至穿洞。流体中如果含有固体颗粒则磨损更快，称为冲击腐蚀。为了控制高速流体对换热器管束的冲击腐蚀，通常在换热器流体入口（管程与壳程）处加装防冲板，如果流体有腐蚀性，不管流速大小一律要装防冲板。

离心泵中发生的汽蚀也称空泡腐蚀，是磨损腐蚀的一种。离心泵的汽蚀现象近似于微观的腐蚀疲劳，其交变机械应力来自于离心泵内流体对于体积极小的真空气泡强烈地不断冲击。由于这种冲击，离心泵发生振动并可听到运转声音异常，叶轮很快损坏。

## 第三节　常用腐蚀控制技术

腐蚀控制的意义不仅在于预防化工装置发生泄漏，也不仅是为了延长装置的使用寿命，有些情况下，腐蚀产物还可能影响产品质量。所以，掌握腐蚀控制技术十分重要。

### 一、选用耐腐蚀材料

在化工设计中，选好化工装置的材料，是最有效、最简便的腐蚀控制方法。选用材料之前，首先要分析设备管道的工作环境，包括接触何种介质、介质的腐蚀性、工作温度、压力及流速等。选择材料不仅要看材料的耐腐蚀性，还要熟悉材料的机械性能、耐温性能及加工性能等，还要分析材料价格和使用寿命等经济因素。同时，还要与其他腐蚀控制方法比较选优。总之，要对技术可行性和经济合理性统筹考虑。

因为耐腐蚀性能好、质量轻，在许多场合下高分子材料代替了金属材料，广泛用于各行各业。硬聚氯乙烯（PVC-U）、聚乙烯（PE）和耐酸酚醛等工程塑料，常用于制造化工容器、泵、管道及阀门等。与传统铸铁管、镀锌钢管等管道相比，工程塑料管道（PVC-U、PE和PP等）具有节能、环保、耐腐蚀、内壁光滑不结垢、质量轻、施工和维修简便、使用寿命长等优点，广泛应用于建筑给排水、城市燃气及供热、工业流体输送、农业灌溉等领域。聚四氟乙烯具有优异的耐腐蚀性、耐磨性与自润滑性，常用于制造活塞环、填料密封元件等。

高分子材料一般不耐高温，在大于150～200℃时分解反应加速。所以，在高温下需要使用非金属材料时，常选用无机非金属材料，如化工陶瓷、搪瓷、玻璃等硅酸盐材料。硅酸盐材料的耐腐蚀性与组成有关，组成含$SiO_2$及$Al_2O_3$较多的，耐酸性强、耐碱性差；含CaO、MgO等碱性氧化物多的，耐碱性强、耐酸性差。不少非金属材料因为机械强度和导热性差，应用范围受限，但是以下几种复合材料有所不同。

搪玻璃是将瓷釉（成分以硅酸盐或硼硅酸盐为主）涂覆于基体金属上、通过烧制与金属牢固结合而制得的复合材料。瓷釉配方不同，搪玻璃性能有所不同。搪玻璃对于各种浓度的酸、有机溶剂及弱碱等介质均有极强的耐腐蚀性，对于强碱及含氟离子的介质不适用。我国生产的搪玻璃反应釜、容器、管道等，早已标准化、系列化，广泛适用于化工、医药等行业。

玻璃钢学名纤维增强塑料，它是以玻璃纤维及其制品（玻璃布、带、毡、纱等）作为增强材料，以合成树脂作为基体材料制成的复合材料。常用的合成树脂有不饱和聚酯、环氧树脂与酚醛树脂，故玻璃钢分为聚酯玻璃钢、环氧玻璃钢、酚醛玻璃钢。玻璃钢机械强度高，耐腐蚀性强，用于制造高压气瓶、盐酸储罐、冷却塔、化工管道等，用途广泛。其增强材料，目前已由玻璃纤维扩大到碳纤维、硼纤维、芳纶纤维、氧化铝纤维和碳化硅纤维等。

石墨与多种树脂可以通过浸渍或挤压等工艺制成不透性石墨，该复合材料具有良好的耐腐蚀性与导热性，常用于制作强腐蚀性介质的换热器，如氯碱行业的换热器及盐酸合成炉。

化工企业大量使用钢材，制药与食品生产企业大量使用不锈钢容器、阀门及管道，也少量使用铝合金、铜合金、钛合金等。金属材料的品种、型号非常多，正确选用金属材料对腐蚀控制至关重要。预防金属材料腐蚀，常采用覆盖耐腐蚀隔离层、金属表面处理、电化学保护、设法降低介质的腐蚀性等具有普遍性的有效措施。

## 二、覆盖耐腐蚀隔离层

将耐腐蚀能力强的材料覆盖于金属设备管道的基材上，使其与腐蚀性介质隔离，可以达到防腐目的。常用的覆盖材料有非金属材料、涂料和耐腐蚀金属。

（1）衬里。橡胶、瓷板、塑料等非金属材料常用作设备及管道的衬里，非金属衬里机械强度低，要在设备试压后再安装，安装过程中要特别注意保护衬里免遭破坏，衬里完成后不能再进行焊接、打孔等可能损害衬里的施工。铅、钛、铝等也常用作设备衬里。

（2）涂料。防腐蚀涂料种类很多，如过氯乙烯、环氧树脂、氯磺化聚乙烯、聚氨酯涂料等，在化工装置外表面防腐蚀中用途很广。涂料的缺点是不耐磨蚀，在冲击力作用下容易脱落，所以在设备内部的防腐蚀作用受到限制。

（3）镀层。可用电镀、喷镀或热浸镀等方式，将耐腐蚀的金属镀在金属工件上。电镀是利用直流电从电解液中析出耐腐蚀金属，在工件表面沉积形成金属保护层，如镀锌、镀镍、镀铬等。喷镀即利用高速气流将熔融态的金属雾化成微粒，喷在工件表面形成金属保护层，常用的喷镀材料是锌和铝。热浸镀是将被保护的钢铁工件沉浸在盛有熔融金属的槽中，或以一定速度从槽中通过，使工件表面涂覆上一层金属保护层，常用的热浸镀材料有锌、铝、锡。

## 三、金属表面处理

金属表面处理通常可以提高金属在水或空气中的耐腐蚀性、耐磨性或硬度，不同表面处理方法的主要目的可能不同。

（1）金属表面合金化。采用渗透、扩散等工艺使被保护工件表面成为合金。常用的化学热处理方法有：渗碳、渗氮、碳氮共渗、渗硼、渗铬、渗铜等。例如，渗铬是向钢的表面层渗入具有活性的铬原子，使钢材表层具有耐腐蚀性和耐热性。

（2）金属表面氧化。用氧化剂处理钢铁工件表面，得到致密的、比天然氧化膜厚得多的氧化膜，其主要成分为四氧化三铁，通常为黑色或深蓝色，俗称发蓝或煮黑，能较好地防止腐蚀和磨损。发蓝有两种热处理方法：碱性氧化法是将工件放入有氧化剂的热浓氢氧化钠溶液中，在一定温度下处理一定时间；酸性氧化法是将工件放入有硝酸钙–过氧化锰–磷酸溶液中，在100℃下处理40～50min。

铝及铝合金的表面氧化常用电化学阳极氧化法，即以铝及铝合金为阳极，在铬酸等电解质溶液中进行电解，得到的铝的氧化膜厚度可达几微米到几百微米，与铝合金的天然氧化膜相比，其耐腐蚀性、耐磨性显著提高。

（3）金属表面磷化。钢铁工件放入磷酸盐溶液中，在一定条件下可以得到一种磷酸盐保护层，这种方法称磷化。磷化可为基体金属提供防腐蚀保护，用于喷漆前打底、提高覆膜层的附着力与防腐蚀能力，在金属加工中起减摩、润滑等作用。按所用的磷酸盐可分为：磷酸锌系、磷酸锌钙系、磷酸铁系、磷酸锌锰系、磷酸锰系。根据磷化的温度可分为：高温磷化（80℃以上）、中温磷化（50～70℃）、低温磷化（40℃左右）和常温磷化（10～30℃）。

（4）金属表面预处理。表面预处理的目的是得到干净、光洁并有一定粗糙度的表面，以便进一步采取其他腐蚀控制措施。例如，在金属表面涂防腐蚀涂料之前，如果不除掉金属表面的锈和油，将对防腐蚀效果有极大影响。金属表面除油常用方法有碱液法和有机溶剂洗涤法。金属表面除锈则有机械方法和化学方法两类。常用机械方法有喷砂法、高压水除锈法及人工除锈法，常用化学方法有酸洗法。

## 四、缓蚀剂

向设备内部的腐蚀性介质中加入某些化学物质（缓蚀剂）可以减缓腐蚀。缓蚀剂用量极少，但可以使与之接触的设备、管道、阀门等各部位的金属腐蚀速度都同时大幅度降低。

缓蚀剂种类繁多、作用机理复杂。有人认为，缓蚀剂的作用机理是对电极过程的阻滞作用，称电化学机理。按此机理，缓蚀剂可分为阳极型缓蚀剂、阴极型缓蚀剂和混合型缓蚀剂。有人认为，缓蚀剂的作用机理是生成某种膜，使金属腐蚀减缓，称为成膜理论。按照膜的类型，缓蚀剂可分为氧化膜型、沉淀膜型和吸附膜型缓蚀剂。按照成分，缓蚀剂分为无机和有机缓蚀剂。按照使用介质的pH，缓蚀剂分为用于酸性、碱性和中性介质的缓蚀剂。例如，在酸洗锅炉或换热器的水垢层时，为了达到既要洗去垢层又要保护金属的目的，常在酸洗液中加入酸洗缓蚀剂。目前，在锅炉炉水和循环冷却水等场合使用缓蚀剂较多。使用缓蚀剂要经常检查并调整缓蚀剂的浓度。

## 五、电化学保护

电化学保护包括阴极保护与阳极保护。阴极保护被认为是最可靠的腐蚀防护技术之一。近30年来，我国制定了几十项有关技术规范。发达国家有不少专门从事电化学保护的公司。

### 1. 阴极保护

阴极极化的本质是电子在阴极积累，使阴极的电势向负的方向移动。如果电子不是来自于电化学腐蚀过程，而是外来的，则称外加阴极极化。利用外加阴极极化，减少阴极与阳极之间的电势差，使腐蚀速度减小，这就是阴极保护。阴极保护中，通过向阴极施加电流，外加电子持续流入被保护的金属阴极，氧气或氢离子等去极化剂持续得到电子进行还原反应，而阳极反应被有效抑制。阴极极化中，当阴极电势负移到平衡电势时，腐蚀电池的阳极过程速度降至零，金属腐蚀停止。但是，阴极电势太负不仅浪费电能，对于金属腐蚀控制还有副作用，如阴极析出太多氢气可能导致金属发生氢脆或涂层剥落。阴极保护中，通常控制阴极的电势负移到一定程度，使腐蚀速度与电能消耗都控制在可接受的程度，此时的阴极电势称合理保护电势。合理保护电势大小与金属的种类及其所处的环境有关。许多国家通过制定标准规定不同金属、不同环境的合理保护电势值，如果在文献中查不到数据可由试验确定。

阴极保护在石油、化工等领域应用比较广泛，特别是在地下管线，船舶、码头上的金属设施应用更多，极大地延长了这些设施的寿命。阴极保护的装置通常有良好的涂层，在使用过程中该涂层不可避免有损伤，频繁地更换涂层对于船舶、地下管线等装置是不现实的。阴极保护能有效控制涂层损伤处的局部腐蚀，免于频繁更换涂层。该涂层又可以使阴极保护的电耗大幅下降。阴极保护与涂层联合保护常常是以上场合的最佳腐蚀控制方案。

阴极保护有两类方法：一是牺牲阳极保护，即在被保护的金属上接一个更容易被氧化的金属作阳极（图 3-1）；二是外加电流保护，将被保护的金属与直流电源负极相连。流入被保护的金属阴极的电子分别来自于牺牲阳极或直流电源。这两类方法的应用研究很活跃，分别开发了系列的配套装置、部件与材料，可参考有关论著，以下仅简介其原理。

镀锌铁板是牺牲阳极保护的典型实例，锌的腐蚀、溶解使铁免遭腐蚀。牺牲阳极保护采用锌、铝、镁等合金材料较多。地下管线外壁采用牺牲阳极保护时，应根据土壤的性质选择牺牲阳极的金属材料。在储罐等化工容器内部，常采用牺牲阳极保护措施。我国有些石油、天然气管道外壁依靠涂层保护，而内壁采用牺牲阳极保护的防护措施。

外加电流保护装置主要由直流电源、辅助阳极和参比电极组成（图 3-2）。直流电源通常用大功率恒电位仪，可根据外界条件变化，自动调节输出电流，使被保护结构的电势控制在合理保护电势范围。参比电极与恒电位仪配合，测量控制保护电势。辅助阳极进行阳极反应，并与直流电源、被保护设备、电解质溶液构成电流回路。

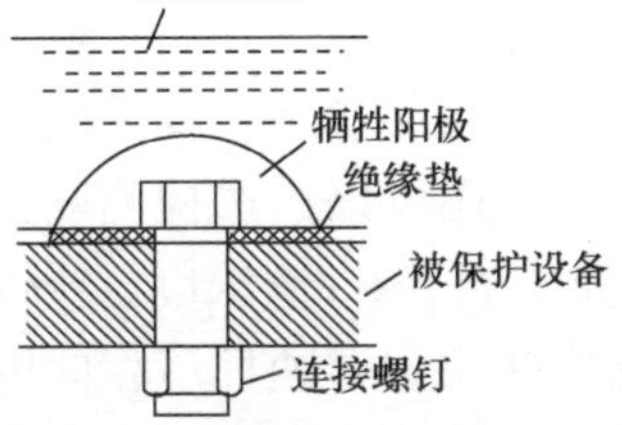

图 3-1　牺牲阳极保护原理

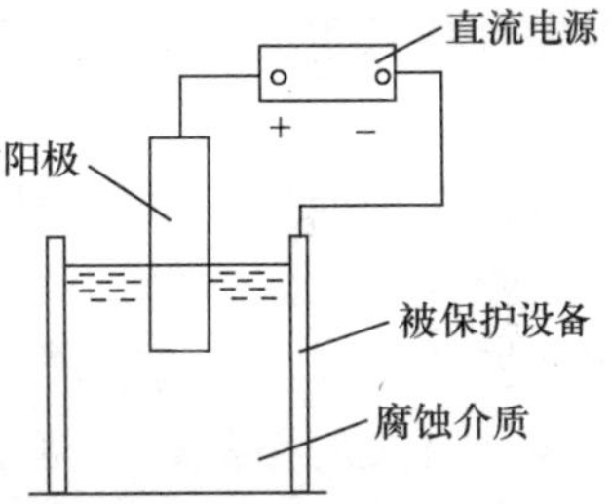

图 3-2　外加电流阴极保护原理

2. 阳极保护

将被保护的金属与直流电源正极相连（图 3-3），将金属进行阳极极化至一定电势，如果在此电势下金属能建立并维持钝态，则腐蚀速度显著降低，金属得到保护，这称为阳极保护。阳极保护必须具备的条件是金属能钝化并维持钝态。进行阳极极化时，金属的电势要正移到钝化区内，否则金属腐蚀速度反而因电解腐蚀而加快。

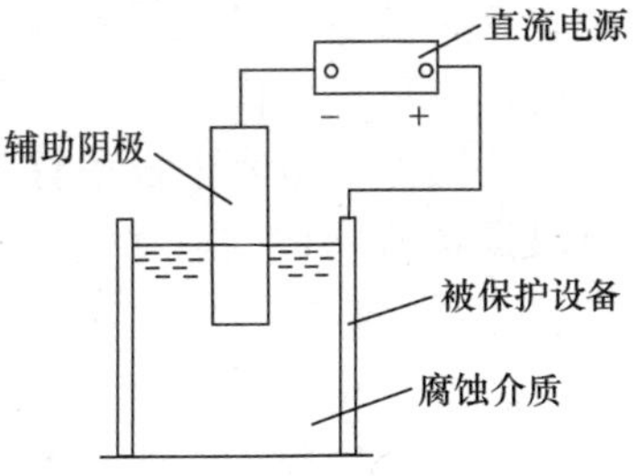

图 3-3　阳极保护原理

如果金属钝态的建立需要很大的极化电流，则阳极保护的投资就大。如果金属钝态的维持需要很大的极化电流，则阳极保护的运行成本就高。建立和维持钝态所需要的电流小、钝化区的阳极电势范围较大，这是实施阳极保护的必要条件。

阳极保护系统主要由恒电位仪（直流电源）、辅助阴极及测量和控制保护电势的参比电极组成。辅助阴极通常由金属材料制成，其作用是发生还原反应，并与直流电源、被保护设备、电解质溶液构成电流回路。阳极保护主要用于储罐、塔设备、换热器的防腐蚀，在我国硫酸工业中得到广泛应用。

采用电化学保护的设备，要经常检查调整电势或电流等控制参数，要有专人定期检查保护效果，维修保护设施。

## 六、改革工艺、降低介质腐蚀性

通过工艺设计，用无腐蚀性及腐蚀性弱的介质替代腐蚀性强的介质，或者改变介质的腐蚀性都是重要的防腐蚀措施。例如，锅炉给水或工业冷却水中如果含酸性物质，则容易破坏金属氧化物钝化膜，产生酸腐蚀，可以加入碱性物质如氨或胺调节 pH。石油、液化石油气、煤气中通常含有硫化氢等硫化物，脱除此类腐蚀性较强的杂质的工序，要尽可能安排在生产流程上游，以保护下游装置。

许多腐蚀性气体在干燥情况下腐蚀性不大，含微量水分时就会大大增加腐蚀性。去除腐蚀性气体中所含水分，是降低介质腐蚀性的重要手段。例如，在液氯生产工艺流程中，由电解槽产生的氯气首先要经过降温、冷凝、脱水和干燥，把含水量降至标准之后，再进行氯气压缩、冷凝、液化。化工装置特别是地下管道要注意周边环境要防潮湿，如城市供热管道通常采用聚乙烯外套管防潮，在外套管与钢管之间为聚氨酯保温材料。

## 七、腐蚀检测技术

腐蚀控制技术不仅包括腐蚀预防技术，也包括腐蚀检测技术。腐蚀检测技术便于准确预测设备、管道的使用寿命，及时更换已经严重腐蚀的设备部件、管道。化工企业经常对重点腐蚀部位进行腐蚀监控，以便及时采取措施将泄漏事故消灭在萌芽状态。腐蚀监控方法可以采用超声波测厚、电阻探针及极化电阻法等无损伤检测技术，还可以通过检测腐蚀产物了解腐蚀状况。另外，可以对腐蚀环境进行检测，如检测腐蚀介质的 pH、氧浓度、缓蚀剂浓度和温度等与腐蚀有关的参数，间接了解腐蚀情况。将材料试片挂在与腐蚀环境相同的模拟环境中，跟踪检测其腐蚀情况，可以评价由相同材料制作的设备的抗腐蚀能力，也可以用于对其他腐蚀检测方法的验证，称为挂片法。**【案例 3-7】**尿素合成塔防腐蚀。尿素合成塔内是腐蚀性极强的尿素熔融液，其防腐蚀技术是尿素生产的关键技术。在汽提法尿素合成塔中，目前采用如下腐蚀控制技术：尿素合成塔采用厚度为 8mm 的 316L 不锈钢板衬里，以防止合成液的腐蚀；在生产中控制出塔合成液中的氧含量在一定范围内，以使 316L 不锈钢板保持钝化态；为检查不锈钢衬里是否泄漏，每节衬里均装有检漏口，当检漏口有氨检出时，说明该节衬里泄漏，应停车检修。

利用停车检修中设备打开的机会，对设备腐蚀情况进行直观地观察和检查是非常重要的。要对设备特别是重点部位的腐蚀情况拍照或录像，对于腐蚀的深度、广度、裂纹等要进行测量、记录、存档，以便对腐蚀控制效果进行评估，必要时改进腐蚀控制技术。

总之，化工腐蚀控制必须对设备、管道的设计、制作、运输、安装、使用、维修等全过程进行有效控制；必须从腐蚀对象本身和与其接触的介质及环境入手，对腐蚀进程进行有效的监控。随着对防腐蚀重要性的认识不断深入，将腐蚀控制作为一项系统工程已成为共识，这有利于预防安全事故和预测并延长设备、管道、建筑的使用寿命。

## 八、建（构）筑物防腐蚀

### 1. 建（构）筑物的腐蚀

化工生产中发生酸、碱等意外泄漏，不仅腐蚀设备、管道等金属材料，对于建筑物、构筑物也有腐蚀，尤其是酸蒸气和酸液对建筑材料的破坏更为严重。腐蚀使建（构）筑物的强度大大降低，寿命大大缩短。化工建筑设计不能不把防腐蚀作为一个重要因素。

钢筋混凝土中的钢筋与混凝土都可能发生腐蚀。混凝土属于多孔性材料，酸、碱物质尤其是气体比较容易进入钢筋混凝土内部，对钢筋造成电化学腐蚀，产生铁锈体的结果是体积膨胀，产生的应力可导致混凝土沿着钢筋产生裂缝，结构破坏使腐蚀物质更容易进入。

混凝土等建筑材料的腐蚀主要通过化学溶蚀和结晶破坏两种方式。化学溶蚀是建筑材料中的某些组分与腐蚀介质反应，生成可溶物质被水带走，可溶物质反复产生、带走，建筑材料越来越酥松。结晶破坏是指酸、碱或盐类物质进入建筑材料后，与其中的某些组分反应生成各种盐类物质，在建筑材料中反复结晶—溶解—结晶，由于体积膨胀产生应力，导致建筑材料酥松、裂纹、层层脱落。

### 2. 建筑防腐蚀设计

（1）建筑结构设计。散发腐蚀性气体的厂房不可用钢结构，宜采用敞开或半敞开式厂房，利用自然通风降低腐蚀性气体浓度。腐蚀性液体较多的厂房不宜用钢结构和砖砌体承重结构，宜采用钢筋混凝土结构。

（2）地基与基础。腐蚀性液体较多的厂房，地基埋深应不小于 1.5m，基础表面应进行防腐层设计，如使用沥青胶泥和玻璃丝布。

（3）地面与楼面。液相腐蚀介质是化工建（构）筑物腐蚀的主要腐蚀源。要认真设计地面与楼面的排水系统，使每一层地面的泄漏液体，都从耐腐蚀的排水管道有控制地流入污水处理系统。注意地面与楼面及排水沟的坡度设计和地漏、挡水沿的设计。腐蚀可能特别严重的地面与楼面要进行防腐层设计，如衬砌耐酸砖。

（4）承重梁、柱。要确保混凝土的密实性及钢筋混凝土保护层的厚度符合要求。

（5）在可能严重腐蚀的钢筋混凝土结构中，应加入钢筋防锈剂。

（6）门窗不宜采用钢或铝合金门窗，宜采用非金属门窗。

（7）采用新技术。例如，阴极保护技术用于某些钢筋混凝土结构极为有效，在已有大型桥梁的修复方面取得了成功，牺牲阳极技术用于高速公路桥面、桥墩防腐也取得了许多经验。

### 3. 钢结构防腐蚀措施

钢结构建筑物的腐蚀控制方法主要是涂覆涂料，而表面除锈是保证涂膜良好黏结的关键，除锈等级不低于国标 ST2 级，能喷砂除锈最好。要根据腐蚀介质选择耐腐蚀涂料，常用的有氯磺化聚乙烯、聚氨酯、高氯化聚乙烯和环氧树脂等。涂层不能太薄，根据腐蚀介质与耐腐蚀涂料种类不同，其最小厚度一般为室内 120～140μm，室外 150～180μm。腐蚀区域内的钢结构不宜用薄壁型钢，不宜采用格构式结构。栏杆、钢梯应采用比表面积小的钢管、槽钢制作，既减小腐蚀面积，又容易除锈和涂刷涂料。

## 思考题及练习题

1. 试述电化学腐蚀的机理和本质。

2. 解释以下概念：极化、阳极极化、阴极极化、去极化、氢去极化腐蚀和氧去极化腐蚀、钝化、过钝化、阳极钝化、化学钝化。

3. 解释以下概念：局部腐蚀、点腐蚀、缝隙腐蚀、阴极保护、阳极保护。

4. 为什么换热器的腐蚀通常是高温部分腐蚀较低温部分快？

5. 为什么盛水的钢槽在气相与液相的界面处腐蚀速度往往较快？

6. 为什么白口铸铁不会石墨化，而灰口铸铁会石墨化？

7. 为什么普通碳钢储罐不能储存稀硫酸，但能储存浓硫酸？

8. 为什么纯铝材料制成的储罐可以储存浓硝酸，而不锈钢储罐却不可以？

9. 为什么不锈钢和铝合金具有较好的耐腐蚀性？

10. 为什么焊缝附近、钉子头部易生锈？

11. 为什么钢材在海水中的腐蚀速度比在淡水中快？

12. 为什么锅炉给水要除氧？锅炉给水应如何除氧？

13. 为什么管道的弯头部位容易腐蚀穿孔？

14. 为什么氯气及氯化氢中含有微量的水分时会大大增加腐蚀性？

15. 比较孔蚀与缝隙腐蚀的异同。

16. 氢腐蚀包括哪几种类型，试比较其异同。

17. 钢铁表面氧化或磷化可以增强其耐腐蚀性是什么原理？

18. 锌是比铁活泼的金属，为什么在钢材表面镀锌可以防腐蚀？

19. 举例说明通过工艺设计改变介质的腐蚀性是重要的防腐蚀措施。

20. 钢筋混凝土建筑为什么会腐蚀？有哪些预防腐蚀的措施？

# 第四章　自动控制与安全

**本章学习目标**

（1）在化工仪表与自动化课程基础上，熟悉检测仪表失灵的危害、原因等。

（2）了解各种自动控制阀门在安全控制中的应用。

（3）掌握过程控制与安全控制系统的异同。熟悉信号报警系统、联锁保护系统、紧急停车系统等安全控制系统，深入了解其在化工生产中的应用。

（4）了解安全仪表系统功能安全的概念，熟悉冗余技术等提高自动控制系统可靠性的措施。

（5）熟悉安全控制系统在火灾报警、燃气锅炉安全保护及智能火炬等方面的应用。

化工仪表和自动控制装置可以增强或部分代替人的感觉器官、大脑和手的功能，使化工生产更安全、更有效。本章着重讨论自动控制技术在化工安全生产中的应用。

## 第一节　化工检测与安全

化工企业常用检测仪表包括温度、压力、流量、物位测量和成分分析仪表，其设置是否合理，运行是否正常都与安全生产息息相关。本节主要从安全生产角度讨论化工仪表，有关仪表的原理、构造等方面的问题可参考化工仪表及自动化类教材或专著。

### 一、温度测量仪表

化工生产温度测量仪表常用热电偶温度计、热电阻温度计等，温度显示仪表常用模拟显示、数字显示或图像显示仪表。

化工生产中，操作人员经常通过仪表等发现生产过程是否存在异常现象，继而判断并决定如何调节或处置，再通过操作阀门等手段执行决策。温度是多数化工操作过程最重要的工艺条件，温度指示失真就如同操作人员盲目操作，其危险性不言而喻。操作人员要特别注意仪表失灵的判断，这是操作人员的职责。如果仪表经常失灵，就会导致操作人员对仪表不信任，这是十分危险的。在事故发生前夕，温度、压力等仪表指示值与正常情况往往有很大区别，此时操作人员因没有意识到危险来临，常常误认为又是仪表失灵，从而延误时机，导致事故，这种案例屡见不鲜。在案例 1-1 印度博帕尔事件中，甲基异氰酸酯（MIC）储罐意外进水，MIC 与水反应放热，MIC 的温度、压力升高。但是控制室内 MIC 储罐温度和压力指示均失灵，致使操作人员没有及时发现异常现象，最后 MIC 超压自动泄放至大气。温度和压力指示失灵是该事故发生的重要原因。

仪表必须可靠，操作人员怀疑仪表失灵时，应当及时找出原因，必要时与仪表人员共同排查。温度指示失灵通常有以下几方面的原因：

（1）仪表没有问题，但是测温元件的位置与待测定对象不符。有的是温度测量装置的安装位置不符合设计图纸的规定；有的是待测定流体没有浸没测温元件，如反应釜内液位过低，温度指示的是液面上方的气体温度而不是反应釜内液体的温度；有的是待测流体的流动线路意外改变，温度测量仪表显示的不是待测流体的温度。

（2）测温元件有问题，如热电偶选用不当或受潮。

（3）测温元件与显示仪表的连接有问题，如热电偶与显示仪表之间的补偿导线或铜导线虚连或受潮。

（4）显示仪表有问题，可以通过更换仪表来判断。

总之，查找化工仪表失灵的原因，一般应分别排查测量仪表、显示仪表及其连接部分。

## 二、压力测量仪表

温度和压力失常是很多安全事故的先兆或原因，遍及车间各个部位的测温和测压仪表使各处的温度和压力时刻处在监控中。压力测量仪表是压力容器必备的安全附件。**【案例 4-1】**宁波某化学有限公司双氧水车间爆炸火灾事故。2004 年 12 月 22 日 8 点交接班时，该厂双氧水车间的一台氧化残液分离器超压爆炸，产生的碎片击穿其他设备，引起火灾事故。事故的直接原因是，氧化残液分离器排液后，操作人员没有按照操作规程打开该分离器的放空阀，器内残液中的双氧水分解产生氧气的压力无法泄放导致爆炸。事故原因之一是，设计人员对于氧化残液分离器的爆炸危险性认识不足，因而该设备未设计压力表和安全阀，仅有一个放空阀。没有压力表，氧化残液分离器压力超标也无法发现。

设备管道堵塞必然导致流动阻力加大，轻者减小流体流量降低产量，重者导致超压等意外事故。结垢、结晶及粉尘等堵塞都有一个逐渐加重的过程，是化工企业常见的事故隐患。设备管道堵塞后，堵塞部位前后的压力差必然比堵塞前增大，这是判断堵塞的依据。

压力检测方法很多。电气式压力计输出的是与压力值对应的标准直流信号，便于与计算机联用，适用于自动控制，应用越来越多。但是，化工生产最常用的还是弹簧压力表。

选用压力表的精度与量程必须符合工艺要求。介质有腐蚀性的应选专用压力表，如氨用压力表。某些易发生超压的化工装置，可选用带超压报警功能的压力表。

压力表安装前，应当按照有关检定规程进行校验。使用过程中，压力表应按照有关规定定期校验和经常维护。压力表校验后，应当加铅封并填写检定记录表，给出校验结论。

压力表的装设位置应便于操作人员观察和检修，并且应避免受到辐射热、冻结或者振动等不利影响。测量高压的压力表除选用有通气孔的压力表外，安装时表壳应面向无人处，以防意外。压力表与导压管接头之间，应当选择适合的密封垫，做到密封良好。压力表导压管与测压装置之间，应当装设切断阀，以便检修压力表，此外不得连接任何有其他用途的配件或接管。用于具有腐蚀性或者高黏度介质的压力表，压力表导压管与容器之间应当装设能存隔离介质的隔离罐等。

## 三、液位测量仪表

生产中需要计量液体数量的储槽，必须设置液位测量仪表。如果液位过高或过低可能发生事故的容器，通常也要设置液位测量仪表或采用液位自动控制装置。例如，合成氨工序中气氨与液氨分离过程是在压力为 10～30MPa 的氨分离器中进行的，分离得到的液氨通过减压阀降压，再经液氨总管，送入压力为 1MPa 左右的液氨储槽中。氨分离器中液氨液位过高，可能产生“带液”现象，影响氨的合成；液氨液位过低，会失去液封作用，高压气体可能窜入液氨储槽发生爆炸事故。氨分离器必须安装液位计，以严格控制其中液氨的液位。【案例 4-2】1970 年某合成氨厂合成工段，因氨分离器液位计（平板玻璃液位计）经常泄漏而拆除，操作工通过听液氨流动时的声音和观察液氨总管的压力表指针，判断氨分离器有无高压气体随液氨放出。一次交接班检查时，操作工发现液氨总管的压力表指针指示似为 0，再仔细观察发现，压力表指针在 0 刻度定位柱的右侧，即液氨总管与液氨储槽的压力已经超过压力表的最大量程。经紧急关闭氨分离器放氨阀，打开液氨储槽放空阀门泄放储槽压力，避免了一次液氨储槽爆炸事故。由此可见，液位计和压力表对安全生产的重要性。

液位计是许多压力容器的安全附件。压力容器用液位计应当符合以下要求：根据压力容器的介质、最大允许工作压力和温度选用合适的液位计；储存 0℃以下介质的压力容器，选用防霜液位计；寒冷地区室外使用的液位计，应选用具有夹套型或保温型结构的液位计；要求液面指示平稳的，不允许采用浮子（标）式液位计。当液位计用于内盛易爆、毒性程度为极度、高度危害的液化气体的压力容器时，应配有防止泄漏的保护装置。

在安装使用前，液位计应进行液压试验。液位计液压试验压力值规定为：压力容器设计压力＜10MPa 时，用 1.5 倍液位计公称压力；设计压力≥10MPa 时，用 1.25 倍液位计公称压力。液位计要求准确灵敏，液位计上最高和最低安全液位应有明显的标志。液位计特别是玻璃管、板液位计应当有保护套等可靠的防止碰撞的附件，振动情况较严重的禁用玻璃管、板液位计。

液位计使用过程中，液位指示可能失真，化工企业中称之为“假液位”。出现“假液位”通常是因为液位计的液相管或气相管不通畅。“假液位”的判断与排除方法是：打开液位计的排污阀，排除液位计中的液体后关闭排污阀，反复几次，直至液位重现位置一致。

## 四、气体浓度测量仪表

为了预防火灾、爆炸及中毒事故的发生，需要严密监测车间或设备中易燃、易爆及有毒气体的浓度。为保障职工健康和环境安全，需要经常检测工作环境空气中各种有害气体及氧气的浓度。为保证生产的经济性与安全性，化工企业常使用各种气体浓度测量仪表。

用于安全的气体浓度测定仪器可分为固定安装式与便携式两类。固定安装式由检测器与报警器两部分组成，检测器安装在现场，报警器可安装在控制室内。便携式一般为检测元件与报警器一体化。根据采集空气的方式，气体浓度检测仪有扩散式与泵吸式两种：前者靠空气自然扩散进入检测仪，仪器体积小，是常用方式；后者靠检测仪中的泵将空气吸入检测仪，不受风的影响，适合室外使用。

可燃性气体浓度检测仪俗称测爆仪，常用于易燃易爆的化工车间测定可燃性气体总浓度，或用于加油站测定空气中各种油气的总含量，或用于加气站测定空气中甲烷、丙烷和丁烷的总含量。根据精密程度，可燃性气体浓度检测仪分为普通工作型与精密型。普通工作型的量程为油气爆炸浓度下限，用于火灾报警和动火分析；精密型的量程为油气爆炸浓度下限的 50%或 25%或 10%，可以用于环境卫生浓度检测。

可燃性气体浓度检测仪的原理有热催化、热导、气敏和干涉四种。在加油站、加气站用的便携扩散式可燃性气体浓度检测仪，以及 LPG 与 CNG 加气站用的固定扩散式可燃性气体浓度检测仪，都是基于热催化原理。热催化原理为：气体样品经过装有加热灯丝的取样管吸入检测仪并被加热至活性温度；在检测仪内部铂丝元件的催化作用下，可燃性气体与空气中的氧气发生催化氧化反应，放出的反应热使铂丝元件温度升高、电阻值变大；该铂丝元件是检测仪内电桥的一个臂，其阻值变大就破坏了电桥平衡，输出一个电流；该电流值大小可以表征可燃性气体浓度。便携式测爆仪体积小、质量轻、使用方便，本身有良好的防爆性能，可以检测的可燃性气体有：氢气、乙炔、乙烯、甲烷、丙烷和丁烷及汽油、煤油、柴油等油类的蒸气。测试“酒驾”的酒精测试仪也是可燃性气体浓度检测仪，其原理为气敏式，即气敏半导体元件吸附酒精后，电阻大大下降，产生信号电流，该电流值大小可表征酒精浓度。

### 五、自动连续监测技术

在化工生产过程中，常常需要长期、连续地对同一参数进行实时检测，以掌握它的变化情况，这就是自动连续监测。例如，关键物料的流量常用孔板流量计或文氏流量计检测，由显示仪表显示、记录，以指导工艺操作。对于安全生产来说，需要自动连续监测的往往是关键的工艺指标或可能导致火灾、爆炸或中毒事故的危险化学品的浓度。自动连续监测也是在自动控制系统控制下运行的，该自动控制系统控制的是检测过程，包括检测数据的采集、统计、处理、存储和输出等。多数自动控制系统控制的是化工生产过程，这些自动控制必须以生产过程中的某些参数的自动检测为基础。

在职业健康工作中，要经常对劳动环境中各种有害的化学、物理等因素进行测定，这是对劳动环境进行评价的依据。对连续出现或长期出现的有害因素应进行自动连续监测。

环境自动连续监测包括污染源和环境质量两个方面。污染源自动连续监测是治理环境污染和缴纳环境保护税的依据，其监测项目包括污水处理和排放、固定污染源废气排放和移动污染源尾气排放等。环境质量自动连续监测包括大气环境、地表水、噪声等项目，是向公众发布环境质量指标的依据。环境自动监测系统由一个中心站和若干子站组成。子站采集环境质量或污染源数据并将其转化为数字信号，通过远程通信传输至中心站；中心站对各子站的数据进行记录、整理和分析，控制各子站的工作。我国已经在线运行的环境自动监测系统越来越多，不仅节约人力，而且可以预报环境污染。

## 第二节　简单控制系统与自动控制阀门

现代化工生产过程中越来越广泛地采用各种自动控制系统。化工专业人员必须了解有关自动控制系统的基本知识。本节重点介绍几种自动控制阀门在安全控制中的应用。

### 一、简单控制系统构成

1. 简单控制系统简介

简单控制系统是由一个被控对象、一个测量变送器（简称变送器）、一个控制器和一个执行器组成的单回路自动控制系统。变送器、控制器和执行器分别相当于人的眼睛、大脑和手，其作用分别是：变送器检测被控变量并将检测信号转化为标准信号传送到控制器；控制器分析处理变送器采集的信号，并发出指令信号；执行器接收并执行控制器发出的指令信号。以加热器温度自动控制为例（图 4-1），加热器为被控对象，加热器出料温度为被控变量，加热器温度的控制手段是调节水蒸气的流量，水蒸气流量称为操纵变量。因为水蒸气压力波动（称扰动）等原因，加热器温度不时发生变化，可能偏离预先设定值。变送器随时检测加热器温度并将其转化为标准信号传送到控制器；控制器将这一温度检测值与设定值比较得到二者的偏差，并根据偏差大小发出调节水蒸气加入阀门的指令；执行器接收并执行该指令，调节阀门开度，改变水蒸气流量，纠正以上偏差，达到加热器出料温度控制要求。

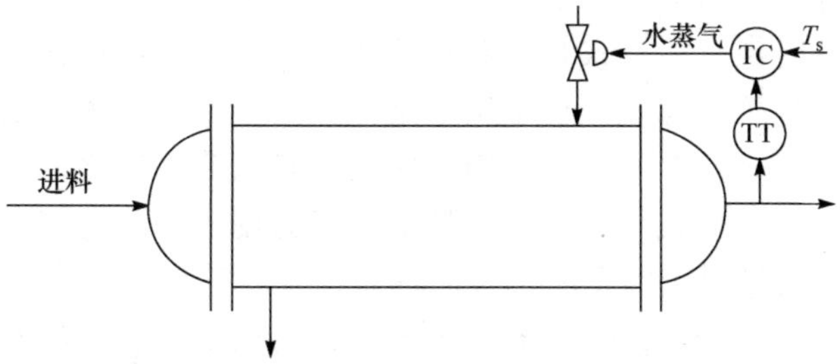


图 4-1　蒸气加热器温度自动控制系统

简单控制系统是化工生产中最常见的控制系统，它简单可靠，广泛用于温度、压力、流量、液位等工艺参数的自动控制。上例中，只有加热器温度一个被控变量，水蒸气流量一个操纵变量，逻辑关系简单，可以采用简单控制系统。如果有多个被控变量和多个操纵变量，逻辑关系复杂，就必须采用复杂控制系统。简单控制系统是一切自动控制系统的基础，是实现化工生产自动化控制的最基本的单元。

2. 传感器与变送器

传感器的作用是检测、采集被控变量的信号。按被控变量划分，传感器有温度、湿度、压力、流量、液位、（酸、碱、盐）浓度、电流、电压、位移、力传感器和加速度传感器、转矩传感器等多种。按传感器的工作原理分为电学式、磁学式、光电式、电势型等多种。

变送器由传感器和信号变换器两部分组成。信号变换器的任务是，将传感器采集的信号转化为标准信号并送控制器或测量显示仪表。现在多数传感器的输出信号已经是标准信号，这种传感器就是变送器。所以，传感器与变送器这两个概念也经常通用，变送器就是输出标准信号的传感器。只有几类标准信号可以被控制器或测量显示仪表识别，最常用的为 4～20mA 直流电信号。

3. 可编程逻辑控制器

可编程逻辑控制器（PLC）是一种工业控制计算机系统，PLC 的组成包括中央处理单元（CPU）、存储系统、输入和输出接口。PLC 通过输入输出接口与工业过程联系。编程器是 PLC 的外部设备，可使用多种语言编程。PLC 功能丰富，可靠性强，使用方便，性价比高。

PLC 是自动控制系统最常用的控制器，其控制程序可以根据实际控制对象及所需要的控制方式编写。PLC 产品已经实现标准化、系列化和模块化，既可以自成系统，也可以作为子系统纳入自动化控制网络。

## 二、自动控制阀门在安全控制中的应用

多数化工自动控制系统的执行器为带有执行机构的阀门，通常安装在管道上。阀门属于调节机构，执行机构相当于人的手，按照控制器发出的指令信号去驱动阀门。按动力分，有

气压驱动、液压驱动和电力驱动等多种自动控制阀门。本节主要介绍这些阀门在安全控制方面的应用或安全使用问题。所谓安全控制是指以安全性为目的的自动控制。

1. 气动薄膜调节阀的应用

气压驱动调节阀可以自动调节，使阀芯动态地稳定在某个阀位上，常用于生产过程控制。气压驱动调节阀的执行机构有活塞式与薄膜式两类：活塞式行程长，适用于要求有较大推动力的场合；薄膜式的执行机构与阀门在结构上是一体的，行程较小，只能直接带动阀杆。由于结构简单、动作平稳可靠、本质安全防爆，气动薄膜调节阀在化工、炼油等部门得到广泛应用。气动薄膜调节阀有气关式与气开式两种形式，选用哪一种与安全生产密切相关。有压力信号时开启、无压力信号时阀门全闭的阀门称为气开式；反之，为气关式。

当自动控制系统发生故障时，执行器必须自动指向安全状态，这称为故障导向安全原则或故障-安全原则，是自动控制系统设计中必须遵守的原则。所以，当气动薄膜调节阀气源信号发生故障时，如果此时阀门全闭是安全的，应当选用气开式阀门；如果全开是安全的，则应选用气关式阀门。例如，自动控制的锅炉上水阀应当选用气关式阀门，即使自动控制系统出现故障，锅炉也不至于缺水烧坏。控制进入加热炉的燃料油的调节阀，常采用气开式阀门，一旦供气中断（事故状态，控制信号也中断），阀门处于关闭状态，保证不烧坏炉管。

2. 液压阀在油罐车安全控制中的应用

液压阀是一种用压力油操作的执行器，可用作远距离控制液、气管路系统的通断阀。装运易燃、易爆及毒性程度为中度危害以上的液体或液化气介质的罐车，在卸（装）液管上必须设置紧急切断阀（与手动阀门串联）。该紧急切断阀以采用液压阀最适当。在罐车装卸作业时，如果发生泄漏、着火事故，应立即中断装卸作业。当人员无法接近手动阀门或手动阀门失效时，操作人员可通过操作手摇油泵控制油压，使紧急切断阀快速关闭。所以，手摇油泵等执行机构一定要尽可能安装在远离手动阀门的安全部位。有的紧急切断装置的手摇油泵和阀体液压油缸上，各有一个易熔金属塞，当达到动作温度（有 100℃或 70℃两种）时，金属塞熔化，液压油漏出，由于液压油路油压降低，紧急切断阀自动关闭。有的紧急切断装置还有过流保护作用，即当流体通过紧急切断阀的流速过快（如发生了严重泄漏事故）时，紧急切断阀自动关闭。

3. 电动阀在安全控制中的应用

电动阀依靠电动执行机构驱动阀门，执行机构的主体包括电动机及调速器。电动机的电源可以选择，大尺寸阀门一般选用三相电源，小尺寸阀门可选用单相交流电源，也可选直流供电。电动执行机构的突出优点是可以远距离输入执行信号，操作人员在操作控制室内就可以操作室外的电动阀门。电动执行机构便于与计算机连接实现自动控制。

电动执行机构从控制器接收指令信号，并且将信号转化为相对应的机械位移量（对于不同类型的阀门，该位移量可能是角行程、旋转圈数或直线行程），以保证阀门开度适当。目前，常用的有两种类型的电动执行机构：一种是部分回转电动执行机构，控制需要回转 90°或其他角度的阀门，如球阀、蝶阀等；另一种是多回转电动执行机构，控制需要多圈数旋转的阀门，如闸阀等。多回转电动执行机构是大尺寸阀门最常用的执行机构，它使用电动机驱动齿轮或蜗轮蜗杆，再通过阀杆带动阀芯运动到达理想阀位。为了保护阀门不受损坏，到达开、关行程终点时，阀门的限位开关会切断电机电源。当超过安全力矩时，力矩感应装置也会切断电机电源。位置开关可向操作人员指示阀门的阀位。

电动阀的缺点是防火性能较差，电机动作不够迅速；在行程受阻或阀杆、阀芯等被卡住时，电机易受损而无法驱动阀门。要特别注意，当因电源发生故障而不能供电时，电动阀只能保持原位，只有使用备用电源或人力，阀门才能回到安全位置。有的电动阀安装有带离合器装置的手轮机构，可在电源故障时改为手动操作。

### 4. 电磁阀及其在安全控制中的应用

电磁阀在各行各业的应用非常广泛。在洗衣机、电冰箱和空调等家用电器中大量使用电磁阀，极大地推动了电磁阀自身的发展。按照原理，电磁阀分为直动式、先导式与分步式。分步式的原理是直动式与先导式原理相结合。

1）直动式电磁阀简介

电磁阀结构的共同点是都有电磁铁即配有铁芯的电磁线圈。电磁线圈通电激磁会产生电磁力，直动式电磁阀利用此电磁力直接驱动阀芯开、关阀门；断电后电磁力消失，靠弹簧力等使阀芯自动复位。电磁线圈可采用交流电或低电压直流电供电。

电磁阀结构简单，不存在动密封问题，便于杜绝外漏，长期使用也密封可靠。电磁阀动作时间从几毫秒到十几秒，使用温度从–200℃至 450℃，使用压力从真空至 25MPa，适用范围广。电磁阀可以分散或集中、远程或就地操作，操作方式灵活方便。电磁阀不适合用于含固体颗粒及黏度大的液体，常用作燃气、水及水蒸气等安全自动控制系统的执行器。

电磁阀的控制方式有常开式、常关式、保持式和手动复位式。断电时开启而通电时关闭的，称常开式电磁阀，适用于紧急切断阀。断电时关闭而通电时开启的，称常关式电磁阀，适用于紧急开启阀。例如，在事故发生前夕，要求向生产装置紧急导入氮气并停止向生产装置输送氧气，该加氧气阀门应采用常开式电磁阀，而加氮气阀门应采用常关式电磁阀。

保持式和手动复位式是在常开式或常关式的基础上改进的更安全的控制方式。脉冲通电后动作，动作后又断电，但断电后阀位仍然保持原来位置，称为保持式电磁阀。保持式电磁阀若要变更阀位，必须反向再次充电。保持式电磁阀的阀位无需电来维持，所以更安全、更有可能采用电池作为电源。手动复位式电磁阀一般用于安全至关重要的场合，其原理是：在通（断）电时电磁铁组件动作使锁紧机构脱扣，阀门动作并变更阀位；若要恢复原阀位必须进行确认，然后断（通）电并且手动将锁紧机构重新复位（重配）与锁住，才能使阀门再次动作。

2）先导式电磁阀简介

直动式电磁阀不便于制造大直径阀门，当需要使用较大直径的电磁阀时，常采用先导式电磁阀。先导式电磁阀由先导阀与主阀组成。粗略地讲，先导式电磁阀的原理为：当电磁阀线圈通电时，先导阀开启，使被控流体通过新通道，流体在主阀进出口间的压差使主阀开启；断电时，先导阀及被控流体新通道先关闭，然后流体压差再使主阀关闭。

除了全开、全关之外，有的阀门还需要半开、微开等多种阀位状态。有的阀门需要多个出口。对于先导式电磁阀，实现多阀位或多通道比较容易。按照阀位状态，分为二位、三位和多位电磁阀，如全开、全关和微开表示三个阀位。按照流体通道口数目，分为二通、三通和多通电磁阀。例如，汽车加油站电脑控制的加油机加油过程为：开始加油时，采用大流量；在加油量到达预置值前夕，电脑将电磁阀的大流量关闭，改由小流量加油，达到预置量再发出另一个信号关闭小流量，从而避免汽油飞溅或溢出，而且加油较快，计量较准确。加油机应采用具有全开、全关和微开三个位的电磁阀与程序控制。

## 第三节　化工自动控制与安全

自动控制系统对于化工生产有多层次的安全保护作用：有的可以比较精确地控制工艺指标，有利于稳定生产；有的可以自动检测生产中的危险因素并发出报警信号；有的在即将发生事故时可以紧急处理以避免事故的发生；有的在事故发生后可以自动紧急处理，防止事故蔓延。自动控制系统是化工企业安全生产的重要保证。

### 一、过程控制系统与安全控制系统

化工生产常用的自动控制系统包括两大类：过程控制系统和安全控制系统，二者的作用和特点不同，原理也有所区别。

过程控制系统是正常操作过程的自动控制系统。过程控制系统的作用是将工艺指标控制在最优范围内，以保证产品产量和质量并减少消耗，提高生产过程的经济效益。过程控制系统使整个生产过程始终保持稳定，可以减轻操作人员的精神紧张程度，也有利于安全生产。过程控制系统的控制范围可以是一个设备，也可以是一个工序或一个车间，甚至是全厂生产过程。化工企业大范围的自动控制常用数字集散控制系统（DCS）或现场总线控制系统（FCS）。

安全控制系统的作用是预防事故的发生或蔓延，保障生产过程的安全性。安全控制系统通常独立于过程控制系统。安全控制系统时刻监视生产装置的运行状况，但只有当生产装置出现预想的异常或危险工况时才有反应。安全控制系统对被监控变量进行连续检测，并将检测信号送控制器与给定值进行比较，当被监控变量未超过给定值时，执行器没有任何动作，即处于静态；超过给定值时，各种安全控制系统要做不同的动作，需要报警的响铃或闪光，需要停车的执行关闭有关阀门等指令。安全控制系统属于开环系统，没有负反馈，没有操纵变量。安全控制系统只能监视而不能调节被监控变量。

安全控制系统主要包括安全仪表系统（safety instrumented system，SIS）。SIS 常应用于石油、化工等过程工业领域，在核电、航空、舰船等系统也有较多应用。SIS 由变送器、逻辑运算器和最终执行元件构成。SIS 已经历了电气系统、电子系统与可编程电子系统三个发展阶段，形成三类 SIS。构成这三类 SIS 的逻辑运算单元的基础，分别是继电器、集成电路和可编程逻辑控制器。现在，以上三种类型的 SIS 并存，以可编程电子系统 SIS 应用最广泛。信号报警系统、联锁保护系统和紧急停车系统都属于安全仪表系统。

### 二、信号报警系统

信号报警与联锁保护系统一样，当被控变量未超过给定值时，二者的执行器都处于静态。当被控变量超出给定值时，信号报警系统自动发出报警信号，提醒操作人员；而联锁保护系统发出预防事故的指令信号，执行器立即采取干预措施。信号报警系统不干涉生产过程，它特有的执行环节是与报警信号有关的闪光、平光（不闪光）及灯光消除、音响及消除、灯铃检查等。生产中有时工艺参数短时间超限，但未经调节又自动恢复到正常值，为避免频繁报警动作，可采取延时报警系统，即只有在参数超限时间超过了规定值时才发出报警信号。在发出预报警信号后，如果检测到被控变量与给定值的偏差进一步扩大到一定程度，有的报警系统会发出二次报警。

信号报警系统的应用比较广泛。在化工生产过程中，当温度、压力、液位等工艺参数超出给定值时，信号报警系统发出报警信号以便操作人员及时判断原因并采取措施，预防化工安全事故发生。有的信号报警系统监控的是电流、电压等非工艺参数，如电气火灾监控系统。此外，信号报警系统可以监控工作环境中的各种有害因素，有利于职业健康工作。我国有关设计规范规定，在可能泄漏有毒气体的区域宜设置固定式有毒气体检测报警设施，报警信号可发送至工艺装置、储运设施的控制室或操作室。这种带有信号报警功能的自动连续监测系统在安全生产中有广泛的应用。**【案例 4-3】**墨西哥湾钻井平台爆炸事件。2010 年 4 月 20 日深夜，瑞士越洋钻探公司的深水地平线号钻井平台，在墨西哥湾为英国石油公司钻井时发生爆炸，事故造成 11 人死亡。堵漏工作持续了数月，泄漏原油约 490 万桶，墨西哥湾受到严重污染。爆炸事故的直接原因是：油井水泥灌注工程有缺陷，导致油井气体外泄；其他一些工程设计问题导致泄漏气体经通风系统进入钻井平台，而没有被引导到海面；易燃、易爆气体进入钻井平台后，因自动信号报警系统关闭而没有及时发现。报警系统关闭原因是该系统几次“误动作”后，操作人员因影响休息而人为关闭。钻井平台的防喷阀的一些重要部件失灵，导致事故发生后油井没能自动紧急封闭，这是事故扩大的主要原因。

## 三、联锁保护系统

即使信号报警系统发出报警信号，化工操作人员也未必能及时判明原因并正确应对，此时应当再设置一道防线——联锁保护系统。联锁保护系统包括工艺联锁、机组联锁、单机开停联锁和程序联锁等，用于不同场合，常与信号报警系统联用。

### 1. 工艺联锁

当被监控的工艺参数超出允许值时，系统处于即将发生事故的状态，联锁保护系统发出事故信号，引起联锁动作，避免事故发生，这称为工艺联锁。当工艺指标超限但不严重时，联锁保护系统一般仅发出报警信号；当工艺指标超限达到安全极限值时，系统会紧急停车；介于报警与停车之间时，联锁保护系统的联锁动作要根据具体情况确定。**【案例 4-4】**对二甲苯氧化制备对苯二甲酸工艺的氧化塔中，氧化剂为氧气，而对二甲苯可燃，为了防止发生爆炸事故，必须控制塔内氧含量在 3%左右。某厂将氧化塔上方气相氧含量作为被监控变量，采用“多取一”联锁，即多个采样点只要一处测得氧含量达到 5%，就报警并开启氮气紧急导入阀，只要一处测得氧含量达到 8%安全极限值时，就紧急停车。该例氧含量达到 5%时已超出正常值但未超过安全极限值，采取氮气紧急导入这个非正常操作措施，可以使气相氧含量回到正常值范围，因此就不必采取紧急停车等极端措施。

### 2. 机组联锁

由于机组或大型设备的运转参数超出允许值，机组或设备即将发生事故，联锁系统发出事故信号，指令紧急处理甚至停车，称为机组联锁。机组联锁可有效保证机组安全。化工常用的离心式气体压缩机一般有控制气量的负荷控制、防喘振控制、油路控制及主轴等机组联锁系统。例如，某合成氨厂，氮氢气压缩机设置相关的轴温、轴振动、轴位移、油压、油温、防喘振等 22 个因素与机组联锁控制，其中多数因素超出允许值时，机组自动停车。当润滑油压过低时，首先报警并启动辅助油泵；当润滑油压低至安全极限值时才紧急停车。

3. 单机开停联锁

将机械的开停操作与某个条件满足与否建立联锁关系，称为单机开停联锁。例如，车间通风中设置有害气体浓度检测报警系统并与通风机联锁，有害气体浓度超限时，风机自动启动，有害气体浓度降至一定值时风机自动停止。**【案例 4-5】**山东金能煤炭气化有限公司投资3200万元全面实施化工生产过程自动化控制及安全联锁技术，成效显著。例如，其液体库区采用储罐液位与进料泵单机开停联锁控制，杜绝进料过多而发生溢料事故。再如，其炭黑尾气氧含量测定仪一旦测出氧含量超标，立即自动紧急停车。

4. 程序联锁

程序控制系统用于安全联锁时称为程序联锁。程序控制系统也称顺序控制系统，是能按照事先规定好的顺序自动进行操作的控制系统，用于需要按顺序进行的、多步骤操作过程。程序联锁保护的原理是，只有当上一操作步骤达到既定安全要求时才能转入下一操作步骤，否则下一操作步骤被锁定不可能进行。例如，快开门式压力容器的安全联锁功能应满足以下要求：当压力容器的内部压力完全释放时，快开门方能打开；当快开门达到预定关闭部位时，方能升压运行。程序联锁可以锁定某些危险操作步骤，切断事故发生与发展的路径，防止因人操作失误而导致事故。

除了程序联锁保护之外，程序控制系统还常用于化工间歇操作过程的自动控制。间歇操作过程通常包括几个操作步骤，各步骤的被控变量往往不同。例如，将待干燥物料以一定速率从常温加热至 100℃，保持一定时间，然后以一定速率降至常温。这一间歇操作过程包括升温、保温与降温三个步骤，三个步骤的被控变量及操作要求不同。程序控制系统可以保证，只有当上一步骤达到既定工艺要求时才转入下一步骤。有的间歇操作过程周期很短而操作步骤很多，如能实现过程控制，将极大减轻操作人员的劳动强度和精神紧张程度，有利于安全生产。间歇操作过程与连续操作过程的过程控制采用不同的控制系统。

## 四、紧急停车系统

1. 紧急停车系统概述

紧急停车系统（emergency shutdown device，ESD）是以预防事故发生为目的、以停止设备或过程的运行为手段、在事故即将发生时起安全保护作用的自控系统。ESD 的特点是：它平时处于静态、对生产过程进行连续监测而没有任何干涉，在事故即将发生时它能瞬间准确动作；它独立于过程控制系统，安全级别高于过程控制系统；它是预防事故发生的最后一道安全屏障，应始终在线运行（维修要及时）；它应具有很高的可靠性，即使在自控系统自身出现故障或者外部供电中断等特殊情况下，也能将被保护对象自动导入预定安全状态，即符合故障-安全原则。

为了保障生产装置安全，比较昂贵的关键生产装置对自身运行参数的要求很严格，故规定诸多关键运行参数中只要有一个超过允许值就紧急停车。这种 ESD 就是机组联锁，与装置的控制及管理常常是一体化的，可以实现化工装置安全停车。

在一些高风险的化学生产中，有些事故的发生和恶化很快，操作人员往往来不及判断和处理，不得不采用紧急停止化工过程的办法来制止事故的发生，这属于化工过程紧急停车。化工过程紧急停车时，除了需要停止加料并停止加热之外，有的可能还需要紧急冷却装置中的物料，有的需要将装置中的物料紧急泄放出去，有的需要向装置中紧急输入惰性气体或稳定剂等。总之，都属于紧急处置，其特点是工作紧迫而又复杂，容易出错。为此，常常将操作人员在紧急状态下手动处理的停车操作步骤，编制成程序，交由自动控制系统执行。这种ESD实际上是一种程序联锁保护系统，它将停止加料加热、安全泄放和紧急冷却等功能综合在一起，按照既定步骤进行，统称紧急停车系统，其作用是预防事故发生实现化工过程安全停车。例如，光气及光气化生产系统需要配备ESD，当出现超温、超压或发生光气及其剧毒产品泄漏事故时，ESD自动切断所有进出生产装置的物料，将反应装置紧急冷却降温，同时将发生事故设备内的剧毒物料导入事故槽内，开启氨水、稀碱液喷淋，启动通风系统，将事故部位的有毒气体排至处理系统。不同化工工艺的ESD不同，确定ESD的结构、配置与内容时，需要自动控制与化工工艺等多专业技术人员良好协作。

2. 紧急冷却系统

有些化工过程如强放热反应或核反应，即使停止加料与加热，反应也未必能停止，必须紧急冷却才能避免事故发生。紧急冷却方法有以下三种：一是向系统内加冷却剂与原来物料混合降温；二是把系统中的物料紧急泄放至备用的冷却槽中，加冷却剂冷却；三是系统内已配有冷却装置的，启动备用泵加大冷却装置中冷媒的流量。**【案例4-6】**2011年3月11日发生的日本地震海啸，福岛1#核电站4台机组全部紧急停车。由于自备发电机被海水淹没，紧急冷却系统无法运行，而核反应不能完全停止，核反应放出的热量使系统温度升高，高温下包装核燃料的金属锆与水反应放出大量氢气，发生氢气爆炸使事故进一步恶化。如果配备紧急冷却用高位水槽有可能避免这次事故。

3. 安全泄放系统

由于超压或者其他原因需要排放空气、水蒸气等无毒、无污染气体时，可以紧急放空即向大气排放；需要排放有毒气体或液体时，则应向紧急处置设备内部排放并进行紧急处置。紧急处置的作用是消除泄放物质的危害性。根据有害物质的性质，可以分别采用溶剂吸收或焚烧等适当方法处理以保障排放安全。**【案例1-1】**印度博帕尔事件中，该企业有安全泄放系统，应对甲基异氰酸酯（MIC）泄放。该系统包括安装于MIC储罐上的爆破片-安全阀组成的泄压装置，该装置在事故中发挥了泄压作用，防止了储罐超压爆炸事故。该泄压装置通过工艺放空总管与两套紧急处置设备连接：第一套为洗涤塔（其作用是用碱吸收泄放的MIC），事故中启动洗涤塔没有成功；第二套为点火塔（亦称燃烧火炬系统，其作用是焚烧处理泄放的MIC），该厂因维修未开。无奈采用了水喷淋方法，拟将泄放出来的MIC溶于水，但是该厂没有高压水喷淋装置，消防水只能达到15m的高度，而MIC的排放高度达到50m。安全泄放系统中的紧急处置设备都没有发挥作用，这是该事故造成重大恶果的原因。

## 五、安全仪表系统的功能安全

1. 自动控制系统的可靠性

自动控制系统在实践中可能失效，这是自动控制系统的可靠性问题，对安全控制系统又称功能安全问题。例如，紧急停车系统在不应当紧急停车的时候误停车，称为“误动作”，将造成生产损失；或者在应当紧急停车的时候没有动作，称为“拒动作”，可能造成恶性事故。“拒动作”难以发现也更危险。经常发生“误动作”容易造成操作者对自动控制系统不信任。操作人员把自动控制系统的正确操作判断为“误动作”，甚至为此关闭自动控制系统，就可能导致事故发生，案例 4-3 墨西哥湾钻井平台爆炸事件就有这方面的教训。操作者既不能盲目地相信自动控制系统，放弃责任心，更不能盲目地不相信自动控制系统，随意关闭它。

自动控制系统失效的一个重要原因是自身物理故障。构成自动控制系统的各种元器件的可靠性都可能影响自动控制系统的可靠性。例如，电子元器件或电气线路老化等造成短路或断路，信号线接线端子松动导致接触不良。研究自动控制系统的可靠性问题，必须分别研究控制器、执行器、传感器的可靠性。过程控制系统更有可能发生在频繁动作情况下容易发生的那一类老化与故障，此类故障影响生产，故容易发现，如作为执行器的调节阀因磨损而不能正常工作。安全仪表系统更有可能发生在不动作情况下容易发生的那一类老化与故障，在正常工况下此类故障是隐性的，很难发现，如作为执行器的阀门因锈蚀而无法启闭。

温度过高或过低、湿度大、灰尘、振动等外部环境因素也可能导致自动控制系统失效。自动控制系统容易受雷电、静电或者感应电流的干扰而出现错误，必须有防雷、防静电等抗干扰措施。人员培训不足，设计、安装、操作、维护等各环节管理不规范，也是导致自动控制系统失效的隐患。**【案例 4-7】**“7·23”甬温线特别重大铁路交通事故。2011 年 7 月 23 日，温州南站列车控制中心信号设备遭雷击，在出现保险管熔断故障后，该信号设备没有自动指向安全，始终仍按照熔断前控制区间无车占用即绿灯状态进行控制输出，允许后续列车通行，致使后续列车与前面慢速行驶的列车发生追尾事故。信号设备设计中违背故障-安全原则和管理不到位是发生该事故的重要原因。

### 2. 冗余技术

冗余技术是提高系统可靠性的技术。例如，化工企业重要部位常配置双电源，一旦在用电源出现故障，立即启用备用电源，这种一开一备或一开几备的措施称为后备冗余。计算机系统中几台服务器及电源同时工作互为备用，以保证系统工作不间断、数据不丢失，这种冗余称为工作冗余。冗余技术的特点是重复设置、并联使用作用相同的部件。部件完全相同的称同型冗余，否则称多样性冗余。并联部件同时失效的概率等于各部件失效概率的乘积。所以，与单一部件相比，几个并联部件同时失效的概率大幅度降低，系统可靠性大幅度提高。并联部件数量越多（多重冗余），系统可靠性越高。冗余技术在各行各业及日常工作中都有广泛应用。例如，计算机冗余技术包括硬件冗余、软件冗余、时间冗余、信息冗余等，对重要的指令常重复写上多个，即使某一个被干扰，程序仍可执行。

### 3. 安全仪表系统功能安全的主要特点

安全系统功能的可靠性称为功能安全（functional safety）。安全系统功能安全是事关安全生产的重大问题。功能安全理论的提出，被认为是安全工程科学发展史中重要的里程碑。近二十多年来，我国在安全仪表系统功能安全的理论研究和实践方面，一直在跟踪、学习发达国家的成果与经验。安全仪表系统功能安全主要有以下特点。

（1）以 IEC 标准为基础，强调功能安全评估与认证制度，强调建立功能安全管理体系。

2000 年，国际电工委员会（IEC）发布了 IEC 61508 标准，即《电气/电子/可编程电子安全相关系统的功能安全》(由 7 个部分组成)。2003 年，IEC 又发布了适合化工等过程工业的 IEC 61511 标准（由 3 个部分组成）。2006 年以后，我国陆续颁布《电气/电子/可编程电子安全相关系统的功能安全》(GB/T 20438）和《过程工业领域安全仪表系统的功能安全》(GB/T 21109)，分别等同采用 IEC 61508 与 IEC 61511 标准，并随 IEC 标准的修订不断进行修订。以上标准既是安全系统（包括电气系统、电子系统与可编程电子系统等三类安全系统）总的管理规范，又是制定具体安全技术标准时依据的基础标准。安全仪表在设计、制造、安装调试和操作维护等方面，都必须严格按照以上标准进行，这是安全系统功能安全的保障。按以上标准规定，安全仪表系统及其部件产品都必须通过独立机构的功能安全评估和认证，取得认证证书，才能在企业应用。

（2）划分安全完整性等级，适用范围广。风险大小不同的被保护对象，应配置不同等级的安全系统。IEC 61508 把安全系统划分为四个等级，称为安全完整性等级（SIL1-4，最高为 4 级）。该标准规定了不同等级的安全仪表在设计、制造、安装调试和操作维护等方面不同的技术要求。被保护对象的 SIL 等级是根据安全仪表功能失效导致的风险大小，把被保护对象对于安全系统功能安全的要求（用失效概率量化）分级得到的。我国目前一般先对被保护对象进行安全风险定性评估，根据评估结果确定其适当的安全度等级，定性评估内容包括所有事件发生的可能性与后果的严重程度，也包括安全措施的有效性等。

（3）采用容错型多重冗余系统，可靠性高。SIS 一般采用多重冗余结构，以提高系统的硬件故障裕度，单一故障不会导致 SIS 安全功能的丧失。下面以紧急停车系统为例加以说明。目前，ESD 的主流是可编程电子型，该系统以可编程逻辑控制器（PLC）为逻辑运算器。该紧急停车系统有单 PLC 型、双 PLC 型（冗余型）和三重化 PLC 型（表决型）等多种结构。三重化 PLC 型用三套相同的 PLC 并行运行，采用 3 选 2 的表决方式来判断是否应当紧急停车。例如，两套 PLC 判断“停”，一套 PLC 判断“开”，则紧急停车且判定最后一套 PLC 有故障。在一套 PLC 出现故障时，三重化 PLC 型仍能正常工作。这种技术称为容错技术，即保证系统在某些组成部分出现故障或差错时仍能正常工作的技术。如果采用四重化冗余容错结构，SIS 可能具有完全自诊断功能。冗余技术和容错技术常用于对可靠性要求高的系统如火箭发射，还常用于危及人身安全的关键部位。

安全系统功能安全问题还涉及故障检测和诊断技术、风险评估等问题，详见有关书籍。

## 第四节 安全控制系统的其他应用

安全控制系统在消防、锅炉及火炬等非化工生产装置安全控制方面也有广泛的应用。

### 一、火灾自动报警与监控系统

#### 1. 火灾自动报警系统

火灾发现越早，扑救越容易，损失也越小。火灾自动报警系统对早期发现火灾有重要作用。重点化工生产装置、计算机房、控制室、配电站、易燃物质仓库、油库等重要场所，均应设置火灾自动报警系统，如果与自动灭火系统或室内消防栓系统、排烟通风系统等其他消防系统联动，作用更大。

火灾自动报警系统包括火灾信号监测、火灾报警控制器与报警等几部分。报警部分有区域报警器、手动报警按钮、火灾显示灯和声光报警器等。根据监测信号不同，有感温、感烟和感光报警器等，能及时探测到火灾产生的高温、烟雾或强光，并将以上信号转化为电信号，传输到火灾报警控制器，由控制器发出指令，报警部分发出声、光等报警信号。

感温报警器的感温元件可以探测环境中的温度变化，将温度信号转化为电信号，传输到火灾报警控制器，其动作温度一般为 65～100℃。感光报警器利用紫外线或红外线检测器，探测物质燃烧时发出的紫外线或红外线以及时发现火灾，多用于燃料仓库等场所，其缺点是对于明火或者能发出紫外光的灯光会发生误报。在火灾初期，感烟报警器就可以探测到烟雾发生，具有报警早的优点，其探测元件有离子感烟报警器和光电感烟报警器两种。可燃气体报警器可以检测可燃气体浓度，超过给定值时报警，用于火灾发生前的预警。

#### 2. 电气火灾监控系统

电气火灾是比较常见的火灾。电气火灾监控系统的作用是早期发现电气火灾的苗头，以便及时采取措施。电气火灾事故的重要原因是电气设备电流或温度过高。由于电流与温度都便于自动检测，所以电气火灾事故的自动监控是比较容易实现的。电气火灾监控系统分为三部分：电气火灾监控设备、剩余电流式电气火灾监控探测器（原称漏电保护装置）和测温式电气火灾监控探测器。这两个探测器分别连续检测被保护线路的剩余电流和温度这两个电气火灾危险参数的变化。电气火灾监控设备接收来自这两个探测器的检测信号，并与给定值进行比较，当两个被控变量中的任何一个超出给定值时，信号报警系统自动发出声、光报警信号和控制信号，指示报警部位，记录并保存报警信息。

### 二、燃气锅炉的安全控制

为保护大气环境，燃气锅炉越来越多地取代了燃煤锅炉。燃气锅炉有发生炉膛燃气爆炸事故的危险性。燃气锅炉自动控制系统的作用是预防炉膛爆炸事故，保障燃气锅炉安全运行。

#### 1. 燃气锅炉炉膛爆炸原因

炉膛爆炸一般只发生在燃油、燃气、燃煤粉的锅炉中。当炉膛内积存的可燃性气体混合物浓度到达爆炸极限时，遇明火就会发生化学爆炸。下面以燃气锅炉为例加以说明。燃气锅炉防爆性要求非常高，尤其是天然气，其爆炸极限为 5%～15%，如果发生泄漏极易发生爆炸。可燃性混合气体在密闭容器内爆炸时产生的压力，对于不同的燃气为 0.75～1.65MPa。因此，如发生爆炸，轻则造成锅炉爆燃熄火；重则使炉膛、烟道爆裂，鼓（引）风机损坏，锅炉房受损等，甚至造成人员伤亡。**【案例 4-8】**燃气锅炉点火爆炸事故。2000 年 9 月山西某煤气发电厂新安装的 SHS20-2.45/400-Q 锅炉进行机组试运行。接到点火指令后，操作人员未按操作规程进行全面检查，也没有进行点火分析，就直接将点燃的火把从点火口送入炉膛。随即发生的爆炸事故导致锅炉烟道、烟囱和引风机完全炸毁，造成 2 人死亡，5 人重伤，厂房严重受损。事故的直接原因是，点火之前锅炉 2 号燃烧器的煤气进气阀处于开启状态，点火前炉膛、烟道和烟囱内已经聚集了大量煤气和空气的混合气体，且混合比达到爆轰极限值，因而点火瞬间就爆炸。

燃气锅炉的爆炸事故多发生在点火启动和停炉熄火这两个时段。点火是在燃烧三要素齐备条件下的危险性很大的操作。点火时如果直接由主燃烧器通入燃气，称爆燃法点火。这种点火方式在启动点火装置的瞬间可能发生爆炸，因此规定严禁采用。在点火前，如果燃气锅炉气源阀门内漏，使炉膛或烟道内混合气体达到爆炸极限，点火时又未对炉膛进行有效的吹扫，就会发生爆炸。停炉熄火后如果没有及时切断气源，在炉膛高温的作用下也会发生爆炸。此外，燃气锅炉燃气压力或风压波动太大，引起脱火或回火致使熄火，都可能引起爆炸。为避免发生炉膛爆炸事故，必须严格按照点火、熄火等安全操作规程操作。

### 2. 燃气锅炉的安全控制系统

为防止炉膛爆炸事故的发生，燃气锅炉必须设置安全控制系统。可靠的点火程序控制、熄火保护、燃烧自动调节和燃气供应自动切断等，是燃气锅炉安全控制系统必不可少的部分。

1）点火程序控制系统

燃气锅炉的启动程序分为启动前的检查和准备、上水、点火、升压和送热等几个步骤，应当严格按照操作规程进行。点火程序控制系统应对点火过程进行自动控制：燃气锅炉点火前，必须用空气仔细吹扫炉膛和烟道，排除炉内可能积存的可燃气体，点火前的总通风量应不小于 3 倍的从炉膛到烟囱入口的总容积，且通风时间不小于规定值；在炉膛吹扫过程中，检漏控制器自动对燃气阀组系统进行检漏，只有当风机完成清炉任务之后，才能进行点火，否则点火操作被锁定；只有当点火火焰（由较小的点火燃烧器产生）已建立起来（经火焰探测器证实），并经过预定的时间后，主燃烧器的控制阀门（电磁阀）才能打开，否则打开该阀门的操作也被锁定；点火火焰在预定的时间后能够自动熄灭；当主火焰（由较大的主燃烧器产生）未能在预定的时间内被点燃时，主燃烧器能在点火火焰熄灭的同时自动快速关闭。这个程序联锁保护系统可以保证燃气锅炉点火过程的安全。

2）熄火保护装置

熄火保护装置由火焰监测器及电磁阀等组成。火焰监测器的检测元件安装在炉膛内，监测火焰强度并转换为电信号。一旦出现熄火现象，火焰监测器立即发出指令关闭电磁阀，停止向炉内供应燃气。火焰监测器是熄火保护装置的关键设备，其响应速度必须符合规定，动作应稳定可靠。常用的检测元件有两种：一种监测火焰中的紫外线如紫外光敏管；另一种监测火焰的导电性如离子监测针，其检测对象均与火焰强度密切相关，后者可靠性更高。

3）燃烧自动调节系统

为防止燃气锅炉在低负荷运行时风量过大而造成熄火，应在每台锅炉上装设燃烧自动调节系统，对燃气锅炉的进风量和燃气供应量进行联动控制，使二者气量比例符合要求。

4）燃气供应自动切断

锅炉运行中出现下列几种情况时，燃气锅炉的联锁装置能够自动切断燃气供应，对装设鼓风机的锅炉，还能够自动切断给风气源等。这就是燃气锅炉紧急停车系统。

（1）额定蒸发量≥2t/h 的燃气蒸汽锅炉，应装设高低水位报警装置，装置应能区分满水、轻微缺水与严重缺水，严重缺水时，必须紧急停炉，关闭电磁阀，切断燃气气源，鼓风机 30s 后停机，引风机仍运行。

（2）锅炉蒸汽压力一般由压力控制器进行自动控制。蒸汽锅炉压力超过规定值，应启动切断装置。额定蒸发量≥6t/h 的燃气蒸汽锅炉，应安装蒸汽超压报警，并设联锁保护，超压报警的同时关闭电磁阀，切断燃气气源，引风机仍运行。

（3）燃气压力超高或过低，均应启动切断装置。这是因为，当燃气压力过高时，会出现脱火现象，甚至在炉膛内发生爆炸，因此燃烧器必须在设计的燃气压力下运行。目前，国内与燃气锅炉配套的燃烧器的自动化程度较高，配有燃气高低压控制器。

（4）对于送风机、引风机及热水锅炉的循环水泵，在突然停电或停止运行或发生变频故障、接触点故障等故障时，启动切断装置。

（5）目前，国产燃气锅炉普遍采用烟温变送器，其作用是一旦烟温超过给定值就启动切断装置。这是因为烟温的情况也反映了锅炉的运行正常与否。

（6）热水锅炉水温升高到超过规定值，应启动切断装置。燃气热水锅炉额定出口热水温度≥120℃，以及额定出口热水温度＜120℃但额定功率≥4.2MW 时，应该设热水超温报警装置，并有联锁保护。对于中小型燃气锅炉，一般由安装在热水出口上的温度变送器，以标准信号形式输出到可编程逻辑控制器（PLC），PLC 将该标准信号与给定值比较，一旦超温立即下达紧急停炉指令。

除了以上预防爆炸的自动控制技术之外，燃气锅炉的炉膛等部位通常安装防爆门，其作用是在炉膛爆炸瞬间，防爆门自动打开泄放炉膛压力，防止锅炉本体受损、炉墙倒塌及人员伤亡（详见第六章第四节）。

## 三、火炬及其安全控制系统

火炬是专门焚烧废气的装置，是油田、石油化工等行业重要的安全设施和环保设施。以上企业运转过程中，产生大量可燃废气，常称为干气。干气的产生数量、成分变化非常大，还可能含某些有毒成分，给其回收利用带来极大困难，多年来都采用火炬将其焚烧处理，故干气也称火炬气。随着能源供应紧张和环境保护意识增强，我国大部分干气已经回收利用。但是，当干气产生量超过回收系统的处理能力或者回收系统有故障时，仍然需要及时启动火炬系统，以便将多余的干气焚烧后将废气排放出去。不少石油化工企业的火炬每年断断续续地使用数百小时。为了适应这种时开时停的状况、保证火炬能在各种恶劣气象条件下（如暴风骤雨）可靠地长周期运行，火炬系统应具有自动点火、熄火保护、烟气温度控制、断电安全保护和回火安全保护等一系列安全功能，故称之为智能火炬系统。

按照支撑结构，火炬装置分为高架式、地面式与坑式火炬三类。图 4-2 为高架式火炬装置及其控制系统。高架火炬系统的主体是火炬筒，火炬筒的顶部为燃烧器，也称火炬头，是火炬气燃烧的场所，燃烧所需氧来自大气。火炬头下部为密封器，其作用是在没有火炬气排放时，通过吹扫氮气，使火炬筒内保持正压，防止外界空气进入火炬筒，称为气体密封。

作为燃气装置，火炬装置必须有高度可靠的点火系统。常用的点火系统包括专用的点火气源（比例适当的可燃气体与压缩空气的混合气体）；由专用的电源（升压变压器或压电陶瓷）点燃混合气体；点燃后的火焰通过传焰管送至火炬筒顶部燃烧，俗称长明灯。长明灯是经常燃烧的，浪费能源，目前正在研究试验新的点火系统。

火炬筒、分液罐与水封罐连同管网等组成火炬气放空系统。在进入火炬筒之前，火炬气首先进入分液罐，将火炬气携带的水分等冷凝液分离下来，通过凝液泵排放回收。分液罐的液位过低，火炬气可能随冷凝液排放出来；液位过高，冷凝液可能被火炬气带到火炬筒（带液现象），影响火炬气燃烧。该液位通过冷凝液泵自动调节，液位过高或过低将报警。

分离冷凝液后的火炬气进入保持一定水位的水封罐，其入口在水面下方，当火炬气的压力超过该水位的静压时，火炬气进入火炬筒。当水封罐上游万一出现压力突然降低情况时，火炬筒燃烧着的火炬气也不可能倒回水封罐上游设备（回火），水封罐相当于一个止回阀。

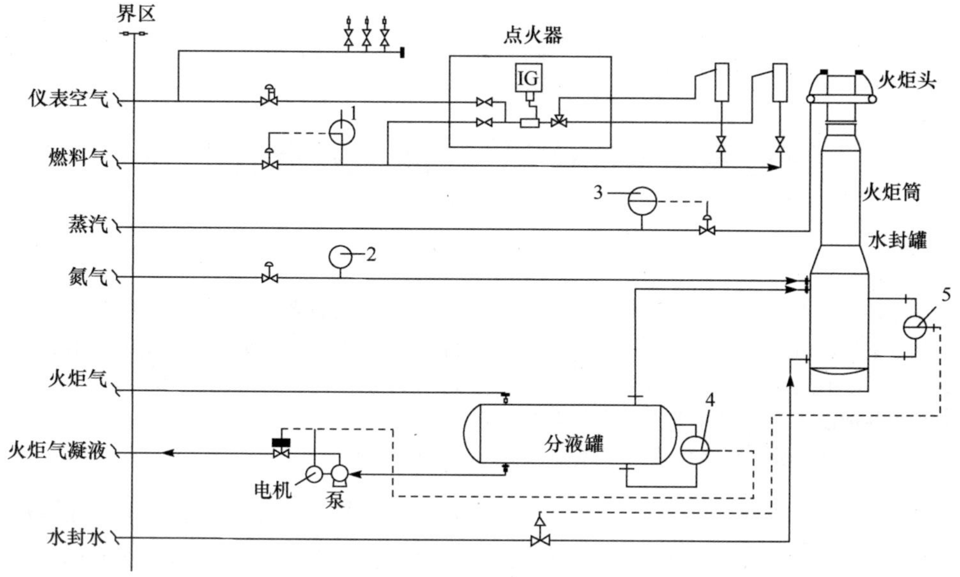


图 4-2 高架式火炬装置及其控制系统

1.压力指示控制报警；2.限流孔板；3.压力指示控制；4.液位指示控制报警开关；5.液位指示控制报警

## 思考题及练习题

1. 比较固定安装式与便携式、扩散式与泵吸式气体浓度检测仪的异同。
2. 什么是故障导向-安全原则？举例说明自动控制中如何执行该原则。
3. 举例说明电动阀、液压阀与电磁阀在安全生产中的应用，它们各有何优缺点？
4. 比较安全控制系统与过程控制系统的异同。
5. 举例说明各类联锁保护系统及其作用。
6. 什么是紧急停车系统？讨论燃气锅炉的紧急停车系统。
7. 以紧急停车系统为例，分别说明“误动作”与“拒动作”的危害。
8. 举例说明提高自动控制系统可靠性应当从哪些方面入手。
9. 什么是冗余技术？为什么冗余技术可以提高自动控制系统的可靠性？
10. 讨论冗余技术在安全停车系统中的应用。
11. 火灾自动报警系统有哪几种？分析其原理和适用范围。
12. 试述燃气锅炉点火控制系统的作用及原理。
13. 试讨论火炬气系统的危险因素。

# 第五章　中毒事故与通风及除尘技术

**本章学习目标**

（1）掌握职业毒害防护的工程技术措施和急性中毒事故的现场急救知识。
（2）熟悉车间通风的作用、要求及不同通风方式的特点，掌握正压与负压隔离室的作用。
（3）学习用返混及理想流动模型等概念分析通风与置换中的问题，了解混合通风与置换通风的特点。
（4）熟悉各种设备置换的方法，了解有关用气量的计算方法。
（5）深入了解各类除尘设备的原理、基本构造、性能和适用场合。

通风、置换及除尘技术属于有害物质的浓度控制技术，其作用是将厂房、设备或环境中危险物质的浓度降低至允许范围内，是预防中毒、窒息、火灾、爆炸等事故的重要技术，也是预防职业病、为职工创造安全舒适工作环境的重要技术。

## 第一节　毒物与中毒事故

对于企业管理和操作人员，了解常见毒物的性质及其危害，掌握各种预防中毒的措施，熟悉急性中毒事故的现场急救知识十分必要。

### 一、毒物及其危害程度分级

1. *毒物与中毒*

在一定条件下，较小剂量就能够对生物体产生损害作用或使生物体出现异常反应的外源化学物称为毒物。毒物与机体接触或进入机体后，能与机体发生化学或生物化学反应，引起机体功能或器质性的损害，严重的甚至危及生命。外源化学物在一定条件下损伤生物体的能力称为毒性。由毒物毒性引起的机体损害习惯称中毒。中毒分为急性、亚急性和慢性。大量毒物迅速进入人体，很快引起中毒甚至死亡者，称为急性中毒；少量毒物逐渐进入人体，经过较长时间积蓄而引起的中毒，称为慢性中毒；介于两者之间者，称为亚急性中毒。毒物的致癌、致突变、致畸等作用，称为特殊毒性。在职业活动中，因接触不同毒物而引起的疾病有若干种，统称职业性化学中毒，都属于职业病，见表 11-1。

毒物对机体有不同程度的有害性，但具备有害性特征的物质并不一定是毒物，如单纯性粉尘。物质是否属于毒物要经过毒理学研究之后才能确定。毒物是化学物质，有天然的或合成的，有无机物或有机物，有单质或化合物，但也可能是动植物、细菌、真菌等产生的生物毒素。毒物与非毒物之间并无截然分明的界限，从广义上讲，世界上没有绝对有毒和绝对无毒的物质。就是人们赖以生存的氧和水，如果超过正常需要进入体内（如纯氧输入过多或输液过量过快时），也会发生氧中毒或水中毒。一般认为毒性很强的毒物，如砒霜、氰化物等也是临床上常用的药物。所以，有人曾说“世界上没有无毒的物质，只有无毒的使用方法”。

2. 职业性接触毒物危害程度分级

接触工业生产中所使用的原料、辅助材料、溶剂，或产生的中间体、成品、半成品、副产品、杂质，还有排放的废气、废液或固体废弃物等，都可能使某些化学物质进入人体而对劳动者健康产生危害，这些化学物质称为职业性接触毒物。

按照危害程度大小，《职业性接触毒物危害程度分级》（GBZ 230—2010）将职业性接触毒物分为极度危害（Ⅰ级）、高度危害（Ⅱ级）、中度危害（Ⅲ级）和轻度危害（Ⅳ级）四个等级。毒物危害程度首先取决于其毒性和数量，其次与毒物进入人体的途径有关，还与毒物是气体、液体还是粉尘有关。另外毒物的危害不一定仅仅是毒性，有的有致癌性、腐蚀性和刺激性等。GBZ 230 的分级依据是综合以上因素后，得到的毒物危害指数 THI 值（toxicant hazardous index）。以上四个危害程度级别的 THI 值的范围见表 5-1。THI 值是给职业性接触毒物的 9 项指标（急性毒性 5 项、致癌性等其他指标 4 项）评出分数再加权重，最后综合得到的。急性毒性 5 项的评分依据是动物实验结果：对急性吸入气体（或蒸气、粉尘及烟雾）实验结果为半数致死浓度 $LC_{50}$（气体单位 $cm^3/m^3$，蒸气、粉尘及烟雾单位 $mg/m^3$）；对急性经口或急性经皮实验结果为半数致死量 $LD_{50}$（mg/kg）。致癌性是根据国际癌症研究中心公布的致癌因子分类确定分数，属第 1 类致癌因子的直接列为极度危害等级。

**表 5-1　职业性接触毒物危害程度分级**

| 危害程度级别 | THI 值 | 常见的职业性接触毒物举例 |
|---|---|---|
| 极度危害 | ≥65 | 汞及其化合物、苯、砷及其无机化合物、氯乙烯、铬酸盐、重铬酸盐、黄磷、铍及其化合物、对硫磷、羰基镍、八氟异丁烯、氯甲醚、锰及其无机化合物、氰化物 |
| 高度危害 | 65～50 | 三硝基甲苯、铅及其化合物、二硫化碳、氯、丙烯腈、四氯化碳、硫化氢、甲醛、苯胺、氟化氢、五氯酚及其钠盐、镉及其化合物、敌百虫、氯丙烯、钒及其化合物、溴甲烷、硫酸二甲酯、金属镍、甲苯二异氰酸酯、砷化氢、敌敌畏、光气、氯丁二烯、一氧化碳、硝基苯等 |
| 中度危害 | 50～35 | 苯乙烯、甲醇、硫酸、硝酸、盐酸、甲苯、二甲苯、三氯乙烯、二甲基甲酰胺、六氟丙烯、苯酚、氮氧化物 |
| 轻度危害 | <35 | 溶剂汽油、丙酮、氢氧化钠、四氟乙烯、氨 |

## 二、毒物对人体的危害

1. 毒物进入人体的途径

在工业生产中，毒物主要经呼吸道和皮肤进入体内，亦可经消化道进入。呼吸道是毒物进入体内最重要的途径，凡是以气体、蒸气、雾、烟、粉尘形式存在的毒物，均可经呼吸道侵入体内。水溶性强的毒物，易被上呼吸道黏膜吸收；水溶性较差的毒物，进入肺泡吸收，易引起全身性中毒。人的肺脏由亿万个肺泡组成，肺泡壁很薄，壁上有丰富的毛细血管，毒物一旦进入肺脏，很快就会进入血液循环而被运送到全身。通过呼吸道吸收时，最重要的影响因素是毒物在空气中的浓度，浓度越大，吸收越快。

在生产中，毒物经皮肤吸收引起中毒亦比较常见。有些毒物可以通过无损的皮肤（包括表皮、黏膜、眼睛等）进入人体。毒物首先要穿透表皮的角质层，然后在真皮经毛细血管吸收进入血液。脂溶性毒物经表皮吸收后，还需有水溶性，才能进一步扩散和吸收，所以水溶性与脂溶性都好的物质（如苯胺）易被皮肤吸收。对皮肤有腐蚀性的毒物，会严重破坏皮肤的完整性（化学灼伤），从而显著增加毒物的渗透吸收。

在生产中，毒物经消化道吸收多半是由于个人卫生习惯不良，手沾染的毒物随进食、饮水或吸烟等进入消化道。部分进入呼吸道的难溶性毒物，可经咽部咽下而进入消化道。毒物的吸收主要受胃肠道的酸碱度和毒物脂溶性的影响。

2. 毒物在体内的过程

（1）毒物被吸收后，随血液循环（部分随淋巴液）分布到全身，当作用点达到一定浓度时，就可发生中毒。毒物在体内各部位的分布是不均匀的，同一种毒物在不同的组织和器官分布量有多有少。有些毒物相对集中于某组织或器官中，如铅、氟主要集中在骨质，苯多分布于骨髓及类脂质。

（2）毒物吸收后受到体内生化过程的作用，其化学结构发生一定改变，称为毒物的生物转化，其结果可能使毒性降低（解毒作用）或增加（增毒作用）。毒物的生物转化可归结为氧化、还原、水解及结合。转化形成的毒物代谢产物可排出体外。

（3）毒物在体内可经转化后或不经转化而排出。毒物可经肾、呼吸道及消化道等途径排出，其中经肾随尿排出是最主要的途径，其次是经胆汁进入肠道随粪便排出。气态毒物可以经呼吸道排出。毒物在尿液中的浓度与在血液中的浓度密切相关，常通过测定尿中毒物及其代谢物，以监测和诊断毒物的吸收和中毒。

（4）毒物进入体内的总量超过转化和排出总量时，体内的毒物就会逐渐增加，这种现象称为毒物的蓄积。此时毒物大多相对集中于某些部位，毒物对这些蓄积部位可产生毒害作用。毒物在体内的蓄积是发生慢性中毒的基础。

3. 毒物对人体的主要危害

毒物对人体的危害主要为中毒。接触毒物不同，中毒的部位不同，引起的病症也不同。

1）呼吸系统

在工业生产中，毒物特别是刺激性毒物一旦吸入呼吸道，轻者引起呼吸困难，重者发生中毒。引起呼吸系统损害的常见毒物有氯气、氨、二氧化硫、光气、氮氧化物及某些酸类、酯类、磷化物等。常见的呼吸系统急性中毒包括急性呼吸道炎、化学性肺炎和化学性肺水肿。化学性肺水肿是最严重的呼吸道病变，患者肺泡内和肺泡间充满液体，多为大量吸入刺激性气体引起，抢救不及时可造成死亡。患者有明显的呼吸困难，皮肤、黏膜青紫（紫绀），剧咳，带有大量粉红色沫痰，烦躁不安等。

毒物对呼吸系统的慢性影响包括：长期接触铬及砷化合物，可引起鼻黏膜糜烂、溃疡甚至发生鼻中隔穿孔；长期吸入低浓度刺激性气体或粉尘，可引起慢性支气管炎，重者可发生肺气肿；某些对呼吸道有致敏性的毒物，如甲苯二异氰酸酯（TDI）、乙二胺等，可引起哮喘。

2）神经系统

中毒性脑病多是由能引起组织缺氧的毒物（如一氧化碳、硫化氢、氰化物、氮气、甲烷等）和直接对神经系统有选择性毒性的毒物（如铅、四乙基铅、汞、锰、二硫化碳等）引起的。急性中毒性脑病是急性中毒中最严重的病变之一，常见症状有头痛、头晕、嗜睡、视力模糊、步态蹒跚和烦躁等，严重者可发生脑疝而死亡。

3）血液系统

在工业生产中，有许多毒物能引起血液系统损害。苯、砷、铅等能引起贫血；苯、巯基乙酸等能引起粒细胞减少症；苯的氨基和硝基化合物（如苯胺、硝基苯）可引起高铁血红蛋白血症；氧化砷可破坏红细胞，引起溶血；苯、三硝基甲苯、砷化合物、四氯化碳等可抑制造血机能，引起血液中红细胞、白细胞和血小板减少，发生再生障碍性贫血。

4）消化系统

不少有毒物质对消化系统的损害很大。例如，汞可导致毒性口腔炎；氟可导致“氟斑牙”；汞、砷等毒物经口侵入可引起出血性胃肠炎；铅中毒，可有腹绞痛；黄磷、砷化合物、四氯化碳、苯胺等物质可致中毒性肝病。

5）泌尿系统

经肾随尿排出是有毒物质排出体外的最重要途径，肾血流量丰富，最易受损害。不少生产性毒物对肾有毒性，尤以重金属和卤代烃最为突出，如汞、铅、铊、镉、四氯化碳、六氟丙烯、二氯乙烷、溴甲烷、溴乙烷、碘乙烷等。泌尿系统各部位都可能受到有毒物质损害，如慢性铍中毒常伴有尿路结石，杀虫脒中毒可出现出血性膀胱炎等。

6）其他系统或器官

常见的有苯以及某些刺激性和窒息性气体对心肌的损害，其表现为心慌、胸闷、心前区不适、心率快等；急性中毒可出现休克；长期接触一氧化碳可促进动脉粥样硬化等。

引起中毒性眼病最主要的毒物为甲醇和三硝基甲苯。甲醇急性中毒者的眼部表现为视觉模糊、眼球压痛、畏光、视力减退、视野缩小等症状，严重中毒时可导致复视、双目失明。

长期接触氟可引起氟骨症。磷中毒可引起下颌改变，严重者发生下颌骨坏死。长期接触氯乙烯可导致肢端溶骨症，即指骨末端发生骨缺损。镉中毒可引起骨软化。

## 三、职业毒害的防护

职业毒害防护的非工程技术措施见第十一章，常用的工程技术措施有以下几类。

### 1. 工艺措施

（1）采用危害性小的工艺。通过工艺选择，尽量避免使用有毒特别是毒性较大的物质，如无氰电镀工艺从根本上杜绝了电镀作业中的氰化物中毒事故。

（2）在选择溶剂等辅料时，尽可能用无毒物质替代有毒物质，用毒性较小的物质替代毒性较大的物质。例如，甲苯及二甲苯都与苯的性质相似，但毒性较小，在需要以苯为溶剂等许多场合下，可以作为苯的替代物来使用。

（3）有毒物质的净化处理。采用吸收、吸附、冷凝和燃烧等净化工艺，处理含有毒物质的工艺气体，降低有毒物质的浓度，是重要的工艺措施。还应当结合环境保护工作，对于企业排放的废气、废液和固体废弃物中的有毒物质，进行无害化处理。

### 2. 预防有毒物质泄漏

有毒物质的泄漏是化工企业中毒事故的根源，也可能危害环境。化工企业有毒物质泄漏的情形有以下几种：一是生产中主动排放，如尾气排放或者排放污水废液等；二是生产设备、管道、阀门的跑冒滴漏；三是事故导致大量毒物突发性泄漏，可能造成多人急性中毒。密封技术与腐蚀控制技术，是预防意外泄漏的主要技术措施。

3. 尽量减少人员与有毒物质的接触机会

设立隔离室，将操作人员与可能释放有毒物质的生产设备隔离，并结合通风技术降低隔离室或车间内有毒物质的浓度。尽量采用密闭化、连续化、机械化操作和自动控制。穿戴使用个体防护用品，也是重要的隔离防护手段。检修含有毒物质的生产设备之前，先用空气置换或者用水清洗设备中的有毒物质，化验合格后再进行检修。

4. 有毒物质浓度的监控

工作场所各种毒物的接触限值见《工作场所有害因素职业接触限值 第1部分：化学有害因素》（GBZ 2.1）。应当定期对车间内空气进行毒物浓度的测定与评价，以便检查防止职业毒害技术措施的效果，研究改进措施。在有毒区域的重点部位，宜设置固定式有毒气体检测报警设施，连续测定有毒气体的浓度。

应根据有毒气体毒性和现场实际情况，设以下毒物报警值：警报值、预报值和高报值。警报值为GBZ 2.1规定的MAC（最高允许含量）或PC-STEL（短时间接触允许含量）的值；预报值为警报值的1/2；高报值应综合考虑有毒气体毒性、作业人员情况、事故后果、工艺设备等各种因素后设定。必要时将报警信号与通风机开停操作联锁，有毒气体浓度超标时通风机自动启动。**【案例5-1】**2000年8月，辽化污水处理厂一名化验员取污水样品进行化验，化验样品中硫化氢浓度为627mg/L（正常为130～150mg/L），10min后化验员出现头痛、恶心、呕吐、乏力、咽干、咽痛、胸闷、气短、眼干、眼痛。同时污水处理厂硫化氢报警器开始报警，检测结果表明，当时车间空气中$H_2S$浓度为231mg/m$^3$，20余名值班工人均出现类似症状。

5. 有毒气体突发性泄漏事故的紧急处置

当大量有毒气体泄漏事故发生时，首先要将泄漏的有毒气体导入紧急处置装置，然后根据有毒气体的性质，使用适当的紧急处置方法，将有毒气体处理为无害物质。例如，可燃的有毒气体用火炬将其焚烧，易溶解于碱液的有毒气体用碱洗涤塔将其吸收。案例1-1印度博帕尔事件中，其紧急处置装置基本没有发挥作用，以至于酿成大祸。

## 四、急性中毒与窒息事故的现场救治

发生急性中毒事故时，在现场做必要的紧急处理后，应将病人及时送医院，途中应密切观察病情。要向医院提供中毒原因和毒物名称，如果中毒原因不明，应认真了解情况，尽可能搜集可疑毒物及病人早期分泌物、呕吐物、尿液等，以供医生了解、检测，帮助诊断。

现场急救处理要根据不同情况选择不同的处理方法。如果是呼吸道吸入中毒，应迅速将病人移离中毒环境，至空气流通处，松开其衣服，并注意保暖。如果毒物是经皮肤黏膜沾染引起的中毒，应迅速脱去污染的衣服、鞋帽等，立即用大量清水（禁用热水）清洗15～30min。头面部受污染时，首先清洗眼睛。如果毒物是由口腔服下的，应立即催吐洗胃。洗胃的液体可用大量清水，或1：4000高锰酸钾溶液，或2%～3%碳酸氢钠溶液等。对有腐蚀性的毒物，可用蛋清、牛奶、稠米汤、面糊等液体洗胃，以保护胃黏膜。要防止呕吐物呛入肺部，对神志不清、抽搐、呼吸困难者不可催吐。对于呼吸、心跳骤停的严重急性中毒者，必要时应进行心肺复苏术。

窒息的原因是缺氧，常引起声门突然禁闭，气管和肺内空气不能呼出，肺内压力升高，氧气不能吸入，造成重要器官及全身缺氧。现场急救措施有：脱离不良环境，松开患者过紧的衣服，使呼吸道顺畅；轻拍患者背部，用手清除患者口、鼻、呼吸道中的分泌物或异物；人工呼吸或戴氧气面罩等。

## 第二节 厂房通风概述

### 一、厂房通风的作用与要求

厂房通风的作用是多方面的：可以降低厂房内有害气体及粉尘的浓度，预防中毒、窒息、火灾、爆炸等事故的发生；可以排放火灾烟尘及泄漏事故发生后泄出的有害气体；高温或高湿度车间可通风降温、降湿。即使没有上述有害因素，厂房内也要保持空气新鲜。通风是预防职业病、为职工创造安全舒适工作环境的重要措施。

厂房内发生的中毒和窒息事故多与厂房通风不良有关。**【案例 5-2】**1999 年丹阳某化工助剂厂硝酸铅项目，在转化车间新建了一座直径 2.4m、深 2.6m 的水泥池。4 名工人在池子上方安装搅拌机的减速器时，一名工人不慎跌落池底，马上昏迷发抖，两名工人下池救人也昏倒并发抖，又有两名工人以为池中三人是触电，断电后下池救人也昏倒，经抢救最后死亡 3 人。事故原因是硝酸铅生产中，产生大量二氧化碳，沉积在池底，导致人员窒息死亡。类似的窒息事故较为常见。实践证明，对于某些密度较大的气体，即使在不太封闭的场所也不易扩散，当这类气体持续产生时，就如同液体一样会聚集于地势较低处，人在其中是来不及判断和逃离的。进此类场所前，必须先检测空气成分，必要时进行强制通风。

通风过程中，应当经常检测车间空气中有害物质的浓度，以控制在允许的指标范围内。车间空气中有毒气体和致病粉尘的最高允许浓度，可以查《工作场所有害因素职业接触限值 第 1 部分：化学有害因素》等有关资料。

如果通风的目的是预防危险性气体爆炸，则应控制该气体的浓度远低于其爆炸下限。爆炸危险区域内的通风，能控制易燃物质浓度在爆炸下限的 25%以下时，可确定为通风良好。

### 二、自然通风

根据通风动力，通风可以分为自然通风与机械通风；根据通风原理，通风分为混合通风与置换通风；根据通风的方向，通风方式可以分为送风和排风；根据通风的范围，通风方式又分为局部通风和全面通风。

自然通风是在风压或热压作用下，空气自然流动形成的通风方式。外界空气从厂房迎风面的门窗流入工作场所，污浊空气从背风面的门窗流出，这是风压作用下的自然通风。由于温度不同，空气存在密度差，也会产生自然对流，这种现象称为热压作用下的自然通风。内部有散热设备的厂房内，空气自然对流的规律是：厂房内部温度高于室外，室外空气通过门洞、厂房下部门窗缝隙等自然流动至室内；厂房顶部空气的温度高于靠近地面的空气温度，厂房内部空气自然对流方向是由地面向顶部，通过天窗等自然流动至室外。

自然通风的效果与建筑设计有密切关系。厂房建筑方位、建筑形式、门窗特别是天窗及车间内部设备，尤其是散热设备的布置等都影响自然通风效果。散发比空气密度小的有害气体的厂房，更适合采用天窗进行自然通风。夏季自然通风的进风口，宜采用门洞、对开窗、天窗和立式中轴窗；冬季自然通风的进风口，宜采用下檐离地大于 4m 的窗户。

与机械通风相比，自然通风的优点是节约、安全。散发有害气体的生产装置，多数设置在露天或敞开、半敞开式建筑中，其主要目的是充分利用自然通风降低有害气体浓度。自然通风的缺点是对于密度较大的气体通风效果较差，在车间内空气不易流动的地方，即使是密度较小的有害气体，通风效果也差，在这种地方作业必须采用机械通风。

## 三、机械通风

### 1. 局部通风

机械通风的优点是便于控制风向、风量和范围，局部通风一般采用机械通风。局部通风是指毒物比较集中或工作人员经常活动的局部地区的通风，化工企业常用于以下场合。

1）隔离室局部送风

对于厂房面积很大、工作地点比较固定的作业场所，在改善整个厂房的空气环境有困难时，可采用局部送风的方法，使工作场所这一局部区域空气的温度、湿度、清洁度等环境条件符合卫生要求。局部送风宜设隔离操作室，人员和控制仪表在室内，设备在室外，操作室与厂房之间是半密闭状态，风送入室内，操作室内保持微正压状态，称为正压室。

2）隔离室局部排风

局部排风常用于厂房内毒物比较集中的局部地区的通风，以减少工艺设备毒物泄漏对环境的直接影响。毒物集中产生的设备可以安装于隔离室内，隔离室内采用引风机排风并保持负压，称为负压室，这比整个厂房全面排风要节约很多。隔离室与厂房之间是半密闭状态，才能形成微负压。采用吸气罩或通风橱比隔离室更节约。在通风橱内或吸气罩附近空间，保持微负压，有害物一产生，立刻被引风机吸入并随空气排至室外。有时采用既有送风又有排风的通风设施，既有新鲜空气的送入，又有污染空气的排出。这样，可以在局部地区形成一片风幕，阻止有害气体进入室内，比单纯局部排风更有效。

3）泄漏事故排风

对于可能突然泄漏大量有毒气体或爆炸危险性气体的生产厂房，应设事故排风装置。当发生大量气体泄漏事故时，启动事故排风装置，将泄漏气体排出室外以避免二次事故。事故排风装置应有独立的事故电源供电，并在便于操作的室外设置其启动开关。事故排风装置和有毒气体或可燃气体检测、报警装置应当单机开停联锁。当事故排风系统不能使用排风机直接排出爆炸危险性气体时，可采用诱导排风系统或送风式事故通风系统。

4）火灾事故抢救排烟

当火灾发生时，燃烧产生的烟尘往往是导致人员伤亡的主要原因。所以，在人员密集和可燃物质较多的车间，可使用事故排风设施防烟与排烟。所谓排烟是指把燃烧产生的烟尘排至室外。所谓防烟是指防止燃烧产生的烟尘扩散到楼梯间、消防电梯间前室等重要部位。建筑面积太大的厂房不利于机械排烟，所以应采用隔墙等将厂房分隔为若干建筑面积不超过 $500m^2$ 的防烟分区。

5）正压型电气设备的通风

为了防止电气运行时产生的电火花或高温引爆易燃易爆气体，有的电气开关或电气设备完全密闭在外壳内，并连续通入空气或其他保护性气体，保持壳内正压，以阻止外部易燃易爆气体进入壳内，实现电气设备的防爆。这样的电气设备称正压型防爆电气设备。

2. 全面通风

全面通风的通风范围为整个厂房，通常是将新鲜空气通入厂房，与厂房内原有空气混合后排出室外。对于低毒有害气体、有害气体散发量不大或操作人员离毒源比较远的化工车间，仅仅采用全面通风就可以。对于有害气体毒性大、数量多及产生粉尘、烟尘、烟雾的场所，仅仅采用全面通风不行，必须配合使用局部通风。对于毒源不固定，毒物扩散面积较大，或虽实行了局部通风，但仍有多个毒物散逸点的车间或场所，必须实行全面通风。

全面通风可采用全面排风、全面送风或二者结合的通风方式。全面送风仅设置送风机，将洁净空气送入室内，室内处于正压，室内空气自然排出室外。全面排风仅设置引风机，将室内污染空气排出，清洁空气通过门窗从室外自然补充进来，稀释室内污染空气。全面送风与全面排风相结合的通风方式，往往用在门窗密闭、自行排风和进风比较困难的场所。

3. 通风机及其防火防爆

用于厂房通风的通风机主要有离心式与轴流式两类。轴流式通风机特点是风向与轴平行。离心式通风机的原理及结构都类似离心泵。按产生的风压分为低压、中压和高压离心风机三类，出口风压分别为＜1000Pa、1000～3000Pa 和＞3000Pa。厂房通风多采用中低压离心风机。

通风机的电动机及其开关在运行中可能产生电火花等，有可能成为点火源引起火灾爆炸事故，这是机械通风的一大缺点。化工厂房中，通风机要尽可能设置在没有火灾爆炸危险的区域，即使产生电火花或运行温度高，也不会引燃引爆易燃易爆气体。通风机不得已设置在有火灾爆炸危险的区域时，其电动机及其开关应采用防爆型，并应采取相应的防火防爆安全措施（第六章）。厂房通风可以考虑在房顶设置无动力引风机。无动力引风机又称自然通风器或无电机涡轮屋顶风机，其优点是无须电力，在室外风力作用下可连续运转，节能、无噪声、无火花、具有防爆性。

## 第三节　混合通风与置换通风

按照通风原理不同，厂房通风分为混合通风与置换通风。混合通风的原理是稀释，即新鲜空气稀释了房间内空气中的有害物质，混合气体连续排出室外。置换通风的原理是挤出，即新鲜空气连续将房间内的污染空气平推出室外。不同的通风方式，不同的空气流动路线，通风效率大不相同，其原因是通风过程中房间内空气的流动与混合状况不同。

### 一、通风过程中流体的流动与混合状况

厂房通风是流体连续流动过程，即新鲜空气连续送入厂房、厂房中的原有气体连续排出。新鲜空气与厂房中的原有气体可能充分混合或部分混合或完全不混合，空气的流动路线也可能不同。这与连续操作的化学反应器中物料的流动与混合状况类似。化学反应工程对反应器内物料流动与混合状况的研究结果，与反应器内有无化学反应无关。所以，可以借鉴化学反应工程的研究成果研究通风过程中空气的流动与混合问题，以解决通风过程中流体用量的确定等问题。

1. 返混

在研究连续操作的反应器物料流动混合时，化学反应工程提出了返混这一概念。所谓返混指的是，停留时间不同的物料质点之间的混合。化学反应工程把流体看为由很小的质点组成。通常我们所说的物料混合是指物料质点之间空间位置的互换，而返混强调的是参与混合的物料质点在反应器中的停留时间是不同的。车间通风过程也存在返混问题。进入厂房的新鲜空气能否置换同样体积的原有空气？如果进入厂房的新鲜空气与厂房内的原有空气有混合，排出室外的不仅包括原有空气，也包括新鲜空气，则答案是否定的。新鲜空气与厂房内原有空气的混合是返混，因为二者在厂房中的停留时间是不同的。返混降低通风效率。需要指出，本章讨论空气停留时间或混合时，着眼点不是空气分子而是空气质点。

造成返混的原因很多，应明白原因尽量加以避免。例如，设备内部有搅拌器，新进入设备的物料质点，经搅拌马上与设备内部原有物料质点混合，这就是返混。厂房内部的电风扇也起同样作用。所以，产生有害气体的厂房内部不宜使用电风扇，可以使用排风扇。

如果新鲜空气温度较低，以从厂房下部进入、从天窗排出为宜。如果新鲜空气从上部送入厂房，由于低温空气密度较大，进入厂房之后将自上而下扩散，厂房内部原有的温度较高的空气将自下而上扩散，二者混合属于因扩散导致的返混，必然降低通风效率。

厂房或设备流体物料进出口附近的空间，流体的流动要产生漩涡，必然引起返混。例如，有人测定过，距厂房送风口 3 倍直径远处约 70%是混入的周围空气，5 倍直径远处约 80%是混入的周围空气。设备内部某些构件如挡板等，能够阻碍流体的正常流动，这些构件附近空间也会产生漩涡。所以，厂房通风管道的进出口最好为平滑喇叭状，以减少涡流。

由以上三例可见，掌握返混的概念对于提高通风效率有指导意义。但是，要解决通风风量设计计算问题，还需要研究通风过程的流动模型。

2. 理想流动模型

化学反应工程在研究连续操作的反应器的物料流动时，提出了两个理想流动模型，对于通风设计有指导意义。第一种模型称理想排挤模型（图 5-1），该模型的基本假定是：同时进入反应器的物料质点也同时离开反应器。该模型的物料流动状况就像活塞在汽缸中的运动，是没有返混的理想模型，又称活塞流模型。另一种理想流动模型是理想混合模型（图 5-2），该模型的基本假定是：新进入反应器的物料质点与反应器中原有物料质点瞬间充分混合，反应器内各点（包括出口）的物料浓度处处是均匀一致的，温度是相同的。物料质点在该反应器内的停留时间从 0 到无穷大，是返混程度最大的极端情况。无论实际反应器，还是厂房通风，都不可能绝对符合理想排挤模型或理想混合模型，其返混程度介于以上两种模型之间。尽量采用理想排挤流动方式，可以提高通风效率，减少通风用气数量。

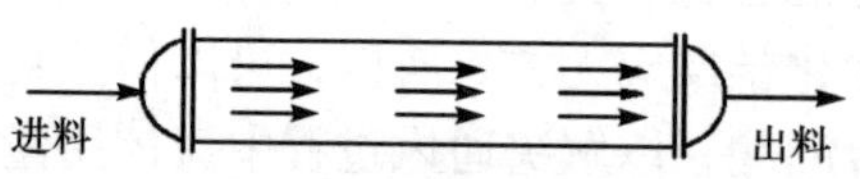

图 5-1　理想排挤模型

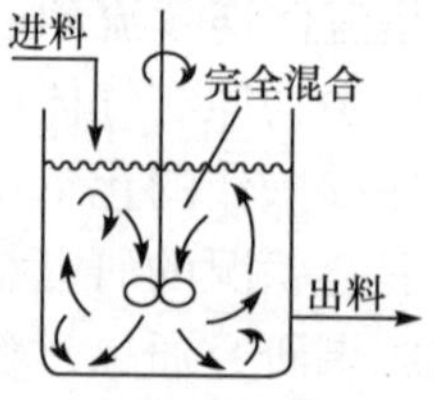

图 5-2　理想混合模型

运用化学反应工程理想流动模型，分析厂房通风过程中空气的流动混合问题尚未见文献报道。需要提醒读者，这种分析只适合连续流动的通风过程。在厂房连续通风过程中，由于厂房的尺寸通常远远大于反应器，风速不可能很大，常偏离理想排挤模型的假定。但是，在厂房的局部空间，空气流动状况有可能接近理想排挤流动方式。

## 二、混合通风过程的风量计算

厂房全面通风常采用混合通风方式，其特点是用大量新鲜空气将作业场所的污染气体稀释至符合卫生要求再排放至室外，进入厂房的新鲜空气与厂房内原有的污染气体的混合比较充分，混合通风空气流动与混合状况比较接近于理想混合模型。

### 1. 混合通风风量计算

连续通风是新鲜空气不断通入厂房，厂房内的空气不断被有害物质污染，又不断被新鲜空气置换的过程，可以看作是一个连续稳态过程。与通风量相比，厂房内泄漏的有害物质体积数量可以忽略不计，送排风的温度压强变化也很小，所以送风量与排风量可以认为相等。对厂房内的有害物质进行物料衡算得到：

$$V_t C_s + X = V_t C_p \tag{5-1}$$

式中，$V_t$为全面通风量（$m^3/s$），是包括机械送风与自然送风的总送风量，即总排风量；$X$为有害物质泄漏量（g/s）；$C_s$和$C_p$分别为送风和排风中有害物质的平均浓度（$g/m^3$）。将式（5-1）整理可以得到：

$$V_t = \frac{X}{C_p - C_s} \tag{5-2}$$

式（5-2）是连续稳定通风过程有害物质物料衡算式，对于混合通风和置换通风都适用。由式（5-2）可见，厂房所需要的通风量$V_t$取决于有害物质泄漏量$X$和排风与送风中有害物质的平均浓度$C_p$和$C_s$之差。

按照理想混合模型，厂房内部各点包括通风出口的空气组成是一样的，温度是相同的，所以$C_p$应等于厂房内部有害物质的浓度。而厂房内部有害物质的浓度正是我们想要控制的，其值不能超过有害物质的最高允许浓度，混合通风过程允许的最小风量应为：

$$V_t = \frac{X}{C_y - C_s} \tag{5-3}$$

式中，$C_y$为厂房内空气中有害物质的最高允许浓度（$g/m^3$）。通风空气一般是不循环使用的，送风中有害物质浓度$C_s$必定远小于最高允许浓度$C_y$，式（5-3）可以简化为：

$$V_t = \frac{X}{C_y} \tag{5-4}$$

通风工程教材中普遍采用以下两式，进行全面通风实际所需风量计算：

$$V_t = K\frac{X}{C_y - C_s} \tag{5-5}$$

$$V_t = K\frac{X}{C_y} \tag{5-6}$$

式（5-5）比式（5-3），式（5-6）比式（5-4）只是多了 $K$。$K$ 是由经验确定的安全系数，其值为一般房间取 3～10，化工车间要求大于 6。也就是说，化工车间设计通风量应当是允许最小风量的 6 倍以上。

2. 换气次数

只有保证足够的风量，才能达到通风的目的，同时机械通风设计中的风量计算又是风机选择和通风管道及通风口设计的基础。确定通风量的最大难点是有害物质的散发量，即以上公式中的 $X$ 值很难确定。为此，常采用规定换气次数的方法粗略估算通风量。所谓换气次数是指每小时通风风量与厂房容积相比的倍数。例如，为了防止可燃气体泄漏到锅炉房内形成爆炸性混合气体，燃气锅炉房的通风量有下列规定：正常通风量按换气次数不少于 6 次 / h 确定；事故排风量按换气次数不少于 12 次 / h 确定。规定换气次数的依据是车间空气中有害物质浓度的实际测定结果。车间空气中有害物质浓度随具体产品、流程、生产操作条件而变化，因此文献给出的换气次数只供参考。

3. 降温、降湿为目的时通风量的计算

以上讨论的是以降低厂房内有害气体及粉尘的浓度为目的时的通风量计算，下面再推广到以降温或降湿为目的时的通风量计算。

用热量衡算的方法，可以得到以降温为目的的通风量的计算公式：

$$G = \frac{Q}{c(t_p - t_s)} \tag{5-7}$$

式中，$G$ 为全面通风量（g/s）；$Q$ 为室内热散发量（J/s）；$t_p$ 为排风温度（℃）；$t_s$ 为送风温度（℃）；$c$ 为空气的比热容，取 1.01J/（g · ℃）。

通过厂房内空气中水分的质量衡算，可以得到以降湿为目的的通风量的计算公式：

$$G = \frac{W}{d_p - d_s} \tag{5-8}$$

式中，$G$ 为全面通风量（kg 干空气/s）；$W$ 为室内水分散发量（g/s）；$d_p$ 为排风含湿量（g/kg 干空气）；$d_s$ 为送风含湿量（g/kg 干空气）。

以降温或降湿为目的的通风过程，当厂房内热或者水汽的散发量可以估算时，可以按照式（5-7）或式（5-8）来设计通风量。和上述以降低厂房内有害物质浓度为目的的通风量计算一样，按照理想混合模型，将式（5-7）中的 $t_p$ 即排风温度改为允许室内温度，式（5-8）中的 $d_p$ 即排风含湿量改为允许室内湿度，求得的是最小允许风量。

以上讨论的是通风设计风量。在通风操作中，应该根据实际情况及时调节通风量，既要达到控制指标要求，又要尽量节约能量。

## 三、混合通风过程对理想混合模型的偏离

1. 混合通风过程对理想混合模型偏离的原因

通风过程中，厂房局部区域出现空气短路或死区是难以避免的。空气短路是指部分刚进入厂房的新鲜空气未与厂房内的污染空气混合即排出厂房外，这部分空气是无效的，所以作为补偿需要额外增加一些通气量。死区即厂房内部空气不流动的死角或者形成循环流动的涡

流区。死区对通风极其有害，如即使从整个车间看平均浓度并不在爆炸限内，如果在死区内聚集的易爆气体达到爆炸限，也可能发生爆炸。加大通风量是减少死区的重要手段。出现短路的区域或死区内，有害物质浓度与其他区域显著不同。这是混合通风对于理想混合模型产生不利偏离的重要原因。

其实，即使不考虑短路和死区，厂房内部各处有害物质的浓度也可能不同。厂房内部各处有害物质的浓度不同，这是对理想混合模型偏离的表现。这种偏离的程度可以用通风效率来描述。定义通风效率

$$\eta=\frac{C_p-C_s}{C_n-C_s}$$

式中，$C_p$为排风中有害物质的平均浓度；$C_n$为厂房内部有害物质的平均浓度；$C_s$为送风中有害物质含量。如果$C_p=C_n$，则$\eta=1$，此时的通风效率与理想混合模型相同。如果$C_p>C_n$，则$\eta>1$，此时的通风效率比理想混合模型高，反之，通风效率比理想混合模型低。由此可见，一切使$C_p$大于$C_n$的措施或因素都使混合通风过程产生有利的偏离，否则将产生不利的偏离。例如，在有害物质主要泄漏源附近设置引风口，用引风机及时把高浓度的有害物质排走，由于$C_p$远大于$C_n$，这种局部排风是非常有效的通风方式。如果引风口的设置远离有害物质泄漏点，污染较轻的室内空气优先从厂房排出，则类似于新鲜空气发生短路，将显著降低通风效率。

#### 2. 通风过程的流动路线

无论是自然通风还是机械通风过程，厂房中每一个敞开的门窗或缝隙都可能是空气的进口或出口。机械排风往往是多个排风口同时排风。厂房通风可以看作是多股空气并联交汇通过厂房的过程，新鲜空气通过不同的路径通过厂房，在厂房中的历程也不同。通风流动路线必然影响通风过程对理想混合模型的偏离，从而影响通风效率。

通风流动路线的设计也称气流组织，不一定以整个厂房内的空气成分都优化为目标，可以将工作区局部区域环境优化定为目标。通风流动路线的设计要特别关注工作区与主要释放源。对有害物质的主要释放源，好的流动路线是：释放源排放的有害气体直接或通过引风管线排至室外。对人员工作区，好的流动路线是：新鲜空气→工作区→有害气体释放区→室外。通风流动路线设计中，要防止厂房的局部区域出现死区或新鲜空气短路。根据通风的目的和具体情况，还可以有针对性地设计有利的通风流动路线，避免不利的路线。例如，设计中要充分考虑热车间内的有害气体和热量的分布规律，发挥热对流的有利作用，避免其不利影响。当污染源散发的有害气体温度比周围空气温度高、车间存在上升气流时，应采用下送上排的流动路线。热气流的影响很小时，如果有害气体密度比空气大，应中间送上、下排，中间送入的新鲜空气直接送到工作区。通风流动路线设计，对于机械通风相对容易，对于自然通风则应在建筑设计中预先考虑。

### 四、置换通风

#### 1. 置换通风及其流动模型

置换通风的原理是：以较低的风速从地板附近将温度较低的新鲜空气送入室内；密度较

大的低温空气沿地面蔓延形成称为“空气湖”的送风层；冷空气缓慢上升，靠近室内热源（厂房内的设备、管道及人员）的部分冷空气吸收热量形成热羽流（thermal plumes）；在热羽流的卷吸作用及后续新风的推动下，空气继续上升，室内原有空气从房间顶部被挤出。置换通风要求通入低温空气（一般低于室温 2～4℃），低湍流度，故流速不能太大，一般小于 0.2m/s。空气流速过大，通风过程可能变为混合通风过程。

置换通风的房间内必定存在一个界面：界面以下的各水平面，没有热羽流的卷吸作用，也就没有热空气自上而下的回流，上升气流流量等于送风量；界面之上的各水平面，都有热空气自上而下的回流，上升气流流量等于送风量与返回的热空气流量之和。两个区域的分界处称热分离层。热分离层距离地板的高度称热分离层高度或热力分层高度。

界面上下空气的流动与混合状况不同，只能用不同的流动模型来描述。界面以下为单向流动区，在后续新风的推动下，平行地面的空气层缓慢平推上升，相邻的空气层之间不发生混合，其流动与混合状况接近理想排挤模型，是没有返混的理想模型，其空气品质接近于新鲜空气。界面以上为湍流混合区，在热羽流的卷吸作用下，冷热空气剧烈混合，区内温度梯度和有害物质浓度梯度极小，可认为其流动与混合状况偏向于理想混合模型，其空气品质与温度接近于排出空气。整个房间的流动模型为理想排挤与理想混合串联而成的组合模型。

2. 置换通风用气量的确定

置换通风技术的关键在于控制热分离层高度，只要人员工作区在热分离层高度之下的单向流动区，就可能处于良好的工作环境。工业建筑中人员通常为站姿，热分离层的设计高度为 1.8m；办公室、教室人员为坐姿，设计高度为 1.1m。置换通风用气量与热分离层的高度关系很大，与热源热量也有关。有人做过试验，在一定条件下，通风用气量与热分离层高度的 2.5 次方成正比，与热源热量的 1/3 次方成正比。由于房间情况不同，不可能由理论推导置换通风用气量与热分离层的高度关系的通用公式。但是，在房间内空气流动与混合状况符合上述组合流动模型的前提下，可通过实验得到通风用气量与热分离层高度的关系。

设单向流动区的容积为 $V_p$，送风的体积流量为 $v_0$。因符合理想排挤模型，空气在单向流动区的停留时间应相同，均为 $V_p/v_0$。在湍流混合区，因符合理想混合模型，空气的停留时间大不相同，其范围为 0 到无穷大。所以，空气在整个房间内的最小停留时间 $t_{min}$ 为 $V_p/v_0$。$t_{min}$ 及热分离层的高度 $H$ 都与送风的体积流量 $v_0$ 有关：

$$v_0 t_{min} = V_p = HS \tag{5-9}$$

式中，$S$ 为空气流道面积，即房间空地面积。由此可见，在已知送风的体积流量 $v_0$ 条件下，只要能通过实验确定 $t_{min}$，热分离层的高度 $H$ 即可由式（5-9）求得。如果求出的热分离层高度 $H$ 符合设计要求，则对应的 $v_0$ 即为设计流量；否则可调整实验中的新鲜空气送入体积流量 $v_0$，继续以上实验直至符合要求。

化学反应工程中的示踪法停留时间分布测定实验，可以在已知通风体积流量 $v_0$ 条件下，通过实验确定 $t_{min}$。该实验对于示踪剂有如下要求：示踪剂应能与新鲜空气充分混合且不与空气发生化学反应，不影响新鲜空气的流动状况；示踪剂的检测方法应当灵敏，以减少示踪剂用量，也就是减少对空气流动状况的影响。

示踪法停留时间测定实验方法如下：在新鲜空气送入室内的入口处瞬间注入少量示踪剂，从注入示踪剂瞬间开始计时，在房间顶部空气出口处连续检测示踪剂的浓度。由于示踪剂已与新鲜空气充分混合，示踪剂质点在房间内的停留时间，等于同时进入房间的空气质点的停留时间。所以，记录在房间顶部空气出口处检测到示踪剂的第一时间，就是空气的最小停留时间 $t_{min}$。根据理想排挤模型，此时全部示踪剂已离开房间下部的单向流动区进入湍流混合区。根据理想混合模型，房间上部湍流混合区内各处（包括顶部出口）的示踪剂浓度都相同，其值为全部示踪剂的质量 $Q$（g）与湍流混合区体积 $V_m$ 之比。此后，随着示踪剂不断离开房间，房间顶部空气出口处示踪剂浓度持续下降。也就是说，在最小停留时间 $t_{min}$，房间顶部空气出口处示踪剂浓度最大，最便于检测。需要强调指出，在厂房中进行以上实验时，凡是影响厂房内空气流动与混合状况的因素都会影响实验结果，如热源的热量、位置及进出风口的位置和大小发生变化等。

至此，利用示踪法停留时间实验测定最小停留时间 $t_{min}$，进而计算热分离层高度 $H$，最后确定置换通风用气量 $v_0$ 的方法已经解决。在实验室小型理想排挤与理想混合串联反应器上，以水为流动介质，KCl 为示踪剂，进行停留时间分布实验，得到的示踪剂浓度随时间变化曲线如图 5-3 所示。该曲线表明，在最小停留时间 $t_{min}$，反应器出口处示踪剂浓度最大，与以上定性分析结果一致。由化学反应工程理论可知，以上条件下示踪剂浓度随时间变化关系，应是以自然对数为底的指数函数，随时间按指数规律递减，与图 5-3 所示曲线是一致的。

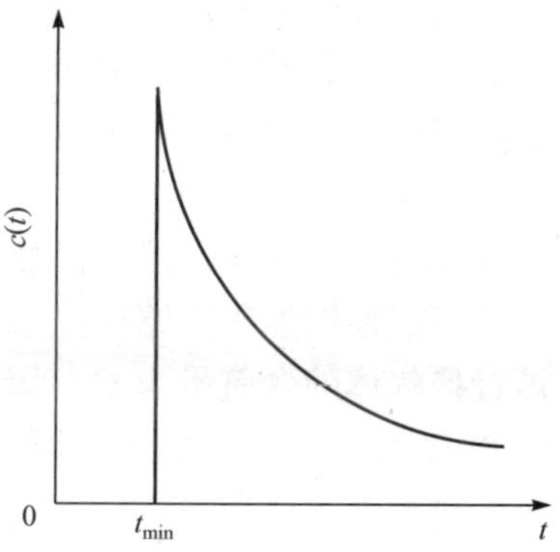

图 5-3　示踪剂浓度随时间变化

只要热分离层高度符合要求，置换通风的通风效率远高于混合通风。置换通风在北欧国家较早应用于厂房。在欧美应用较多，主要用于办公室、计算机房、剧院的空调通风。近年来置换通风在我国的研究与应用越来越多。置换通风要求送风低湍流度、低流速，但送风流量太小，热分离层高度可能太低。为提高热分离层高度而加大送风流量，房间下部区域又有可能偏离理想排挤流动，热分离层不复存在。所以，不是任何建筑物都可以采用置换通风。

## 第四节　置换过程用气量的计算

### 一、设备置换概述

设备置换是化工装置检修或开车之前采取的重要安全技术措施。化工置换过程多数是气体置换，置换气体用量过大，不仅浪费能源、资源和时间，而且可能要向大气排放大量有害气体污染环境。在保证安全的前提下，如何尽量少用置换气体值得关注，这就必须研究化工置换方法及置换气体用量计算问题。

为保证动火和进入设备内检修作业安全，在检修范围内的所有设备和管线中的易燃易爆、有毒、有害气体都应进行置换，以预防中毒、窒息、火灾、爆炸等事故，仅仅卸掉设备内部压力并不安全。例如，合成氨厂合成气压缩机卸压后气缸中残存的半水煤气，足以使检修人员发生一氧化碳中毒。尤其是进入设备内部等受限空间的检修作业，因通风或置换不充分发生中毒、窒息、爆炸等事故比较常见，故列为特种检修作业。受限空间检修作业前，应根据受限空间盛装过的物料的特性，对受限空间进行清洗或置换，并保持受限空间空气流通良好。

**【案例 5-3】**2004 年 8 月 10 日，山西省一化工厂碳酸钡车间的三名工人对脱硫罐进行清洗作业。在没有置换和采取任何防护措施的情况下，一名工人一下罐就昏倒了，另两名工人立即下去救人也昏倒。车间主任戴上防毒面具后下去，救出 3 名中毒工人，立即送医院治疗，2 人抢救无效死亡。该事故为硫化氢中毒。

化工开车前一般要进行再置换，特别是设备、管线内为空气，而工艺气体为易燃易爆气体时，为避免开车时工艺气体与空气在设备内部混合而爆炸，开车前需要排除设备、管线内的空气。必要时先用氮气等惰性气体置换设备和管线内的空气后，再通入工艺气体。

设备置换常采用氮气等惰性气体作为置换介质，称惰性气体置换。置换都有明确的指标要求，置换过程中要经常检测控制组分的浓度，不合格则继续置换。置换指标常用控制组分如氧气的最高允许含量表示。化工置换的方法有两大类：间歇置换法与连续置换法。

## 二、间歇置换法的气体用量

间歇置换法是化工厂操作人员常采用的置换方法。某些容器如高压气瓶等只开有一个口，间歇置换法是其唯一可采用的置换方法。间歇置换法有两种：加压法与真空法。加压法是将置换流体通入设备，与被置换流体混合均匀后排放，然后再通入置换流体，混合均匀之后再排放，重复几轮直至置换合格。真空法是先用抽真空的方法将部分被置换气体排出，然后充入置换气体至常压，然后再抽真空，多轮进行抽气与充气操作直至置换合格。

下面根据加压法原理推导置换气体用量计算公式。设控制组分为氧，置换容器容积为 $V_r$，被置换气体的含氧量为 $C_0$，置换气体（A 气体）含氧量为 $C_A$，每次充压容器压力由常压升至 $m$ 倍常压，即加入置换气体的体积（常压下）为（$m$–1）$V_r$ 。只要每次排放气体也至常压，每次排放气体体积（常压下）也为（$m$–1）$V_r$，即置换为等体积置换。

对于第一轮置换，设置换后容器内空气含氧量为 $C_1$，进行氧衡算有

$$(m-1)V_rC_A=(m-1)V_rC_1+(V_rC_1-V_rC_0)$$

化简得

$$C_1=\frac{C_0+C_A(m-1)}{m}$$

对于第二轮置换，设置换后容器内空气含氧量为 $C_2$，进行氧衡算可得

$$C_2=\frac{C_1+C_A(m-1)}{m}$$

将 $C_1$ 代入即得

$$C_2=\frac{C_0+C_A(m^2-1)}{m^2}$$

对于第 $n$ 轮置换，设置换后容器内空气含氧量为 $C_n$，进行氧衡算可得

$$C_n=\frac{C_0+C_A(m^n-1)}{m^n} \tag{5-10}$$

如果置换气体（A 气体）含氧量为零，则式（5-10）简化为

$$C_n=\frac{C_0}{m^n} \tag{5-11}$$

由式（5-10）和式（5-11）可见，欲达到置换目的，只需令 $C_n$ 等于最高允许含量，每设定一个置换轮数 $n$，则可求出相应的 $m$ 值。每轮置换气体用气量（常压下）为 $V_r$（$m-1$），置换气体总用气量为 $nV_r$（$m-1$）（常压下）。可结合实际情况从多个解中找出最佳方案。

**【例题 5-1】** 容积为 10m$^3$ 的合成氨系统开车前置换，系统中气体含氧量为 21%，现用不含氧的工艺气体直接进行置换，要求置换之后气体含氧量降为 0.21%，即置换率为 99%。求所需工艺气体的体积（常压 0.1MPa，下同）。

**解** 用不含氧的工艺气体进行置换，可以用式（5-11）求 $m$ 值，然后计算所需气体压力和体积。本例题被置换气体的含氧量 $C_0$=21%，最高允许含氧量 $C_n$=0.21%，将以上数据代入式（5-11）。一次置换法即 $n$=1 时，求得 $m$=100，即系统绝对压力应由 0.1MPa 升至 10.0MPa，需要通入 990m$^3$ 工艺气体。同样可以求得，二次置换法即 $n$=2 时，$m$=10，共用工艺气体 2×90m$^3$=180m$^3$，比一次置换法节约 810m$^3$；三次置换法即 $n$=3 时，$m$=4.664，三次共用工艺气体 3×36.64m$^3$≈110m$^3$，比二次置换法又节约 70m$^3$。由此可见，加压置换法置换次数越多，所需要的置换气体越少。适当增加置换次数，不仅节约置换气体，而且由于升压快、卸压也快还可以节约时间与动力。

用与以上加压充气相似的方法，可以导出真空法置换后容器内含氧量为 $C_n$ 的计算公式，结果与式（5-11）完全相同。即每一轮抽气时将容器的绝对压力降低至原来压力的 1/$m$，每轮充气至常压，与加压法每次充压后容器压力由常压升至 $m$ 倍常压相比，置换效果相同。但是真空法的置换气体总用气量等于 $nV_r$（$m-1$）/$m$，是加压法的 1/$m$。对于例题 5-1，经两轮抽气与充气，每次将容器的绝对压力降低至原来压力的 1/10，含氧量降至原来的 1%，置换率即为 99%，共用置换气体 2$V_r$（10–1）/10，即 18m$^3$。如果一次将容器的绝对压力降低至原来压力的 1/100（即 $n$=1 时），只需用置换气体 9.9m$^3$。真空法置换轮数越少，需要的置换气体数量越少，采用多轮置换是考虑抽真空装置的能力。

## 三、连续置换法的气体用量

设备连续置换是将置换流体从容器一个口连续通入，被置换流体从容器另一个口连续排出。作为一个流体连续流动过程，置换气体与被置换气体在容器中的停留时间不同，可能发生返混。返混程度不易确定，所以置换气体用量也不易确定，可以用化学反应工程的流动模型分析理想情况下的置换气体用量。

### 1. 理想排挤置换过程的气体用量

理想排挤置换是指被置换的气体与置换气体没有发生混合的情形。长径比大于 10 的管式设备如管式换热器及高大的塔设备的置换，近似于理想排挤型置换。

用物料衡算方法，可得到理想排挤置换过程的置换气体用量计算公式

$$V = V_r \times \frac{C_B - C_m}{C_B - C_A} \tag{5-12}$$

式中，$V$ 为置换气体用量，m$^3$；$C_A$ 和 $C_B$ 分别为置换气体（A 气体）和被置换气体（B 气体）中所含控制组分的量（体积分数下同），%；$V_r$ 为设备容积即设备中原有的被置换气体体积，m$^3$；$C_m$ 为控制组分的最高允许含量，%。应当注意，式（5-12）只适用于理想排挤置换，并

且求得的置换气体体积是与被置换气体同一温度、同一压力下的体积。将例 5-1 的已知条件代入，求得需用置换气体 9.9$m^3$。对于该例题而言，这是最小值。

2. 理想混合置换过程的气体用量

理想混合置换是指置换气体（A 气体）与被置换气体（B 气体）瞬间完全混合，即在置换过程中设备内部任何位置包括出口处的气体温度和组成都没有差异。长径比接近的设备如反应釜连续置换时，可以按照理想混合模型估算所需流体量。

用物料衡算方法，可以得到理想混合置换过程的置换气体用量计算公式

$$V = V_r[\ln(C_1 - C_A) - \ln(C_2 - C_A)] \tag{5-13}$$

式中，$C_1$ 与 $C_2$ 分别为置换前与置换结束时容器中控制组分的含量，%；$C_A$ 为置换气体中控制组分的含量；$V_r$ 为设备容积，即 B 气体体积；$V$ 为需要的置换流体体积（与设备中 B 气体同温同压下的体积）。

理想混合置换中，如果置换流体不含控制组分，使用置换率这个概念来计算置换气体用量极为方便。所谓置换率 $F$ 为已经排出容器的 B 流体的量与置换前容器中的 B 流体的量之比，也是已经被置换的控制组分的量与置换前控制组分的量之比：

$$F = \frac{C_1 - C_2}{C_1} \tag{5-14}$$

将 $C_A = 0$ 代入式（5-13），并且与式（5-14）比较可得

$$F = 1 - e^{-V/V_r} \tag{5-15}$$

式中，$V$ 为已通入的 A 流体的体积；$V_r$ 为设备容积；$V/V_r$ 可称为对比体积。对比体积这个概念在化学反应工程中是没有的，但在设备置换中很有用。由式（5-15）可见，置换率 $F$ 是对比体积的函数，对理想混合置换，当 $V = V_r$ 时，有 63.21%的原有的 B 流体被置换，即置换率为 63.21%；当 $V = 2V_r$ 时，置换率为 86.47%；当 $V = 3V_r$ 时，置换率为 95.02%；欲使置换率为 99%，需要对比体积约为 4.6。例题 5-1 要求置换率为 99%，理想混合置换需用置换气体约为 46$m^3$。

由此可见，理想混合置换比理想排挤置换效率要低，置换率要求越高，二者差距越大。化工设备的实际置换过程介于理想混合置换与理想排挤置换之间，区别在于有的偏向理想混合型，有的偏向理想排挤型，偏向程度各异。采用连续置换法时，要合理设置气体进出口，以控制气流方向，使设备内流体的流动与混合状况尽量偏向理想排挤型。应分别在设备的底部与顶部设置流体进出口，如果被置换气体的密度大于置换气体，应采用向下排气法；否则应采用向上排气法，即将被置换气体从容器上方管口排出。进、排气口的距离要尽量远，以避免短路。多个设备一起置换时，要注意多选择几个排气口以避免出现死角。在工艺允许的条件下，采用注水向上排气法置换，是典型的理想排挤型置换。

化工置换的流体用量与置换方法关系很大。从节约置换流体和减少向大气排放污染物的角度考虑，化工置换一般应采用连续置换法或真空置换法。间歇置换法的优点是不存在短路和死角问题，只要准确控制压力即可达到置换目的。化工置换都有明确的指标要求，实际置换效果应以检测结果为准。但有以上理论分析和计算，至少可以使我们正确选择置换方式，并能做到心中有数以便及时进行置换效果的检测。

# 第五节　工业除尘技术概述

## 一、粉尘及其危害

### 1. 工业粉尘的产生与危害

粉尘是指能够较长时间悬浮于空气中的固体微粒。粉尘有两种产生方式：分散与凝聚。分散方式即由大尺寸固体变成微粒。固体的粉碎、磨粉、抛光、钻孔、切削、锯断等机械加工过程中都产生大量粉尘。许多化工生产的固体原料、燃料、辅料、废渣等在运输及处理过程中都可能产生粉尘。某些气体或蒸气质点可能凝聚（或者经化学反应凝聚）成为微粒，固体的为烟，液体的为雾，如大气中水分凝聚成雾，物质的不完全燃烧产生烟。

粉尘对于安全生产、职业健康和环境保护都可能具有危害性。呈悬浮状态的可燃性粉尘（如镁粉、铝粉、淀粉、面粉、煤粉等）与空气混合形成爆炸性气体，可能发生粉尘爆炸（详见第六章）。工业粉尘可能危害操作人员健康，粒径小于 2μm 的粉尘能够进入肺泡导致尘肺病，尘肺病是我国最主要的职业病，占职业病病人总数的 80%以上（详见第十一章）。粉尘排放到大气中会形成大气飘尘，污染大气环境，危害居民健康。据有关部门统计，2012 年我国工业锅炉总数达到 62.4 万台，大约年消耗 6.4 亿吨标煤，燃煤锅炉排放烟尘 410 万吨、占全国烟尘排放量的 32%，是造成雾霾的主要原因之一。

粉尘对于工业生产也常常是危害因素，粉尘可能造成化工设备、管道、阀门及固体催化剂孔隙等堵塞或流体阻力增大，生产无法正常进行，粉尘还可能损坏机器、仪表等。为保证化工生产的安全性，化工企业应高度重视工业粉尘的治理工作。

### 2. 粉尘性质概述

粉尘性质不同，其危害性不同，治理方法也不同，深入了解工业粉尘的性质，才能掌握粉尘的危害性与治理方法。

1）粒径与分散度

工业粉尘的尘粒大小不一，形状也不规则。单一尘粒的粒径只能测取一个有代表性的尺寸，如测定尘粒的投影面积，以同面积的圆的直径为代表性尺寸，称当量直径。

粉尘的各种粒级（某一粒径范围，如 1～5μm）所占颗粒数或质量的百分比（%）称粉尘粒数分散度或质量分散度。对于除尘过程来说，粒径与分散度是最重要的参数，粒径小的颗粒所占比例越大，粉尘沉降速度越慢，悬浮时间越长，危害越大，除尘越困难。

2）密度

尘粒质量与其体积之比称为真密度或密度。密度越小，尘粒的分离与捕集越困难，尘粒的二次飞扬也越严重，对于除尘设备的要求越高。堆积状态下，尘粒集合的质量与其堆积体积（包括尘粒体积与尘粒之间空隙的体积）之比称为堆积密度。尘粒之间空隙的体积与堆积体积之比称为空隙率。

3）润湿性

尘粒能被水（或其他液体）润湿的现象称润湿性。粉尘能够被水浸润的称亲水性粉尘，不能够被水浸润的称疏水性粉尘。润湿性随粒径的减小和温度的升高而降低。向水中加入少量皂角素、平平加等润湿剂，可以降低水的表面能，增加尘粒的润湿效果。

4）荷电与电导性

尘粒互相碰撞、摩擦都会产生静电荷。带有同性电荷的粉尘，沉降速度慢，漂浮时间长，被人吸入的可能性大。导电性强的粉尘荷电快，失去电荷也快，故不稳定，反之则较稳定。在除尘工程中，粉尘的电导性用比电阻表示。对于自然堆积的、断面为 $1cm^2$、高为 1cm 的粉尘圆柱体，沿其高度方向测得的电阻即为比电阻，单位为Ω · cm。

粉尘的以上性质对其危害性有显著影响，对除尘过程效率影响较大。粉尘还有一些性质（如黏附性）及含尘气体的性质（如温度、湿度）也影响除尘效果。

## 二、工业粉尘治理途径

治理工业粉尘主要有三条途径：抑尘、密闭与除尘技术。

抑尘技术是改革工艺从根本上消除粉尘产生的条件。许多粉状固体化工产品生产过程中的干燥、粉碎、包装、运输及使用等环节都可能有粉尘危害，将产品剂型由粉状改为颗粒状或浆状可有效抑制粉尘危害。例如，许多颜料（包括无机合成颜料、有机颜料和天然颜料）的剂型已经由粉状改为浆状，解决了颜料粉尘污染问题。同理，当需要加工或处理的原料、半成品及其他物料为粉状固体时，设法使这些物料转变为浆状或溶液后再加工处理，也是解决粉尘污染问题的常用办法。对同一加工或处理过程而言，物料状态为粉状固体的加工处理技术，习惯称为干法工艺，将这些粉状固体转变为溶液或浆液后的加工处理技术称湿法工艺或半干法工艺。干法工艺可能导致粉尘污染，而湿法工艺可能有废液需要处理。

密闭是指将尘源或者保护对象封闭起来，这是经济有效的粉尘治理措施。块状固体物料的输送、粉碎、分级等环节都应尽可能在密闭条件下进行操作。在密闭条件下进行粉状固体物料的使用、包装等操作，可以避免粉尘与环境的双向污染。

除尘就是将粉尘从含尘气流中分离出来。在水泥、钢铁、有色金属、煤炭、化工等工业部门，都有大量粉尘需要采用除尘技术处理以保障安全生产和保护环境。散发粉尘较多的车间，一般采用引风机将车间内的含尘空气持续抽进除尘系统，通过除尘器除尘后排放，并持续向车间补充新鲜空气，除尘与车间通风设计密切相关。

## 三、工业除尘技术简介

### 1. 除尘器概述

工业除尘系统的主要设备为除尘器。除尘器分为湿式除尘器与干式除尘器两大类，区别在于除尘过程是借助于气液传质过程还是气固分离过程来完成。

亲水性粉尘的去除可在湿式除尘器中借助于气液传质过程完成。有的湿式除尘器采用喷水雾洗涤的方式除尘，如文氏管洗涤器；有的采用板式塔或填料塔，使含尘气体与洗涤液在塔板或填料上充分接触以除去粉尘。例如，在以硫铁矿粉为原料生产硫酸的过程中，常用文氏管洗涤器、泡沫塔与电除尘器串联，以除去沸腾炉气中的粉尘，称文-泡-电流程。湿式除尘器的优点是既除尘又降低含尘气体的温度，还可能同时吸收某些有害气体，缺点是存在废水处理问题。遇水可能发生爆炸的粉尘，严禁采用湿式除尘器。

疏水性粉尘必须使用干式除尘器去除。干式除尘器属于气-固分离装置，但在去除粉尘时，也可同时去除含尘气体中的微小液滴。所以，对于除亲水性粉尘，可以在除尘器入口向含尘气体喷入少量雾状的水，使润湿与除尘同时进行，这称为湿法操作。湿法操作通常可以提高干式除尘器的除尘效率，但是粉尘黏附性增加是不利因素，要控制润湿液量。

除尘器的性能包括处理流量、除尘效率和压力损失三个指标。除尘器的处理流量为通过除尘器气体的体积流量。除尘效率可由除尘器出口与进口气体的含尘量计算得到。除尘效率与粉尘粒径关系极大，对粒径大的粉尘除尘效率高的除尘器，处理粒径小的粉尘时，除尘效率未必高。对当量直径在不同范围内的粉尘，分别测定或计算其除尘效率，得到的分级除尘效率能更好地反映除尘器的性能。例如，除尘器进口处的气体含粉尘浓度为 100g/m$^3$（标），出口处的气体含粉尘浓度为 10g/m$^3$（标），则其除尘效率为 90%，但是其分级除尘效率则不同，粒径较小的颗粒的分级除尘效率必定低于 90%。含尘气体通过除尘器时的进出口压力差，即为除尘器的压力损失。压差越大，阻力越大，输送含尘气体风机功率损耗也越大。湿式除尘器中使用最普遍的是文氏管洗涤器，其主要缺点是压力损失大。

2. 常用干式除尘器简介

根据除尘原理不同，干式除尘器分为重力除尘器、惯性除尘器、旋风除尘器、电除尘器、袋式除尘器等多种类型。选择除尘器既要掌握粉尘的特点（性质、数量、产生方式等），又要掌握除尘器的特点，二者相匹配才能充分发挥除尘器的效能，达到除尘要求。

1）重力除尘器与惯性除尘器

重力除尘器是利用粉尘自身重力，将粉尘从气流中分离出来，只用于分离粒径 50μm 以上的粉尘。惯性除尘器在含尘气体流动通道中设置多道障碍物，当尘粒与障碍物碰撞时停止前进，因重力下落，与气流分离。没有分离的尘粒随气流绕过障碍物，向下一道障碍物前进，再碰撞、分离……惯性除尘器适合分离粒径十几到几十微米的粉尘。重力除尘器与惯性除尘器除尘效率低，一般仅用于一级除尘，常用于燃煤锅炉烟道气中粉尘的粗净化。

2）旋风除尘器

旋风除尘器是利用旋转的含尘气体所产生的离心力，将粉尘从气流中分离出来，离心沉降速率是重力沉降速率的几十倍，所以其除尘效率比重力除尘器高得多。粉尘密度对于各种除尘器的性能都有影响，对于依靠重力、惯性力与离心力的除尘器影响更大。

旋风除尘器原理见图 5-4。当含尘气体以 12～25m/s 的速度由进气管道进入旋风除尘器时，气流将由直线运动变为圆周运动。绝大部分气流的流动方向是沿器壁螺旋向下，称外旋气流。尘粒在旋转过程中受到离心力，密度大于气体的尘粒被甩向器壁，尘粒一旦接触器壁便失去惯性力，沿器壁下滑落入排灰管。外旋气流螺旋向下到达椎体部分时，因圆锥体收缩而向除尘器中心靠拢。根据旋转矩守恒原理，外旋气流切向速度逐渐提高，尘粒在旋转过程中受到的离心力越来越大，除尘效率逐渐提高。当气流到达圆锥体下端某一位置时，即以同样的旋转方向改为螺旋向上运动，成为内旋气流。螺旋向上运动的内旋气流最终由排气管排出除尘器，成为含少量粉尘的净化气体。

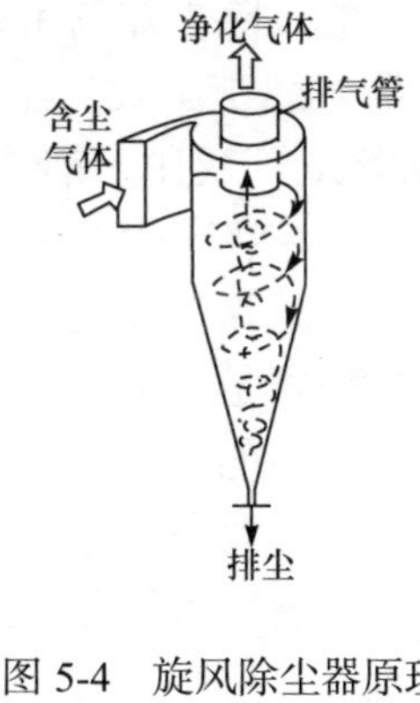

图 5-4　旋风除尘器原理

由于进气管距离排气管较近而且存在压强差，不免有一小部分气流没有沿器壁螺旋向下运动，而是“短路”直接进入排气管，其中粉尘未去除，降低了除尘器的除尘效率。进气管进气方向多是沿旋风除尘器的切线方向，这种不利影响将会减小。

旋风除尘器结构简单，价格低廉，占地面积小，没有运动部件，操作容易，维修简单，除尘效率较高，应用十分广泛。但是对于粒径低于 5μm 的细微粉尘，一般除尘效率低。为了提高除尘效率，有的旋风除尘器采用湿法操作；有的改进除尘工艺，如超声波除尘器利用某些粉尘易凝聚的特点，借助超声波使尘粒凝聚成微粒团再送入旋风除尘器；也有多种新型旋风除尘器，如电旋风除尘器综合了不同除尘原理。

3）电除尘器

电除尘器由本体、高压供电装置和低压控制系统三部分组成。普通电除尘器的工作电压为 40～70kV，超高压电除尘器的工作电压为 80～250kV。电除尘器的除尘原理为：含尘气体通过直流高压电场时发生电离，尘粒与离子碰撞成为荷电尘粒，在电场力的作用下荷电尘粒沉积于电极上，从而实现尘粒与含尘气体分离。工业除尘器一般都以正电极作集尘极（又称受尘极、阳极），负电极作电晕极（又称放电极、阴极）。通常，集尘极为管状或板状，而负电极为金属丝状。施加工作电压后，在集尘极与电晕极之间形成不均匀电场。电晕极持续进行电晕放电，在两电极空间中产生的电流称电晕电流，气体产生电离的区域称电晕区。要利用操作电压控制电晕区大小，不能使电晕区扩大至两电极之间的整个空间（击穿）。电晕区内，带负电荷的尘粒在运动到集尘极表面后，放出电荷并附着在集尘极上，形成粉尘层，振打集尘极，尘粒靠自重落入灰斗。电晕区内，正离子被吸引到电晕极表面的路途很短，因此只有极少数正离子与尘粒碰撞，使其带上正电荷。这少量带上正电荷的尘粒运动到达电晕极表面后，被自由电子中和而附着在电晕极线上（沉积在电晕极上的尘粒极少），振打电晕极，尘粒落入灰斗。为了防止漏气和粉尘飞扬，电除尘器一般在微负压下操作，如果工艺条件不允许微负压操作，则必须加强设备密封。

电除尘器具有除尘效率高、风阻小、能耗低、处理气量大、能处理高温烟气及腐蚀性气体等优点，适用于粉尘粒径为十几微米到 0.001μm 的粉尘，广泛应用于化工、发电、水泥、冶金、造纸和电子工业部门。粉尘比电阻为 $10^4$～$10^{11}\Omega \cdot cm$ 时，电除尘器的性能较好，偏离这个范围时，电除尘器除尘效果差。电除尘器的缺点是初期投资大。

4）袋式除尘器

袋式除尘器利用纤维编织物制作的袋式过滤元件将气体中的粉尘过滤去除，又称布袋除尘器，属于干式过滤式除尘器。袋式除尘器适用粉尘粒径范围同电除尘器，除尘效率高达 99.9%，广泛用于钢铁、电解铝、煤炭、化工及建筑材料等工业部门。电除尘器和袋式除尘器常作为末级除尘器。

袋式除尘器的除尘原理为过滤。起过滤作用的主要是滤料表面的粉尘初层和集尘层，滤料的作用是形成并支撑粉尘初层和集尘层。当气流中的粉尘的粒径大于组成初层和集尘层的粉尘之间的孔隙时，粉尘被阻留下来，此效应称筛滤效应。袋式除尘器的除尘作用同时存在重力沉降效应（重力除尘）、惯性碰撞效应（惯性除尘）和扩散效应。

随着除尘过程的进行，滤料上的粉尘初层和集尘层越来越厚，过滤阻力加大，除尘效率降低，需要清灰。清灰既要除去滤料上的粉尘，还要保护滤料表面的粉尘初层，清灰技术是袋式除尘器的关键技术。按照清灰方式不同，袋式除尘器分为振动式、气环反吹式、脉冲式、声波式和复合式。袋式除尘器不适用于黏结性的粉尘及纤维的去除。

在处理燃烧后气体或高温气体时，常常有未完全燃烧的粉尘、火星、有燃烧和爆炸性危险的气体等进入系统中，有些粉尘具有自燃着火的性质或带电性，同时大多数滤料的材质又都易燃烧、摩擦易产生积聚静电，在这样的运转条件下，存在着发生燃烧、爆炸事故的危险。袋式除尘器要特别注意采取防止爆炸和火灾事故的措施。

3. 工业除尘系统

除尘器通常与引风机、管道等通风设施组成除尘系统。不同除尘器的工业除尘系统组成有所不同。袋式除尘器的除尘系统包括：吸尘罩→进气管道→除尘器→引风管道→引风机→排气管道→烟囱（按照含尘空气流程）。除尘系统通常有多个并联的吸尘罩（吸气点），可能有多台并联的除尘器，整个工业除尘系统形成通风管道网络。为方便管理和运行调节，更主要的是为了防止二次爆炸，管网系统不宜过大。系统需要的吸气（尘）点过多时，可以分成几个互相独立的子系统，即一台引风机只带有限几台除尘器，一台除尘器只配少量吸尘罩。

除尘系统的设计、制作必须严格按照有关规范进行。除尘器必须配置清灰装置和集尘器等粉尘处理与回收系统。除尘系统必须分区设置阻爆、泄爆装置、静电接地等安全设施。

**【案例 5-4】**昆山市中荣金属制品有限公司“8·2”特别重大粉尘爆炸事故。2014 年 8 月 2 日，江苏昆山中荣金属制品有限公司汽车轮毂抛光车间，在生产过程中发生铝粉尘爆炸事故。截止事故发生后 30 日报告期内，共有 97 人死亡、163 人受伤；事故报告期后，经全力抢救医治无效陆续死亡 49 人，尚有 95 名伤员在医院治疗。事故直接经济损失 3.51 亿元。事故车间抛光轮毂产生的抛光铝粉，主要成分为 88.3%的铝和 10.2%的硅，抛光铝粉的粒径中位值为 19μm，经实验测试，该粉尘为爆炸性粉尘。事故发生的直接原因是：事故车间袋式除尘系统较长时间未按规定清理，铝粉尘集聚；除尘系统风机开启后，打磨过程产生的高温颗粒在集尘桶上方形成粉尘云；1 号除尘器集尘桶锈蚀破损，桶内铝粉受潮，发生氧化放热反应，达到粉尘云的引燃温度，引发 1 号除尘器集尘桶爆炸。该厂 8 套除尘系统的室外排放管全部连通，由一个主排放管排出，1 号除尘器爆炸产生的高温气体和燃烧物瞬间经除尘管道从各吸尘口喷出，导致全车间所有工位操作人员直接受到爆炸冲击，这是事故造成群死群伤的原因。

汽车轮毂抛光车间安装除尘系统的作用是，防止铝粉尘危害员工健康、防止粉尘爆炸和污染环境。除尘系统没有安装泄爆装置，这是造成重大事故的主要原因。系统将 8 套除尘系统的室外排放管全部与一根主排放管连通，这种错误设计成为粉尘爆炸事故扩大的主要原因。由此可见，对于各种安全设施、职业健康设施和环境保护设施，自身可能存在各种危险因素，必须认真对其进行安全评价并采取可靠的预防措施，否则可能反受其害。

## 思考题及练习题

1. 毒物的基本特征是什么？
2. 举例说明毒物进入人体的途径有哪些。
3. 试述防止职业毒害的工程技术措施。
4. 采用隔离室将人员与有毒物质隔离时，什么情况下应采用正压室？什么情况下应采用负压室？
5. 机械通风系统何时需要采取防火防爆安全措施？应采取哪些防火防爆安全措施？
6. 与设备同样体积的流体是否可以完全置换设备中的原有流体，为什么？
7. 举例说明厂房通风过程中的返混现象，通风过程应如何避免返混现象？

8. 试述厂房通风所需风量与以下因素的关系：
①有害物质泄漏量；②厂房容积；③由厂房排出的气体中有害物质的浓度。
9. 试述混合通风与置换通风的原理与特点。
10. 试述理想排挤置换与理想混合置换的特点。
11. 比较连续置换法与间歇置换法的优缺点。
12. 工业粉尘有哪些危害？
13. 试述治理工业粉尘的三条途径。
14. 试上网查找各种除尘器的原理（包括动画演示），讨论其性能与优缺点。

# 第六章　火灾与爆炸事故的预防

**本章学习目标**

（1）全面熟悉燃烧与爆炸的基本知识，掌握燃烧爆炸极限和燃烧要素理论等知识。

（2）掌握预防火灾、爆炸事故的各项安全技术。熟悉各种类型的化学爆炸事故，掌握预防各类化学爆炸事故的特殊技术。熟悉惰性气体保护技术。

（3）掌握阻火技术、液封技术和爆炸泄压技术的要点，熟悉相关设施的原理，了解相关设施的构造。掌握安全阀和爆破片等安全设施的原理与使用注意事项。

（4）掌握控制各类点火源的知识，熟悉爆炸危险区域的划分，了解防爆电气有关知识。

（5）牢固掌握火灾扑救要点等有关火灾扑救的知识。

化工企业的重大事故绝大多数是火灾、爆炸事故，预防火灾、爆炸事故是化工企业安全工作的重中之重。火灾可能引起爆炸，爆炸可能导致火灾，许多安全技术既可预防火灾，也可预防爆炸事故。预防火灾、爆炸事故，必须熟悉燃烧与爆炸的基本知识。

## 第一节　燃烧与爆炸基础

### 一、燃烧基本知识

1. 燃烧的条件

燃烧是伴随有放热和发光现象的剧烈的氧化还原反应。最常见的燃烧是可燃物与氧的反应。燃烧需要可燃物、助燃物和点火源三个要素。

（1）可燃物。凡是能在空气、氧气或其他氧化剂中发生燃烧反应的物质都称为可燃物。在燃烧这一氧化还原反应中，可燃物自身是还原剂或可以提供还原剂。

（2）助燃物。凡能帮助和支持可燃物燃烧的物质都称为助燃物，助燃物都可提供氧化剂。氢气或炽热的铁丝都可以在氯气中燃烧，氯气也是氧化剂。

（3）点火源。点火源又称着火源，是引发燃烧的能量——点火能的来源，可以是明火火焰，也可以是高温物体或由其他能源转化为热能。

可燃物、助燃物和点火源统称燃烧三要素。具备燃烧三要素是燃烧的必要条件但不是充分条件。燃烧的充分条件是燃烧三要素必须达到一定量并且相互作用，可燃物与助燃物的比例要在一定范围内。气体可燃物比较容易燃烧，但是只有可燃气体达到一定浓度，燃烧才可以发生。例如，常温常压下氢气在空气中的浓度＜4%（体积）时，不能点燃。助燃物也必须达到一定的数量或浓度时，燃烧才可能进行。例如，空气中的氧气含量降低至14%～16%时，木柴的燃烧将停止。只有点火源提供的能量足够大时，才能使反应物的活化分子比例达到开始反应的要求，起点火作用。

链反应理论认为：燃烧反应中，不是反应物分子直接相互作用生成最终产物，而是活化分子解离成自由基，自由基发生一系列连锁式反应。例如，氢气在空气中燃烧并非 $H_2$ 与 $O_2$ 直接反应生成 $H_2O$，其机理为：在链的引发阶段，$H_2$ 与 $O_2$ 中的活化分子生成两种自由基 OH · 与 H · ；在链的传递阶段，自由基进行直链或支链反应，产生多个新的自由基；在链的终止阶段，自由基生成 $H_2O$ 与 $H_2$ 或遇到器壁使自由基淬灭。链反应理论认为，除燃烧三要素外，必须保证自由基连锁反应不受抑制，这是燃烧的第四要素。如果燃烧过程中遇到能使自由基淬灭的物质（如卤代烃）或物体（器壁、部件），则自由基浓度有可能越来越小，链反应速率将越来越慢，最后燃烧停止。燃烧过程中，如果链反应自由基浓度越来越大，则链反应速率将越来越快，燃烧可能发展为爆炸。链反应理论不仅较好地解释了燃烧机理，也是制定预防火灾和扑灭火灾措施的依据。

2. 燃烧过程与形式

可燃物可以是气体、液体或固体，多数可燃物的燃烧是在气态下进行的。

1）可燃气体燃烧

可燃气体有两种燃烧形式：扩散燃烧与混合燃烧。可燃气体和助燃气体接触并互相扩散，边混合、边燃烧，称扩散燃烧，如蜡烛在空气中的燃烧。扩散燃烧发生在可燃气体与助燃气体的接触面上。扩散燃烧的速率取决于扩散速率。

可燃气体与助燃气体在容器内或空间中预先混合，形成可燃性混合气体再燃烧，称为混合燃烧。混合燃烧没有扩散过程，其燃烧速率是燃烧反应的本征速率，因而混合燃烧的速率通常比扩散燃烧快得多，一定条件下会发生爆炸。

2）可燃液体燃烧

可燃液体如汽油、酒精等，其燃烧过程是液体首先蒸发，产生的蒸气被点燃起火，释放热量进一步加热液体表面，从而促使液体持续蒸发，燃烧持续进行，这种燃烧称蒸发燃烧。蒸发燃烧速率受到液体蒸发速率的制约。对于难挥发的可燃液体，往往是先受热分解，释放出可燃气体再进行燃烧，这种燃烧形式称分解燃烧。

3）可燃固体燃烧

萘、硫磺等在常温下虽为固体，但在受热后会升华产生蒸气，或熔融后产生蒸气，其蒸气发生的燃烧同样称蒸发燃烧。有些复杂物质如木材、煤等固体可燃物的燃烧过程是：可燃物首先遇热分解成气态或液态产物，然后气态产物或液态产物的蒸气与氧发生燃烧反应，也称分解燃烧。木材燃烧最后分解不出可燃气体，只剩下固体炭，燃烧能产生红热的表面，不产生火焰，其特点是燃烧在空气和固体表面接触部位进行，称表面燃烧。一些固体可燃物在空气不流通、温度低或可燃物含水多等条件下，发生只冒烟无火焰的燃烧，称为阴燃。

3. 燃烧的类型与特征温度

燃烧有以下几种类型，其特征温度不同。

1）闪燃与闪点

可燃液体（包括可升华固体）表面上的蒸气与空气的混合气体，遇点火源产生一闪即灭的燃烧现象，称闪燃。可燃液体仅在一个特定的温度范围内，才可以发生闪燃。因为高于该温度范围，燃烧可持续就不是闪燃；低于该温度范围，液面上方可燃物浓度不够，闪燃也不会发生。在规定的试验条件下，能产生闪燃的最低温度称为该可燃液体的闪点。闪点是可燃液体的重要性质。

2）点燃与着火点

点燃又称引燃，指可燃物的局部受到火花、炽热物体等火源加热引起燃烧，并且火焰传播到整个可燃物中持续燃烧的现象。在规定的试验条件下，能产生持续燃烧的最低温度称为该可燃物的燃点或着火点。可燃液体的燃点通常高于其闪点 5～20℃，但闪点在 100℃以下时，二者往往相同。

3）自燃与自燃点

自燃指没有明火的直接作用时发生的燃烧过程。在规定的试验条件下，能产生自燃的最低温度称该可燃物的自燃点。自燃分为受热自燃和自热自燃，区别在于热源不同。受热自燃是因外界热量使自燃物达到自燃点引起的燃烧过程。在没有外热源的情况下，由于体系发生了某种物理化学过程，产生的热量持续蓄积，自燃物温度持续升高至自燃点并发生燃烧，这种过程属于自热自燃。例如，挥发组分含量高的煤炭可能在空气中缓慢氧化放出热量，在散热不良的情况下，煤堆温度缓慢升高达到自燃点发生自燃。

### 4. 火焰传播速度

研究火焰传播速度，对于预防火灾的发生与蔓延有重要意义。混合气体燃烧火焰传播速度实验装置示意图见图 6-1。

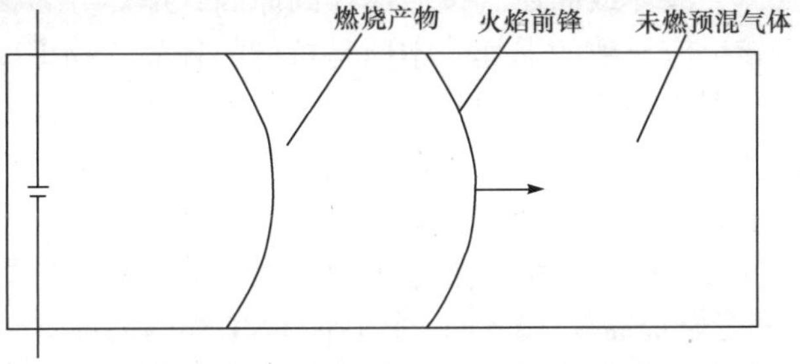


图 6-1　火焰传播速度实验装置示意图

在一长玻璃管中，装入一定浓度的可燃气体与助燃气体的混合气，在玻璃管一端由放电电极点火，可以观察到管内火焰前锋持续向前移动的现象。实验可以比较准确地测定火焰传播速度（表 6-1）。由火焰传播速度实验发现，可燃气体浓度有一极值，此时火焰传播速度最大；如果偏离该极值，火焰传播速度下降。可燃气体浓度低于某一下限值或高于某一上限值时，火焰将熄灭。熄火的主要原因是随着可燃气体浓度偏离极值，燃烧反应速率下降，放热量减少。当放热量不能有效预热未燃预混气体时，火焰将不能传播，燃烧反应就不能持续进行。火焰传播速度是表象，燃烧反应速率是本质。一切影响燃烧反应速率的因素，如可燃气体的性质、混合气体的组成、原始温度等都影响火焰传播速度。此外，管壁的传热性能与管道直径大小也影响火焰传播速度。随着管径加大，火焰传播速度也加大，但管径大到一定程度后，速度不再加快；随着管径减小，火焰传播速度降低，当管径小到一定程度时，火焰将不能传播，这对于预防火灾的蔓延有重要意义。

**表 6-1　部分可燃气体与空气混合气体的火焰传播速度**

| 气 体 | 体积分数/% | 火焰传播速度/（m/s） | 气 体 | 体积分数/% | 火焰传播速度/（m/s） |
|---|---|---|---|---|---|
| 氢 | 38.5 | 4.83 | 丁烷 | 3.6 | 0.82 |
| 一氧化碳 | 45.0 | 1.25 | 乙烯 | 7.1 | 1.42 |
| 甲烷 | 9.8 | 0.67 | 炼焦煤气 | 17.0 | 1.70 |
| 乙烷 | 6.5 | 0.85 | 焦炭发生煤气 | 48.5 | 0.73 |
| 丙烷 | 4.6 | 0.82 | 水煤气 | 43 | 3.10 |

注：管径为 25.4mm。

## 二、爆炸的特征与传播速度

### 1. 爆炸及其特征

爆炸是一种突然发生的物理或化学变化。爆炸过程中，积聚在有限体积内的能量瞬间释放或急剧转化，做机械功并可能产生声响、光、热。爆炸具有以下特征：爆炸过程进行得很快；爆炸点附近的气体压力急剧升高，气体体积急剧增大。激烈的爆炸使气体的能量向周围传播，周围介质发生振动或邻近物体遭到破坏。与火灾不同，爆炸事故造成人员伤亡、财产损失的大小与时间无关。

爆炸物质可能是气体、液体或固体。按照爆炸的原因，爆炸分为核爆炸、物理爆炸和化学爆炸。核爆炸是由于核反应导致的爆炸，本质是核能的释放。物理爆炸的特征是爆炸过程没有发生任何化学变化，爆炸前后物质的状态参数（压力、体积、温度）发生了突变。化学爆炸是因化学反应而引起的爆炸。化工生产中的爆炸事故多为化学爆炸。化学爆炸的前提是化学反应必须是放热反应，化学爆炸释放出来的能量归根结底来自于反应热，称为爆炸热。化学爆炸的必要条件是反应速率特别快，能在极短时间内放出大量爆炸热。例如，1kg 木材的燃烧热为 16700kJ，完全燃烧需要 10min；而 1kg TNT 炸药的爆炸热仅有 4200kJ，其爆炸反应仅需要几十微秒。多数化学爆炸反应有气体产物。由于爆炸反应速率特别快，产物气体来不及膨胀，被压缩在爆炸物质原有的体积内，并且是爆炸热的载体。这种高温、高压状态的气体瞬间膨胀做功，产生极大的破坏作用。

### 2. 爆炸的传播速度

按照爆炸的传播速度，爆炸分为三类：

（1）轻爆，爆炸的传播速度范围为每秒数十厘米到数米的爆炸过程，一般破坏力和响声不大，如可燃气体混合物在接近爆炸限时的爆炸。

（2）爆炸，爆炸的传播速度范围为每秒 10m 到数百米的爆炸过程，有较大破坏力和响声，如可燃气体与空气混合物在爆炸限内的爆炸。

（3）爆轰，爆炸的传播速度范围为每秒 1km 到数千米的爆炸过程。爆轰时突然产生极高的压力，其冲击波传播速率超过音速。冲击波在远离爆轰源后仍然独立传播，可能引发“殉爆”现象，即一种物质的爆炸冲击波引起邻近的爆炸性气体混合物或火药、炸药等发生爆炸。

3. 最小点火能量

处于燃烧爆炸浓度范围内的可燃气体与空气的混合气体，都有一个引起该混合气体燃烧或爆炸的最低能量，称为最小点火能量或最小引爆能量。如果点火源的能量低于该临界值，该混合气体一般不会发生着火或爆炸。混合气体的温度、压力等多种因素都影响最小引爆能量的大小，其中可燃气体浓度影响较大，通常在其略大于化学计量比时点火能量最小。

最小点火能量用电火花法测定，其测定原理是在放电电极的电路上并联一只电容器，其电容为 $C$（F），通过实验测出能点燃、引爆可燃气体混合物的最小电极放电电压 $U$（V），此时的放电能量 $E$（J）即最小点火能量，由下式计算

$$E=\frac{1}{2}CU^2$$

## 三、爆炸性气体混合物的爆炸极限

1. 爆炸极限

可燃气体或蒸气与空气预先混合好后点燃，能否发生燃烧或爆炸与混合气体的组成有关。实验发现，当混合气体中可燃气体浓度低于或高于某个极限值时，既不会爆炸也不会着火，这个浓度范围称为爆炸极限或爆炸浓度极限。可燃气体或蒸气与空气形成爆炸性气体混合物的最低浓度和最高浓度，分别称为爆炸下限（燃烧下限）和爆炸上限（燃烧上限）。气体或蒸气的爆炸极限以其在混合物中所占体积的百分比表示，如氢与空气混合物的爆炸极限为 4%～75%。可燃粉尘爆炸极限以单位体积混合物中可燃粉尘的质量表示，如铝粉的爆炸下限为 40g/m$^3$。

可燃物浓度在爆炸极限范围之外时，为什么不会发生燃烧、爆炸？这是因为燃烧过程持续进行的前提条件是：必须有足够的热量来加热尚未参加反应的反应物，使其活化分子比例达到开始反应的要求。当可燃物与助燃物的比例接近化学计量比时，需要的点火能量最小，而燃烧反应速率最快，放出的反应热量最大，以上前提条件容易满足。可燃物与助燃物的比例一旦偏离化学计量比，需要的点火能量变大，而反应放出的热量却变小，过量的反应物还要吸收部分反应热。在爆炸极限范围之外时，可燃物与助燃物的比例严重偏离化学计量比，以上前提条件不可能满足，燃烧、爆炸就不会发生。

氢气、一氧化碳、乙炔、乙醚等许多可燃气体与氧气的混合气体，在一定条件下的燃烧可能发展为爆轰。爆轰与爆炸过程有显著的区别。爆炸性混合气体发生爆轰，只发生在一定浓度范围内，这个浓度范围称爆轰范围。爆轰范围的上下限在爆炸极限的上下限之间。在爆轰范围内，可燃物与助燃物的比例最接近化学计量比，此时燃烧需要的点火能量接近最小，而燃烧反应速率接近最大。燃烧反应速率越快，反应放出热量越多，气体温度也越高，则气体中活化分子的比例越高，解离生成的自由基浓度越大，燃烧反应越快……对于某些自由基连锁反应，这个循环加速过程在极短的时间内反复进行，火焰传播的速度极快地增加，可能由点火处附近的几米/秒，迅速增加到几百甚至几千米/秒，可能发生爆轰。

爆炸极限数据非常重要。获得爆炸极限数据的方法有以下几种：①实验测定，实验方法见《空气中可燃气体爆炸极限测定方法》（GB / T 12474）；②单质的爆炸极限数据一般可查阅文献获得，文献中提供的爆炸极限数据通常是在常温、常压下测定的，用于高温、高压情形

时需要推算；③进行估算，计算时可参考有关专业书籍提供的经验公式或半经验公式，这些公式来自可燃气体在某些特定条件下的实验数据，不可盲目外推使用。

2. 影响爆炸极限的因素

影响爆炸极限的因素很多，爆炸性混合物的原始温度、原始压力、惰性气体含量、氧含量、容器大小、点火源能量大小、点火位置等都影响爆炸极限。可以利用这些影响因素，设法缩小爆炸极限范围，避免爆炸事故发生。

（1）爆炸性混合物的原始温度升高，气体分子内能增加，活性分子比例增加，爆炸极限的下限降低，上限升高。

（2）爆炸性混合物的原始压力升高，爆炸极限范围变宽但增幅不大。原始压力降低，气体分子间距离变大，气体分子与自由基之间碰撞的概率变小，链的传递速率变小，相对而言自由基与器壁碰撞的概率变大，促进链的终止，爆炸极限范围变窄。压力降至一定值时，爆炸下限与上限重合，低于该压力将没有燃烧和爆炸危险。例如，在环氧乙烷的生产与储存中，可利用降压的方法保证安全。

（3）增加混合气体中惰性气体含量，可显著降低爆炸上限，惰性气体达到一定浓度时，将不会爆炸。与正常空气比，富氧条件下的爆炸极限的上限显著提高，危险性增大。

（4）容器及管道的直径越小，自由基淬灭速率越大，爆炸极限范围变窄，火焰传播速度下降，内径减小到一定程度，火焰就不再传播。阻火器就是利用这一原理。

（5）点火源能量大小影响爆炸极限。例如，实验测得甲烷在电压 100V、电流强度 1A 的电火花作用下，无论浓度如何都不会引起爆炸；但当电流强度增加至 2A 时，其爆炸极限为 5.9%～13.6%；3A 时为 5.85%～14.8%。

## 第二节　火灾事故预防

预防火灾应当从控制燃烧要素入手。对于可燃物与助燃物主要是预防其泄漏及控制其浓度。惰性气体保护技术是重要的预防火灾技术，点火源控制则重在安全管理。

### 一、控制可燃物的技术措施

1. 预防可燃物泄漏

可燃气体或液体通常密闭在化工设备、管道中，一旦泄漏到大气中就可能发生火灾事故，化工企业发生的火灾事故多属此类情况。可燃物泄漏的主要原因是设备、管道腐蚀或密封失效，此外还可能有人为或偶然原因，如错开阀门，运输车辆撞击或建筑物倒塌等机械力破坏设备、管道等。密封和腐蚀控制是预防可燃物泄漏的主要技术。

2. 可燃物浓度控制

可燃气体或蒸气的浓度低于燃烧下限浓度时，燃烧就不可能进行。可能发生可燃气体或蒸气泄漏的车间必须设计良好的通风系统，设备检修前要做好置换。应定期对车间空气进行可燃气体浓度的测定与评价，检查通风等技术措施的效果，研究改进措施。在甲、乙类生产厂房和正压室内，宜设置数量不少于两个能发出报警信号的可燃气体检测器，其报警浓度为：

甲、乙类生产厂房应不大于爆炸下限的50%，正压室应不大于爆炸下限的25%。

3. 自燃事故预防

预防受热自燃，要注意自燃物与热源要隔离。预防自热自燃，可从防止自燃反应发生和预防热量持续蓄积入手。容易发生自热自燃的物质很多，如油脂、黄磷、硫化铁等易氧化自燃，金属钠、磷化钙、硼氢化物等遇水易自燃，硝化棉、赛璐珞等易分解放热自燃，某些聚合物单体易聚合放热自燃。对于不同的自热自燃反应，预防反应发生的方法不同。

## 二、惰性气体保护技术与助燃物控制

1. 惰性气体保护技术

惰性气体保护技术是指用惰性气体稀释或置换可燃气体（或空气），使混合气体组成在燃烧爆炸下限之下，以防止火灾、爆炸事故。常用的惰性气体有氮气、二氧化碳、水蒸气等。对工业实际应用情况进行归纳，惰性气体保护有以下四方面的作用。

1）惰性气体稀释

在可燃气体（或蒸气及可燃粉尘等）与空气的混合气体中加入惰性气体，可以同时降低可燃物与氧气的浓度，称为惰性气体稀释。惰性气体稀释通常以氧气为控制组分。氧气浓度降低至一定值后，燃烧就不能发生或传播，这个氧气浓度称为最高允许含氧量。

有爆炸危险的设备常常配置氮气紧急加入阀。当设备内的气体组成发生危险变化时，紧急通入氮气起稀释作用预防爆炸，这是一种有效、方便而且价廉的方法。在有机物氧化工艺中，惰性气体稀释应用比较多。案例4-4中对二甲苯氧化制备对苯二甲酸工艺的氧化塔中，氧化剂为氧气而对二甲苯可燃，只要检测到氧含量达到5%，自控装置就开启氮气紧急导入阀，进行惰性气体稀释，控制塔内氧含量始终低于最高允许含氧量。

最高允许含氧量的大小可由实验测定，它的数值与系统中的可燃气体种类及采用的惰性气体种类等有关，表6-2为不同可燃物用二氧化碳或氮气稀释时的最高允许含氧量。

**表6-2　不同可燃物的最高允许含氧量**

| 可燃气体 | 加入二氧化碳后最高允许含氧量/% | 加入氮气后最高允许含氧量/% | 可燃气体 | 加入二氧化碳后最高允许含氧量/% | 加入氮气后最高允许含氧量/% |
|---|---|---|---|---|---|
| 甲烷 | 11.5 | 9.5 | 氢 | 5 | 4 |
| 乙烷 | 10.5 | 9 | 一氧化碳 | 5 | 4.5 |
| 丙烷　丁烷 | 11.5 | 9.5 | 丙酮 | 12.5 | 11 |
| 汽油 | 11 | 9 | 苯 | 11 | 6 |
| 乙烯 | 9 | 8 | 煤粉 | 12～15 | — |
| 丙烯 | 11 | 9 | 麦粉 | 11 | — |
| 乙醚 | 10.5 | — | 硫磺粉 | 9 | — |
| 甲醇 | 11 | 8 | 铝粉 | 2.5 | 7 |
| 乙醇　丁二醇 | 10.5 | 8.5 | 锌粉 | 8 | 8 |

2）惰性气体置换

化工检修作业之前或化工开车之前，常用惰性气体置换相应的设备或管道中的原有气体，以避免发生火灾、爆炸等事故。**【案例 6-1】**某合成氨厂造气工段，常压煤气管道更换防爆片时，煤气管道未进行惰性气体置换。一名维修人员面对防爆片进行拆卸作业时，由于扳手与管道碰撞产生火花，引发管道内煤气与空气的混合气体发生爆炸，2～3mm 厚的铝防爆片击中维修人员面部，当场死亡。

3）惰性气体隔离

易燃液体储罐和易燃固体料仓，充氮气以隔绝空气称氮封，目的是预防火灾、爆炸事故。可通过自动控制技术，保持储罐内的氮气微正压。在饮料生产和食品包装中，也采用氮封技术，但目的是为了保证食品质量。有爆炸危险场合的某些电气、仪表采用氮气正压保护。易燃液体可以利用惰性气体充压输送及搅拌，而不要用空气。

4）惰性气体覆盖

二氧化碳灭火器的原理是惰性气体覆盖可燃物。**【案例 6-2】**2008 年 1 月 13 日，昆明某硫酸厂仓库在装卸硫磺过程中，发生硫磺粉尘爆炸火灾事故，导致 7 人死亡，32 人受伤，伤者主要是吸入性硫磺损伤。事故是从皮带运输机地坑内硫磺粉尘爆炸开始的。为预防此类露天作业粉尘爆炸，在易燃固体粉碎、研磨、筛分等过程中，可用惰性气体覆盖相关区域。惰性气体保护焊接也属于惰性气体覆盖，但主要作用是保障焊接质量而非安全。

### 2. 助燃物控制

从助燃物控制角度，预防火灾和爆炸有以下具体措施。

1）避免空气进入负压和常压容器

外界空气泄漏（吸入）到负压状态的密闭装置内部，可能发生爆炸、火灾事故，案例 1-2 中石油吉林石化分公司双苯厂“11·13”爆炸事故就属于这种情况。这种泄漏很难被发现，所以特别危险。当负压系统配置的真空泵出现故障或停泵时，要特别注意避免空气进入负压系统。在特殊情况下，常压容器也可能成为负压状态。例如，当煤气柜煤气出口管道大量带水，或气柜中气体数量太少而出气量仍然很大时，可能使气柜变为负压状态，甚至被抽瘪、破裂。密闭常压容器中有某种气体冷凝为液体，容器也可能成为负压状态。千万不可因压力低而忽视负压或者常压容器系统的密封。

2）富氧环境的危险性

工作环境空气中的氧含量只要超过正常值即为富氧环境。化学工业常使用富氧空气或纯氧气，这就需要注意富氧环境的危险性。富氧环境下，物质的燃烧速度极大加快。火焰温度极大升高，可产生“轰燃”现象，火焰可瞬间弥漫整个空间，人的衣服、鞋子甚至身体都会剧烈燃烧。**【案例 2-1】**河南义马气化厂空气分离装置的冷箱爆炸倒塌，导致附近 500$m^3$ 液氧储槽破裂，大量液氧泄漏，周围可燃物迅速燃烧、爆炸，造成周边大量人员伤亡。富氧环境下，可燃物的燃点、自燃点等性质要发生极大变化，最小点火能量大大减小，混合气体的爆炸极限范围显著变宽。富氧环境不易觉察，有很高的危险性，制氧车间或氧气站一定要设置氧含量监测报警装置。液化或压缩的氧（或空气）都划归危险化学品，氧气瓶及其附件（如瓶阀）切忌油脂，原因就是控制富氧环境的危险性。

3）防止因物质分解产生氧气

有些固体氧化物（如氯酸钾）、液体氧化物（如浓硝酸）和气体氧化物（如臭氧）遇热易分解释放氧和热量，易引起或加剧可燃物燃烧甚至爆炸。有机过氧化物分子组成中的过氧基

（—O—O—）很不稳定，易分解释放原子氧，而且有机过氧化物本身就是可燃物，易着火燃烧、爆炸。活泼金属的过氧化物如过氧化钠等，遇水分解释放氧气。应注意防止这类氧化剂因分解产生氧气，引起火灾。

## 三、控制点火源的技术及管理措施

点火源的本质是为燃烧、爆炸的发生提供能量。有些物质（如炸药）的爆炸所需要的引爆能量很小，冲击波、超声波、能量较高的辐射或轻微的振动等都可能引发爆炸。化工企业常见的点火源包括热火源、机械火源与电火源。电火源包括电气、雷电和静电。有关如何避免电气成为点火源问题见本章第五节，有关防雷电和静电的设计及设施见第七章。

### 1. 明火

明火主要来自生产用火，如锅炉、导热油炉、焚烧炉及烟囱、燃烧反应炉，还可能来自维修用火，如电气焊、喷灯、电炉等，还有各种流动明火，如机动车、电瓶车、电气焊装置等。由明火引起的火灾、爆炸事故占很大比例，应采取下列管理和技术措施。

（1）在火灾、爆炸危险区域内，必须采用设立禁火标志等措施，严格明火管理，禁止一切火种。严格控制具有流动性质的点火源，机动车排气管应当安装火星熄灭器。

（2）全厂布局时，锅炉、导热油炉等明火设备应布置在工艺装置区的边缘地带，并远离有易燃、易爆物质的生产设备及储槽等。

（3）加热易燃物时，宜使用热水、水蒸气、导热油等加热方式，尽量不使用明火。

（4）检修动火时，严格按照有关规定办理动火作业证，控制维修用火。

（5）烟囱要有足够高度，必要时顶部安装火星熄灭器。

### 2. 其他热火源

除了明火之外，化工企业存在多种热火源。化工生产中，许多设备、管道处于高温状态，当温度超过易燃物的燃点时，这些设备、管道都可能是点火源。高温设备、管道敷设绝热层与保温层，不仅可以节约能源，也是一种安全技术措施。不能保温的高温物体要与可燃物保持距离并采取不燃材料隔热措施。输送温度超过80℃的流体的管道，与可燃物之间应保持不小于150mm的间隙，或采用厚度不小于50mm的不燃材料隔热。

此外，某些绝热压缩过程可能产生高温。还要注意大功率照明灯等某些高温表面是否超过可燃物的燃点。例如，一汽车加油站在进行清理汽油罐作业时，用碘钨灯在罐口照明，被加油站安全负责人制止没收后，施工人员又找来一只碘钨灯使用，结果碘钨灯的高温引爆汽油蒸气，造成1死3伤。

### 3. 机械火源

具有一定能量的机械火花是高温发光的固体颗粒，可引燃可燃气体、可燃液体蒸气及棉花、干草、绒毛等物质。这种机械火花的产生原因有机械摩擦与机械碰撞两种。案例1-4、案例3-1与案例6-1这三次爆炸事故的点火源都是机械火源。钢材产生机械火花的根源是钢材含碳，当快速接触摩擦（20～50ms）和较长时间的滑动摩擦（0.5～20s）时，钢材都会产生机械火花。铜不含碳，而且质地较软，导热性又好，不会产生机械火花。为避免摩擦、撞击产生机械火花，在火灾、爆炸危险区域内应当注意如下事项。

（1）机器轴承等转动部位要保持润滑油位，避免干摩擦。

（2）易燃、易爆车间的鼓风机叶轮材质采用铜铝合金等材料，以避免产生火花。

（3）粉碎机、提升机安装磁铁分离器，将固体物料中的铁钉等分离，避免其与机器发生碰撞产生火花。

（4）操作人员注意钢管等铁器要轻拿轻放，防止铁器与混凝土地面摩擦、撞击等产生火花。必要时应铺设不产生火花的地面。

（5）维修人员在需要敲打时要用木槌或橡胶锤，不可用金属锤和手动砂轮等。

（6）化工企业所有人员不准穿带铁掌的鞋。

## 第三节　爆炸事故及预防

### 一、化学爆炸事故及预防

化学爆炸是因激烈的化学反应而发生的爆炸。不同类型的化学爆炸事故其预防措施不尽相同。预防化学爆炸，最重要的是避免引起爆炸的化学反应意外发生。

#### 1. 可燃气体与空气的混合气体爆炸

可燃气体或蒸气与空气混合均匀后，遇到点火源容易发生爆炸，化工企业发生的化学爆炸事故多属这种混合气体爆炸。爆炸后气体压力的大小是混合气体爆炸强度的标志。爆炸压力最大值出现在气体体积即将膨胀的瞬间。因为爆炸反应时间极短，爆炸体系来不及与环境换热，爆炸可以看作绝热过程。爆炸后气体温度可以用绝热条件下的热量衡算方法计算。根据爆炸后气体温度可以计算其最大爆炸压力。通过计算或实验测定发现，对于常温、常压的常见可燃气体或蒸气与空气混合物，其最大爆炸压力为 $7\times10^5$～$9\times10^5$Pa。这个压力足以造成人员伤亡、厂房建筑受损。

从大量案例看，混合气体爆炸大体有三种情况，预防措施有所不同。第一种情况是密闭装置内的可燃气体泄漏到外部空间，第二种情况是外界空气漏入负压操作的装置内。以上两种情况都是密闭失效，预防泄漏是预防这两类混合气体爆炸的主要措施。第三种情况，密闭装置内部既有可燃气体又有氧气或其他氧化剂，可能在装置内部发生燃烧性质的化学反应，发生化学爆炸事故。避免此类燃烧性质的化学爆炸，最重要的是尽可能避免可燃气体与氧气同处一个装置中，或避免可燃气体的浓度处于爆炸限内。以上三种情况都要注意点火源的控制。**【案例 6-3】**2007 年 12 月 16 日 7:00 左右，某广告公司用海基公司生产销售的氢气为气球充气时，氢气瓶发生爆炸，造成 1 人死亡，2 人受伤。17:50 左右，海基公司生产经营负责人指挥 3 名职工，擅自将待调查已封存的 8 只氢气瓶搬出仓库排气时，发生氢气瓶爆炸，又造成 2 人死亡，1 人受伤。事故原因是氢气瓶内含有氧气。

#### 2. 粉尘爆炸

当可燃性粉尘悬浮于空气中并且处于爆炸限内时，遇到点火源就可能发生粉尘爆炸。**【案例 6-4】**2010 年 2 月 24 日秦皇岛某淀粉有限公司淀粉四车间，发生淀粉粉尘爆炸事故，导致 21 人死亡，47 人受伤，经济损失 1773 万元。事故直接原因是：在维修淀粉振动筛过程中错误使用铁质工具，机械碰撞产生的火花先使振动筛附近的淀粉燃爆，产生的冲击波和气流又将一平台上沉积的淀粉层吹起形成粉尘云，燃爆并引发大火。

粉尘的特性对于爆炸影响极大，燃烧放热越多、颗粒越小、爆炸下限浓度越低或引燃能量越小的粉尘，越容易发生粉尘爆炸。聚集在地面或设备上的粉尘可能燃烧但不会爆炸，但是局部发生的爆炸可能使这些粉尘扬起，形成爆炸性混合气体，发生二次爆炸甚至连环爆炸事故。粉尘爆炸本质上属于气体爆炸，但金属粉尘爆炸是粉尘燃烧时产生大量热能，使周围空气的温度和压力骤然增加发生爆炸。

应采取下列消除或减少爆炸性粉尘混合物产生或积聚的措施。

（1）具有粉尘爆炸危险的设备（如研磨机、混料机、提升机、集尘器、料仓）应当尽可能在密闭和负压状态下使用，以防止粉尘泄漏。

（2）在设备进出口，应配备不产生火花的除尘系统，控制粉尘浓度在爆炸极限以下。

（3）提高自动化水平，采用安全联锁，必要时配备自动注入惰性气体的装置。

（4）为减少环境中粉尘浓度，根据具体情况可对物料加湿。

（5）生产、储存场所、除尘器室的地面、除尘管道和地沟等表面应平整光滑，没有粉尘聚集的死角，易于清扫并配有及时吸尘设施和清水喷雾设施。应定期清除沉积的粉尘。

### 3. 可燃液体雾滴与蒸气云爆炸

#### 1）可燃液体雾滴爆炸

与粉尘爆炸类似，液体可燃物以极小的雾滴形式飘浮在空气中时，处于爆炸限内并遇到点火源，也可能发生可燃液体雾滴爆炸事故。雾滴爆炸能否发生与雾滴的大小有密切关系，雾滴直径越小，爆炸越容易发生，雾滴直径过大则燃烧不能传播。需要注意，即使温度远低于可燃液体的闪点，可燃液体雾滴爆炸也可能发生。当可燃液体发生突然泄漏、迅速蒸发、吸热降温情况下，容易产生雾滴。

#### 2）蒸气云爆炸

易燃液体意外地大量泄漏可能导致火灾、爆炸等事故。这类事故发生的可能性及事故后果的严重程度，与易燃液体的性质、泄漏量及释放空间大小有密切关系。**【案例 6-5】**南京2010年“7·28”大爆炸事故。2010年7月28日，南京市栖霞区原南京塑料四厂地块拆除工地上，发生地下丙烯管道泄漏爆燃事故，共造成22人死亡，120人住院治疗，爆燃点周边部分建（构）筑物受损，直接经济损失4784万元。事故主要原因是施工安全管理缺失，施工队伍盲目施工，挖穿地下丙烯管道，造成管道内液态丙烯泄漏。泄漏的丙烯蒸发扩散后，遇到明火引发大范围空间爆炸，同时在管道泄漏点引发大火。

案例6-5属于蒸气云爆炸事故。易燃液体泄漏后如果立即燃烧，往往产生喷射性火焰，影响范围较小；如果没有立即燃烧，反而有发生爆炸的可能。案例中泄漏的可燃液体丙烯气化时，蒸气中可能带有雾滴，即使完全气化，丙烯蒸气密度大于空气，不易与空气混合均匀，容易以蒸气云的形式在接近地面处聚集、飘荡，笼罩范围越来越大，一旦浓度在爆炸限内且有点火源，就会发生可燃蒸气云爆炸事故。评估蒸气云的危害常用TNT当量法，估算死亡区、重伤区、轻伤区和财产损失区半径，有关内容请参阅有关书籍。

爆炸性混合物包括可燃气体或粉尘、雾滴、蒸气等与氧或空气的混合物。它们的爆炸属于燃烧反应，控制燃烧三要素就可能避免爆炸事故发生。以下几种化学爆炸有所不同。

4. 简单分解爆炸

有些分解反应释放大量气体与热量，有可能转化为热分解爆炸。能否发生爆炸，取决于反应的速率是否足够大。放热反应通常有循环加速现象：反应速率加快→放出反应热增加→反应温度升高→反应速率加快……当循环加速在极短的时间内反复进行时，反应温度越来越高，分解反应的速率与加速度越来越大，积累的热量越来越多。当达到爆发点时，热分解转化为爆炸。与自催化反应中反应产物的催化作用类似，这里反应放出的热有自催化作用，可称为“热催化”或热爆炸机理。热分解爆炸中，仅仅发生分解反应、不伴随燃烧反应的称简单分解爆炸，否则为复杂分解爆炸。简单分解爆炸有以下两类。

（1）某些单一气体如乙炔、乙烯、丙烯、臭氧、环氧乙烷、四氟乙烯、一氧化氮、二氧化氮等，在较高温度下热分解反应迅速、放热量大，可能发生热分解爆炸。一些气体如乙烯、一氧化氮，在一定高压下甚至会发生爆轰。例如，当温度达到700℃，压力超过0.14MPa时，乙炔发生分解爆炸，方程式为

$$C_2H_2 \longrightarrow 2C\ (s) + H_2$$

此类气体分解爆炸不需要助燃气体，爆炸点火能量随温度和压力升高而降低，温度高容易发生分解爆炸。只有当超过一定压力时，才会发生气体分解爆炸，低于该压力爆炸一般不会发生，该压力称气体分解爆炸的临界压力。要避免简单分解爆炸反应的发生，对于乙炔、乙烯等单一气体，就要避免较高的温度，或将压力控制在气体分解爆炸的临界压力之下。气体分解爆炸的临界压力可以从有关手册上查到，但要注意其数值是在一定温度下测定的。

（2）叠氮类化合物如叠氮铅（$PbN_8$）、乙炔类化合物如乙炔银（$Ag_2C_2$）、氮卤化物如三氯化氮等，最小引爆能量很小，更易发生简单分解爆炸。这类物质分子中往往有容易断裂的化学键。发生分解反应时，将生成稳定的物质并放出大量的热，促使分解反应加速以致爆炸。对三氯化氮爆炸的危险性认识不足，曾经使我国氯碱企业多次发生三氯化氮爆炸事故。三氯化氮60℃时为黄色油状液体，受到振动或超声波作用时，常温下可分解爆炸，在容积不变的情况下，爆炸时温度可达2128℃，压力高达531.6MPa，爆炸方程式为

$$2NCl_3 \longrightarrow N_2 + 3Cl_2$$

**【案例6-6】**重庆天原化工总厂“4·16”爆炸事故。2004年4月15日，该厂发生两起三氯化氮爆炸事故，附近15万名群众紧急疏散。16日厂方现场处理人员凭借以往经验，擅自启动事故处理装置时造成振动，引起三台液氯储罐内的三氯化氮爆炸，致9名现场处置人员因公殉职，3人受伤。事故的直接原因是：2004年1月，液氯冷冻岗位的氨蒸发系统曾发生泄漏，造成大量的氨进入冷冻盐水中，生成了含氨盐水，该隐患长达3个月未被消除。4月，氯氢分厂1号氯冷凝器列管腐蚀穿孔，造成含氨盐水（事故现场测定冷冻盐水氨含量为17.64g/L）泄漏到液氯系统，生成大量易爆的三氯化氮，引起分解爆炸。

氯碱企业通过电解食盐水得到的氯气，必须冷凝为液氯出售。氯冷凝器（列管内为氯气、液氯，列管外为冷冻盐水）以冷冻盐水作为冷却剂。吸热后的冷冻盐水送至氯冷冻岗位，通过液氨蒸发吸热降低冷冻盐水的温度后再循环使用。为什么不直接用液氨蒸发吸热使氯冷凝？就是为避免换热器列管腐蚀穿孔导致氨与氯反应生成三氯化氮。但是，该厂1月份氨系统的氨泄漏到盐水系统中没有及时发现，4月份含氨冷冻盐水又泄漏到氯气-液氯系统中，两次泄漏终酿成大祸。只有及时检测冷、热流体成分，才能发现列管式换热器换热管壁有无腐

蚀泄漏。爆炸事故中，现场处置人员擅自处理，导致事故扩大，教训深刻。

防止简单分解爆炸物的生成和富集，是预防此类爆炸事故的有效措施。有的企业采用其他制冷剂代替氨，完全避免了生成三氯化氮的可能性。

5. 复杂分解爆炸

TNT、硝化棉、苦味酸和硝化甘油等炸药的爆炸都属于复杂分解爆炸。复杂分解爆炸过程大多数有燃烧反应，燃烧所需要的氧由爆炸物分解产生，属于自身氧化还原燃烧反应。

硝酸铵被列入民用爆炸品。硝酸铵具有特殊的热分解特性，它在 110℃就开始热分解，热分解产物 $NO_2$ 与热量均能加速硝酸铵的分解反应，随温度升高，可发生一系列分解反应。

在 300℃以上时，发生燃烧性质的爆炸

$$NH_4NO_3 \longrightarrow N_2 + 0.5O_2 + 2H_2O + 118kJ$$

在 400℃以上时，爆炸过程按以下复杂分解反应形式进行

$$4NH_4NO_3 \longrightarrow 3N_2 + 2NO_2 + 8H_2O + 408kJ$$

$$8NH_4NO_3 \longrightarrow 2NO_2 + 4NO + 5N_2 + 16H_2O + 409kJ$$

**【案例 6-7】**天津港“8·12”瑞海公司特别重大火灾、爆炸事故。2015 年 8 月 12 日，位于天津市滨海新区天津港的瑞海公司危险品货场发生火灾、爆炸事故，事故造成 165 人遇难（其中参与救援的人员 110 人）、8 人失踪（其中消防人员 5 人）、798 人受伤，304 幢建筑物、12428 辆商品汽车、7533 个集装箱受损。截至 2015 年 12 月 10 日，已核定的直接经济损失 68.66 亿元。事故的直接原因是：瑞海公司危险品仓库运抵区南侧集装箱内的硝化棉自燃，引起相邻集装箱内的硝化棉和其他危险化学品长时间大面积燃烧，导致堆放于运抵区的数百吨硝酸铵等危险化学品发生爆炸。据测算，本次事故中爆炸总能量约为 450t TNT 当量。调查组认定，瑞海公司严重违反有关法律法规，严重违反城市规划，违法建设危险货物堆场，违法经营、违规储存危险货物，安全管理极其混乱，是造成事故发生的主体责任单位。

硝化棉自燃点为 180℃，常温下分解产生 NO 和热量，易发生自热自燃。NO 在空气中易氧化为 $NO_2$，$NO_2$ 对硝化棉的热分解起催化作用，所以商品硝化棉应浸润在乙醇中，乙醇可吸收 NO 避免自催化作用。以上案例中，由于湿润剂散失出现局部干燥，在高温（天气）等因素的作用下加速分解放热，热量积蓄而自燃，这是事故的起因。

与上述炸药的爆炸机理不同，黑火药本身既含可燃物木炭、硫磺，又含氧化剂硝酸钾，其爆炸属于爆炸性混合物爆炸。火药与炸药爆炸所需要的最小引爆能量很小，当其受热、撞击、振动、摩擦、遇到冲击波及火花等都可能引起爆炸。预防火药与炸药等爆炸品爆炸事故，最重要的是尽可能控制各种点火源，关键在于储存、运输、使用等各个环节的安全管理必须依法合规、细上加细、严上加严。

6. 孤立密闭容器内产生气体的化学反应

孤立密闭容器内部意外发生化学反应，如果产生大量的气体，容器内压力将迅速升高，特别是放热反应，随温度升高，不仅气体膨胀而且化学反应也加快，容器压力升高更快。当压力超过容器承压能力时，就会发生爆炸。**【案例 6-8】**1979 年 9 月 7 日，浙江某电化厂液氯充装时，一只半吨重的液氯钢瓶突然发生粉碎性爆炸，引发连环爆炸事故，约 10t 液氯泄

漏，上千人中毒，其中59人死亡。事故直接原因是该钢瓶中存有100多千克液体石蜡，在充装液氯之前未被发现，充装的液氯与液体石蜡发生剧烈化学反应，产生大量氯化氢气体，使该钢瓶严重超压爆炸。死亡的41人为居住在爆炸中心50m的居民。

液氯与液体石蜡发生的取代化学反应尽管也很剧烈，但不像燃烧反应可瞬间完成，也无需点火源，钢瓶中的压力有一个迅速升高的过程。该案例与案例4-1宁波某化学有限公司双氧水车间爆炸事故，都是因密闭容器内意外发生化学反应，产生大量气体，最终超压而导致爆炸，都属于非燃烧性质的化学爆炸。非燃烧性质的化学爆炸事故的预防，最重要的是避免这类化学反应的意外发生。

## 二、物理爆炸事故的预防

密闭装置内发生的物理爆炸和化学爆炸，其共同点是密闭装置内部压力超过装置承压能力，只是形成超压的原因不同。装置承压能力不足时，即使在正常工作压力之下，也可能发生爆炸，这可能是因为装置的设计、制造、安装中的问题，也可能是使用维护中腐蚀造成的。防止物理爆炸事故，一是保证设备、管道的承压能力；二是保证设备、管道不要超压。物理爆炸事故案例中发生超压的原因常有以下几种。

### 1. 孤立容器或封闭系统超温

孤立容器或封闭系统中的气体或者液体严重超温，可能导致超压引起容器爆裂。案例1-3长春“6·3”特别重大火灾事故就是一个典型案例。事故起因是电线短路导致火灾，火势未及时控制，受高温火烤，液氨储槽及管道内部液氨气化超压，引起氨系统发生物理爆炸。所以，火灾事故中要尽快将现场火焰附近的容器移走或喷水降温。

孤立容器或封闭系统中，即使含少量低沸点液体，当其意外气化时，如系统没有足够的空间，也可能超压爆炸。**【案例6-9】**某厂水解釜夹套用联苯醚作加热剂。由于夹套联苯醚回流管设计不合理，高出夹套底部15mm，夹套水压试验后，约20kg底部积水放不出来。当水解釜开车运行时，积水在高温联苯醚加热下气化，使夹套超压爆炸。这提示我们，一切高温操作的容器，都要严防水分等低沸点液体混入。此外，在敞开容器中，水的意外气化虽然不至于爆炸，但是产生的水蒸气可能裹挟其他物料从容器中溢出。

### 2. 孤立容器液体过量充装

液体受热膨胀体积增大，大部分液体升高1℃的体积膨胀率约为0.1%。孤立容器中如果充满液体，温度稍有上升，液体稍有膨胀，则因没有膨胀空间容器内压力会骤然增高，发生物理爆炸。这是液体的不可压缩性决定的。以液氨为例，据计算，当装满液氨的钢瓶温度由20℃升高到25℃时，容器内压力升高值为8.483MPa，而钢瓶实际爆破压力通常为9.0～11.0MPa。许多液化气体钢瓶发生的物理爆炸事故，是由液化气体过量充装造成的。过量充装使钢瓶气相体积过小，近于“满液”，液相膨胀空间过小，即使气温不高，钢瓶内液体温度稍有升高就容易达到“满液”状态，导致气瓶整体膨胀直至爆裂。此外，阀门、管道等冻裂也是超压导致的爆裂。

### 3. 高压气体窜入低压设备

如果高压气液分离器的液位过低，高压气体可能窜入低压设备，发生爆炸事故，所以气液分离器必须设置液位测量仪表。案例 4-2 因为取消了液位测量仪表，几乎酿成液氨储槽爆炸事故。在化工生产中类似情况还有高压吸收操作，当吸收剂需要再生循环使用时，通常在低压解吸塔进行吸收剂解吸操作。从吸收塔底部排出的高压吸收剂，在进入解吸塔时，如果高压吸收塔中液位过低，高压气体将窜入低压解吸塔，可能引起物理爆炸事故。

### 三、沸腾液体膨胀蒸气爆炸

沸腾液体膨胀蒸气爆炸（boiling liquid expanding vapor explosion，BLEVE）又译为沸腾液体扩展蒸气爆炸，简称蒸气爆炸。这是一种比较复杂而且危险性很大的物理爆炸。

蒸汽锅炉可能发生蒸气爆炸事故。储存高温饱和水的容器（如蒸汽锅炉的汽包）突然开裂时，水蒸气从裂缝冲出，蒸气压力突然降低，容器内原来的气液平衡被破坏，高温饱和水突变为过热水而急剧蒸发，从而水蒸气体积和压力又急剧增加，过热水急剧蒸发产生的气泡对于容器壁产生强烈的“液击”，加上水蒸气压力急剧增加，极易使容器裂缝扩大，容器爆裂。该现象称水蒸气爆炸，也属于 BLEVE，爆炸中产生的大量高温水蒸气对人伤害极大。

可燃液体储罐的沸腾液体膨胀蒸气爆炸必定引起严重的次生事故。**【案例 6-10】**1997 年 6 月 27 日晚，东方化工厂发生火灾、爆炸事故，死亡 9 人，伤 39 人，20 余个 1000～10000$m^3$ 的装有多种化工物料的球罐被毁，直接经济损失 1.17 亿元。经过调查取证、计算机模拟和鉴定分析，查明事故的直接原因是：在从铁路罐车经油泵向储罐卸轻柴油时，由于操作工开错阀门，将轻柴油打入已经满载的石脑油罐，导致约 637$m^3$ 的石脑油从罐顶气窗大量溢出，溢出的石脑油及其油气扩散到油泵房时遇到明火，产生第一次爆炸和燃烧，随后引起罐区内乙烯罐等其他罐的爆炸和燃烧。

在火焰较长时间烘烤情况下，可燃液体储罐的压力持续升高，储罐可能发生变形，强度降低到一定程度罐体突然破裂，已经过热的可燃液体突然沸腾，裂口处喷出大量的可燃液体蒸气并剧烈燃烧爆炸，形成巨大的火球和强烈的热辐射。这种产生火球的 BLEVE 危害极其严重，是石油化工等行业重要的事故类型。储存大量可燃液体的罐区一旦有一个储罐起火，就可能殃及周围储罐，连续多次发生 BLEVE。案例 2-3、案例 8-9 等几个案例都属于这种情况。火球热辐射可以导致人体不同程度的烧伤以致死亡，可以引燃一定距离内的木材等各种可燃物。热辐射是最主要的危害，与热辐射相比，爆炸抛射的容器碎片及冲击波等其他危害都可以忽略。为了评估火球热辐射的危害，许多研究者建立了其伤害模型，估算火球的半径、火球持续时间、火球表面热辐射通量及受损目标接受到的热辐射通量等，最终估算火球热辐射的危害。有关内容请参阅有关书籍。

## 第四节　阻火隔爆与爆炸泄压技术

化工企业的火灾爆炸事故多数是混合气体燃烧爆炸。预防此类事故的发生，不仅可设法避免燃烧爆炸条件的产生，还可设法阻止燃烧爆炸的传播。本节讨论阻火隔爆技术和爆炸泄压技术，其作用是控制已经出现的火焰或爆炸源，阻止其发展为事故。

### 一、阻火隔爆技术及设施

阻火隔爆技术用于阻止火焰、火星在有火灾爆炸危险的设备、管道与环境之间蔓延。常见的阻火隔爆设施有阻火器、防火阀、火星熄灭器和安全液封等。

1. 阻火器

阻火器的作用是阻止火焰沿管道传播，常用于储罐、加油站、加热炉、火炬和煤气管道。有的阻火器安装在管道中（管道型），有的安装在可燃气体喷出的排气管端部（管端型）。

按照阻止火焰传播速度，阻火器分为阻爆燃型（能阻止以亚音速传播的爆炸火焰通过）与阻爆轰型（能阻止以超音速传播的爆炸火焰通过）。

根据结构特点，阻火器主要有以下几类。①波纹型阻火器。由不同的波纹板和平板缠绕成不同规格的阻火层，阻火层上密布三角形孔隙，能阻止爆轰和爆燃火焰通过，应用广泛。②泡沫金属型阻火器。用多孔隙的泡沫金属构成阻火层，其结构类似于泡沫塑料，其铬含量为 15%～40%，其优点是体积小、质量轻，其缺点是阻力大、易堵塞。③多孔板型阻火器。阻火层用不锈钢薄板在水平方向重叠而成，板间间隙约为 0.16mm，薄板上有许多细小的缝隙或孔眼，从而形成流体通道，该阻火器阻力小，但不能承受猛烈的爆炸。④充填型阻火器。其阻火层由砾石、陶瓷环或玻璃珠填充物组成，利用填充物减少气体流通通道面积，结构简单，能阻止爆轰和爆燃火焰通过，但是阻力大。

阻火器的工作原理有传热作用和器壁效应两种解释。传热作用认为，当燃烧着的气体通过阻火器中阻火层的狭小孔隙时，火焰与器壁的传热作用大为加强，热损失突然加大，使燃烧反应不可持续，火焰将不能蔓延。器壁效应认为，根据链反应理论，当燃烧着的气体通过阻火器时，自由基与器壁等部位的碰撞概率增大，链终止反应速率加大，自由基浓度降低，使燃烧反应不可持续，火焰将不能蔓延。

阻火器生产厂家应当生产不同级别的产品，以用于爆炸危险性不同的爆炸性气体管道。用户选用阻火器时，要选择与爆炸性气体的爆炸危险性级别相适应的阻火器，同时必须考虑需要阻爆燃型还是阻爆轰型，以及阻火器的允许压降等多种因素。

2. 防火阀

防火阀系列产品有防火阀、排烟防火阀和排烟阀等类型。《建筑通风和排烟系统用防火阀门》（GB 15930—2007）规定了对这些阀门的各种要求及试验方法等。

防火阀（FHF）安装在通风、空气调节系统的送、回风管道上，平时处于开启状态，火灾时当管道内气体温度达到 70℃时自动关闭，起到阻火隔烟作用。

排烟防火阀（PFHF）安装在机械排烟系统管道上，平时处于开启状态，火灾时当管道内气体温度达到 280℃时关闭，起阻火隔烟作用。

排烟阀（PYF）安装在机械排烟系统各支管端部（烟气吸入口），平时处于关闭状态，火灾或需要排烟时手动或电动打开，起排烟作用。排烟阀通常由阀体、叶片和执行机构组成，有的经装饰成为排烟口。

防火阀与排烟防火阀通常由阀体、叶片、执行机构与温度传感器组成，其耐火性能和漏风量等，均应符合 GB 15930 的要求。

和普通阀门一样，以上三种防火阀也有型号、接口尺寸等要求。三种防火阀的开关方式可根据需要采用手动或电动，有的有自动复位和阀门开度显示功能。

近年来开发了速动火焰切断器产品。速动火焰切断器本质上还是阻火阀门，但采用某些特制的阀门和传感器，加快了阻火响应速度。有的速动火焰切断器采用类似消防灭火的方法阻断火焰传播，这要求在极短的时间内发现燃烧爆炸信号，并启动喷洒灭火剂等灭火功能。在输送粉尘或带有粉尘的气体管道中，速动火焰切断器比水封及一般阻火器可能更适用。速动火焰切断器还处于探索阶段。

### 3. 火星熄灭器

火星熄灭器即防火帽，一般安装在机动车排气口和邻近易燃易爆车间的烟囱口上。火星是即将熄灭的明火，火星熄灭器的作用是完成火星熄灭过程，其原理有以下几种。

（1）使带有火星的烟气由小体积进入大体积空间，流速减慢而使火星熄灭。

（2）使体积、质量较大的烟气颗粒沉降下来，不带出烟囱。

（3）设置障碍，改变烟气流向，增加火星流动路程而使火星熄灭。

（4）设置网格或叶轮，将较大的火星挡住或将火星分散，加速火星熄灭。

（5）通过喷水蒸气或水熄灭火星。

## 二、安全液封技术

最常见的安全液封是安全水封。安全水封用途广泛，常用于压力小于 0.02MPa 的输送易燃、易爆或有毒气体的管道中，在不同场合有预防火灾、爆炸和中毒事故及防止火灾蔓延等作用。安全水封结构简单，但在不同的应用场合，构造可能有所不同。水封分为封闭式水封与敞开式水封两大类，下面以煤气生产系统（半水煤气相同）为例分别予以介绍。

煤气生产流程为：煤气发生炉→洗涤塔→煤气柜。煤气柜自身就是一个水封，它的作用是储存煤气。煤气柜的煤气进、出口管道上各安装一个水封（图 6-2），其作用相当于煤气柜的进出口阀门。正常生产时，两个水封中没有水，煤气柜进出口是畅通的。停车检修时，两水封中必须加水，水位高度必须使水的静压力大于煤气柜内煤气压力，此时煤气柜中的煤气被封存在煤气柜内，煤气柜与外界隔绝。煤气管道中即使有火焰，也不可能通过水封蔓延到煤气柜内部，水封起到阻火器的作用。两水封处于封闭状态，故称封闭式水封。煤气中含煤焦油较多，非常容易使一般阀门关闭不严，用水封代替阀门则不受煤焦油影响。

水封本质是一个利用水的静压起密封作用的阀门。只要气体压力不超过水封水位的静压力，水封进口气体不可能通过水封到达出口，水封出口气体更不可能倒流回进口。水封的安全操作要点是，使用时必须保持一定的水封水位，否则可能液封失效。例如，任何煤气安全水封中的水位设计高度都要根据煤气压力计算，计算结果要按规定加 500mm 余量。

洗涤塔的作用是用水洗涤煤气，除尘降温。图 6-3 为煤气洗涤塔及敞开式安全水封。水封可自动将洗涤塔出来的污水排出，而不允许煤气排出，相当于一个疏水阀。水封不断有洗涤水流出，但是始终保持一定水位，属于敞开式水封。特殊情况下当塔内煤气压力高于水封水位的静压力时，煤气冲破水封随水流出，可避免洗涤塔发生超压事故，此时水封又相当于安全阀。

当敞开式水封安装于地平面以下时，常称为水封井。不少化工企业的下水明渠废水中漂浮着油类等易燃液体，一旦着火容易蔓延。各生产车间、装置、单元的下水明渠出口及各明渠支管与干管连接处都应设水封井。水封井将明渠隔成若干段，只允许废水通过，某段明渠漂浮油类着火时，其火焰不可能通过水封井蔓延到上、下游其他明渠水面。

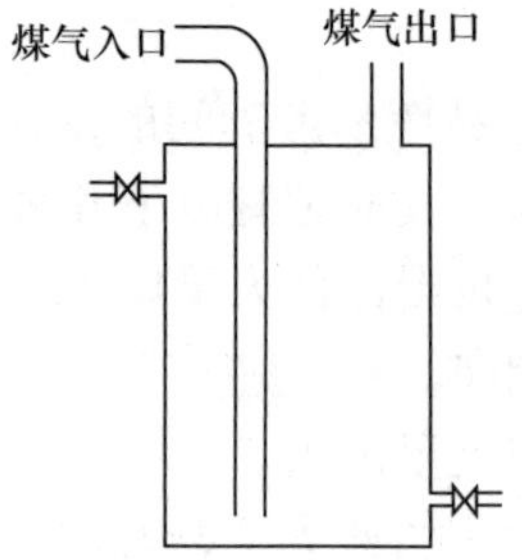


图 6-2　封闭式安全水封

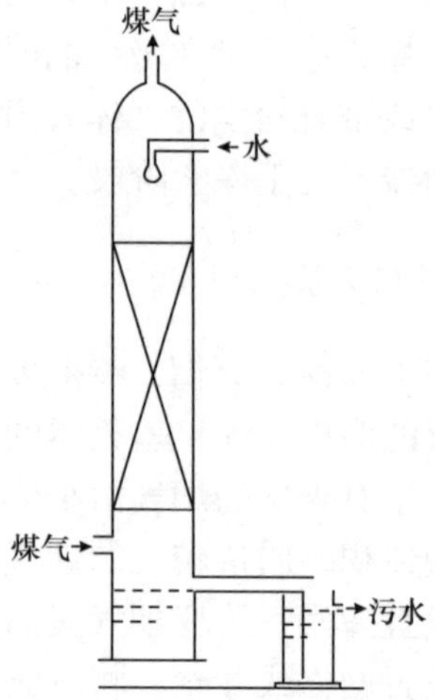


图 6-3　煤气洗涤塔及敞开式安全水封

## 三、爆炸泄压技术及装置

爆炸泄压技术（explosion pressure venting）简称泄爆或泄压。泄爆技术原理为：在安全泄压装置上预设泄压口，在爆炸即将发生的瞬间泄放装置中的气体，从而防止装置中的压力急剧升高，避免超压。爆炸泄压技术简便、可靠，广泛应用于化工企业中，预防各类爆炸事故。安全泄压装置有阀型、破裂型、熔化型、液封型及组合型等多种类型。

1. 安全阀

1）安全阀分类

安全阀（压力泄放阀）属于阀型安全泄压装置。安装安全阀是压力容器等化工装置防爆的重要措施。安全阀应满足以下基本要求：当超压时能迅速开启排气，达到额定排气量，降低容器内压力以避免爆炸事故；当压力降低至允许值时，阀芯能正确复位并保持良好的密封状态。按照原理分，常用的安全阀有弹簧式安全阀和杠杆式安全阀。

工作压力较高的压力容器多选用弹簧式安全阀。弹簧式安全阀（图 6-4）关闭时，依靠弹簧的弹力压紧密封件（阀芯）保持关闭状态；当设备内部气体对于阀芯的静压力超过弹簧的弹力时，安全阀开启排气。安全阀紧急排放时的开启压力称为整定压力，安全阀自动关闭时，开启高度回归零时的进口压力称回座压力。在一定范围内，可以用安全阀上的调整螺钉调整弹簧的弹力，即调整安全阀的开启压力。

杠杆式安全阀（图 6-5）体积比弹簧式安全阀体积大，常用于蒸汽锅炉防爆。其构造类似一个带支点的杠杆，支点的一端为密封件（阀芯），另一端为可以滑动的重锤。杠杆式安全阀的原理是，密封件依靠经重锤平衡后的自身重力保持关闭状态；当设备内部气体对于密封件的静压力超过该重力时，安全阀开启排气。移动重锤位置即可调整安全阀的开启压力。杠杆式安全阀应当有限制重锤自由移动的装置和限制杠杆越出的导架。

还有一种先导式安全阀（脉冲式安全阀），该安全阀由主阀与导阀（辅阀）组成，导阀为小口径直接载荷式安全阀，与主阀相接。当系统超压时，导阀首先开启，控制主阀的动作。

先导式安全阀分为快开式（全启式）和调节式（渐启式）两种，后者根据超压程度逐渐开启。先导式安全阀适用于大口径、大排量及高压系统。

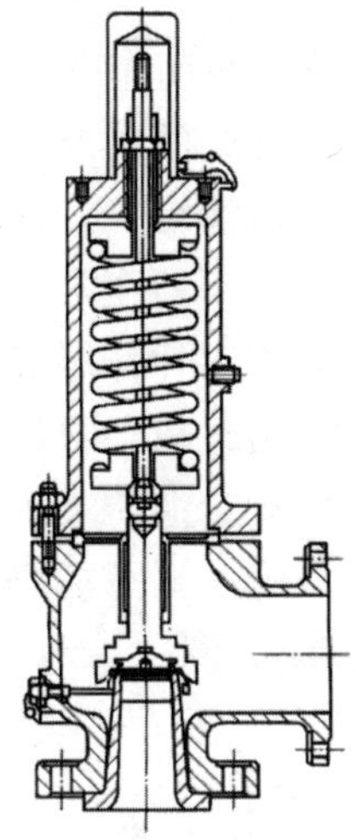

图 6-4　弹簧式安全阀装置结构图

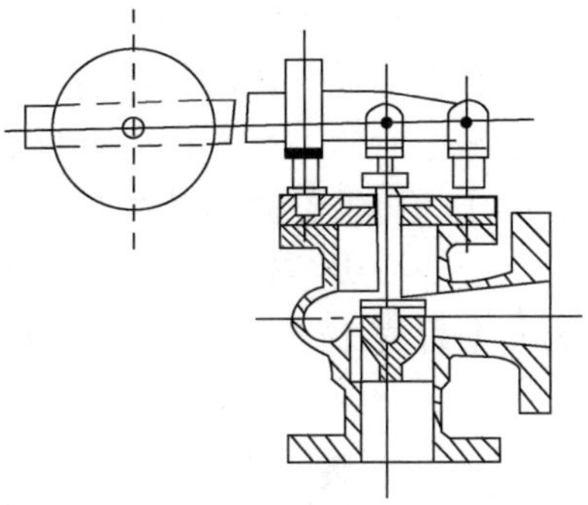

图 6-5　杠杆式安全阀装置结构图

2）安全阀的安装与校验

安全阀必须垂直安装并尽量接近被保护装置。安全阀的入口管道设计应注意：在安全阀与被保护的装置之间是否需要安装切断阀（化工企业常称为底阀或根部阀），应当视具体情况而定。如果泄放气体含固体颗粒或黏性及腐蚀性介质，导致安全阀常需要拆开检修，则应安装切断阀；否则不设置切断阀。为防止该切断阀被误关闭，应当在开启状态下加铅封。安全阀的出口管道设计应注意：当压力容器中为无害介质时，安全阀可向大气排放；如果压力容器中为易燃、易爆、有毒介质，应当将安全阀排放的有害气体导入紧急处置装置中。要特别注意防止安全阀及其进、出口管道发生堵塞现象，如有的安全阀排放的是潮湿气体，就要注意防止冷凝液；有的安全阀排放的是液体，就要注意防止凝固。

使用过程中，安全阀的开启压力可能发生变化。因为腐蚀使弹簧的弹力发生变化，弹簧式安全阀在超过整定压力时，没有开启的现象比较常见。案例 4-2 的液氨储槽上也配置了弹簧式安全阀，但是在液氨储槽严重超压以至于压力表损坏的情况下，安全阀都没有自动开启。安全阀也有“拒动作”现象。作为机械式自动控制装置，安全阀也有可靠性问题。为此，除了保证安全阀及其部件的质量之外，安全阀应定期校验。校验主要检查整定压力与回座压力是否符合要求。安全阀的整定压力定值过低，安全阀可能启闭过于频繁；定值过高，容器需要承受高压的时间较长。安装之前也要对安全阀进行校验。校验合格后，安全阀应加铅封装置，以防止有人随意调整。

2. 爆破片

1）爆破片简介

爆破片又称防爆片或防爆膜，是常用的破裂型泄压装置。当爆炸事故发生时，因爆破片从夹持器上脱落或破碎而泄压，承压容器免遭损坏。爆破片装置的主体是爆破片与夹持器（或支撑圈），有的还有加强环、保护膜等。爆破片的形状见图 6-6，有平板式，但多用拱形，常用法兰等支承器夹持固定。拱形爆破片的凹面处于高压侧的称正拱形爆破片，因动作时拉伸破裂又称拉伸型金属爆破片装置；凸面处于高压侧的称反拱形爆破片，又称压缩型金属爆破片装置。有的拱形爆破片的凹面或凸面刻有减弱槽，以保障爆破片的动作准确。

与安全阀相比，爆破片的优点是：①压力容器内部压力急剧升高的情况下，爆破片的响应速度比安全阀快；②损坏之前一般不会泄漏而安全阀可能有微量泄漏；③适合于内部介质因沉淀、结晶、聚合等原因易形成黏着物的场合，此时安全阀常常不能正常复位；④适合于常压系统，有爆炸性气体的常压容器或管道，如煤气管道常用薄的铝片作爆破片。爆破片的缺点是，爆破之后压力容器内部介质会失去控制，只能一次性使用，故经常超压的场合不宜使用。有的压力容器在爆破片之后串联一个安全阀。这种组合型安全泄压装置，既避免了爆破片爆破之后介质失控这一缺点，同时也避免了安全阀平时泄漏这一缺点。爆破片的使用期限一般为 6 个月或 12 个月，但是发生超压后，即使未超期也必须更换。

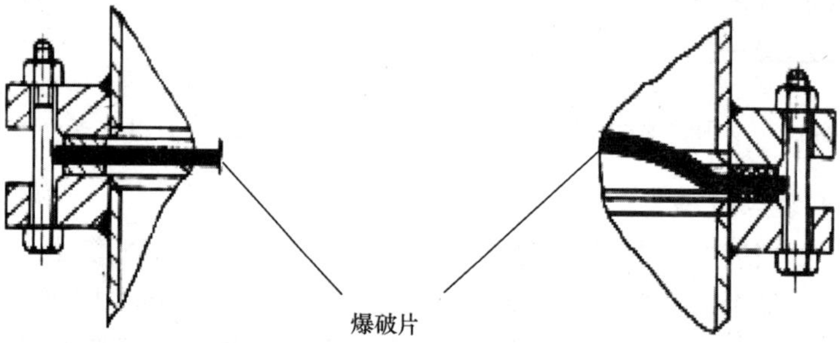


(a) 平板爆破片　　(b) 拱形爆破片

图 6-6　爆破片及安装图

2）安全阀和爆破片的技术规范

作为压力容器的安全附件，安全阀与爆破片的选用要考察它们是否能满足压力容器的需要。首先要适用于被保护装置的工作压力、温度、介质及规格、尺寸等，这些因素根据生产厂家产品样本基本可以选定。最重要的是安全阀、爆破片的排放能力必须略大于压力容器的安全泄放量。排放能力和安全泄放量的计算见《压力容器安全技术监察规程》。该规程还规定了不同类型、不同规格的压力容器用爆破片的设计爆破压力计算方法。

用于压力容器安全附件的安全阀、爆破片，应当按照特种设备对待。其设计、制造、安装、使用等过程，应当分别执行《安全阀安全技术监察规程》和《爆破片装置安全技术监察规程》。出厂时，都应当随带产品质量证明文件，并且在产品上装设载有其标志内容的金属铭牌。使用中，应实行严格的定期检验制度和档案管理制度。

### 3. 呼吸阀

呼吸阀是一种用于常压储罐的安全设施，其作用是保持常压储罐内的压力始终处于正常状态，避免储罐因超压或超真空而损坏，通常安装于可燃物料储罐（如汽油储罐）顶部，并常与阻火器联合使用。呼吸阀一般由一个呼气阀和一个吸气阀组成。

目前常用的呼吸阀有两种：重力式呼吸阀和先导式呼吸阀。重力式呼吸阀又称阀盘式呼吸阀，其呼气阀与吸气阀互不干涉独立工作。当罐内压力等于大气压时，呼气阀与吸气阀都不动作，依靠阀盘上的密封结构保持密封状态。当储罐压力超过大气压一定值时（如装料时），呼气阀自动打开，蒸气从呼气阀排出，可防止储罐超压（相当于低压安全阀），储罐压力降低至一定值时呼气阀自动关闭。当储罐压力低于大气压一定值时（如卸料时），吸气阀（真空阀）自动开启，空气进入储罐，可防止储罐抽瘪，压力升高至一定值时亦可自动关闭。任何时候吸气阀与呼气阀不能同时开启。

先导式呼吸阀由一个主阀和一个导阀组成，两阀联合完成呼吸动作，其要求是：在导阀开启之前，主阀关闭严密；导阀一旦打开，主阀随之全开；导阀一旦关闭，主阀随之迅速关闭。导阀采用薄膜结构控制主阀，由于薄膜面积大，所以在很低的压力下仍然可以输出足够的作用力控制主阀，所以先导式呼吸阀控制精度比较高，目前推荐使用先导式呼吸阀。实际应用的先导式呼吸阀有标准型（功能仅为平衡储罐内外压力）、泄压阀（仅能防止储罐出现超压状态）、真空泄压阀（仅能防止储罐出现真空状态）、防火型（可同时防止火苗窜入储罐，相当于又安装了一个阻火器）、防火防冻型等几种。

#### 4. 爆炸泄压技术的其他应用

（1）爆破帽。爆破帽也称防爆帽，亦属于破裂式泄压装置，其主要元件是一个一端封闭、中间有一薄弱断面（预设泄压口）的厚壁短管。当容器压力超过规定值时，防爆帽即从预设泄压口断裂，放出气体。为了防止伤人，防爆帽外应有防护装置。防爆帽通常用于高压、超高压容器上。

（2）易熔塞。易熔塞属于熔化型安全泄压装置，用于某些液化气瓶。当液化气瓶受高温烘烤时，易熔塞的合金熔化，泄放液化气瓶的压力。

（3）防爆门。防爆门亦称防爆窗。对于有可燃气体（包括蒸气、粉尘）爆炸危险的装置，通常应安装防爆门。案例 5-4 昆山市中荣金属制品有限公司“8·2”粉尘爆炸事故中，除尘系统缺失泄爆装置是造成重大损失的主要原因。对于有粉尘爆炸危险的容器、料仓等设备的泄压装置已有诸多指导性规定，如泄压面积计算、泄压导管布置等。

燃气锅炉有可燃气体爆炸危险，通常防爆门安装在燃气锅炉的炉膛和烟道，以及其他易受到锅炉爆炸压力波直接冲击的部位。一旦这些部位发生可燃气体爆炸，气压增大，防爆门自动打开泄压，防止锅炉本体受损、炉墙倒塌及人员伤亡。防爆门面积按炉膛和烟道的容积选取并应符合有关规定，一般取 $0.025m^2/m^3$。常见的防爆门有重力式、破裂式和水封式。水封式防爆门原理同安全水封一样，它是把一个和炉膛或烟道连通的短管插入盛水的水槽中，当炉膛内压力急剧升高时，炉膛内气体冲出水槽而泄压。这种防爆门结构简单，密封性好，适用于微正压运行和负压运行的锅炉。

（4）放空管线与放空阀。化工企业的设备或管道上，常安装放空管及其控制阀门即放空阀，其作用有的是为了排放废气，有的是为了紧急情况下泄压。手动打开放空阀，从而实施紧急放空，泄放量与排放压力均可控。在设备置换、化工开停车及事故紧急处置操作中，手动放空阀及放空管线有不可替代的作用。放空气体为可燃气体时，放空管口可能着火，放空管管口应当比建筑物高出 2m 以上，并设置阻火器。盛放难燃或不燃液体的常压储罐，只用一根放空管就可代替呼吸阀自动保持罐内始终处于常压状态。

（5）化工企业建筑物常采用爆炸泄压技术，以减轻爆炸事故的损失（见第七章）。

# 第五节　爆炸危险区域与防爆电气

## 一、电气火灾爆炸事故与电火源控制

据公安部提供的信息，2011～2016 年全国共发生电气火灾 52.4 万起，约占全部火灾的 30%，高居第一位。电气火灾爆炸事故有两种情况：一是电气设备、线路等自身发生火灾；二是电气作为点火源，导致其他易燃易爆物质发生火灾爆炸事故。只要控制好电火源，就可避免这两类电气火灾爆炸事故，这需要采取各种避免电火花、电弧和电气设施过热现象的技术与管理措施。

1）避免电火花和电弧

一般电火花和电弧温度高达几千摄氏度，是导致电气火灾爆炸事故的主要原因。电火花和电弧不仅能引起可燃物燃烧，还能使金属线路熔化、飞溅，构成二次引燃源。短路是产生电火花和电弧的主要原因，要避免因绝缘材料破坏导致电气设备出现短路现象。电气设备常受到高温、潮湿或腐蚀的作用，随着使用时间延长，其绝缘性能越来越低，通过绝缘材料的泄漏电流将增加，电气设备失去绝缘能力将造成短路。要针对各种电气设备科学制定操作规程，加强电气设备的日常测试与定期检修，多方面严格管理防止绝缘损坏等。

2）避免电气设施过热

电气设备及线路过热可以导致绝缘材料温度升高、老化变质速度加快，最终导致失去绝缘能力，造成短路。电气设备过热原因有过载、接触不良和散热不良等。要避免设备过热，选用的线路或设备承载能力应与额定负载相匹配。接触部分是发生过热的重点部位，要特别注意线路、设备连接处的接触是否正常。此外，电炉等直接利用电流的热量进行工作的电气设备，工作温度都比较高，如安置或使用不当，均可能引起火灾。要保证电气设备通风良好，散热效果好。

以上避免电火花、电弧及电气设施过热的措施属于常规措施，基本可满足防火安全要求。但是，对于可能出现爆炸性气体混合物的环境，常规措施远远不够。预防电气火灾爆炸事故最重要的工作是：将容易发生爆炸事故的场所划为爆炸危险区域，尽可能将电气设备布置在非爆炸危险区域内；在爆炸危险区域内，采取各种防火、防爆管理措施（包括严格管理各类点火源），特别是应选用防爆电气设备。

## 二、爆炸危险区域与爆炸性气体的分级

### 1. 爆炸危险区域分级

如何界定爆炸危险区域，如何针对不同类型的危险区域、不同类型的危险物质，选择不同的防爆电气设备，是爆炸危险环境电力设计的关键。爆炸危险环境有两种类型：爆炸性气体环境和爆炸性粉尘环境。《爆炸危险环境电力装置设计规范》（GB 50058—2014）规定了这两类爆炸危险区域的分级原则及危险区域范围的确定方法。

1）爆炸性气体环境

爆炸性气体环境应根据爆炸性气体混合物（含液体蒸气及薄雾）出现的频繁程度和持续时间进行分区，分区应符合下列原则。

0 区：连续出现或长期出现爆炸性气体混合物的环境；

1 区：在正常运行时可能出现爆炸性气体混合物的环境；

2 区：在正常运行时不太可能出现爆炸性气体混合物的环境，或即使出现也仅是短时存在的爆炸性气体混合物的环境。

2）爆炸性粉尘环境

爆炸性粉尘（含纤维）环境分区应符合下列规定。

20 区：空气中的可燃性粉尘云持续地或长期地或频繁地出现于爆炸性环境中的区域；

21 区：在正常运行时，空气中的可燃性粉尘云很可能偶尔出现于爆炸性环境中的区域；

22 区：在正常运行时，空气中的可燃性粉尘云一般不可能出现于爆炸性环境中的区域，即使出现，持续时间也是短暂的。

3）爆炸危险区域范围的确定

爆炸危险区域范围的确定，应根据以上分级原则，结合爆炸性气体的性质、通风条件、扩散障碍物等因素综合确定。例如，当通风良好时，可降低爆炸危险区域等级；反之应提高爆炸危险区域等级。由于影响因素较多而具体情况很不相同，《爆炸危险环境电力装置设计规范》给出了大量确定区域范围的典型示例。由这些示例可见：某一危险区域的范围可以是整个厂房或厂房的一部分，也可以是化工装置附近的空间，还可以是化工装置内部，甚至是化工装置内部的一部分。使用该规范时，应结合实际情况，不要生搬硬套示例。对于建筑物内部的爆炸性粉尘环境，宜以厂房为单位划定危险区域的范围。实际工作中应尽可能消除危险性最大的 0 区、20 区，缩小 1 区、21 区，并尽量将电气设备安装在爆炸危险性小或没有爆炸危险性的区域。

### 2. 爆炸性气体的分级、分组

以上爆炸危险区域分级原则，仅仅考虑爆炸性气体混合物出现的频繁程度和持续时间，没有考虑爆炸性气体的性质。爆炸性气体是指与空气形成混合物并在一定条件下发生燃爆的物质。爆炸危险环境下的电力设计中，将爆炸性气体分为三类：Ⅰ类，矿井甲烷；Ⅱ类，爆炸性气体（包括蒸气、薄雾）；Ⅲ类，爆炸性粉尘（包括纤维）。化工生产仅涉及Ⅱ、Ⅲ类。

1）爆炸性气体

根据最大试验安全间隙（MESG）或最小点燃电流比（MICR），《爆炸危险环境电力装置设计规范》将Ⅱ类爆炸性气体分为 A、B、C 三级，分别用ⅡA、ⅡB、ⅡC 表示。ⅡA、ⅡB、ⅡC 三个级别的 MESG 值与 MICR 值均依次减小，爆炸危险性依次增大。

试验表明，当燃烧着的气体通过狭小缝隙时，只要该缝隙的宽度小到某个临界值，火焰将熄灭。爆炸性气体在 0.1MPa、20℃的标准试验条件下测定的、火焰不能通过的最大狭缝间隙称最大试验安全间隙。爆炸性气体的 MESG 值可以通过查阅资料或按照标准方法测定得到。

最小点燃电流比为易燃物质的最小点燃电流值（MIC）与实验室用甲烷的最小点燃电流值之比。易燃物质的最小点燃电流值是按照标准方法通过试验测定的。

引燃温度越低的爆炸性气体，发生燃爆的危险性越大。根据引燃温度，爆炸性气体又分为六组，分别用 T1、T2、T3、T4、T5、T6 表示，爆炸性气体的分级及分组见表 6-3。

**表 6-3　爆炸性气体的分级及分组**

| 级别 | 最大试验安全间隙 MESG/mm | 最小点燃电流比 MICR | 引燃温度 t（℃）及组别 | | | | | |
|---|---|---|---|---|---|---|---|---|
| | | | T1 | T2 | T3 | T4 | T5 | T6 |
| | | | t>450 | 300<t≤450 | 200<t≤300 | 135<t≤200 | 100<t≤135 | 85<t≤100 |
| ⅡA | ≥0.9 | >0.8 | 乙烷、丙烷、苯乙烯、苯、二甲苯、萘、苯酚、丙酮、乙酸、氯乙烷、氯苯、二氯苯、氨、乙腈、苯胺 | 丁烷、丙烯、乙苯、异丙苯、甲醇、乙醇、环己酮、甲酸乙酯、乙酸乙酯、二氯乙烷、氯乙醇、硝基乙烷、二甲胺 | 戊烷、环己烷、石油、煤油、柴油、汽油、己醇、溴丁烷、乙酰氯、环己醇 | 乙醛、三甲胺 | | 亚硝酸乙酯 |
| ⅡB | 0.5～0.9 | 0.45～0.8 | 丙炔、环丙烷、丙烯腈、氰化氢、焦炉煤气 | 乙烯、1,3-丁二烯、环氧乙烷、1,2-环氧丙胺、丙烯酸甲酯、丙烯酸乙酯 | 二甲醚、丁烯醛、丙烯醛、四氢呋喃、氯化氢 | 乙基甲基醚、二乙醚、二丁醚、四氟乙烯 | | |
| ⅡC | ≤0.5 | ≤0.45 | 氢、水煤气 | 乙炔 | | | 二硫化碳 | 硝酸乙酯 |

2）爆炸性粉尘

按照爆炸性和导电性，爆炸性粉尘分为 A、B、C 三级，分别用ⅢA、ⅢB 和ⅢC 表示，爆炸危险性依次增大。ⅢA 类为可燃性飞絮，如棉花纤维、麻纤维、丝纤维、毛纤维、木质纤维、人造纤维等。ⅢB 类为可燃性非导电性粉尘，如聚乙烯、苯酚树脂、小麦、玉米、砂糖、染料、可可、木质、米糠、硫磺等粉尘。ⅢC 类为可燃性导电性粉尘，如石墨、炭黑、焦炭、煤、铁、锌、铝和镁等粉尘。

## 三、防爆电气设备简介

在爆炸危险区域内，如果一定需要安装电气设备，则必须选择防爆电气设备。防爆电气是指能在爆炸危险区域使用的各类电气设备，包括电动机、变压器、开关、熔断器、灯具、电池和电气测量仪表及信号报警装置等。防爆电气设备不会成为点火源。

### 1. 按照防爆原理分类

按照防爆原理，防爆电气分为隔爆型（d）、正压型（p）、油浸型（o）、浇封型（m）、本质安全型（i）、增安型（e）、充砂型（q）、无火花型（n）等，英文字母为该型号的代号。

（1）隔爆型。电气设备置于特殊的外壳中，外壳与电气设备的缝隙窄而长，壳内的爆炸性混合气体即使发生燃烧轻爆，经过窄而长的缝隙传出后，其能量不足以引爆壳外的爆炸性混合气体。外壳与电气设备之间没有缝隙的，其外壳用气密型。

（2）正压型。在电气设备外壳内部充入气体并保持气体压力略大于大气压，壳外的爆炸性混合气体不可能进入壳内。充入气体有的用空气，有的用惰性气体。

（3）油浸型。将电气设备中可能产生电火花及电弧的部件浸入绝缘油中，使其与爆炸性混合气体隔离。

（4）浇封型。在电气设备中可能产生电火花及电弧的部件附近注入浇封剂，浇封剂凝固后将这些部件与爆炸性混合气体隔离。

（5）本质安全型简称本安型。其原理是将电路参数设计成本安电路，使电路产生的火花及热效应在正常工作和规定的故障状态下不能点燃爆炸性混合气体。本质安全型也把电气设备置于气密外壳或隔爆外壳中以提高安全系数。根据应用范围不同，本质安全型又分为 ia 级（应用于 0 区）、ib 级（应用于 1 区）、ic 级（应用于 2 区），第二个小写英文字母表示设备的应用范围。

（6）增安型。其原理为通过采取减小电流、增加绝缘能力等多项措施，使电气设备正常工作时不产生火花、电弧，在认可的故障状态下避免产生火花、电弧。

### 2. 防爆电气设备的分级、保护级别及标志

防爆电气设备产品的防爆性能有不同的级别。为了既保证安全又降低成本，原则上应当选择级别符合实际需要的防爆电气设备，可以适当高配，但是不可低配。为了正确选择防爆电气设备，需要了解有关防爆电气设备的分级、保护级别及标志等有关规定。

国际电工委员会（IEC）制定了 IEC 60079 标准，这是关于防爆电气及其元件、防爆电气的工作环境的系列标准。GB 3836《爆炸性环境》是与防爆有关的系列标准，其各部分分别等同采用相应的 IEC 60079 标准。GB 3836.1 规定了防爆电气设备的通用要求及标志等。GB 3836.2～GB 3836.9 分别规定了以上各类防爆电气的结构、各种试验要求等。GB 3836.11 规定了爆炸性气体 MESG 值的标准测定方法。

1）防爆电气设备的分级

GB 3836 系列标准对于爆炸性气体混合物进行了分级、分组。这些分级、分组与 GB 50058 的分级、分组完全相同。GB 3836.1 也将防爆电气设备分为Ⅰ、Ⅱ（细分为ⅡA、ⅡB、ⅡC 三个级别）、Ⅲ（细分为ⅢA、ⅢB 和ⅢC 三个级别）三类。防爆电气设备和爆炸性气体或爆炸性粉尘的分级与分组完全一样，这样便于防爆电气生产厂家有针对性地进行产品设计，也便于用户正确选择防爆电气。所以，有些用于爆炸危险区域的其他设施（如阻火器）的分级也照此规定。GB 3836.15 专门就防爆电气的设计、选型和安装等做出了规定。

2）防爆电气设备的保护级别

GB 3836 系列标准对于爆炸危险区域进行了分级，这个分级与 GB 50058 的分级完全相同。爆炸危险区域配置的电气设备应当具有相应的保护级别。电气设备的保护级别（EPL）取决于电气设备的防爆结构与防爆形式。EPL 的划分见 GB 3836.1—2010。爆炸性气体环境中，EPL 分为 $G_a$、$G_b$ 与 $G_c$ 三个级别，一般分别用于 0 区、1 区与 2 区。爆炸性粉尘环境中，EPL 分为 $D_a$、$D_b$ 与 $D_c$ 三个级别，一般分别用于 20 区、21 区与 22 区。注意可以高配不可低配，如 1 区可配置 EPL 为 $G_a$ 的电气设备，而不可配置 EPL 为 $G_c$ 的电气设备。

3）防爆电气设备标志

防爆电气设备应在主体明显处设置标志。标志内容应包括：Ex、防爆类型、防爆电气类别（同爆炸性混合气体类别）。应用于爆炸性气体环境的电气设备还要包括温度组别。例如，Ex ibⅡB T4，其中 Ex 为防爆公用标志；ib 为本安型，应用于 1 区；ⅡB 为爆炸性气体类别；T4 为温度组别。由标志可确定该防爆电气设备的应用场合。

# 第六节　火 灾 扑 救

在火灾扑救过程中，要严防次生事故，确保扑救人员安全，要尽快控制火灾蔓延，尽力减少火灾损失。为此，必须熟悉火灾危害的特点，掌握灭火原理和科学的灭火方法。

## 一、火灾的危害

### 1. 火灾危害的特点

火灾事故的危害主要是造成人员伤亡、财产损失。一般火灾的特点是火灾损失与火灾持续时间关系很大。火灾发生后，必然经历一个起火、发展、衰弱和熄灭的过程，在发展阶段迅速蔓延，如果扑救及时就能显著地减少损失。化工企业发生火灾后，由于高温烘烤可能引发容器爆炸，而爆炸又可能使危险化学品泄漏，造成连环事故。

### 2. 燃烧产物对人体的毒害作用

燃烧时生成的气体、蒸气和固体物质称为燃烧产物。有机物等含碳物质完全燃烧时，碳元素转化为二氧化碳；不完全燃烧时转化为一氧化碳或碳。燃烧产物对人体的毒害作用包括缺氧窒息、高温气体对呼吸道的热损伤和烟尘对呼吸道的毒害作用。

1）缺氧窒息

在火场特别是密闭环境中，燃烧使火场中氧含量减少。当空气中氧含量降为 16%～12%时，人呼吸急促，脉搏加快，引起头痛；降为 14%～9%时，人判断力下降，全身虚脱，发绀；降为 10%～6%时，人意识不清，痉挛，6～8min 死亡。当空气中 $CO_2$ 含量达到 4%时，头疼、晕眩、耳鸣；达到 6%时，呼吸困难；达到 7%～10%时，数分钟意识不清、死亡。

2）高温气体对呼吸道的热损伤

火焰温度多数在 1000℃以上。由于火灾发展迅速，火场气体温度升高很快，根据一般室内火灾升温曲线，5min 后着火中心附近的空气温度即可升高到 500℃以上。只要吸入的气体温度超过 70℃，就会使气管、支气管内黏膜充血，出血起水泡，组织坏死，并引起肺扩张、肺水肿而死亡。

3）烟尘对呼吸道的毒害作用

火灾中的热烟尘由燃烧中析出的碳粒、焦油状液滴及房屋倒塌、天花板掉落时扬起的灰尘组成。这些烟尘吸入呼吸系统后，堵塞、刺激内黏膜，其中温度高、粒径小、化学毒性大的烟尘对呼吸道的损害最严重。烟尘粒径在 3μm 左右的可进入支气管，小于 2μm 的烟尘会进入肺泡。燃烧产生的 CO、$SO_2$ 等气体均有很强的毒害作用。

## 二、火灾扑救要点

在火灾扑救过程中，必须掌握以下要点：

（1）抓住火灾初期的救火“黄金时间”，尽早扑救，尽早报警，在可能条件下，关闭有关阀门，阻止可燃物的继续泄漏，切断各个车间、工序、设备之间的联系。

（2）把防止在救火过程中发生次生爆炸事故作为救火工作的重中之重，对于火源附近有爆炸危险的设备、管道，应采用积极的冷却降温措施；对于火源附近有爆炸燃烧危险的物资，应火速移走；应阻止液体可燃物流淌，或将其导流到较安全的地带，尽最大努力防止连环爆炸和火灾事故的发生。

（3）应根据各种设备装置的特点及安装位置等因素，事先制定好火灾扑救预案。火灾扑救原则上要按照预案进行，同时要根据具体情况灵活地调整救火方案。

（4）根据火灾类型与实际情况，正确选择灭火剂和灭火方法，正确选择和使用消防设施与器材。抓住燃烧三要素中最容易消除的一个要素，尽快将其消除或减弱。火灾扑灭之后，认真检查，防止可燃物复燃。

（5）在火灾扑救过程中，充分利用自然风向和事故排风设施，注意防止烟雾伤害，疏散无关人员，防止发生中毒或窒息事故。电气火灾扑救不要盲目断电，严防人员触电。

（6）火灾扑救中要注意防止因排放泄漏出来的有害物料和现场消防水而污染环境。

## 三、灭火原理与方法

### 1. 灭火原理

灭火方法有隔离法、窒息法、冷却法、抑制法。

（1）隔离法是指可燃物与空气隔离或者尚未燃烧的物质与已经燃烧的物质隔离。例如，将尚未燃烧的物质移走，使其同正在燃烧的可燃物分开，燃烧得不到足够的可燃物，火就会熄灭。再如，切断可燃气来源、移走剩余的可燃液体等。泡沫灭火剂的灭火原理是产生大量泡沫，黏附在燃烧物表面，使其与空气隔离。

（2）窒息法灭火是利用不燃或难燃物质覆盖、包围燃烧物，阻碍空气或其他氧化剂与可燃物接触或降低可燃物周围空气中氧气浓度，使燃烧因缺乏助燃物而熄灭。例如，敞口或裂开口容器内的可燃物燃烧时，可以设法盖住敞口以灭火，或封闭起火的建筑和设备的孔洞等。二氧化碳、惰性气体灭火剂及水蒸气的灭火原理就属于窒息法。

（3）冷却法的原理是设法将燃烧着的物体温度降低，当可燃物的温度低于其燃点时，燃烧便停止。用水扑灭火灾时，主要是冷却作用。

（4）抑制法的原理是灭火剂能参与到燃烧链反应中，使燃烧过程中产生的自由基猝灭，形成稳定的分子，燃烧链反应中止，燃烧无法维持。这是干粉灭火剂的灭火原理。

### 2. 火灾与灭火剂的分类

1）常用灭火剂简介

正确选用灭火剂是灭火的首要任务。水是最方便、最低廉的灭火剂，一般要优先考虑。

泡沫灭火剂是能与水混溶并能产生灭火泡沫的灭火剂，一般由大量水与发泡剂、泡沫稳定剂、增稠剂、助溶剂、抗冻剂等组成。使用泡沫灭火剂时，在燃烧物表面形成泡沫覆盖层，使燃烧物与空气隔绝，达到窒息灭火的目的。按照发泡方法，泡沫灭火剂分化学泡沫灭火剂与空气机械泡沫灭火剂两大类。化学泡沫灭火剂原理是碱性盐溶液和酸性盐溶液混合产生二氧化碳泡沫，应用于灭火器。空气机械泡沫灭火剂有若干种，其泡沫中所含气体主要是空气，泡沫通过机械作用产生，用于泡沫消防车或固定泡沫灭火装置。

遇水燃烧物质发生火灾时，严禁用含水、含酸的灭火剂扑救，应当用干砂、干粉灭火剂或二氧化碳灭火剂等进行扑救。二氧化碳灭火剂是电气设备、精密仪器、图书及档案等火灾扑救中最适合的灭火剂。

干粉灭火剂分两大类。普通干粉灭火剂又称 BC 类干粉灭火剂，它以碳酸氢钠、碳酸氢钾、氯化钾等为基料，适用于 B 类与 C 类火灾。多用途干粉灭火剂又称 ABC 类干粉灭火剂，适用于 A、B、C 三类火灾。它主要由磷酸二氢铵、硫酸铵和催化剂及防结块添加剂等制成。干粉灭火剂平时储存在干粉灭火器或灭火设备中，灭火时靠二氧化碳或氮气驱使从喷嘴中喷出，当干粉与火焰接触时，抑制燃烧链反应从而达到灭火目的。高温下，干粉中的碳酸氢盐还能热分解放出二氧化碳与水蒸气。

卤代烃类灭火剂的灭火机理是猝灭燃烧过程中产生的自由基，该类物质破坏大气臭氧层。根据《关于消耗臭氧层物质的蒙特利尔议定书》等规定，多数卤代烃类灭火剂品种已经被禁止使用，目前国内外正在开发卤代烃类灭火剂的替代产品。

根据灭火剂的不同，常用的小型灭火器有干粉灭火器、泡沫灭火器、二氧化碳灭火器等。

2）火灾分类与灭火剂的选用

根据物质燃烧特性，国家标准《火灾分类》（GB/T 4968—2008）把火灾分为以下六类。这种分类对消防特别是选用灭火剂有指导意义。

A 类火灾指固体物质火灾，这类物质往往属于有机物，一般在燃烧时能产生灼热的灰烬，如木材、棉、毛、麻、纸张火灾等。A 类火灾可以选用泡沫或 ABC 干粉灭火剂，最方便的是用水扑救。

B 类火灾指液体火灾和可熔化的固体物质火灾，如汽油、煤油、柴油、原油、甲醇、乙醇、沥青、石蜡等。扑救 B 类火灾可以选用干粉、二氧化碳或泡沫灭火剂。

C 类火灾指气体火灾，如煤气、天然气、甲烷、乙烷、丙烷、氢气火灾等。扑救 C 类火灾可以选用干粉、二氧化碳灭火剂及惰性气体灭火设施。

D 类火灾指金属火灾，如钾、钠、镁、钛、锆、锂、铝镁合金火灾等。扑救 D 类火灾，不能选用以上灭火剂，应该选用金属专用灭火剂或干泥沙掩盖。

E 类火灾指带电火灾。

F 类火灾指烹饪器具内的烹饪物（如动植物油脂）火灾。泡沫灭火剂与干粉灭火剂可用于油类火灾。

### 3. 常规消防系统

必须根据化工工艺过程特点及火灾危险程度、物料性质、建筑结构，确定相应的消防设计方案，建设消防系统。常规消防系统主要包括消防给水系统。化工企业低压消防给水设施宜与生产或生活给水管道系统合并。高压消防给水应设计独立的消防给水管道系统。消防给水管道一般应采用环状管网。应根据设备布置、厂房面积及火灾危险程度，进行水消防设计，设计相应的消防栓、冷却喷淋、消防水幕、带架水枪等消防设施。

### 4. 自动灭火系统

化工生产装置区、罐区、化学品库等易燃物质较多的场合，应当根据生产过程特点、物料性质和火灾危险性质，配置自动灭火系统。自动灭火系统一般与火灾自动报警系统联锁使用。当火灾发生时，自动灭火系统应自动喷洒灭火剂进行灭火。不同场合应使用不同种类的灭火系统，并将固定式、半固定式灭火设施与小型灭火器材相结合。

1）自动喷水灭火系统

自动喷水灭火系统有湿式、干式、预作用式和细水雾式 4 种，应用最多的是湿式自动喷水灭火系统。湿式自动喷水灭火系统由自动喷水灭火控制器、管道、水泵和报警系统组成。平时管道中充满水，发生火灾时，洒水喷头的热敏元件破裂或熔化，洒水喷头喷水灭火，同时启动消防水泵以保持水压并发出警报。自动喷水灭火系统常用电磁阀作执行器，以光敏电阻为传感器。正常情况下，厂房光照量小，光敏电阻不动作；发生火灾时厂房光照量加大，光敏电阻的电阻值变小，控制系统电流增大，电磁阀开启喷水。普通光敏电阻比较灵敏，但可能产生误动作。如果用紫外线光敏电管取代普通光敏电阻，可以避免误动作。因为火焰中有大量紫外线，而日光与照明灯光中紫外线很少。

2）惰性气体灭火系统

该系统与火灾自动报警系统一起构成自动控制系统，当火灾自动报警系统同时收到感烟报警器和感温报警器发出的火灾报警信号时，就会给气体灭火系统的控制盘发出一个指令信号，控制盘发出指令开启气体钢瓶电磁阀，放出惰性气体灭火。最常用的惰性气体是二氧化碳，其灭火方式有全淹没保护方式和局部保护方式，其适用范围与二氧化碳灭火器基本相同。

3）泡沫灭火系统

泡沫灭火系统是目前扑救石油、化工企业、油库及 B 类大面积液体火灾最有效的方法。该系统由消防泵、泡沫液储罐、混合器、泡沫产生装置和电气控制装置组成，其适用范围与泡沫灭火器基本相同。

4）干粉灭火系统

该系统是将高压动力气体充入干粉罐内。使用时在极短时间内，气体与干粉一起由喷放器喷出，达到灭火效果。其广泛应用于 B、C 类火灾，对 A、D、E 类火灾亦有效果。不宜使用喷水和泡沫灭火系统的，用干粉灭火系统较好。

### 5. 带电灭火

电气设备发生火灾或引燃周围可燃物时，为了防止触电事故，一般都在切断电源后才进行扑救。如果等待切断电源后再进行扑救就会有火势蔓延扩大的危险，或者断电后会严重影响生产等危急情况下，为了取得灭火的主动权，就需要在带电的情况下进行扑救。

带电灭火时应注意必须在确保安全的前提下进行。应使用二氧化碳、干粉等不导电的灭火剂进行灭火。只有在灭火人员穿戴绝缘手套和绝缘鞋、水枪喷嘴安装接地线情况下，才可以采用水灭火。使用小型二氧化碳、干粉灭火器灭火时，由于其射程较近，要保持人员及所使用的导电消防器材与带电体之间有足够的安全距离。如带电导线落于地面，则要防止跨步电压触电，扑救人员需要进入灭火时，必须穿上绝缘鞋。

## 思考题及练习题

1. 燃烧有哪几种类型？各有何特征温度？
2. 试用链反应理论解释混合燃烧的火焰传播速度。
3. 什么是爆炸极限？爆炸性气体混合物在爆炸极限之外一定安全吗？
4. 如何运用影响爆炸极限的因素来预防爆炸事故？
5. 举例说明惰性气体保护技术包括哪些方面。
6. 试分析控制电火源的技术措施。
7. 分析不同类型的化学爆炸各有何预防措施。
8. 物理爆炸中产生超压的常见原因有哪些？如何预防？
9. 案例 6-3 的点火源来自何处？讨论该案例应当如何处理氢气钢瓶。

10. 分析各类阻火器的原理。

11. 试画出明渠下水道水封井原理示意图，说明其防火原理。

12. 什么是爆炸泄压技术？有哪些应用？

13. 安全阀与爆破片应如何串联使用？有什么好处？

14. 试述爆炸危险区域类型与分级。

15. 归纳防爆电气的原理。

16. 化工企业火灾有哪些特点？

17. 讨论火灾扑救的原理。如何正确选择灭火剂？

18. 调查研究所在学校（单位）消防工作，包括消防器材的配置情况和人员（包括在校学生）对于消防器材使用方法的掌握程度，提出改进意见。

19. 某厂有 10 个二甲胺水溶液（40%）储罐，使用过程中储罐呼吸阀呼出的二甲胺等挥发性有机物浓度超过环境保护标准。请设计几个改造方案并从中选优，使其同时符合安全与环境保护要求。

# 第七章　化工设计与安全

**本章学习目标**

（1）熟悉化工设计应当遵循的原则，掌握分层保护思想。了解工厂选址及全厂布局中的安全性问题。

（2）从工艺选择、工艺流程、工艺指标与工艺操作规程等方面，深入了解工艺设计对于安全生产、职业健康和环境保护的基础性作用。

（3）熟悉生产及储存物料的火灾危险性等级。深入了解厂房建筑设计中的防火与防爆设计要点。熟悉厂房建筑设计中如何防止火灾事故蔓延或减少火灾爆炸事故的损失。

（4）熟悉雷电和静电防护技术，这些技术是预防火灾与爆炸事故的重要技术。

（5）了解安全评价的内容与步骤。熟悉三种化工安全评价的作用，了解化工安全评价的方法。

设计不当可能给企业安全生产造成难以弥补的先天性缺陷，从化工项目建设阶段就开始谋划保障化工企业的安全性，是最可靠也是最节约的。厂址选择、全厂布局、工艺与建筑设计都是具有全局性的设计，本章从这些设计入手，分析如何为企业安全生产、职业健康和环境保护提供完善的工程技术保障等问题。本章还讨论了雷电防护和化工安全评价问题。

## 第一节　化工设计概述

### 一、分层保护思想

分层保护是化工安全工作中非常重要的指导思想。化工企业通常采用以下 6 个具有不同功能的保护层，构建一个企业风险控制系统，从而达到风险控制的目标。

（1）工艺过程设计。这一层次是风险控制系统的基础，主要是指化工工艺过程力求达到本质安全。化工工艺设计中，要尽可能消除生产过程中的各种不安全、不卫生因素，改善劳动条件，预防安全事故，保证安全生产。

（2）工艺过程控制。这一层次的关注点是将工艺条件及设备运行参数控制在设定值，使化工生产持续稳定地进行，主要技术措施是采用可靠的过程控制系统。

（3）危险源控制。这一层次的关注点是降低危险事故发生的概率。对于化工生产，这一层次包括危险化学品的空间控制（密封技术与腐蚀控制技术等）、浓度控制（通风、置换、除尘技术等）及紧急控制（安全仪表系统、爆炸泄压技术等）。

（4）抑制减轻措施。这一层次是指减轻安全事故损失的各种安全设施和保护措施。第六章的消防技术和第七章讨论的安全技术，大多属于火灾或爆炸事故的局限化技术。

（5）全厂紧急响应。指企业主导的安全事故应急救援预案的制定与实施。

（6）社会紧急响应。指企业所在地政府主导的生产安全事故社会应急救援。

化工生产中，多一个保护层就少一分风险。以上 6 个保护层由内向外，相互独立，在安全生产中各自发挥独特的作用。在化工设计中要充分考虑合理安排前 4 层保护。

## 二、化工设计应当遵循的原则

新建、扩建、改建、技术改造等（本书统称建设项目）各种化工建设项目，都要进行化工设计。化工设计包括工艺设计和非工艺设计。工艺设计对于化工生产有决定性作用，并主导着非工艺设计。只有工艺设计才有可能减少乃至消除有害物质或危险能量；非工艺设计只能对有害物质或危险能量采取限制措施，降低事故概率或减少事故损失。非工艺设计包括建筑、设备、仪表及自动控制、电气、采暖通风、热工和供排水等专业设计。各专业的设计既要满足生产工艺的需要，也要满足生产安全性的需要，有些设计（如防雷）专门满足安全性需要。从安全性角度看，建设项目的化工设计应当遵循如下几条原则。

（1）统筹兼顾安全性与经济性。经济性要求包括成本低、产量高、产品质量好等，安全性要求包括生产等过程中的危险性、职业性危害和环境危害少，并能得到有效控制。化工设计不仅要争取经济效益好，安全（包括职业卫生）评价与环境评价必须合格。

（2）各专业的设计都必须认真贯彻有关安全生产、职业卫生和环境保护的各项法律、法规，严格执行有关各项技术标准，为化工生产安全性提供完善的工程技术保障。

（3）工业企业建设项目的设计，应优先采用有利于安全生产、职业健康和环境保护的新技术、新工艺、新材料、新设备，限制使用或者淘汰不安全和危害职工健康及环境的工艺、技术、材料、设备。

（4）安全设施、职业健康设施、环境保护设施应与主体设施同时设计、同时施工、同时投产使用。

（5）对于涉及具有危险和有害因素的生产过程，应合理地采用密闭化、机械化、自动化技术，实现遥控或远隔离操作。避免工作人员直接接触具有危险和有害因素的设备、设施、原料、产品等。应设计可靠的监测仪器、仪表和安全保护系统。

（6）按照有关职业卫生要求，做好各种建设项目的职业卫生设计，使工作场所职业性有害因素符合国家职业卫生标准要求，防止职业性有害因素对劳动者的健康造成损害。

（7）化工设计要谋划清洁生产、节约资源和循环经济，预防环境污染，建设绿色环保型企业。生产过程有害废气、废液和废渣等各种污染物的排放，应符合有关标准要求。

（8）化工专用设备设计、选用的通用机械、电气设备、管道、阀门、仪表等均应符合国家或行业技术标准。

## 三、工厂选址与安全性

新建或搬迁化工企业都面临选址问题。正确选择厂址对企业的安全生产和长远发展至关重要。以往，我国曾经有成千上万化工企业布设在江河水域等环境敏感区域。随着城市的迅速扩张，有些企业成为人口密集区域中的“定时炸弹”，被迫搬迁代价极大，这个教训必须记取。工厂选址是化工厂设计的重要组成部分，厂址设计要综合研究投资、成本等经济因素和安全性因素，本节侧重讨论安全、卫生及生态环境等因素。

工业企业选址有两个前提。一是必须严格遵守我国现行安全生产、职业卫生、环境与生态保护等各方面的法律、法规的要求，厂址不能选在国家规定禁止产业开发的各种保护区内，如文物、生态、基本农田、森林、湿地、饮用水源保护区及旅游景区。下列地方不可选为厂址：对飞机起落、电台通信、电视转播、雷达导航可能有影响的范围内，重要的天文、气象、地震观察地及军事设施等。选址宜避开可能产生或存在危害健康因素的场所，如水和土壤已被原工业企业污染的地区及自然疫源地等。工厂选址的第二个前提是，必须符合当地工业布局和城镇整体规划的要求。工业园区化有利于水、电、汽、道路等公用工程统一安排和废水统一治理，有利于企业发展循环经济，有利于环境保护。

在以上前提下，应根据经济合理、安全可靠和环境友好等原则正确选择厂址。厂址要便于总平面布置并留有发展余地。厂址要安全可靠，首先应具有满足建设工程需要的工程地质条件和水文地质条件。易发生地震、洪水、泥石流、山体滑坡等自然灾害的地区，有喀斯特、流沙、淤泥等易塌陷地区都不可行。**【案例 4-6】**2011 年 3 月 11 日，日本大地震和海啸引起福岛 1 号核电站核泄漏事故。这是世界历史上仅次于苏联切尔诺贝利核电站爆炸事故的重大核电事故。事故表明，其核电站的选址不合理，核电站不仅处于地震带，而且离海太近。地震破坏了电网，海啸淹没了自备柴油发电机，核电站失去电力，反应堆无法冷却，是事故的直接原因。

选择厂址不仅要考虑避免相邻单位对于本企业安全生产的不良影响，还要尽可能避免本企业对于附近单位和居民的不利影响。凡是产生有害气体、烟、雾、粉尘等有害物质的工业企业，厂址一定要选择在当地全年最小频率风向的上风侧，必须与附近单位和民居有一定的卫生防护距离。选择厂址要便于“三废”处置：工业废渣要有临时存放场地，并有符合要求的处置办法；工业废液和生活污水要经过处理合格后排放或者送污水处理厂。

化工企业选址不可破坏建厂地区的生态环境，建设过程造成的生态环境破坏要便于修复。必须在充分掌握现状与规划资料的基础上，进行几个方案的策划、分析、权衡，经过主管部门和社会认同，方能选出经济、社会和环境三大效益较好的厂址。

## 四、全厂布局与安全性

全厂布局也称总图布置或企业总平面布置，是在选定的厂址上，进行全厂总平面的区域规划即功能分区，通常划分为工艺装置区、储运设施区、公用设施区、辅助设施区、工厂管理区和生活区。分期建设项目宜一次整体规划，使各单体建筑均在其功能区内有序合理分布，避免后期建设破坏原功能分区。为保证生产安全性，全厂布局时应注意以下几点。

### 1. 安全距离

在工业卫生领域常使用卫生防护距离这一概念。产生有害气体、烟、雾、粉尘等有害物质的车间与生活区及其他区域（包括厂区附近居民区）之间，应满足设置卫生防护距离要求。为此，可以利用原有的水塘、山岗、河流，也可以建卫生防护绿化带起防护作用。

在安全生产中常使用安全距离这一概念。为了防止火灾蔓延及二次事故的发生，工艺装置区和储运设施区内的各种设施之间（包括建筑、工艺和储运设施等）必须保持安全距离。该距离又称为防火间距。**【案例 7-1】**2010 年 7 月 16 日，大连中石油国际储运有限公司原油库输油管道发生爆炸，引发大火并导致部分原油和设备烧损，另有部分泄漏原油流入附近海域造成污染。事故造成伤亡 4 人，直接财产损失为 22330.19 万元。事故直接原因是，在油轮卸油过程中，违规在输油管道上加注含有强氧化剂过氧化氢的原油脱硫剂，油轮停止卸油后，负责加脱硫剂的单位未接到停止输油的通知，仍在继续添加脱硫剂，致使管道内局部区域过氧化氢的浓度不断加大，发生强氧化反应，放出大量热量而引起爆炸。爆炸之后，由于储油罐布置太密集引发附近油罐着火。配电室和水泵房都被烧毁，只能依靠消防车救火，大火持续了 15h 才扑灭。

在输油过程中加脱硫剂，既未经科学论证和风险辨识，也没有正规设计，甚至没有安全操作规程。这种违规行为是事故的起因。储油罐布置太密集，导致二次火灾事故。配电室和水泵房等公用设施与储油罐之间没有适当的安全距离，事故发生不久就被烧毁，致使无法供电、供水，消防设施失效，储罐电动阀门无法关闭，这些是事故扩大的主要原因。

### 2. 工艺装置区及重点设施布置

工艺装置区包括所有工艺装置、设备、工艺管线及其建（构）筑物。工艺装置区可能产生并散发粉尘、有害气体等有害物质。风向对于这些有害物质的传播影响较大。在全厂布局中，要注意利用风向来保护人员密集区等重点保护区。散发有害物质的工艺装置区，特别是散发有害物质较多的车间，原则上应安排在当地全年最小频率风向的上风侧。工艺装置区应尽可能安排在大气污染物扩散条件好的地段。工艺装置区内，应将车间按有无危害、危害类型及危害浓度（强度）分开，并应设置与相应事故防范和应急救治配套的设施及通道。

工艺装置区外散发有害物质较多的车间，如燃煤锅炉房和煤炭及灰渣存放场地等，也应安排在当地全年最小频率风向的上风侧。

### 3. 地面标高

各建筑物地面的标高是企业全厂布局中的重要问题。如果全厂地势低洼，可能造成排水困难，难以防止暴雨洪水灾害。排水不畅，可能使聚集的雨水进入厂区低洼处。地面标高过低的地方，不宜建设库房、重要车间等。**【案例 7-2】**2003 年 4 月 17 日，因突降暴雨致使聊城某化工公司仓库周围积水进入仓库，将仓库内存放的二氯异氰尿酸钠半成品浸湿，引起化学反应并剧烈放热发生自燃，产生有害气体。这起事故共造成中毒死亡 4 人，重度中毒 6 人，轻度中毒 127 人。

### 4. 厂区道路与绿化带

厂区道路布置具有交通、消防、平面分区和沿路铺设管线等功能。厂区道路应根据交通、消防和分区要求合理布置，力求通顺。应保证消防、急救车辆畅行无阻，危险场所应为环行，路面宽度按交通密度及安全因素确定。

企业各功能区之间通常以宽度合理的道路或绿化带分割。厂区绿化可以减少噪声，减轻飞沙，调温调湿，美化环境，给职工创造一个良好的工作环境。高大乔木对爆炸冲击波有缓冲作用，有些植物可以吸收某些有害气体。

## 第二节　化工工艺设计与安全

化工工艺设计包括正确选择生产方法、工艺流程、工艺过程和正确制定工艺条件及操作规程等。只有工艺设计，才有可能减少乃至消除有害物质或危险能量，达到本质安全。工艺设计对于安全生产、职业健康和环境保护具有基础性的作用。

## 一、工艺路线、过程的选择

化工设计要从多个设计方案中选优，选优的标准不仅是经济合理和技术先进，而且要把安全可靠、职业健康、与环境友好及低碳节能等因素摆在更重要的位置上，综合评价。化工设计类课程侧重讨论化工设计的方法，本章侧重讨论化工设计中如何保障化工生产的安全性，本节尝试从安全性这一角度审视化工工艺设计。

选择生产方法是化工工艺设计的基础，是化工设计的主要任务之一。同一化工产品可以选择不同的原料生产，这称为原料路线的选择。主要原料不同，生产方法可能有根本性的区别。原料路线确定后，在加工过程中，其中某一步骤可以选择不同的处理方法，称为化工单元操作的选择。原料路线或单元操作的选择应尽量避免使用危险性较大的物质。例如，合成氨生产中的原料气精制工序，用甲烷化法取代铜氨液吸收法，完全避免了有毒的铜氨液。同是吸收操作还可以选择填料塔或者不同类型的板式吸收塔等，这是工艺装置的选择。在操作方式上还有间歇敞开操作方式或连续密闭操作方式的选择。此外还有助剂、溶剂、载热体等辅料的选择。选择辅料时，在可能情况下，用难燃或不燃的替代易燃的，用无毒或低毒的替代毒性较大的，用无腐蚀性或腐蚀性低的替代腐蚀性强的，这是常用的安全措施。对同一固体物料的加工或处理过程，是选择湿法工艺还是干法工艺，对环境安全的影响不同。

在工艺路线、过程、装置、操作方式及辅料等各种工艺选择中，都要进行不同方案的比较、取舍，都要进行包括安全、职业卫生和环境等安全性因素在内的综合评价。如果安全性评价达不到要求，即使技术、经济评价很高也是不可行的。

## 二、工艺流程与设备布置

### 1. 工艺流程与安全

1）避免流动线路的意外改变

化工生产中，物料通常是按预先设计的流动路线流动的，这就是工艺流程。但是，在气体或液体压力或阻力发生变化（如堵塞）等特殊情况下，物料可能不按照设计流程流动。这种流动线路的意外改变是某些事故发生的直接原因，在工艺流程设计中应充分考虑，必须避免。**【案例 7-3】**某厂柴油汽提塔工艺用水蒸气管线与灭火用水蒸气管线相连，未设止回阀。在一次使用水蒸气灭火过程中，由于水蒸气压力由 0.74MPa 降至 0.46MPa，低于柴油汽提塔工作压力 0.51MPa，柴油汽提塔中的汽提气倒流回水蒸气管道，反而助长了火势。

2）工艺控制点的设计

工艺流程设计中很重要的是控制点的设计。控制点包括工艺流程中的控制阀门、化工仪表及自动控制装置等。控制点多是根据工艺指标控制的需要确定的。多数控制点不仅是根据生产的要求，也是根据安全的要求而设置的，部分控制点是专为安全设置的。控制点设计，包括确定应当设置何种类型的控制点，也包括选择其型号、规格及具体安装位置等。

设计不免有失误，尤其是控制点的设计更容易出现失误。例如，案例 7-3 水蒸气管线设计中缺失一个止回阀，而案例 4-1 氧化残液分离器设计中缺失压力表与安全阀。所以，工艺设计完成后，必须进行工艺设计校核。设计校核应当从工艺流程、工艺装置、工艺参数与控制点等各方面，全面检查安全技术措施是否齐全可靠。**【案例 7-4】**盐酸工段氯化氢尾气回收系统爆炸事故。2001 年 6 月 13 日，某化工厂突然全厂停电，随之盐酸工段尾气系统发生爆炸，造成尾气系统的管道、设备损坏。后查明，该厂电解食盐水产生的氢气除自用外，其余部分从近期开始送邻近氮肥公司使用，管线较长。全厂停电后，氢气输送机械停止运转，操作人员未及时关闭氢气输送阀门，大量氢气经输送管道倒流至盐酸生产系统内，这是盐酸工段爆炸的直接原因。

氢气“近期开始送邻近氮肥公司”是工艺流程的新变化，目的是综合利用氢气，属于有计划的变化。对于有计划的变化应当进行风险分析。根据这一变化，应当在氢气输送管道上设置单向阀（又称止回阀），保证氢气的正确流向，避免逆向流动。在工艺操作规程上应增加一条新规定——突然停电后必须立即关闭氢气对外输送阀门。管理者与操作者没有适应生产过程中的新变化导致了该事故，这是变化-失误理论的生动体现。

2. 设备布置与安全

从安全生产和职工健康考虑，工作介质为易燃、易爆、有毒物质及可能散发腐蚀性气体的工艺生产装置、设备，都应尽可能地按生产特点集中布置在室外，在室外不合适的尽可能布置在敞开或半敞开式的建（构）筑物中。设备之间要留足安全距离，以便检修和事故发生时人员疏散，同时也有利于防止事故蔓延。

生产厂房内各类装置的竖向布置也很重要。噪声与振动较大的生产设备，宜安装在单层厂房内或多层厂房的底层，而放出大量热量或有害气体的生产装置，宜布置在单层建筑内或多层建筑物的高层，如必须布置在下层时，应采取有效措施防止污染上层工作环境。

## 三、工艺指标与安全操作规程

工艺指标包括有关控制点的温度、压力、流量、物料成分和液位等参数的控制指标。安全操作规程包括岗位安全操作规程和设备安全操作规程。安全操作规程应当包括正常操作、非正常操作、开停车及工艺事故、安全事故、停电停水等各种事故处理的操作程序。

科学制定工艺指标和每个设备、每个岗位的安全操作规程，是事关企业安全生产的大事。工艺指标与操作规程的确定也属于化工设计，是有严格的科学依据的，是经过科学实验和生产实践反复验证了的，一定要严格执行，绝不能随意变动。了解熟悉其制定的科学依据，操作人员能更自觉地遵守工艺纪律。

**【案例 1-1】**印度博帕尔事件中，操作人员未严格执行操作规程和工艺指标是事故发生的直接原因。发生泄漏的甲基异氰酸酯（MIC）地下储罐操作规程规定，运行中 MIC 的温度应保持在 5℃，液位只能达到储罐总容积的 50%，而企业为降低成本停用了氟利昂冷冻系统，不能给 MIC 降温，该储罐液位实际达到了 70%。1984 年 12 月 2 日深夜，操作人员发现一个与 MIC 储罐相连通的过滤器堵塞，欲用高压水冲洗、疏通。冲洗前，未按规定报告并领取特种作业许可证，也未按照维修操作规程规定安装盲板进行隔离，只是关闭了与储罐相连通的阀门。冲洗中，因该阀门发生内部泄漏，1～2t 高压冲洗水经该阀门进入储罐。水与 MIC 在储罐内反应放热，致使 MIC 温度不断升高，水与 MIC 反应更加剧烈。储罐内的 MIC 温度达到沸点 39.5℃后大量气化，MIC 储槽压力迅速升高至 379kPa，远远超过正常操作压力。3 日 0 点 15 分储罐上的爆破片-安全阀泄压系统自动开启，2h 内约 30t MIC 排入大气。操作人员启动应对 MIC 泄漏的几套紧急处置系统，几乎没有发挥作用。

没有发生意外的火灾、爆炸事故，也没有任何设备意外损坏，这是一起完全可以避免的安全事故。现场操作多处严重违背工艺指标和安全操作规程，是事故发生的根源。应对 MIC

泄漏的几套紧急处置系统失灵，出现事故苗头之后应急处置混乱。安全管理、安全技术方面一系列的错误叠加在一起，导致了这起危害程度世界空前的特大中毒责任事故。

尽管在化工设计中要求统筹兼顾安全性与经济性，仍然有不少化工产品的生产工艺危险性较大。生产工艺危险性特别大的化工生产企业，是政府安全监管工作的重点。我国将以下15种化工工艺列入《首批重点监管的危险化工工艺目录》，对其安全生产提出了更高的要求：光气及光气化工艺、电解工艺（氯碱）、氯化工艺、硝化工艺、合成氨工艺、裂解（裂化）工艺、氟化工艺、加氢工艺、重氮化工艺、氧化工艺、过氧化工艺、胺基化工艺、磺化工艺、聚合工艺、烷基化工艺。

## 第三节　建筑物防火防爆设计

本节介绍建（构）筑物防火防爆安全设计的要点，这些设计的主要作用是防止火灾蔓延、减少火灾爆炸事故造成的损失。

### 一、生产及储存物料的火灾危险性等级

《建筑设计防火规范》根据生产及储存物品的某些性质，如液体的闪点或气体的爆炸极限等，将工业生产或储存物品的火灾危险性分为甲、乙、丙、丁、戊 5 类。这种分级既是对生产或储存这两类活动，同时也是对生产厂房或储存仓库这两类场所的火灾危险性评估（表 7-1、表 7-2）。厂房内同时有火灾危险性不同的物料时，应按照火灾危险性较大的确定等级。特殊情况下，车间（或大车间内的单元）虽然有火灾危险性较大的物料，但是数量很少，也可按照数量较多而火灾危险性较小的物料确定等级。

**表 7-1　生产的火灾危险性分类**

| 生产类别 | 使用或产生下列物质的生产的火灾危险性特征 |
|---|---|
| 甲 | （1）闪点小于 28℃的液体<br>（2）爆炸下限小于 10%的气体<br>（3）常温下能自行分解或在空气中氧化能导致迅速自燃或爆炸的物质<br>（4）常温下受到水或空气中水蒸气的作用，能产生可燃气体并引起燃烧或爆炸的物质<br>（5）遇酸、受热、撞击、摩擦、催化及遇有机物或硫磺等易燃的无机物，极易引起燃烧或爆炸的强氧化剂<br>（6）受撞击、摩擦或与氧化剂、有机物接触时能引起燃烧或爆炸的物质<br>（7）在密闭设备内操作温度大于等于物质本身自燃点的生产 |
| 乙 | （1）闪点大于等于 28℃，但小于 60℃的液体<br>（2）爆炸下限大于等于 10%的气体<br>（3）不属于甲类的氧化剂<br>（4）不属于甲类的化学易燃危险固体<br>（5）助燃气体<br>（6）能与空气形成爆炸性混合物的浮游状态的粉尘、纤维和闪点大于等于 60℃的液体雾滴 |
| 丙 | （1）闪点大于等于 60℃的液体<br>（2）可燃固体 |
| 丁 | （1）对不燃烧物质进行加工，并在高温或熔化状态下经常产生强辐射热、火花或火焰的生产<br>（2）利用气体、液体、固体作为燃料或将气体、液体进行燃烧作其他用的各种生产<br>（3）常温下使用或加工难燃烧物质的生产 |
| 戊 | 常温下使用或加工不燃烧物质的生产 |

**表 7-2 储存的火灾危险性分类**

| 储存类别 | 储存物品的火灾危险性特征 |
|---|---|
| 甲 | （1）闪点小于 28℃的液体<br>（2）爆炸下限小于 10%的气体，以及受到水或空气中水蒸气的作用，能产生爆炸下限小于 10%气体的固体物质<br>（3）常温下能自行分解或在空气中氧化能导致迅速自燃或爆炸的物质<br>（4）常温下受到水或空气中水蒸气的作用，能产生可燃气体并引起燃烧或爆炸的物质<br>（5）遇酸、受热、撞击、摩擦及遇有机物或硫磺等易燃的无机物，极易引起燃烧或爆炸的强氧化剂<br>（6）受撞击、摩擦或与氧化剂、有机物接触时能引起燃烧或爆炸的物质 |
| 乙 | （1）闪点大于等于 28℃，但小于 60℃的液体<br>（2）爆炸下限大于等于 10%的气体<br>（3）不属于甲类的氧化剂<br>（4）不属于甲类的化学易燃危险固体<br>（5）助燃气体<br>（6）常温下与空气接触能缓慢氧化，积热不散引起自燃的物品 |
| 丙 | （1）闪点大于等于 60℃的液体<br>（2）可燃固体 |
| 丁 | 难燃烧物品 |
| 戊 | 不燃烧物品 |

《建筑设计防火规范》是建（构）筑物防火、防爆安全设计的主要依据。在火灾危险性等级不同的场合，安全要求不同。例如，对甲、乙类厂房的通风、防爆的要求必然高于丁、戊类厂房。在制定有关安全标准（如《建筑物防雷设计规范》）或提出安全措施时，常常引用《建筑设计防火规范》，该规范是化工设计最常用的基础安全标准。火灾危险性等级越高，对建筑物的耐火、防爆及防雷等设计要求越高，但投资也越大。化工设计中，既不能主观降低危险性等级造成隐患，也不能盲目提高危险性等级造成浪费。

## 二、建（构）筑物防火设计概述

### 1. 建（构）筑物防火设计要点

1）建筑物的耐火等级与耐火极限

根据生产及储存物料的火灾危险性等级，《建筑设计防火规范》分别规定了各类厂房和仓库允许的耐火等级、层数和最大允许建筑面积，目的是降低火灾造成的损失程度。建筑物的耐火等级分为一、二、三、四级，取决于建筑物诸多构件的材料燃烧性质和耐火极限这两个条件。建筑构件的燃烧性质是指，按照燃烧难易程度粗略地将材料分为燃烧体（用可燃材料做成的建筑构件）、不燃烧体（用不燃材料做成的建筑构件）和难燃烧体（用难燃材料做成的建筑构件或用可燃材料做成而用不燃材料作保护层的建筑构件）。耐火极限是指在标准耐火试验条件下，建筑构件、配件或结构从受到火的作用时起，到失去稳定性、完整性或隔热性时止的这段时间长短，用小时（h）表示。

2）防火间距

各类建筑之间保持一定距离，是防止火灾蔓延的重要安全措施。《建筑设计防火规范》根据生产及储存物料的火灾危险性等级、厂房或仓库的耐火等级、层数等因素，做出了各类建筑物（或设施）之间防火间距的规定，包括：各类厂房之间；厂房与乙、丙、丁、戊类仓库及民用建筑等之间；甲类厂房与重要公共建筑及道路之间；高层厂房与甲、乙、丙类液体储罐和可燃气体储罐及可燃材料堆场之间；甲类仓库之间；甲类仓库与其他建筑、明火或散发火花地点、铁路之间；乙、丙、丁、戊类仓库之间及其与民用建筑之间等。

3）安全通道与安全出口

由于厂房的疏散通道不畅通，工作场所人员密度大，平时又没有进行消防教育和演练，火灾事故中职工未能及时从火场撤出，造成重大伤亡的案例不少。有火灾危险性的作业场所，必须设计一定数量的安全通道和安全出口，通道和出口应保持一定宽度，以便发生火灾事故时人员安全疏散。根据生产及储存物料的火灾危险性等级、厂房和仓库的耐火等级、层数、疏散人数等因素，《建筑设计防火规范》做出了各类建筑安全通道（疏散楼梯、走道、门）和出口数量及宽度等有关安全疏散的诸多规定。

### 2. 建筑物的耐火结构

1）防火墙

防火墙分为内墙防火墙、外墙防火墙和室外独立防火墙。内墙防火墙是把房屋分成几个防火单元的内墙，可以阻止火势在建筑物内部蔓延；外墙防火墙是在两栋建筑物防火间距不足时设置的无门窗外墙；室外独立防火墙是在建筑物防火间距不足时设置的独立墙，用以遮挡辐射热、火焰和冲击波。

防火墙应有 4h 以上的耐火极限，所以防火墙上不应开设门窗洞口，必须开设时，应设置固定的或火灾时能自动关闭的甲级防火门窗。防火墙内不应设置排气道。可燃气体和甲、乙、丙类液体的管道严禁穿过防火墙。其他管道不宜穿过防火墙，当必须穿过时，应采用防火封堵材料将墙与管道之间的空隙紧密填实，当管道为可燃材质时，应在防火墙两侧的管道上采取防火措施。

防火墙的构造应使防火墙任意一侧的屋架、梁、楼板等受火灾的影响而破坏时，不致使防火墙倒塌。防火墙应直接设置在建筑物的基础或钢筋混凝土框架、梁等承重结构上（轻质防火墙体不受此限）。防火墙应从楼地面基层隔断至顶板底面基层。为保证内墙防火墙隔绝火焰的作用，当顶板的耐火极限较低时，防火墙应高出屋面；当建筑物的外墙为难燃烧体时，防火墙应凸出墙的外表面；当建筑物的外墙为不燃烧体时，防火墙可不凸出墙的外表面。

2）防火门和防火卷帘

防火门通常安装在防火墙上，按其耐火极限可分为甲级、乙级和丙级防火门，其耐火极限分别不应低于 1.20h、0.90h 和 0.60h。防火门的设置应符合下列规定：①应具有自闭功能，双扇防火门应具有按顺序关闭的功能；②常开防火门应能在火灾时自行关闭，并应有信号反馈的功能；③除去个别情况外，防火门内外两侧应能手动开启；④设置在变形缝附近时，防火门开启后，其门扇不应跨越变形缝，并应设置在楼层较多的一侧。

防火卷帘是卷帘式防火门。防火分区间采用防火卷帘分隔时，应符合下列规定：①防火卷帘应具有防烟性能，与楼板、梁和墙、柱之间的空隙应采用防火封堵材料封堵；②防火卷帘的耐火极限不应低于 3.00h；③有的防火卷帘应设置自动喷水灭火系统保护。

3）防火堤

可燃液体储罐特别是罐区应当设置防火堤，其作用是当发生火灾时，防止燃烧着的液体到处流淌，限制火灾范围。防火堤内的有效容积应大于最大的储罐地上部分的容积。防火堤的高度应当比按有效容积计算的高度再高出 1m 左右。防火堤内侧基脚线至罐体外沿的距离应当不小于罐体半径。可燃液体储罐不宜建在山坡上。

除以上防火结构外，建筑方面的防火产品数不胜数，如防火板、防火包、阻火圈、防火堵料、防火涂料、防火玻璃等。

## 三、厂房防爆设计概述

### 1. 预防爆炸事故的厂房设计

良好的厂房通风有利于预防火灾、爆炸、中毒、窒息等事故。自然通风的效果与建筑设计有密切关系，厂房建筑方位、结构应能使室内有良好的自然通风。以自然通风为主的厂房，车间天窗设计应满足卫生要求：阻力系数小，迎风量大，便于开启，适应不同季节要求，天窗排气口的面积应略大于进风窗口及进风门面积之和。

使用和生产甲、乙、丙类液体的厂房内不宜设置地沟。为了铺设电缆或管道必须设置地沟时，其盖板应严密，地沟应采取防止可燃气体、可燃蒸气及粉尘、纤维在地沟积聚的有效措施，且与相邻厂房连通处应采用防火材料密封。

为了防止混合气体爆炸的危险，在厂房设计与布局时要注意消除点火源，散发较空气重的可燃气体、可燃蒸气的甲类厂房及有粉尘、纤维爆炸危险的乙类厂房，应采用不会发生火花的地面。厂房应采取必要的防静电和防雷电措施。

### 2. 爆炸泄压技术的应用

（1）敞开或半敞开式的厂房结构。有爆炸危险的甲、乙类厂房宜独立设置，并宜采用敞开或半敞开式的厂房结构，既有利于自然通风，万一发生爆炸事故时也有利于泄压，以减少事故损失。该类厂房的承重结构，宜采用钢筋混凝土或钢框架、排架结构。**【案例 7-5】**山东某小合成氨厂检修后煤气发生炉开车时，炉体水夹套的水蒸气出口阀门没有开启，导致夹套水蒸气超压发生物理爆炸，炉体破裂又导致煤气发生炉内煤气发生化学爆炸。所幸该煤气发生炉安装于独立的二层半敞开式结构的厂房内，虽然二层楼房顶及墙壁均被炸飞，但未损坏位于一楼的操作室，操作人员幸免于难。

（2）泄压设施。有爆炸危险的甲、乙类厂房，如果不宜采用敞开或半敞开式的厂房结构，应设置泄压设施。泄压设施宜采用轻质屋面板、轻质墙体和易于泄压的门、窗等（门窗均应向室外开启），不应采用普通玻璃。作为泄压设施的轻质屋面板和轻质墙体的单位质量不宜超过 $60kg/m^2$。屋顶上的泄压设施应采取防冰雪积聚的措施。散发较空气轻的可燃气体、可燃蒸气的甲类厂房，宜采用轻质屋面板的全部或局部作为泄压面积。

泄压设施应避开人员密集场所和主要交通道路，并宜靠近有爆炸危险的部位。有爆炸危险的甲、乙类生产部位，宜设置在单层厂房靠外墙的泄压设施或多层厂房顶层靠外墙的泄压设施附近。有爆炸危险的设备宜避开厂房的梁、柱等主要承重构件布置。爆炸危险区域应设有两个以上出入口，其中至少有一个通向非爆炸危险区域，其出入口的门应向爆炸危险性较小的区域侧开启。

（3）泄压比。厂房的容积越大，厂房全部泄压设施的总泄压面积应当越大。有爆炸危险的厂房的总泄压面积与厂房容积的比值称泄压比，单位为 $m^2/m^3$。不同的可燃气体、可燃蒸气、粉尘或纤维等爆炸物的泄压比当然应当不同；同样的爆炸物在不同容积的厂房中的泄压比也不同。《建筑设计防火规范》规定了我国有爆炸危险的甲、乙类厂房的泄压面积计算办法。有爆炸危险的甲、乙类仓库，宜参照执行甲、乙类厂房的规定，采取防爆措施、设置泄压设施。

## 第四节　雷电及静电防护技术

### 一、雷电及其危害

雷电本质上是带有电荷的云即雷云与其他物体之间的静电放电现象。雷电危害的直接原因是放电时的电效应、热效应和机械效应。电效应指在放电时产生的冲击电压，电压高达上万伏，远高于一般设备所能承受的700V的水平，可将电力设备及线路击穿、烧毁。热效应指雷电流通过导体时，电流强度可达几十到几千安培，在极短时间内产生大量热能，能引燃易燃物质甚至能熔化金属。机械效应是指雷电导致的机械破坏，如树干遭雷击劈断实际是雷电流通过树干产生高温，木材缝隙中的水分瞬间气化、急剧膨胀使树干炸裂。

广东省防雷中心雷电灾害统计资料显示，2005～2014年广东省因雷击引发火灾爆炸事故107起、人身伤亡675人、各种电子电器设备、供电设备被雷击损坏10887宗，雷电灾害造成的直接经济损失约5亿元。雷电导致供电故障、计算机误操作及网络中断，其间接损失难以估算。雷电也是安全生产的危险源。**【案例7-6】**1989年8月12日，黄岛油库因雷电导致特大火灾爆炸事故，大火持续104h，消防干警牺牲14人，油库职工牺牲4人，烧毁油罐5座，烧掉原油36000t，并造成海洋污染。油罐建在山坡上是该事故扩大的重要原因。油罐区、加油站发生雷电事故的危害不可小视。

雷电的危害方式主要有直击雷、感应雷和雷电侵入波三种。直击雷是雷云与某物体接近时，物体感应产生相反电荷并聚集在突出部位，当雷云与物体之间的电势差较大时，击穿空气层而放电，闪电直接击中该物体。感应雷又称雷电感应，是闪电放电时在附近导体上产生静电感应或电磁感应导致的高电压再放电，又称二次雷击或间接雷击。雷电侵入波是直击雷或感应雷，沿着从室外入室的金属管道或者导线（包括电源线、电话线、信号传输线等）传入室内的现象。雷电侵入波沿室内导线传播，使建筑物内电子、电器设备受损，此类案例在雷电事故中比例相当大。入室导线改用地下电缆，是避免雷电侵入波的有效措施。

### 二、防雷的基本措施

防雷的保护对象是人体、设备、线路和建筑物等。由于雷电无孔不入，化工企业通常需要一个整体雷电防护体系。接地是防雷的主要措施，也是其他各种防雷措施的基础。

#### 1. 直击雷的防护

直击雷的防护就是户外防雷。防直击雷的避雷装置通常由接闪器、引下线和接地体组成。接地体是埋入土壤中或混凝土基础中引导电流入地的导体。引下线为连接接地体与接闪器的金属导体。建筑物的所有外露金属构件（包括管道）都应与引下线良好连接。接闪器、引下线和接地体通体要有良好的导电性，附近不得有金属管道和电气线路。原因是当避雷装置遭受雷击时，接闪器、引下线和接地体上都有很高的电压，如果附近有导电体，可能对该导电体发生危险的放电，这种现象称为反击。在独立避雷针、架空避雷线（网）的支柱上，严禁悬挂电话线、广播线、电视接收天线及低架空线等。

接闪器由避雷针、避雷线、避雷带、避雷网四种中的一种或多种组成。以避雷针作为接闪器时，由于自身的高度，避雷针可使与之接近的雷云电场发生畸变，开始电离并下行先导放电；避雷针在强电场作用下产生尖端放电，形成向上先导放电；两者会合形成通路，雷电经引下线和接地体泻入大地，使保护对象免受雷击。如果避雷装置的对地电阻不够小，雷电不仅不能顺利入地，保护对象将反受其害，此种案例屡见不鲜。避雷线也称为架空地线，是有良好接地的金属导线，主要用于输电线路的防雷。避雷带、避雷网主要用于高大民用建筑的防雷，包括沿屋脊、屋檐、屋角、檐角等易受雷击部位敷设有良好接地的金属网络，还包括用作接闪的金属屋面和金属构件等。对于钢筋混凝土结构的建筑物，楼顶的接闪器均与建筑物内钢筋连接，一旦遭雷击，雷电流通过这些钢筋泄入建筑物的基础钢筋网而入地。

### 2. 接地

防雷的基本思想不是堵截而是疏导。防雷的基本途径是引导雷电流向大地泄放，而不能让其随机选择放电通道。防雷系统需要通过低电阻的接地系统把雷电流泄入大地。接地系统的构成自地下向上依次为接地体、接地连接端头、接地干线、接地支线等。被保护的设备或建筑物与接地支线连接。

除防雷接地外，过电压保护接地、防静电接地、屏蔽接地等都属于安全接地。通过地下或者地上的金属导体，把各类安全接地系统的接地装置连接起来，使它们成为畅通的电气接地统一地网，称为共用接地。共用接地是应用最广泛的接地方式。通常将建筑物的基础钢筋网作为统一地网的重要组成部分。必须注意，任何安全接地系统的对地阻抗必须符合国家或有关行业标准的规定。

需要雷电防护的如果是多个导电体，不必一一接地，可以将诸导电物体作良好的导电性连接后再一并接地，这称为均压或等电位连接。感应雷的防护通常是对整个系统做等电位连接后再接地。

需要雷电防护的如果是非导电体，不能直接接地，应采用静电屏蔽方法间接接地。屏蔽是用金属网、箱、壳、管等导体，把需要保护的对象包围起来。屏蔽体可以把被屏蔽物体与闪电阻隔开，防护直击雷。各种屏蔽体都必须妥善接地。

### 3. 电涌保护器分级防护

电涌保护器俗称避雷器（英文缩写 SPD）。SPD 的主要作用是防护雷电侵入波。当雷电侵入波产生瞬时过电压时，SPD 随即产生对地低阻抗，导引雷电流泄放入地，从而使线路上的电压被限制在设备或系统所能承受的范围内。雷电的特点是电压上升非常快，峰值电压非常高（数万至数百万伏），能量巨大，持续时间非常短。所以，往往需要多个 SPD 通过分级泄放的方法，将雷击能量分流入地。在各种线路的进出口处，应安装适合的 SPD 设备。按照使用场合，电涌保护器分三类：一是电源避雷器；二是信号型避雷器，多数用于计算机网络、通信系统；三是天馈线避雷器，适用于有发射机天线系统和接收无线电信号的系统。

## 三、建筑物及化工装置的防雷要求

根据危险环境类别、发生雷电事故的可能性和后果，《建筑物防雷设计规范》（GB 50057—2016）将建筑物分为三类。

第一类防雷建筑物。具有 0 区或 20 区爆炸危险场所的建筑物；具有 1 区或 21 区爆炸危险场所的建筑物，因电火花而引起爆炸，会造成巨大破坏和人身伤亡者；凡制造、使用或储存火炸药及其制品的危险建筑物，因电火花而引起爆炸，会造成巨大破坏和人身伤亡者。

第二类防雷建筑物。具有 1 区或 21 区爆炸危险场所的建筑物，且电火花不易引起爆炸或不致造成巨大破坏和人身伤亡者；具有 2 区或 21 区爆炸危险场所的建筑物；制造、使用或储存火炸药及其制品的危险建筑物，且电火花不易引起爆炸或不至造成巨大破坏和人身伤亡者；预计雷击次数大于 0.25 次/a 的住宅、办公楼等一般性民用或工业建筑物。

第三类防雷建筑物。预计雷击次数（按 GB 50057 提供的方法计算）≥0.01 次/a，且≤0.05 次/a 的人员密集的公共建筑物，以及火灾危险场所；预计雷击次数≥0.05 次/a，且≤0.25 次/a 的住宅、办公楼等一般性民用或工业建筑物；在年平均雷暴日＞15d/a 的地区，高度在 15m 及以上的烟囱、水塔等孤立的高耸建筑物；在年平均雷暴日≤15d/a 的地区，高度在 20m 及以上的烟囱、水塔等孤立的高耸建筑物。

工业建（构）筑物的防雷要求是：各类防雷建筑物都应采取防直击雷和防雷电侵入波的措施；第一、二类防雷建筑物，尚应采取防雷电感应的措施。《建筑物防雷设计规范》对于以上三类防雷建筑物的各种防雷措施、各种防雷设施及其安装要求都有明确规定。例如，对于各类建筑物防雷接地装置的接地电阻值有详细规定。再如，一幢建筑物防雷接地常用多根引下线，不同类型的防雷建筑物，其引下线之间的距离等在以上规范都有规定。

化工生产装置的防雷设计，应根据生产性质、环境特点及被保护设施的类型，选择相应防雷设施，有关设计规定见《石油化工装置防雷设计规范》等标准。除了防雷装置要合理设计和正确施工外，还要建立健全必要的防雷检查、维护制度。对于重要设施，应在每年雷雨季前做定期检查，如有特殊情况，还要做临时性的检查。检查中应测量全部接地装置的接地电阻，防止因导线的导电性差或接地不良起不到保护作用。如发现接地电阻有很大变化时，应对接地系统进行全面检查，必要时可补打接地极。

## 四、静电的安全防护

静电积累到一定电势时，将放电产生静电火花。静电火花作为点火源可能引起火灾爆炸事故，这是静电的主要危害。静电电击人体时，人受到惊吓，可能摔倒或导致二次事故。静电火花还可能干扰计算机或者生产过程，影响产品质量。静电安全防护主要是防止静电意外放电，可以从控制静电的产生与积累入手。静电控制要区分带电体是导体还是绝缘体。

### 1. 控制静电的积累

加快带电体上静电荷的泄漏速度，可以控制静电的积累速度甚至消除静电。

1）静电接地

静电接地能使静电导体的静电荷迅速泄入大地，是防止导体静电危害的主要措施。在爆炸、火灾危险场所，可能产生静电危险的金属导体均可采用等电势连接后接地，也可与防雷接地系统等形成共用接地。在用槽车运输汽油、二硫化碳、甲苯和苯等易燃静电绝缘体过程中，液体与槽车壁发生强烈摩擦，槽车的橡胶轮胎与地面的摩擦，都会产生大量静电，装载此类液体的汽车罐车、铁路罐车和装卸栈台，应设静电专用接地线。

2）抗静电添加剂和增湿

抗静电添加剂的作用是增加非导体材料的导电性或者吸湿性，以加大带电体的静电泄漏速度。应根据使用对象、目的、物料工艺状态及成本、毒性、腐蚀性等具体条件选择适当的抗静电添加剂，如橡胶中常加入炭黑、金属粉等添加剂。当空气相对湿度达到 70%左右时，固体表面会形成一层水膜，表面电阻大大降低，有利于静电泄漏。在生产工艺许可的条件下，对于亲水性非导体，可采用空气增湿等手段消除静电。

3）静电消除器

静电消除器有多种。常用静电消除器的原理是，利用空气电离产生大量正、负电荷，并用风机将电离空气吹出，形成一股带正、负电荷的气流。当物体表面带电荷时，它会吸引气流中的异性电荷，从而使物体表面上的静电中和，达到消除静电的目的。橡胶、塑料、纤维、薄膜、纸张、粉体等非导体生产过程中，应根据工艺特点、作业环境和非导体性质，选择适当的静电消除器，消除带电体上积聚的静电荷。

### 2. 控制静电的产生

静电可由不同物质间的接触摩擦、静电感应、介质极化和带电微粒的附着等物理过程而产生。应当根据静电产生的具体原因，采取控制静电产生的措施，而且应与促使静电消散的措施相结合，使静电积累不至于达到危险的程度。

1）改善工艺操作，尽量避免固体物料产生静电荷

橡胶和塑料工业生产中，经常需要将电阻率较高的橡胶或塑料制品叠在一起或迅速剥离，这种强烈的接触分离过程，会产生较高的静电电势。在研磨、搅拌、筛分、输送粉体物料时，粉体与设备、管道摩擦碰撞会产生静电。用皮带输送固体物料时，要控制皮带速度，以不使皮带上的物料发生振动为准。有多种物质摩擦或接触时，通过调配接触顺序等办法，可以减少摩擦使产生的静电较少。

2）控制流体输送速度

气体高速喷射时与管道产生剧烈摩擦，可能产生静电放电，导致火灾与爆炸事故。案例 2-4 与案例 6-3 就是此类案例。要尽可能避免可燃气体从容器中高速喷射到外界。控制流体流动速度可以减少静电。输送液体时的允许流速与液体的电阻率有密切关系：当电阻率小于 10Ω · m 时，允许流速小于 10m/s；大于 10Ω · m 时，允许流速取决于液体性质、管道直径和内壁粗糙度等。例如，烃类燃料油在直径 50mm 的管内输送，流速不得超过 3.6m/s；直径为 100mm 时，流速不得超过 2.5m/s。

3）液体静电的安全防护

在过滤、搅拌、运输与灌注过程中，流动的液体与容器壁及部件之间必然存在摩擦及快速分离过程，容易产生静电。改进液体灌注方式和保证静电泄漏消散时间是重要的安全措施。

灌注易燃液体时，液体与管道壁的摩擦、液体注入容器时的冲击和飞溅都可能产生静电，所以向容器内灌注易燃液体时，必须严格控制流速，并减轻液体注入容器时的冲击和飞溅。具体做法为：改变灌注管头的形状，如用 T 型或 Y 型；可以改变灌注管头的位置，如延伸至近容器的底部。例如，汽车加油站设计与施工规范规定，加油站汽车油罐车必须采用密闭卸油方式，严禁喷溅卸油方式。

停止灌注后，液体趋于静止，液体中的静电荷向器壁和液面集中，并可渐渐泄漏消散。

完成这一过程需要一定时间，试验表明，接地条件下向储罐灌注重柴油，装到容量的90%时，停泵并开始计时，液面静电电位的峰值出现在 5～10s，静电泄漏消散时间为70～80s。由此可知，刚停泵就进行下一步操作（如取样、测温、转送或拆除接地线等）易发生事故，应当在保证足够的静置时间后再操作。

4）静电屏蔽

静电屏蔽是指用接地的金属罩（金属壳、网、线匝），将带电体（或非带电体）全部或局部封闭起来，屏蔽罩内的带电体不能影响外界，外界也不能影响屏蔽罩内的非带电体。屏蔽是防止静电感应产生静电的基本手段。

5）防止人体静电危害

人体与衣服发生摩擦可能带上静电。人体在静电场中会感应带电。作为独立带电体的人接近金属物体时，能对金属放电，产生的电火花可能引爆油类蒸气与空气的混合气体。人体带静电时往往自己没有感觉，人体成为一个活动的、很容易被忽视的点火源，必须高度重视。

重点防火、防爆作业区的入口处，应设置人体静电导除装置，进入作业区人员先触摸该装置，将人体静电导入大地。必要时在车间铺设防静电地板（导电地板）。

气体爆炸危险区域等级属0区、1区且最小点燃能量在0.25mJ以下者，工作人员应穿戴静电防护服、工作鞋、工作帽、手套等。静电防护服是为防止静电积聚，用防静电织物为面料缝制的工作服。防静电织物是在纺织时均匀地混入了导电性纤维的织物。导电性纤维是全部或部分使用金属或有机物的导电材料或亚导电材料制成的纤维。服装应尽可能全部使用防静电织物，不使用衬里，必须使用衬里如衣袋、加固布时，衬里的暴露面积应占全部防护服暴露面积的20%以下。静电防护服一般不得使用金属附件，必须使用时，应保证穿着时金属附件不得直接外露。静电防护服的检验须由国家指定的防护用品质量监督部门进行。

## 第五节　化工安全评价

### 一、化工安全评价概述

安全评价是指以实现安全生产为目的，使用科学的方法，辨识与分析工程、系统、生产经营活动中的危险、有害因素，预测发生事故或造成职业性危害的可能性及其严重程度，提出科学、合理、可行的安全对策控制措施，做出评价结论的活动。

安全评价包括以下内容：

（1）危险、有害因素辨识。危险、有害因素辨识即找出评价对象存在的危险源，分析各危险源存在的或潜在的危险、有害因素。要根据化工企业涉及危险化学品的种类与数量，对照《危险化学品重大危险源辨识》，确定属于重大危险源的物质与装置。

（2）危险性评价。在危险、有害因素辨识基础上，评价其导致安全事故的可能性及事故后果的严重程度，进而确定其危险等级或者风险大小。风险是指某一特定危险情况发生的可能性与后果的组合，如火灾、爆炸及中毒事故可能影响的范围。

（3）制定风险控制方案。根据危险的等级大小等实际情况，提出相应的安全控制措施，控制发生事故的风险。风险控制措施包括工程技术措施、管理措施、培训教育措施和个体防护措施。风险控制要遵从多层保护的安全理念，既要有预防事故发生的措施，也要有将事故局限化即减少事故损失的措施，从各方面层层设防，构筑完善的安全网络。风险控制措施既要技术可行，又要经济合理，要制定多个控制方案，从中选取最优方案。

（4）风险评价。风险评价是在实施风险控制方案的基础上，判断发生安全事故的风险是否符合要求。任何企业生产经营过程都有安全风险，要求做到彻底避免事故是不现实的。发生安全事故的风险是否符合要求或者说可以接受，这与社会、行业、企业及员工认可程度有关。例如，企业可以根据本行业安全生产的先进水平为基础制定安全指标。

经过风险评价，如果发现存在不可接受的风险即隐患，说明原来制定的风险控制方案不完善，需要重新修改后再进行风险评价，如此反复进行，直到将风险尤其是重大风险控制在可以接受的程度为止。如果发现新的危险源或新的危险、有害因素，那么要从危险、有害因素辨识开始，重新进行以上四个步骤。

安全评价是化工企业保障安全生产的重要举措，是安全管理工作的重要组成部分。任何法定的安全评价，如建设项目安全预评价或压力容器定期检验，都具有强制性，必须由具备资质的中介机构进行。不属于法定的安全评价，可以由企业自己进行。

## 二、化工系统安全评价

安全评价的范围如果是整个生产系统则称为系统安全评价，包括建设项目阶段的安全预评价、项目投产前的安全验收评价与企业安全现状评价。

### 1. 安全预评价

初步化工设计开始之前，要对建设项目进行安全预评价，为初步化工设计提供科学依据，以利于从设计入手提高建设项目的本质安全程度。安全预评价应根据可行性研究报告等有关资料，辨识与分析建设项目或生产经营活动潜在的危险、有害因素，确定其与安全生产和职业健康有关法律、法规、规章、标准的符合性，预测发生事故的可能性及其严重程度，提出科学、合理、可行的安全对策措施建议，做出安全评价结论。项目建设单位应委托有资质的单位进行安全预评价，并将安全评价的情况，报告政府安全生产监督管理等有关部门。对于可能产生职业性危害的项目，其可行性研究报告和安全预评价报告应有职业卫生专篇，其内容应包括拟采取的安全卫生措施、安全卫生管理机构及定员，以及安全卫生投资概算等 。

### 2. 安全验收评价

建设工程竣工之后投产之前，还要进行安全验收评价，以确定是否可以正式投产。安全验收评价要检查建设项目安全设施、职业健康设施与主体工程同时设计、同时施工、同时投产情况；检查安全生产管理措施到位情况；检查安全生产规章制度健全情况。对于生产、储存危险化学品的企业，应根据《安全生产许可证条例》要求，进行安全条件论证，逐条检查是否具备了生产、经营的各项基本条件，详细检查重大危险源辨识及安全事故应急救援预案制定情况。要审查确定建设项目与安全生产及职业卫生有关法律、法规、规章、标准要求的符合性，从整体上确认建设项目试生产和安全管理状况，做出验收评价结论。企业应当积极参与安全验收评价。

### 3. 企业安全现状评价

在长期运行过程中，化工企业可能发生一些变化，可能发现某些新的危险因素，有必要进行安全现状评价。企业应在下列变化发生时及时进行安全评价：①新的或变更的法律法规或其他要求；②采用了新工艺、新设备，操作条件发生变化；③技术改造项目；④有对事件、事故或其他信息的新认识；⑤组织机构发生大的调整。企业应适时组织安全现状评价工作，识别与生产经营活动有关的危险、有害因素和隐患，应定期评审或检查安全评价结果和风险控制效果。企业安全现状评价包括专项安全评价和系统安全评价。

4. 安全评价方法

安全评价方法分为定性安全评价和定量安全评价方法两大类。定量安全评价方法要定量地表示评价对象的危险性（安全性）。定量安全评价方法有多种，如指数评价法、破坏后果（范围）评价法、概率风险评价法等。例如，概率风险评价法用事故次数/单位时间，定量表示事故发生的可能性，用事故损失/事故次数，定量表示事故严重程度，二者的乘积——事故损失/单位时间就是风险率。定量安全评价方法需要大量的事故统计资料及实验研究。定性安全评价方法有多种，如工作危害分析（JHA）、安全检查表分析（SCL）、预危险性分析（PHA）、危险与可操作性分析（HAZOP）、失效模式与影响分析（FMEA）、故障树分析（FTA）、事件树分析（ETA）等，需要时读者可查阅有关书籍。

任何安全评价方法都不能脱离我国有关安全生产的法律、法规、标准，都需要大量的实践资料，都必须给出切实可行的风险控制方案。

## 三、化工专项安全评价

安全评价也可以针对一个特定的对象，如某类事故、某种检修作业、某个过程、某个设备等，这种安全评价称为化工专项安全评价。在化工企业中，经常进行专项安全评价。

国家制定了不少对危险、有害因素进行分级的标准，分级就是对这些危险、有害因素的危险性评价。这些标准中，对于不同危险级别的危险、有害因素规定了不同的、系统的控制要求及措施，是企业制定风险控制措施的重要依据。对照分级标准进行全面检查，是安全评价活动的重要方法，也是政府有关部门检查企业风险控制情况的重要方法。企业用于预防安全事故的资源总是有限的，分级有利于科学使用这些资源，避免眉毛胡子一把抓。

这类分级标准是从事化工安全评价的人员必须掌握的，是化工生产管理人员必须熟悉的知识。现将本书中的此类标准进行简单归纳。本章《建筑设计防火规范》将工业生产及储存的火灾危险性分为 5 类，这是对生产厂房或储存仓库两类建筑物的火灾危险性评价。这些建筑物的耐火等级、层数和最大允许建筑面积及防火间距等，都是按此等级规定的，这些规定就是火灾风险控制方案。《建筑物防雷设计规范》对于工业建筑物防雷等级的划分是专项安全评价，规定不同等级的工业建筑物采用不同的防雷措施就是风险控制方案。多种危险化学品的危险级别见 GB 30000 系列标准（第二章）。《职业性接触毒物危害程度分级》（第五章）是对职业性接触毒物这种职业性有害因素的危险性评价。《爆炸危险环境电力装置设计规范》（第六章）既对爆炸危险环境进行分类、分级，又对爆炸性气体进行分类、分级，由这两个方面的安全评价共同确定爆炸风险控制方案即采用何种防爆电气等。类似的专项安全评价实例还有很多，如对化工特种检修作业的分级（第八章）。压力容器定期检验（第九章）是政府专门针对压力容器的安全评价活动。推而广之，劳动环境测定（第十一章）可认为是对工作环境中某些职业性有害因素的专项安全性评价活动；对大气、水体及土壤污染情况的测定，可认为是对环境进行的专项安全性评价活动。

危险化学品是化工安全评价的重点。《危险化学品重大危险源辨识》是危险化学品安全评价最重要的基础。对于重大危险源，必须制定应急救援预案。一旦确定为重大危险源，一系列专门管理措施随之而定。这些管理措施和应急救援预案，都是风险控制方案的重要组成部分。重大危险源的安全评价要每年定期进行。

化工企业都有安全检查制度，都定期或不定期地进行安全检查。安全检查的目的之一是及时发现并处理事故隐患。对于新发现的事故隐患应当限期治理，对不具备整改条件的重大事故隐患，必须采取防范措施甚至停车治理。化工企业停车检修的目的常常是为了消除事故隐患。从这个意义上讲，化工企业的定期和不定期安全检查也属于专项安全评价。从安全评价这个角度来看待安全检查，安全检查应实现制度化、规范化、标准化，摈弃那种不去现场仅听汇报的或者走马观花式的形式主义检查模式。

## 思考题及练习题

1. 讨论分层保护各保护层的作用。
2. 从安全性角度看化工设计应当遵循哪些原则？
3. 举例说明工艺指标与操作规程对于安全生产的重要性。
4. 从建筑设计角度分析化工厂房的防火措施和防火设施。
5. 从建筑设计角度分析化工厂房如何防爆。
6. 从防雷角度看如何对工业建筑物进行危险源辨识。
7. 分析防止静电产生的措施和防止静电积累的措施。
8. 试述安全评价的作用与内容。
9. 调查一个化工厂，分析其在厂址选择和全厂布局方面是否符合安全生产的要求。
10. 调查本单位（学校）建筑物的避雷设施，提出意见或建议。

# 第八章　重点操作过程与检修作业安全

**本章学习目标**

（1）结合化学反应工程，深入了解化学反应装置中反应物温度与浓度控制的意义与方法及各种反应装置的安全问题。

（2）结合化工原理，深入了解间壁换热过程中载热体的选择及换热操作中的安全问题。

（3）熟悉危险化学品储存与运输中的危险因素与管理制度。

（4）了解化工检修作业中的各种危险因素，了解动火作业、受限空间作业等特殊检修作业的管理制度。

化工生产中，不同化工过程的危险性是不同的。统计发现，事故发生概率较大的有化学反应过程、加热过程、危险化学品储运过程和特殊化工检修作业。这都是化工安全管理的重点，其防火防爆等安全技术也有特殊之处，熟悉其特殊性才能更全面地掌握化工安全技术。

## 第一节　化学反应过程安全

化工生产从原料到产品要经过一系列物理处理和化学处理过程。物理处理过程统称化工单元操作过程，化学处理主要是化学反应过程。化学反应过程在反应装置即反应器中进行。反应器发生安全事故的重要原因常常是化学反应速率失去控制。控制化学反应速率，应当从反应温度、反应物质浓度和催化剂等几方面着手。

### 一、化学反应温度控制

控制化学反应速率首先要控制好反应温度。综合考虑安全性与经济性，化学反应都有最佳反应温度。反应温度过低，反应速率小达不到产量要求，也可能副产物比例较大；反应温度过高，反应速率虽然大，但是可能副产物较多，还可能造成某些危险。过高的反应温度可能使易分解物质发生分解爆炸反应；或使本应是液体的物料意外气化；或使液体物料体积膨胀，发生溢料危险；或损坏催化剂等，有可能导致事故发生。所以，反应器温度一定要尽可能控制在最佳反应温度上下一定范围内进行。

#### 1. 间歇操作反应器的温度控制

间壁换热是化工设备最常用的加热或冷却方式，调节载热体流量是最方便的温度控制方法。釜式反应器一般都设有夹套，温度调节及时、方便。例如，反应釜常在夹套中通自来水等冷却剂移走反应热，或者在反应釜夹套中通入水蒸气等加热剂来加热反应物料，通过调节载热体流量控制反应温度。反应釜内的搅拌，可以有效避免局部过热，使釜内物料处处温度一致、组成均匀，搅拌对反应釜内化学反应的顺利进行非常重要。

对于间歇操作的反应釜，调节载热体的流量是最可行的温度控制方法。间歇操作的反应釜进行放热反应时，如果遇到突然停电，搅拌停止，反应釜夹套可能失去冷却水。但由于放热反应仍然进行，釜内温度将持续升高，可能失控。**【案例 8-1】**2005 年 1 月 18 日，北京某化工厂聚氯乙烯分厂 B 聚合釜正在进行氯乙烯聚合反应，反应进行至 2h 16min 时，因外线电路问题停电，反应釜搅拌与冷却水停止。操作人员多次与配电室联系恢复供电未果。聚合反应仍然在进行，釜内温度持续升高，釜内压力由 1.1MPa 升至 1.6MPa，B 聚合釜防爆片破裂。大量易燃气体由放空管喷出，放空管受反作用力倾倒碰撞产生火花，引发火灾事故。如果有备用电源或紧急冷却设施或加入阻聚剂，可以避免该事故发生。

2. 连续操作反应器的温度控制

1）连续操作反应器热平衡

化工生产中，反应器要保持反应温度恒定，必须保持反应器处于热平衡状态。下面以连续操作反应器中进行放热反应时的热量衡算为例加以说明。以反应器全部体积和单位时间为基准，进行连续稳定操作反应器的热量衡算

$$Q_i + Q_r = Q_o + Q_t + Q_s \qquad (8\text{-}1)$$

式中，$Q_i$ 为单位时间物料带入反应器的热量；$Q_r$ 为反应放热速率；$Q_o$ 为单位时间物料带出反应器的热量；$Q_t$ 为载热体移除热量速率；$Q_s$ 为反应器壁热量散失速率。如果式（8-1）等式左边两项之和等于式右边三项之和，反应器就处于热平衡状态。

2）连续操作反应器温度控制方法

除了间壁换热方法之外，控制反应温度的方法还很多，改变式（8-1）中的某些项，使等式右边三项之和大于等式左边两项之和，则反应器温度降低，反之则温度升高。下面以连续操作反应器降低反应温度的方法为例加以说明。

（1）降低反应器物料入口温度，即减少单位时间物料带入反应器的热量 $Q_i$。例如，氨合成塔开大副线，使未经预热的原料气体进入合成塔，即可降低合成塔反应温度。

（2）加大反应器内部物料流速，增大单位时间物料带出反应器的热量 $Q_o$。例如，加大氨合成塔循环气量，也可降低合成塔反应温度。

（3）在反应器内加入不参与反应的物质，降低反应器内反应物的浓度，既可以减少单位时间反应放出热量，还可增大单位时间物料带出热量。例如，乙醇氧化法制取乙醛时，采用乙醇蒸气、空气和水蒸气的混合气体送入氧化炉，在催化剂存在条件下生成乙醛，水蒸气不参加反应仅仅起到吸热和带出热量的作用。再如，煤气变换炉温度偏高时，操作人员常采用额外加入本来已经过量的水蒸气，增大带出变换炉的热量。

（4）在反应器内加入额外的冷原料。例如，冷激式氨合成塔和煤气变换炉，都利用冷原料气体"冷激"来降温。

（5）煤气发生炉中，交替进行制取水煤气的吸热反应和煤炭燃烧这一放热反应，通过调整两种反应的时间比例，就可以控制煤气发生炉的温度。

3）反应器的绝热温升

因为结构简单、操作方便，化工生产中使用绝热反应器比较多。在绝热反应器中进行放热反应时，反应器内温度通常要随反应的进行而升高，这个温度升高有一个极限，称绝热温升。绝热温升就是在绝热条件下（没有载热体移除热量，热损失忽略不计），放热反应放出的热量全部用于反应物质热焓增加时的温升。对于反应器的安全来说，绝热温升是一个重要概念。同样条件下实际温升必定小于绝热温升。如果达到绝热温升没有危险，反应器就是安全

的；如果达到绝热温升有危险，可以通过上述载热体移除热量等手段，控制反应器的温度，保证反应器的安全。绝热温升的计算可见有关著作。

4）反应器的热稳定性

式（8-1）等式左边两项之和等于等式右边三项之和时，反应器处于热平衡状态，但是反应器未必是处于热稳定态。实际操作中，进口温度、流量等工艺条件的微小波动会破坏热平衡，使反应器温度发生变化。这些能破坏热平衡的工艺条件的微小波动称为热的扰动。如果反应器对于热的扰动有自行恢复原平衡状态的能力，则反应器是热稳定的，否则反应器是热不稳定的。反应器经常需要调节载热体流量等某些工艺条件，使反应器达到热平衡。这种调节本身就是热的扰动。所以，如果反应器是热不稳定的，调节常常要反复进行，操作者一旦疏忽，可能在短时间内反应温度就超过最高允许温度，导致事故发生，这称为“飞温”现象；也可能发生反应温度迅速降低，导致反应停止的“熄火”现象。发生“飞温”现象有两个条件，一是反应是强放热反应，二是反应器有热的回授。热的回授是指先进入反应器的物料进行反应，所放出的热量加热了后进入反应器的物料。物料返混必然会伴随热的回授，所以连续搅拌釜式反应器（返混程度最大）中进行强放热反应，很有可能发生“飞温”现象。通过反应器操作条件的设计，可以使反应在热稳定点操作，对热的扰动不必调节，反应器能自行恢复原平衡状态，从而避免“飞温”现象的发生。如果连续搅拌釜式反应器的操作条件设计得当，可能消除热不稳定点，从根本上杜绝“飞温”现象的发生。有关反应器热稳定性问题可见化学反应工程教材。

## 二、反应物质浓度控制

从安全角度分析，控制反应物浓度低一些可能比较安全。但是与提高产量的要求可能有矛盾，需要统筹考虑，将反应物质浓度控制在适当水平。对于间歇操作与连续操作的反应器，二者反应物质浓度的变化规律是不同的，反应物质浓度控制的方法也不同。

### 1. 间歇操作反应器的浓度控制

间歇操作的反应釜中，控制反应物低浓度可以设法降低反应物的初始浓度，如反应加料时，可加入低浓度的原料溶液或在加入反应物时同时加入惰性稀释剂。

有两种以上的反应物时，其他物料一次性地加入反应釜，而某种物料（控制物料）在反应过程中用滴加的方式加入反应釜，边加入、边反应、边消耗。这样，该控制物料可以始终保持较低的浓度，控制其滴加速率也就控制了反应速率。如果一种反应物为气体、其他反应物在溶液中，可以把该气体通入溶液形成鼓泡，控制气体通入速率就控制了反应速率。这种方法在实验室中使用时，是名副其实的“滴加”。在化工生产中的“滴加”，可以是连续小流量加入，也可以采取加料—反应—再加料—再反应这种多次间歇加料方式来实现。要特别注意，只有滴加反应物的速率与该反应物消耗速率大体相当时，才能使该反应物在反应器中不积累，才可以始终控制较低的反应速率。滴加速率好控制，反应物消耗速率如何控制？反应物消耗速率就是化学反应的速率，该速率既与反应物浓度有关，更与反应温度有关。间歇操作的反应釜内，反应物浓度、反应温度与反应速率三者之间存在交叉影响。

**【案例 8-2】**某农药厂反应釜的工艺条件规定双氧水加料速率为：在不低于 75℃的温度下，4h 加入 100kg 双氧水。一次违反操作规程，在 70℃下即开始加冷双氧水，反应釜温度降至

52℃后又加速投入双氧水，80min内共加入80kg双氧水。由于反应剧烈，放出热量较多，6s内反应釜温度升至200℃以上，釜内物料气化发生爆炸。

该案例起因是违反操作规程。工艺条件对于双氧水的加料速率的规定有一个前提条件，即反应釜温度不低于75℃。这一温度与规定的加料速率适应，可使双氧水消耗速率与滴加速率相当，使双氧水的浓度始终保持较低。70℃时反应速率小，仍然采用规定的加料速率，导致双氧水没有及时消耗而在釜内积累，同时温度降低。发现反应釜温度降至52℃后，又极其错误地加速投入双氧水。双氧水进一步积累，其浓度进一步升高，又引起反应速率加大，放出热量增多，反应温度升高。最后该反应陷入一个恶性循环中：反应器温度升高→反应速率加快→放出反应热增加→反应器温度升高……对热效应大的强放热反应，这个恶性循环是危险的，因为操作人员往往来不及采取应对措施。双氧水没有及时消耗而在釜内积累，是这个恶性循环的前提条件。该案例提示我们，操作规程有充分的科学依据必须严格遵守。

2. 连续操作反应器的浓度控制

对于连续稳定操作的反应器，反应器内各反应物质的浓度不随时间变化，不存在某种反应物质的积累问题，控制反应物低浓度有如下方法：

（1）降低气相反应的总压力。总压降低就可以降低所有气体反应物质的浓度。

（2）控制连续反应器进口反应物浓度和出口反应物的转化率。进口浓度越低或出口转化率越高，则反应器内反应物质浓度水平越低。

（3）釜式反应器由间歇操作改为连续操作后，同样操作条件下，后者反应物质浓度水平仅为前者反应结束时的水平。

（4）物料循环。对于连续操作反应器，持续将部分反应后的物料返回反应器进口，控制循环量就可以控制反应器内反应物质浓度水平。

（5）分段加料。对于连续操作的管式反应器，有两种以上的反应物时，一种物料在反应器进口连续加入，另一种物料（控制物料）在反应器的不同部位分段加入，只要掌握好控制物料的加料速率，就可以有效控制反应速率。多级串联反应器也可以将控制物料分级加入。例如，工业上乙烯的氧氯化反应常采用三台串联的固定床反应器，控制物料氧气按一定比例分别通入三台反应器。这样每台反应器的物料中氧的浓度较低，可以抑制深度氧氯化这一副反应，更重要的是保证了混合气体中氧的浓度在爆炸限之外，可避免爆炸事故发生。

## 三、催化剂与安全

个别催化剂可以使化学反应速率降低，称负催化剂，也称为缓化剂或抑制剂。当需要抑制不希望发生的化学反应时，利用负催化剂选择性的抑制作用，无疑是一个好办法。有机物单体高分子聚合反应都是强放热反应，若反应器局部的引发剂浓度过高或聚合反应热没有及时导出，聚合反应速率可能突然加快，以至于失控，这种异常现象称爆聚。爆聚产物常常严重堵塞设备、管道，以至于被迫停产。加入阻聚剂可以避免发生爆聚。不饱和烯烃如苯乙烯、异戊二烯、丁二烯在储存或使用过程中，易发生自聚。这不仅造成经济损失，而且生成的聚合物可能堵塞设备，有的聚合物还可能有自燃或爆炸危险。在此类单体的储存或使用过程中，常加入阻聚剂或缓聚剂，以避免发生自聚反应。

许多气相反应如合成氨反应使用固体催化剂，这类反应称气固相催化反应。一旦催化剂失效或活性降低到一定程度，将被迫更换催化剂。新固体催化剂使用之前，需要进行活化。

工业催化剂活化时间一般需要几天。被迫更换催化剂往往意味着被迫提前大修，将造成相当大的经济损失。所以，保护催化剂是催化反应过程安全工作的重要任务。气固相催化反应装置的许多工艺指标和操作规程，是为保护催化剂而制定的，要严格执行。例如，要严格控制反应温度及其升降速率，过高的温度可使催化剂熔融，反应温度升降速率过快，有可能使催化剂粉化。要防止油污灰尘等杂质带入催化剂，易堵塞催化剂微孔或造成催化剂中毒。

## 四、反应装置安全

### 1. 反应装置的设计

保障反应装置安全，首先要从反应装置的设计制造做起。反应器总体结构多为圆筒形，具有结构简单、制作方便和耐压能力强等优点。除了设备自身的设计，如材质、结构和强度设计之外，反应装置的安全附件、操作条件和各种配套的自动控制系统的设计，也是反应装置设计的重要方面。

反应条件苛刻的反应器常采用特殊设计。以氨合成塔为例，其中气体 70%（体积）以上为易燃易爆的氢气、氨气与甲烷，操作压力在 20MPa 左右，操作温度为 400～500℃，是高温、高压、有强腐蚀性介质的危险性较大的反应器。有的氨合成塔的设计采用双层筒体，内外筒之间用温度较低的进塔氮氢混合气冷却，外筒只承受高压而不承受高温，内筒只承受高温而不承受高压。这种双层筒体设计，解决了高温高压下氢腐蚀的难题，极大提高了设备的安全程度。

### 2. 反应装置的安全操作

反应装置安全操作的主要问题是，要严格控制各项工艺指标，并严格遵守工艺操作规程。工艺指标与工艺操作规程的制定都充分考虑了安全要求。除了控制反应温度与浓度等工艺指标之外，对于具体工艺或不同类型的反应器，还有一些特殊的工艺指标和工艺操作规程，必须严格执行，现举例说明。

1）燃烧反应器的点火操作

进行燃烧反应的反应器，如盐酸合成炉、燃气锅炉等，每次开车时都要进行点火操作。点火操作是危险性极大的操作，因为做不好可能引爆反应器。因此，燃烧反应器都有严格的点火操作规程，必须严格执行。例如，盐酸合成炉操作规程规定，点火时先加氢，点火之后再加氯，这种加料顺序保证了盐酸合成炉开车时不会发生爆炸。

2）副反应的控制

有些化学反应副反应较多，副产物多不仅影响主产品的产量和质量，如果副产物是危险性大的化学品，则可能成为安全生产的隐患。例如，氧化反应的副反应过氧化，氯化反应的副反应过氯化，其副产物分别为过氧化物和过氯化物，都是很危险的物质。控制加料顺序与物料配比，就可能减少甚至避免过氧化物和过氯化物的产生。例如，三氯化磷合成是先把黄磷加入反应釜内，后将氯气通入黄磷中，产物三氯化磷沸点为 75℃，易从反应釜移出。如果磷与氯配比中氯过量，或者加料顺序颠倒，则生成固体五氯化磷。五氯化磷 100℃才升华，但其化学活性比三氯化磷高得多，黄磷过氯化可能引发爆炸事故。

3）原料中杂质含量的控制

有些化学反应原料中微量的杂质可能引起副反应的发生，甚至造成爆炸燃烧事故，工艺条件必须严格规定原料中杂质含量的要求。例如，乙炔和氯化氢合成氯乙烯工艺，氯化氢中的游离氯含量不允许超过 0.005%，因为游离氯与乙炔反应生成四氯乙烷极易爆炸。

### 3. 反应装置的安全管理

对于化工生产来说，反应装置往往是关键设备，有些反应装置被称为化工生产的“心脏”。化工企业对于关键装置的安全管理更严格，通常有如下要求。

（1）对本单位的生产装置进行安全评价与分级，确定本单位的关键装置并建立档案。

（2）制定保障关键装置安全的专项管理制度，实行特级维护，保证设备完好率、仪表完好率、静密封点泄漏率达到规定指标。各类安全设施、消防设施配备齐全，保持完好。

（3）确定关键装置的安全监控点，严格执行安全操作规程和巡回检查制度。

（4）关键装置岗位操作人员必须经严格培训、考核合格后，持证上岗。

（5）必须制定并不断完善关键装置的应急救援预案，定期进行演练。

（6）根据本单位实际情况，必要时为关键装置配备专职安全工程师。

### 4. 新产品试制过程中反应装置的安全

在新产品试制过程中，反应器出事故较多。这是因为对于新工艺还不熟悉，对于工艺过程中的危险性还不能完全掌握。**【案例 8-3】**2008 年 2 月，某公司进行除草剂磺草酮产品研发试验，发生反应釜爆炸事故，造成 2 人死亡。该技术是从某研究所转让来的，只有小试技术资料。中试操作规程是公司根据小试资料自己编写的，因此操作人员对小试工艺到中试放大过程中可能出现的安全问题预先估计不足，应急处理措施不够。

一个化工科研成果转化为产品，必须经过小试、中试和工业化试验，有一个逐步放大过程。如果在此过程中对于工艺过程中的危险性了解太少，就可能发生事故。放大过程也是逐步掌握工艺过程危险性的过程。这个工程放大过程，对于单元操作设备如换热器，因为其中只有物理过程，相对容易些；对于反应器，因为其中既有化学反应过程又有传热等物理过程，相当困难。这是因为随着装置加大，装置内部流体流动状况等可能有较大变化，如装置尺寸为放大前的 10 倍，则装置容积大约为原来的 1000 倍，而表面积大约为原来的 100 倍。某些放热反应，在小试装置中反应热可以通过器壁散出，在工业装置中可能必须冷却。化学反应工程将工程放大带来的问题称为“放大效应”。

## 第二节　换热过程安全

温度往往是化学反应过程和许多单元操作过程的最重要的工艺指标，温度指标对于工艺重要，对于这些过程的安全更重要。工艺或安全要求这些过程在某一最佳温度下进行，往往通过换热过程来实现。如果换热出了问题，可能导致这些过程中物料的温度、体积甚至相态等发生意外变化，许多事故由此发生。本节仅讨论载热体的选择和用量问题。

### 一、间壁换热过程的载热体用量

蒸馏操作常用于分离有机液体混合物。蒸馏系统常用的蒸馏设备为蒸馏塔。待蒸馏物料进入蒸馏塔之前，常先在预热器预热到一定温度，然后在蒸馏塔内加热，部分物料气化，馏出物在塔顶冷凝器冷凝，未气化的高沸物即馏残液在蒸馏塔底部适时放出。蒸馏操作中，既有液体加热与蒸发过程，又有气体冷凝与馏出液冷却过程，物料不仅温度有较大变化，体积变化更是巨大，是比较危险的单元操作。**【案例 8-4】**2007 年 3 月 16 日，江苏东台市某化工企业试制新产品乙氧基甲叉基丙二腈。在粗产品蒸馏过程中，蒸馏塔突然爆炸，造成 4 人死亡、1 人受伤。事故直接原因是，乙氧基甲叉基丙二腈粗产品过度蒸馏，导致高沸物堵塞填料层，蒸馏釜内压力增大，发生物理爆炸，继而引起物料发生化学爆炸。新产品试制过程中，不熟悉粗产品的性质，没有掌握被加热物料与载热体的正确比例，没有适时放出馏残液，导致蒸馏塔釜蒸干，这是造成该事故的原因。

在蒸馏塔或蒸发器操作中，液体蒸发为蒸气时，体积发生巨大变化，蒸馏塔或蒸发器内有足够的蒸发空间。在没有蒸发空间的设施内，如果液体意外气化，就可能发生事故。案例 1-2 中石油吉林石化分公司双苯厂“11·13”爆炸事故的直接原因是加热操作错误。换热器开车时，要先通入冷流体，后通入热流体；换热器停车时，要先切断热流体，后切断冷流体。换热器开、停车时，冷热流体的比例必然与正常生产时不同，但是不可让热流体处于“过量”状态，以避免冷流体意外气化。不懂以上规定的意图，又不严格按操作规程操作，实在是操作人员的大忌。

在各种化工操作过程中，都要严格控制物料温度，保持物料相态符合工艺规定。温度过高，可能导致液体物料意外气化，化学反应速率加快，导致安全事故。温度过低，可能导致液体物料意外凝固或者溶液中意外出现结晶沉淀，致使设备管道堵塞。温度降低还可能导致气体物料意外液化，体积大大缩小，也可能引发事故。例如，某厂储罐用水蒸气试气密完毕后，未打开储罐与外界连通的阀门，水蒸气冷凝后储罐内形成真空，储罐被压扁。

## 二、间壁换热过程的热源

### 1. 直接火

间壁换热过程中，热源选择或使用不当也会带来安全问题。采用直接火加热，被加热物料往往受热不均匀，温度不易控制，而且直接火有成为点火源的危险。所以，处理易燃易爆物质时一般不用直接火加热。使用直接火加热时应注意：

（1）被加热设备所在厂房不允许有明火时，加热炉门与被加热设备之间用砖墙完全隔离。炉膛构造应避免火焰直接接触被加热设备，应利用热辐射和烟道气对流方式传热。

（2）使用直接火等高温热源时，要特别注意防止传热面结疤、结垢，这不仅影响传热效率，有些结疤在过热时还会发生分解爆炸。要经常清除被加热锅底残渣，避免局部过热。容量大的加热锅，应有防止锅底泄漏的措施。

（3）根据使用的燃料，采取与同燃料的锅炉类似的安全措施，如使用煤粉、气体燃料要特别注意防爆。加热炉烟囱、烟道等高温部位，应符合防火要求。

### 2. 水蒸气或热水

加热易燃易爆物质时，采用水蒸气为热源比较安全。控制饱和水蒸气的压力，就能控制其温度，比较方便。饱和水蒸气冷凝时，传热效率很高。所以，水蒸气是最常用的载热体。使用中要注意，水蒸气夹套与管道要安装压力表与安全阀，防止超压；要敷设保温层，防止烫伤或成为点火源。

考虑到换热面有腐蚀穿孔泄漏的可能，要避免使用与被加热物料能发生化学反应的物质作载热体。例如，环氧乙烷易与水反应，极少量的水分渗入液体环氧乙烷中，也会引起反应放热甚至爆炸，所以加热环氧乙烷时，载热体不可用水或水蒸气。用热水作载热体通常非常安全，缺点是热水温度低，应用范围受限制。水蒸气作载热体时，如果需要的水蒸气温度高，但是用量不太大，也需要配置高压蒸气锅炉，经济上可能不合算。

3. 导热油

在需要载热体的温度较高，用水蒸气不适合的场合，可以使用高温载热体加热。化工生产中常用的高温载热体是热载体油（heat transfer oil），也称导热油。小型化工企业使用导热油锅炉的比较多。导热油成分有两大类：矿物油和芳烃。矿物油导热油的成分通常是闪点较高、没有毒性的矿物油，操作温度可达 300～350℃。芳烃导热油有烷基苯型（苯环型）、烷基萘型、烷基联苯型和联苯与联苯醚低熔混合物型导热油。工业加热常使用二苯醚 73.5%、联苯 26.5%的二苯混合物作为载热体，温度易控，虽可燃但无爆炸危险。二苯混合物在 256～258℃的使用比较经济；在高温下（350℃）长时间使用会产生酚类物质，有低腐蚀性；当温度高于 400℃时，二苯混合物开始分解。二苯混合物渗透性强，能透过石棉橡胶板垫片，管路连接应该用金属密封垫或焊接。

导热油通常循环使用，即用导热油锅炉将导热油加热，然后送入需要加热的设备，热量输出之后，温度较低的导热油再回到导热油锅炉加热。导热油锅炉通常以煤炭、燃气等为燃料，要防止燃料明火成为点火源。此外，导热油使用过程有如下安全注意事项。

1）防止载热体内混入水及其他低沸点杂质

高温载热体中的水分会迅速气化，导致压力急剧上升而达到无法控制的程度，引起爆炸事故。案例 6-9 就是用联苯醚作加热剂时，因为水解釜夹套中残留的 20kg 水意外气化，导致夹套超压爆炸的实例。所以，导热油在投入使用前应先缓慢升温，脱除导热油系统中的水和其他低沸点组分杂质。

2）避免导热油结焦

在运行温度持续偏高时，导热油管壁会持续出现结焦现象。随着管壁焦层的不断增厚，传热性能不断恶化，导热油管壁特别是导热油锅炉管壁温度，会持续升高甚至可能发生爆炸事故。因此，应严格控制导热油的温度不得超过最高使用温度。

3）避免导热油的氧化

长期在高温下运行的导热油，易发生氧化反应，劣化变质，所以有的导热油加热系统设充氮保护。要确保载热体系统的封闭，避免导热油与空气接触，以延长导热油的使用寿命。

4）定期化验导热油指标

定期测定和分析导热油的残碳、酸值、黏度、闪点、熔点等理化指标，及时掌握其品质变化情况，分析变化原因。当酸值超过 0.5mg KOH/g，黏度变化达到 15%，闪点变化达到 20%，残碳（质量分数）达到 1.5%时，证明导热油性能已发生了变化。应定期适当补充新的导热油，使系统中的残碳量基本保持稳定。

5）定期排查泄漏点

要注意导热油循环系统的密闭，防止导热油泄漏。使用中要定期检测设备壁厚和耐压强度，要定期排查设备的腐蚀渗漏情况，发现渗漏及时检修。载热体系统要合理设计，并在设备和管道上加装压力计、安全阀和放空管，加强现场监控。

4. 无机物载热体

通常用熔融的无机盐或金属，通过间壁加热方式加热物料，俗称盐浴和金属浴。较为常用的无机物载热体有熔盐（如硝酸钾、亚硝酸钠与硝酸钠的混合物）和低沸点金属（如铅、锡、锑等），其加热温度可达350～500℃。操作温度为400℃以上时，熔盐较导热油在价格及使用寿命方面具有较大优势，但是操作比较复杂。

5. 电加热

电加热比较安全，温度容易控制，一旦发生事故可以立即切断电源。电加热有两种方式：一种是利用电阻较大的电炉丝通过电流时产生热量；另一种是电感应加热。

电炉丝可以直接加热无导电性的物料，如氨合成塔中加热氮氢混合气；也可以加热载热体，如在蒸馏釜夹套中安装电炉丝加热导热油，就无须导热油锅炉。主要安全问题是电炉丝与金属设备一定要绝缘。电感应加热的原理是：在钢制容器或管道上缠绕绝缘导线，通入交流电，利用钢制容器或管道壁产生的涡流提供热量。主要安全问题也是绝缘问题。

## 第三节　危险化学品储存与运输安全

储存和运输过程中发生的危险化学品事故，常成为影响社会的事件。本节讨论危险化学品储存、运输和废弃过程中的安全问题。

### 一、危险化学品安全管理条例

危险化学品是化工企业火灾、爆炸、中毒等事故的根源，也常常是影响职工身体健康甚至导致职业病的根源，还可能是造成环境污染的根源。危险化学品安全管理是化工企业安全工作的重点。危险化学品管理的依据是国务院《危险化学品安全管理条例》。该条例分别规定了危险化学品生产及储存、使用、经营、运输等各方面的安全管理要求，是化工企业最常用的安全法规。政府对危险化学品的监管涵盖其生产、使用、储存、运输、经营、废弃等环节，贯穿企业建厂、生产和停业的整个过程。

《危险化学品安全管理条例》规定，国家对危险化学品的生产、储存实行统筹规划、合理布局。生产、储存、使用、经营、运输危险化学品的单位（以下统称危险化学品单位）必须分别取得相应的许可证书。要取得许可，必须具备法律、法规、国家标准规定的安全条件。例如，必须有符合要求的场地、设施、管理人员和技术人员等。生产、储存危险化学品的单位，必须定期进行安全评价，检查安全生产条件方面存在的问题。危险化学品单位必须建立、健全安全管理规章制度和岗位安全责任制度，对从业人员进行安全教育、法制教育和岗位技术培训。对有资格要求的岗位，应当配备依法取得相应资格的人员。危险化学品单位应当制定本单位危险化学品事故应急救援预案，配备应急救援人员和必要的应急救援器材。

《危险化学品安全管理条例》还规定了危险化学品单位应采取的诸多安全措施。生产、储存、使用危险化学品的，应当根据危险化学品的种类、特性，在车间、库房等作业场所设置相应的监测、通风、防晒、调温、防火、灭火、防爆、泄压、防毒、消毒、中和、防潮、防雷、防静电、防腐、防渗漏、防护围堤或者隔离操作等安全设施、设备，并按照国家标准和国家有关规定进行维护、保养，保证符合安全运行要求。

## 二、危险化学品储存安全

保障危险化学品储存安全，首先要熟悉危险化学品的性质，特别是其理化危险性、健康危险性和环境污染危险性。要充分利用安全标签和安全技术说明书，掌握库存危险化学品的物化性质、危险特性、健康危害、急救方法、基本防护措施、泄漏处理、储存注意事项等。要特别注意避免库存危险化学品之间因发生相互作用而酿成事故。

### 1. 禁忌物料与危险化学品的储存安排

1）禁忌物料

化学性质相抵触或灭火方法不同的化学物料互为禁忌物料。凡是相互接触能发生化学反应的物质，如氧化剂与还原剂、酸与碱都互为禁忌物料。允许以水为灭火剂与不允许以水为灭火剂的物料也互为禁忌物料。互为禁忌物料的物料不得混合存放，也不得用同一车辆运输。

相互接触能发生燃烧、爆炸的物质混合存放，是仓库发生火灾爆炸事故的重要原因。

**【案例 8-5】**深圳“8·5”特大爆炸火灾事故。1993 年 8 月 5 日，深圳市某企业危险化学品仓库发生严重爆炸事故，死亡 15 人，伤 200 多人，直接经济损失超过 2.5 亿元。该仓库原为干杂仓库，违章改为危险化学品仓库。仓库内危险化学品存放严重违章，大量氧化剂高锰酸钾、过硫酸铵、硝酸铵、硝酸钾等与强还原剂硫化碱、可燃物樟脑精等存放在一个区域内。强氧化剂和强还原剂接触，发生氧化还原反应，形成热积累，导致起火燃烧，这是发生事故的直接原因。仓库内储存的危险化学品的品种杂、数量特别大是事故损失巨大的主要原因。

2）危险化学品的储存安排

仓库或罐区储存的危险化学品往往种类较多、数量巨大、存放集中、进出库频繁，多属重大危险源。危险化学品储存安排取决于危险化学品的种类、容器类型、储存方式和消防要求。气体危险化学品一般储存于气瓶中，液体危险化学品一般储存于储罐、钢瓶或桶类容器中。储存的危险化学品应按照《危险货物包装标志》要求，设置明显的标志。

仓库物料有隔离储存、隔开储存和分离储存共三种分隔储存方式。隔离储存是指在同一房间或同一区域内，不同的物料之间分开一定的距离，非禁忌物料之间用通道分隔的储存方式。隔开储存是指在同一建筑或同一区域内，用隔板或墙将互为禁忌的物料分离开的储存方式。分离储存是指在不同的建筑物或远离所有建筑的外部区域内的储存方式。《常用化学危险品贮存通则》对于各种储存方式的平均单位面积储存量、单一储存区最大储存量、垛间距离、通道宽度、墙距宽度和与禁忌品的距离都有严格规定。

3）几类特殊危险化学品的储存

（1）爆炸品必须单独隔离限量储存，其仓库不准建在城镇内，还应与周围建筑、交通干道、输电线路保持一定安全距离，仓库内不得储存其他类物品。

（2）遇水放出易燃气体的物质或混合物简称遇水燃烧物质，这类物质多数能与酸或氧化剂反应，而且往往比与水的反应更剧烈，着火爆炸的危险性更大，如金属钠、钾等遇水或潮气容易引起自燃甚至爆炸。遇水燃烧物质应该用良好的防潮包装，在储存、运输和使用等各个环节严禁这些物质与水、潮湿空气、各种水溶液、酸溶液接触。遇水燃烧物质的库房要求：

应远离产生大量水雾的设施，地面标高应当较高，应有良好的排水、排湿设施，门、窗及装卸区应有遮雨设施。

（3）遇氧易发生氧化反应或受热易分解的物质，在储存、运输和使用等各个环节，都应分别注意避免与氧、热接触。受日光照射能引起燃烧、爆炸或能产生有毒气体的危险化学品，应储存在一级建筑物中，其包装应采取避光措施。

（4）尽管压缩气体和液化气体等都储存于钢制气瓶中，但是这些气瓶必须与爆炸物品、氧化剂、易燃物品、自燃物品等隔离储存。易燃气体气瓶不得与助燃气体、剧毒气体气瓶混合存放，也不得用同一车辆运输。氧气气瓶不得与油脂混合储存。

（5）有毒物品应储存在阴凉、通风、干燥的场所，不要接近酸类物质。

（6）腐蚀性物品的包装必须严密，不允许泄漏。与危险化学品接触时间最长的是包装材料与储存容器，二者的材质必须能承受化学品的腐蚀，并能防止外界的水分等透过。

### 2. 储存场所的安全要求

全厂布局中，要合理布置储运设施区及各类储运设施。例如，火灾危险性属于甲、乙、丙类液体罐区的布置，应符合下列要求：①宜布置在厂区的边缘、自然通风较好的独立地段，不应布置在地面标高尺寸高于相邻装置、车间、全厂性重要设施及人员集中场所的地方，无法避免时，应采取防止液体漫流的措施；②应远离明火及散发火花的地点；③严禁架空供电线跨越罐区；④当靠近河岸时，应位于临河城镇、企业、居住区、码头、桥梁的下游地段，并应采取防止液体流入河流的措施；⑤易燃、易爆液体储罐体积不宜太大，不宜太密集。

危险化学品必须储存在专用仓库（含专用储存室）内。专用仓库的耐火等级、层数、占地面积、安全疏散和防火间距等，均必须符合《建筑设计防火规范》规定。专用仓库不得有地下室或其他地下建筑，必须安装通风设备。储存易燃、易爆危险化学品的建筑，必须安装避雷及静电接地设施，其建筑、通风管道、装饰、保温等材料，必须采用非燃烧材料。专用仓库内，必须配置相应的消防设施，并配备经过培训的兼职和专职的消防人员，根据危险品特性和仓库条件，安装火灾报警及自动灭火系统。

### 3. 储存场所的安全管理

首先要把好危险化学品入库这一关口。应严格检验入库物品的品种、质量、数量、包装情况、有无泄漏。**【案例 8-6】**岳阳市特大 SBS 自燃火灾事故。1997 年 5 月 11 日凌晨，岳阳市城陵矶富源外贸仓库发生特大火灾，烧毁库房 3600m$^2$，烧毁存放在该库的化工原料 SBS 1585t、顺丁橡胶 120t，直接经济损失达 1593 万元。火灾的直接原因是 SBS 产品中混有受高温变质的物质，遇空气发生聚合、氧化放热自燃，属于化学自燃。SBS 自燃的根源是，岳化橡胶厂 SBS 生产车间主任擅自将 SBS 配方中规定的防老剂添加数量降低 30%以上。该批 SBS 产品原料共 255t，未经试验于 1997 年 3 月全部运往富源仓库。

该案例自燃物质以杂质形式混在可燃的 SBS 产品中，在仓库储存数月发生自燃引发火灾。有的自燃物与氧反应放热缓慢，热量累积很慢，发生自燃的“潜伏期”很长，所以自燃事故发生在仓储环节的可能性较大，危险性也特别大。必须熟知本企业储存的物料哪些有自燃性，严格检验制度，避免因其中含有易自燃或易发生放热反应的杂质而发生自燃事故。

控制点火源和预防物质自燃，是储存场所安全管理工作的重点。危险化学品储存区域应有警示标志，进入储存区的人员、机动车辆必须采取防火措施。储存危险化学品的建筑物、区域内，严禁一切明火和能产生明火的作业和行为，严禁堆积可燃废弃物品。发生泄漏或渗漏危险品的包装容器，应迅速移至安全区域。对于能自燃的物质，要严密监控其温度变化，加强通风散热，严防其受热自燃。库房温度、湿度应严格控制、经常检查，发现变化及时调整。危险化学品入库后，应采取适当的养护措施，在储存期内定期检查，发现其品质变化、包装破损、渗漏、稳定剂短缺等，应及时处理。装卸、搬运危险化学品时，应按有关规定进行，做到轻装、轻卸，严禁摔、碰、撞、击、拖拉、倾倒和滚动。装卸对人身有毒害及腐蚀性的物品时，操作人员应根据危险性穿戴相应的防护用品。

## 三、危险化学品罐车运输安全

### 1. 汽车罐车安全要求

液体危险化学品运输，多使用带有液体储罐的货车即汽车罐车。有的液体危险化学品，如液化石油气、液氨等压力较高，其罐车属于移动式压力容器。汽油、甲醇等易燃、易爆液体罐车属常压容器，但罐壁较薄，危险性并不小。危险化学品汽车罐车发生安全事故的案例屡见报道。**【案例 8-7】**晋济高速“3·1”特别重大燃爆事故。2014 年 3 月 1 日，山西省晋城市某公司一辆实载 29.14t 甲醇的重型罐式货车，由北向南行驶至二广高速公路岩后隧道（长 700 余米）路段，刚进入隧道即追尾碰撞了前方另一辆实载 29.66t 甲醇的重型罐式货车，导致前车卸料管与罐体焊缝开裂，甲醇泄漏，后车电气短路引燃了泄漏的甲醇。由于岩后隧道入口低、出口高，甲醇在隧道入口处泄漏燃烧后，火势迅速沿隧道向出口蔓延，先后引燃前方排队等候通行的运煤车，并导致隧道内一辆载有二甲醚的车辆发生爆炸。大火造成隧道内 40 人死亡，12 人受伤，42 辆汽车、1500 多吨煤炭燃烧，持续 73h 才扑灭，二广高速公路岩后隧道路段交通中断 3 天多。

后车追尾是该事故发生的直接原因。交通管理混乱造成隧道内车辆拥堵是事故扩大的主要原因。晋济高速特别重大燃爆事故后，政府大大加强了对危险化学品罐车制造、运输等过程的监管工作，现已通过北斗卫星系统，对于危险化学品罐车行驶过程进行全程实时监控。

运输危险化学品的罐车，必须由具备资质的企业设计生产，必须符合国家标准规定的安全技术条件，并依规定期进行安全技术检验。汽车罐车的罐体与走行装置的固定和连接结构，应有足够的刚度、强度，牢固可靠，能承受规定的惯性力和局部应力载荷，能满足相应运输方式的安全技术要求。易燃液体罐车的罐体内，应用若干金属板分隔，使罐体具有足够的刚度，并能减少车辆行驶时因液体晃动、摩擦而产生的静电。运输过程中的事故多由泄漏开始，而泄漏往往是由于罐体的薄弱环节（如装卸口、管路、阀门、仪表等）被破坏造成的。这些薄弱环节不能用铸铁或非金属材料制造，并应设置保护装置。汽车罐车的安全附件应当齐全、完好，如罐车装卸液口应配置紧急切断阀，顶部应安装阻火器和呼吸阀，底部应配有导除静电的装置，排气管应加防火罩。

### 2. 汽车罐车运输操作规程

化学品罐车运输操作规程，应当明确规定对于车辆的安全要求，包括：车辆状况、车辆允许行驶速度、运输过程中的作息时间要求及车辆停放要求。多数危险化学品罐车事故是由交通安全事故导致的。因此，液体危险化学品罐车应当严格执行公安、交通运输法律、法规及相关部门的有关规定，避免罐车运输过程发生交通事故。危险化学品运输车辆应当悬挂或者喷涂符合国家标准要求的警示标志，以明显醒目的标志引起其他车辆的注意。除驾驶人员外，使用单位应另外配备操作人员，操作人员应当对运输全过程进行监管。无关人员不得搭乘装有危险化学品的运输工具。随车作业人员每次出车前、停车后，必须按规定项目检查车辆与罐体。根据所装危险化学品的性质，运输车辆应配置相应的灭火器材、防护急救用品，并确保这些器材、用品随时处于完好状态。运输操作规程应当明确规定运输中可能出现的异常现象和防止措施。发生危及安全运行的异常情况时，操作人员或者押运人员应当立即采取紧急措施，并且按规定的报告程序及时向有关部门报告。

### 四、危险废物及其处理

危险废物是指列入国家危险废物名录，或根据国家危险废物鉴别标准和鉴别方法认定的、具有危险特性的固体废物。国家危险废物鉴别标准（GB 5085）为系列标准，包括腐蚀性、浸出毒性、易燃性、反应性、毒性物质含量鉴别及通则、急性毒性初筛等标准。2016 年我国发布了《国家危险废物名录》的新版本。《国家危险废物名录》规定，列入《危险化学品目录》的化学品废弃后属于危险废物。危险废物的来源，一是企业生产中持续产生的废渣、废液等可能含有危险废物；二是特殊情况下企业要废弃的危险化学品，如过期、变质的化工原料或要拆除化工容器中的残液。

对具有易燃性、反应性的危险废物不及时处理或处理不当，可能发生安全事故。

**【案例 8-8】**江苏响水天嘉宜化工有限公司“3·21”特别重大爆炸事故。2019 年 3 月 21 日 14 时 48 分，位于江苏盐城市响水县生态化工园区的天嘉宜化工有限公司发生特别重大爆炸事故，造成 78 人死亡、76 人重伤，640 人住院治疗，直接经济损失 19.86 亿元。事故调查组查明，发生爆炸的硝化废料，是该企业生产过程中产生的固体废弃物，属于危险废物，一直没有妥善处理，已经积存了约 600t。该企业违反危险废物储存不得超过 1 年的规定，有的已储存 7 年。事故的直接原因是：该硝化废料持续积热升温导致自燃，燃烧引发爆炸。

危险废物的处理，是一件危险性很大、技术性很强的工作，需要熟悉有关废弃物的性质，具备有关的处理技术和专业知识，有的需要专门人才和专用设备。即使是生产和使用这些化学品的人员，也未必都能胜任此项工作，更不能随便交与其他单位或人员处理。

危险废物的处理，首先必须明白化学品的品种和数量，然后根据化学品的性质制定具体处理方案和应急救援方案再实施。如果不能回收利用，通过化学反应将危险化学品转化为无害物质是处理的基本思路。例如，用焚烧方法处理可燃的危险化学品是比较常用的，但必须注意避免引起火灾。酸或碱性化学品可以用中和方法去除。某些物理方法如溶解、吸收、萃取也可以采用。如果易燃、易爆物质能溶解于水、酸或碱溶液中，其危险性将大大降低，但要注意其溶液的利用或处置，不能污染环境或引发新的安全事故。

## 第四节　化工装置检修作业安全

化工检修作业的安全管理与正常生产区别很大，不掌握检修作业的特殊安全要求容易发生事故。本节介绍化工检修安全作业证制度和检修安全责任制度，并以动火作业与受限空间作业为例，讨论特殊检修作业中的安全技术与管理问题。

## 一、化工检修概述

化工生产多为连续生产，机器的运动部件较易磨损，与高腐蚀性物料接触的设备、管道易腐蚀泄漏，有的管道、阀门、仪表容易被固体粉体、沉淀、结垢等堵塞。化工检修过程是消除系统设备、管道、阀门、仪表的各种隐患，恢复和改进系统安全状态的过程；是检查设备腐蚀状况和内部隐患的有利时机；也是技术革新和技术改造项目安装的有利时机。

化工检修分为计划检修与计划外检修。计划外检修是由于设备故障或事故导致的临时停车或不停车检修。根据检修要求、内容和时间，检修分为小修、中修和大修。连续生产的化工企业尤其是大型企业，每次开停车要耗费大量的物资与能源。尽量减少停车检修次数、保证较长的连续生产天数，是节能降耗的重要途径。这就对每次检修的质量与效率提出了极高的要求，同时要尽可能避免计划外检修。化工检修包括停车检修与不停车检修。不停车检修主要是备用化工设备及部件的检修，在生产现场检修时，要高度注意安全作业，如严格禁止金属碰撞产生火花，需要敲击时应使用木槌或橡胶锤。

对于生产危险化学品的企业，化工检修过程的特点是既复杂又危险，检修环境可能在高处、地下、露天或设备内部，受到各方面条件的制约。化工设备、管道中可能残存危险化学品，而检修中可能需要焊接等动火作业或进入设备内部。《化学品生产单位特殊作业安全规范》（GB 30871—2014）将涉及动火、进入受限空间、盲板抽堵、高处作业、吊装、临时用电、动土、断路等 8 种危险性较大的作业定为特殊作业，做出了更严格的安全管理规定，并规定了一些安全技术措施。该规范是我国化工行业多年经验教训的总结，是用无数人的生命和健康为代价换来的，也是企业制定化工检修安全制度的重要依据。

实践证明，化工装置检修期间是事故易发期，必须加强组织领导。化工检修过程的劳动组织，不同于正常生产过程，涉及多个工种甚至不同单位的人员，不便组织协调，同时劳动组织具有临时性质，有时难以形成强有力的领导。无论是大修、小修，计划内检修还是计划外检修，都必须加强安全管理，严格执行有关规章制度，落实检修安全责任制度。

化工检修尤其是大修，涉及方方面面，是一项系统工程，必须科学制定一个周密的检修方案，根据现代统筹学的原理编制检修计划图，以便于调度。检修方案从时间跨度上应包括检修前的准备工作、停车、检修和开车阶段，检修安全管理工作也要贯彻始终。

## 二、安全作业证制度

### 1. 安全作业证

安全作业证（以下简称作业证）是对特定时间、特定地点、特定作业的许可，不可通用，不得异地使用或扩大使用范围，超过有效期限无效，应重新办理。例如，动火作业实行一个动火点一张作业证的动火作业管理。同一作业涉及几种特定作业时，要办几种作业证，如在高空进行动火作业前，要办动火作业证和高空作业证。作业证一式三联，备查，保存期一般为一年。安全作业证必须填写批准之前查找出来的作业危险因素及其应对措施，必须填写为安全作业需要做的各项准备工作，实际上这是对检修准备工作的全面检查。作业证审批要求严格，审批人员应到现场核查图纸，查验标志，检查确认安全措施，之后方可签发安全作业证。安全作业证制度是一项行之有效的安全生产制度，必须严格执行。

2. 安全作业证与特殊检修作业分级

8 种特殊作业中，有的作业根据危险程度进行分级管理，其安全作业证由不同层次的管理部门或人员审批，这样对于危险程度较大的检修作业，可能考虑得更缜密，准备得更充分。例如，动火作业分为特殊、一级和二级动火作业。特殊动火作业是指在生产运行状态下的易燃、易爆生产装置、输送管道、储罐、容器等部位及其他特殊危险场所进行的动火作业。带压不置换动火作业应按特殊动火作业管理。特殊动火作业证由主管厂长或总工程师审批。一级动火作业是指在易燃、易爆场所进行的、除特殊动火作业以外的动火作业，其作业证由主管安全（防火）部门审批。除了特殊和一级动火作业，禁火区内的其他动火作业都属于二级动火作业，其作业证由动火点所在车间主管负责人审批。遇节假日或其他特殊情况时，动火作业都应升级管理，如五级风以上天气而确需露天动火作业时。

## 三、化工检修安全要求与检修安全责任制度

1. 检修作业的安全要求

为使检修作业安全、高效地进行，顺利完成检修作业与生产过程的转换，检修前的周密准备、检修中严格遵守检修规程及检修后细致的善后工作都非常重要。

1）检修前的安全要求

检修前，必须进行检修过程危险、有害因素识别。对于可能造成人员伤亡或对物造成突发性损害的作业（常称为危险作业），更应格外注意。对于能影响人的身体健康，导致疾病或对物造成慢性损害的有害作业也不可忽视。在检修过程危险及有害因素评估基础上，根据设备检修项目的要求，检修施工单位应制定完备的设备检修方案，并经设备使用单位审核。检修方案中应有周密的安全技术措施，并明确检修项目安全负责人。检修施工单位应指定专人负责整个检修作业过程中的具体安全工作。检修前施工单位要做到：检修组织落实、人员落实和安全措施落实。

检修前，设备使用单位应对参加检修作业的人员进行安全教育，安全教育主要包括以下内容：有关检修作业的安全规章制度；检修作业现场和检修过程中存在的危险因素和可能出现的问题及相应对策；检修作业过程中所使用的个体防护器具的使用方法及使用注意事项；相关事故案例和经验教训。

检修前，应将现场影响检修安全的物品清理干净，应检查、清理检修现场的消防通道、行车通道，保证畅通。检修现场应按照《安全标志及其使用导则》要求，设立相应的安全标志。对检修现场存在的可能危及安全的坑、井、沟、孔洞等，应采取有效防护措施，设置警告标志，夜间应设警示红灯。

检修前，应对检修作业使用的脚手架、起重机械、电气焊用具、气体钢瓶、手持电动工具等各种工器具进行检查，手持式、移动式电气工器具应配漏电保护装置。凡不符合作业安全要求的工器具不得使用。对检修作业使用的防护器材、消防器材、通信设备、照明设备等应安排专人检查，并保证完好。应检查检修现场的梯子、栏杆、平台、箅子板、盖板等，确保安全。

检修前，设备使用单位负责设备的隔绝、清洗、置换，合格后交出。检修项目负责人应与设备使用单位负责人共同检查，确认设备、工艺处理等符合检修安全要求。对待检修设备

上的电器电源，应采取可靠的断电措施，确认无电后，在电源开关处设置安全警示标牌或加锁。需夜间检修的作业场所，应设满足要求的照明装置。临时用电应按特殊作业规定办理用电手续，并按规定安装和架设。

2）检修作业中的安全要求

参加检修作业的人员，应严格遵守安全技术操作规程。从事特殊作业的检修人员，应持有效的作业安全证。检修人员应按规定正确穿戴劳动保护用品。多工种、多层次交叉作业时，应统一协调，采取相应的防护措施。必须对检修人员进行安全监护，特殊检修作业、夜间检修作业及特殊天气的检修作业，更应安排专人加强安全监护。当生产装置出现异常情况可能危及检修人员安全时，设备使用单位应立即通知检修人员停止作业，迅速撤离作业场所，待异常情况排除且确认安全后，检修人员方可恢复作业。

3）检修结束后的安全要求

因检修需要而拆移的盖板、箅子板、扶手、栏杆、防护罩等安全设施，应恢复其安全使用功能。检修所用工器具、脚手架、临时电源、临时照明设备等，应及时撤离现场。检修完工后所留下的废料、杂物、垃圾、油污等，应清理干净。检修后的扫尾工作必须认真、细致，避免留下隐患。例如，动火作业完毕，动火人和监火人及参与动火作业的人员应清理现场，经监火人确认无残留火种后，方可离开。

### 2. 检修安全责任制度

与正常生产不同，检修阶段容易出现职责不清、权限不明等现象，这是发生事故的重要隐患。为杜绝这种现象，应当制定检修安全责任制度，明确下列人员的职责要求。

1）作业负责人的职责

作业负责人对检修作业负全面责任。作业负责人负责办理安全作业证，检修作业之前，应到检修现场检查、确认检修作业各项准备情况，包括作业环境、作业方案、安全措施和防护设施及用品等是否达到安全要求。作业负责人应组织检修作业人员到现场，进行检修方案交底，交代安全注意事项。作业前应检查、确认应急准备情况，之后方可安排人员开始作业。在作业范围及其附近发生异常情况时，应命令停止作业。对未经允许试图进入或已经进入作业范围者，进行劝阻或责令退出。在作业完成后，应会同有关人员清理现场，确认无遗留问题后方可离开现场。

2）监护人员的职责

各种危险作业都应当有监护人员。监护人员对作业人员的安全负有监督和保护的职责。因监护人员脱离岗位使事故未能及时发现，或者因监护人员没有掌握应急救援的基本知识延误救援时机的案例时有发生。监护人员必须了解可能面临的危害，对作业人员出现的异常行为能够及时警觉并做出判断，与作业人员保持联系和交流，观察作业人员的状况。当发现异常时，立即向作业人员发出撤离警报，并帮助作业人员逃生，同时立即呼叫紧急救援。

3）作业人员的职责

作业人员负责在保障安全的前提下实施作业任务。作业前，应了解作业的内容、地点、时间、要求；熟知作业中的危害因素和应采取的安全措施；确认安全防护措施落实情况。作业中，作业人员必须遵守安全操作规程，正确使用安全设施与个体防护用品。应与监护人员进行必要的、有效的安全、报警、撤离等双向信息交流。应服从作业监护人员的指挥，如发现作业监护人员不履行职责时，应停止作业并撤出。在作业中如出现异常情况或感到不适或呼吸困难时，应立即向作业监护人员发出信号，迅速撤离现场。

4）审批人员的职责

审批人员的职责为：审查《安全作业证》的办理是否符合要求；到现场了解作业情况；督促检查各项安全措施的落实情况。外来检修施工单位应具有国家规定的相应资质，并在其等级许可范围内开展检修施工业务。在签订设备检修合同时，应同时签订安全管理协议，明确双方对于检修安全作业的职责，不可一包了之。

5）作业部位负责人职责

特殊检修作业所在车间、工序负责人，应负责所属生产系统与检修作业之间的协调，负责生产与检修作业的衔接，对所属生产系统在检修过程中的安全负责；应参与制定、负责落实检修安全措施，检查、确认安全作业证审批手续，对作业证手续不完备的应及时制止检修作业。在检修作业中，生产系统如有紧急或异常情况，应立即通知停止检修作业。

6）分析化验人员职责

有些检修作业之前，需要进行可燃气体或有毒气体的化验分析，以保证检修作业的安全。分析化验人员责任重大，如动火分析人应对动火分析方法和分析结果负责；应根据动火点所在车间的要求，到现场取样分析，在安全作业证上填写取样时间和分析数据并签字，不得用合格等字样代替分析数据。

## 四、动火作业与受限空间作业安全

《化学品生产单位特殊作业安全规范》对于动火、进入受限空间、盲板抽堵、高处作业、吊装、临时用电、动土和断路等 8 种特殊作业，分别制定了检修作业规范。以下仅简单介绍动火作业和受限空间作业检修作业规范，重点是规范中的安全技术措施。

### 1. 动火作业安全

动火作业是工艺设置以外、能直接或间接产生明火的非常规作业，如使用电焊、气焊（割）、喷灯、电钻、砂轮等。为保证动火作业安全，企业应当在厂区内划出固定动火区与禁火区。固定动火区是能完全保证动火作业安全的区域，固定动火区之外的区域都属于禁火区。必须在禁火区内动火时，要先办理相应级别的安全作业证，严格按照《化学品生产单位特殊作业安全规范》进行。

1）动火作业安全防火要求

凡在盛有或盛过危险化学品的容器、设备、管道等生产、储存装置及甲、乙类生产设备上动火作业，应将其与生产系统彻底隔离，并进行清洗、置换，取样分析合格后方可动火作业；因条件限制无法进行清洗、置换而确需动火作业时，按特殊动火作业的安全规定执行。

动火作业前，应清除动火现场及周围的易燃物品，或采取其他有效的安全防火措施，配备足够适用的消防器材。动火期间，距动火点 30m 内，不得排放各类可燃气体；距动火点 15m 内，不得排放各类可燃液体；距动火点 10m 范围内及用火点下方，不得同时进行可燃溶剂清洗或喷漆等作业。甲、乙类区域的动火作业前，地面如有可燃物、空洞、窨井、地沟、水封等，应检查分析，距用火点 15m 以内的，应采取清理或封盖等措施；对于用火点周围有可能泄漏易燃、可燃物料的设备，应采取有效的空间隔离措施。

特殊动火作业还应符合以下规定：在生产不稳定的情况下，不得进行带压不置换动火作业；应事先制定安全施工方案，落实安全防火措施，必要时可请专职消防队到现场监护；动火作业前，生产车间应通知工厂生产调度部门及有关单位，使之在异常情况下能及时采取相应的应急措施；动火作业过程中，应使系统保持正压，严禁负压动火作业；动火作业现场的通排风应良好，以便使泄漏的气体能顺畅排走。

2）动火分析及合格标准

动火作业前应进行安全分析，动火分析的取样点要有代表性：在较大的设备内动火作业，应采取上、中、下取样；在较长的物料管线上动火，应在彻底隔绝区域内分段取样；在设备外部动火作业，应在不小于动火点 10m 范围内进行动火分析。取样与动火间隔时间一般不得超过 30min（特殊情况下不得超过 60min），如超过此间隔或动火作业中断时间超过 60min，应重新取样分析。特殊动火作业期间还应随时进行监测。

动火分析合格判定：当被测气体或蒸气的爆炸下限≥4%时，其被测浓度应≤0.5%（体积百分数，下同）；当被测气体或蒸气的爆炸下限<4%时，其被测浓度应≤0.2%。

**【案例 8-9】**江苏德桥仓储有限公司火灾事故。2016 年 4 月 22 日，江苏德桥仓储有限公司储罐区 2 号交换站发生火灾，一千多名消防人员近 17 个小时才将明火扑灭。事故导致一名消防战士牺牲，直接经济损失 2532.14 万元。事故原因是动火作业中，引燃地沟中可燃物，地沟内火势迅速蔓延并烧裂相邻管道，管道中可燃液体外泄导致火势越来越大。现场人员启用多种救火设施无效。储罐没有设置紧急切断装置，可燃气体泄漏检测报警装置停用，错失了紧急处置的最佳机会。

事故发生时，该仓储公司储罐区储存汽油等油品约 14 万吨、液态化学品近 7 万吨，还有液化气体约 1420t。动火作业前有关动火安全作业证审批形同虚设，没有动火分析，地沟中的大量油品没有清理，也未采取覆盖或隔离措施。违章动火是事故的直接原因。

2. 受限空间作业安全

受限空间是指化学品生产单位的各类塔、釜、槽、罐、炉膛、锅筒、管道、容器及地下室、窨井、坑（池）、下水道或其他封闭、半封闭场所。受限空间作业是指进入或探入受限空间进行的作业。受限空间作业易发生中毒、窒息等安全事故（如案例 5-2、案例 5-3）。原因是受限空间内的气体不易扩散。矿井、地窖中易发生中毒、爆炸事故也是这个原因。

受限空间作业前，要先办理相应级别的安全作业证。《化学品生产单位特殊作业安全规范》对于受限空间作业的安全要求、职责要求有严格规定，必须照办不误。

1）安全隔绝与清洗或置换

受限空间与其他系统连通的、可能危及安全作业的管道，应采取有效隔离措施。管道安全隔绝可采用插入盲板或拆除一段管道进行隔绝，不能用水封或关闭阀门等代替盲板。与受限空间相连通的可能危及安全作业的孔、洞应严密封堵。受限空间带有搅拌器等用电设备时，应在停机后切断电源，上锁并加挂警示牌。

受限空间作业前，应根据受限空间盛装（过）的物料的特性，对受限空间进行清洗或置换，并达到下列要求：氧含量一般为 18%～21%，在富氧环境下不得>23.5%；有毒物质浓度应符合工作场所有害因素职业接触限值的规定；可燃气体或蒸气的被测浓度应当符合动火分析合格判定标准。

受限空间经清洗或置换不能达到要求时，应采取相应的防护措施方可作业。例如，佩戴防护面具，必要时作业人员应拴带救生绳。在易燃、易爆的受限空间作业时，应穿防静电工作服、工作鞋，使用防爆型低压灯具及不产生火花的工具。

2）专人监护

受限空间维修作业风险更大，应额外增设监护人员。监护人员绝对不能脱离岗位，应随时保持与作业人员的联络，并应掌握受限空间作业人员的人数和身份。检修完毕后，要认真清点受限空间内部，防止人员和工器具留在受限空间内。

3）通风与监测

应采取如下措施，保持受限空间空气良好流通：打开人孔、手孔、料孔、风门、烟门等与大气相通的设施进行自然通风；必要时，可采取强制通风；采用管道送风时，送风前应对管道内介质和风源进行分析确认；禁止向受限空间充氧气或富氧空气。

作业前 30min 内，应对受限空间进行气体采样分析，分析合格后方可进入。采样点应有代表性，容积较大的受限空间，应采取上、中、下各部位取样。作业中应定时监测，至少每 2h 监测一次，如监测分析结果有明显变化，应加大监测频率，作业中断超过 30min 应重新进行监测分析。对可能释放有害物质的受限空间，应连续监测，情况异常时应立即停止作业，撤离人员，经对现场处理并取样分析合格后方可恢复作业。采样人员深入或探入受限空间采样时，应采取个体防护措施。受限空间内涂刷有挥发性溶剂的涂料时，应做连续分析，并采取强制通风措施。

## 思考题及练习题

1. 控制化学反应温度有什么意义？有哪些措施？
2. 讨论案例 8-2 事故发生的原因。
3. 根据案例 1-2 讨论应采取的改进措施。
4. 试从安全角度分析加热过程使用的不同热源的优缺点。
5. 什么是禁忌物料？禁忌物料的储存有何规定？
6. 讨论危险化学品罐车运输中的危险因素。
7. 查阅案例 8-8 的事故调查报告，分析其危险废物的来源、组成与爆炸原因。
8. 动火分析的意义及合格标准是什么？
9. 试述受限空间作业的安全要求。
10. 分析案例 8-9 有哪些教训。
11. 调查本单位（学校）的热源，分析其危险性。

# 第九章　压力容器安全

**本章学习目标**

（1）掌握压力容器分类方法及各种安全附件，熟悉压力容器的检查、检验内容与方法，了解有关特种设备安全的法律、法规及压力容器定期检验和安全状况等级的制度。

（2）熟悉移动式压力容器装卸作业及运输作业中的主要危险因素，了解有关管理制度。

（3）熟悉气瓶化学爆炸和物理爆炸事故的预防知识。

（4）了解蒸汽锅炉各种事故及其预防方法。

压力容器是许多化工企业重要的危险源。与常压容器相比，压力容器的安全技术与管理更为复杂。本章首先讨论压力容器安全技术与管理方面的共性问题，然后分别讨论移动式压力容器、气瓶和锅炉的安全技术与管理。

## 第一节　压力容器概述

### 一、压力容器分类

压力容器在化工企业广泛用作反应器、换热器、分离器和储存容器等。压力容器绝大部分是用普通碳钢或合金钢制造，极少情况下用有色金属或非金属材料制造，按使用方式分为固定式压力容器和移动式压力容器。

按照设计压力（$p$）大小，压力容器分为四个等级：低压容器（代号 L），$0.1\text{MPa} \leqslant p < 1.6\text{MPa}$；中压容器（代号 M），$1.6\text{MPa} \leqslant p < 10\text{MPa}$；高压容器（代号 H），$10\text{MPa} \leqslant p < 100\text{MPa}$；超高压容器（代号 U），$p \geqslant 100\text{MPa}$ 。

压力容器安全首先取决于其制造质量。为了保障压力容器的制造质量，国家对压力容器制造实行市场准入制度。根据容器的操作压力等影响危险程度的因素，《压力容器安全技术监察规程》将压力容器分为三类，其划分原则为：对于一般用途或接触一般介质的压力容器，低压容器通常划为第一类压力容器；中压容器通常划为第二类压力容器；高压容器（包括高压工艺管道）划为第三类压力容器，但是必须注意有如下例外情况。

以下几种危险性较大的低压容器划为第二类压力容器：低压管壳式余热锅炉；低压搪玻璃压力容器；低压反应容器、低压储存容器（仅限易燃介质或毒性程度为中度危害介质）和低压容器（仅限毒性程度为极度和高度危害介质）。

以下几种危险性大的中、低压容器划为第三类压力容器：

（1）中压容器（仅限毒性程度为极度和高度危害介质）。

（2）中压储存容器（仅限易燃或毒性程度为中度危害介质，且 $pV > 10\text{MPa} \cdot \text{m}^3$）。

（3）中压反应容器（仅限易燃或毒性程度为中度危害介质，且 $pV \geqslant 0.5\text{MPa} \cdot \text{m}^3$）。

（4）低压容器（仅限毒性程度为极度和高度危害介质，且 $pV \geqslant 0.2\text{MPa} \cdot \text{m}^3$）。

（5）中压管壳式余热锅炉和中压搪玻璃压力容器。

（6）使用强度级别较高（指相应标准中，抗拉强度规定值下限≥540MPa）的材料制造的压力容器。

（7）移动式压力容器，包括汽车罐车、铁路罐车（介质为液化气体、低温液体）等。

（8）球形储罐（容积≥50m³）。

（9）低温液体储存容器（容积>5m³）。

（10）某些气瓶和医用氧舱（俗称高压氧舱，压力一般<0.3MPa）。

根据企业的条件和能力，政府有关部门批准设计、制造和安装单位不同等级的资质，以利于进行分类监督管理。例如，有第二类压力容器制造资质的企业，可以制造第一、第二类压力容器，但不允许制造第三类压力容器。

## 二、特种设备安全法律、法规简介

我国特种设备安全法律、法规主要有《中华人民共和国特种设备安全法》（以下简称《特种设备安全法》）和国务院制定的《特种设备安全监察条例》。《特种设备安全法》规定，特种设备是指对人身和财产安全有较大危险性的锅炉、压力容器（含气瓶）、压力管道、电梯、起重机械、客运索道、大型游乐设施和场（厂）内专用机动车辆。《特种设备安全监察条例》对各类特种设备的范围都有严格的界定。例如，压力容器为设计压力≥0.1MPa（表压）的承压容器；压力管道的范围为最高工作压力≥0.1MPa（表压）的气体、液化气体、蒸汽介质，或者可燃、易爆、有毒、有腐蚀性、最高工作温度高于或等于标准沸点的液体介质，且公称直径>25mm 的管道。在有些法规或技术标准中，此类界定很多，这仅仅是严格执法范围的需要，与学术上的定义不同。

《特种设备安全法》明确指出：特种设备安全工作应当坚持安全第一、预防为主、节能环保、综合治理的原则；国家对特种设备实行目录管理制度，国务院负责特种设备安全监督管理的部门负责制定特种设备目录，报国务院批准后执行。国家建立缺陷特种设备召回制度，因生产原因造成特种设备存在危及安全的同一性缺陷的，该生产单位应当立即停止生产，主动召回。各级监督管理部门对特种设备的安全监察涵盖生产（包括设计、制造、安装、改造、修理）、经营、使用、检验和报废等各个环节，实施全过程的安全监督管理。

根据《特种设备安全法》，使用单位应当严格履行以下六项职责。

（1）使用单位应当使用取得许可生产并经检验合格的特种设备。禁止使用国家明令淘汰和已经报废的特种设备。特种设备投入使用前，使用单位应当核对其是否附有安全技术规范要求的设计文件、产品质量合格证明、安装及使用维修说明、监督检验证明等文件。

（2）在特种设备投入使用前，使用单位应到安全监察机构或授权的部门逐台进行使用登记。必须严格执行特种设备的停用、过户、移装和报废等制度。特种设备存在严重事故隐患，无改造、修理价值，或者达到安全技术规范规定的其他报废条件的，使用单位应当依法履行报废义务，采取必要措施消除该特种设备的使用功能，并依法办理注销手续。

（3）使用单位应当建立特种设备安全技术档案。

（4）使用单位应当按时向特种设备检验检测机构提出特种设备定期检验要求，未经定期检验或者检验不合格的特种设备，不得继续使用。

（5）使用单位应当对特种设备作业人员进行特种设备安全教育培训，保证作业人员具备必要的特种设备安全知识和作业技能。特种设备的安全管理和操作人员，应当持有相应的特种设备作业人员证。

（6）压力容器及锅炉的重大维修或者改造的施工过程，必须经过具有相应资格的特种设备检验检测机构进行监督检验，经检验合格后方可投入使用。使用单位聘请承担维修和改造的单位，应当是已取得相应的制造许可证或者维修改造许可证的单位。

国务院质检部门为各类压力容器（固定式压力容器、移动式压力容器、气瓶、锅炉及压力管道等）分别制定了安全技术监察规程。这些规程都属于特种设备监察机构的监察法规（TSG 系列）。例如，《固定式压力容器安全技术监察规程》（TSG R0004）涉及该类容器的材料、设计、制造、安装、改造、修理、监督检验、使用管理、定期检验、安全附件及仪表等各环节的基本安全要求，是固定式压力容器安全管理的综合性规范。

## 三、压力容器检验项目

压力容器检验包括容器外部检查、内部检验、耐压试验和气密试验等。出厂之前，压力容器生产厂家，必须进行耐压试验和气密试验等多项试验。对于使用单位，压力容器的检验包括日常检验和年度检验。压力容器的日常检验为在线检验，内容为容器外部检查。企业应组织开展压力容器安全检查，至少每月进行一次自行检查，并做好记录。年度检验通常结合设备大修进行，年度检验内容为外部检查，需要时进行内部检验，年度检验应出具检验报告。

### 1. 外部检查

外部检查内容包括：压力容器及压力管道的外表面有无裂纹、腐蚀、鼓包等缺陷；焊缝和连接部位密封元件有无泄漏；紧固件（如螺栓螺母）是否齐全完好；绝热层、防腐层是否完好；运行和检修记录是否齐全；运行参数是否符合要求；压力容器有无振动和摩擦；压力容器设备基础有无下沉等。外部检查要注意压力容器的安全附件是否齐全、可靠，包括紧急切断装置、安全联锁装置、安全阀、爆破片、压力表、液位计、测温仪表等，要注意有些压力容器对于安全附件有特殊要求。

外部检查要特别注意压力管道。与公称压力相同的压力容器相比，压力管道的壁厚要小得多，同样的腐蚀对于压力管道强度的影响更大。要特别注意由振动或高速气流冲刷造成的管道腐蚀，严禁在强振动下运行。压力管道检查内容应包括：振动情况；管与管、管与相邻物件有无摩擦；管道吊卡、管卡、支承的紧固和防腐情况；管道内有无异物撞击或摩擦声。

### 2. 内部检验

压力容器内部检验内容以宏观检查与表面无损检测为主，包括：容器内表面有无裂纹、腐蚀、鼓包；有衬里的检查衬里是否完好；必要时进行壁厚测定、金相检验、材质分析、强度校核或应力测定等。超声波或 X 射线探伤法是发现焊接裂纹的重要手段。

与外部检查一样，内部检验中要特别注意压力管道的检验。定点测厚是高压工艺管道内部检验内容之一。定点测厚的测点应有足够的代表性，应注意薄弱环节，如管内壁的易腐蚀部位、制造时易拉薄的部位、使用时受力大的部位等。应根据腐蚀、磨蚀速率确定高压工艺管道定点测厚周期：腐蚀、磨蚀速率＜0.10mm/a，每四年测厚一次；0.10～0.25mm/a，每两年测厚一次；＞0.25mm/a，每半年测厚一次。应根据已获得的实测数据，研究分析高压管段在特定条件下的腐蚀、磨蚀规律，判断管道的结构强度，制定防范和改进措施。

对于全焊接高压工艺管道，可利用拆开时机用内窥镜检查；无法进行内壁表面检查时，可用超声波或X射线探伤法检查。由于高压工艺管道较易更换，必要时可以解体抽查甚至破坏性取样检验。解体抽查主要是根据管道输送的工作介质的腐蚀性能、热学环境、流体流动方式、管道的结构特性和振动状况等，选择可拆部位进行解体检查。一般应重点查明：法兰、三通、弯头、螺栓及管口、管口壁、密封面、垫圈的腐蚀和损伤情况。解体抽查可以结合机械和设备单体检修时或企业年度大修时进行，每年选择检验一部分。

### 3. 耐压试验

有以下情况之一的压力容器，应当进行耐压试验：

（1）用焊接方法更换受压元件的。

（2）主要受压元件焊补深度大于1/2厚度的。

（3）改变使用条件，超过原设计参数并且经过强度校核合格的。

（4）需要更换衬里的（耐压试验在更换衬里前进行）。

（5）停止使用2年后重新复用的。

（6）从外单位或者本单位移装的。

（7）使用单位或检验机构，对压力容器安全状况有怀疑，认为应当进行耐压试验的。

耐压试验通常采用液压试验，其试验压力规定为压力容器设计压力的1.25倍。液压试验一般以水为介质，水质应当符合设计图样的要求。液压试验中，压力容器应当充满液体，滞留在压力容器内的气体应当排净。试验中，待容器温度与液体温度相同时，才能缓慢升压至规定试验压力，保持10～30min，进行检查，然后再降压至设计压力，至少保持30min进行检查。耐压试验符合下列条件为合格：①无渗漏；②无可见的变形；③试验过程中无异常的响声。压力容器发出异常响声，可能是应力导致容器（或者容器局部）变形的结果，也可能是钢材内部裂纹产生与发展的结果。

不允许充灌液体，以及运行条件不允许残留试验液体的压力容器，可按照设计图规定采用气压试验。试验所用气体应当为干燥洁净的空气、氮气或者其他惰性气体，要特别注意压力容器内不能有可燃流体。试验压力一般为压力容器设计压力的1.15倍。气压试验时，首先缓慢升压至规定试验压力的10%，保持10min，对所有焊缝和连接部位进行初次检查，合格后继续升压至规定试验压力的50%，其后按照10%的级差升压至规定试验压力，保持10～30min，进行检查，然后再降压至设计压力，至少保持30min进行检查。

### 4. 气密试验

更换密封元件后，必须进行气密试验，进行气密试验前，应当将安全附件装配齐全。气密试验的安全性不如水压试验，如果二者都要进行的话，应先进行水压试验再进行气密试验。气密试验压力规定为压力容器的设计压力。气密试验的过程及合格标准与上述气压试验相同，也应逐级升压分阶段进行，最后在设计压力下保压足够时间进行检查，检查期间压力应当保持不变。气密试验可以用肥皂液或其他检漏液检查有无漏气现象。

**【案例9-1】**某厂自制额定工作压力为0.8MPa的蒸汽气包，制造完毕后未经水压试验而直接用水蒸气进行气密试验，气密试验时人员又站在封头对面。结果未达额定工作压力即发生爆炸，试验人员被封头击中身亡。在总结事故教训时常常发现，事故前犯了多个错误，只要避免其中一个错误，事故就不会发生或事故后果就不会那么严重。案例9-1中，蒸汽气包制造完毕后未经水压试验而直接用水蒸气进行气密试验是一个错误，气密试验时人员站在封头对面又是一个错误。

## 四、压力容器定期检验与安全状况等级

### 1. 压力容器定期检验制度

定期检验制度是政府部门对于特种设备实行的强制检验制度。实行定期检验制度，可以及时查清特种设备的安全状况，及早发现存在的缺陷，及时消除设备隐患，防止事故发生。

《特种设备安全监察条例》规定，压力容器使用过程中应当进行定期检验，检验应当由负责特种设备安全监督管理的部门核准的检验机构进行，定期检验后，应当出具包括检验结论的检验报告，确定压力容器安全状况的等级，决定该压力容器能否安全使用和在什么条件下可以安全使用。使用单位应当于压力容器定期检验有效期届满前 30 日，向检验机构提出定期检验要求，并安排落实特种设备定期检验准备工作。检验机构接到定期检验要求后，应当及时进行检验，并对压力容器定期检验结论的正确性负责。

对于不同材料的固定式压力容器的定期检验的项目内容、方法、安全状况等级评定及检验周期等，《固定式压力容器安全技术监察规程》都有详细规定。例如，金属固定式压力容器一般应当于投用后 3 年内进行首次全面检验，下次全面检验的周期，由检验机构根据压力容器的安全状况等级，按照以下要求确定：①安全状况等级为 1、2 级的，一般每 6 年一次；②安全状况等级为 3 级的，一般 3～6 年一次；③安全状况等级为 4 级的，应当监控使用，其检验周期由检验机构确定，累计监控使用时间不得超过 3 年，在监控使用期间，使用单位应当采取有效的监控措施；④安全状况为 5 级的，应当对缺陷进行处理，否则不得继续使用。符合该监察规程规定条件的，可以适当缩短或者延长检验周期。

### 2. 压力容器安全状况等级与定期检验

安全状况等级根据压力容器定期检验结果综合评定，一般分为 5 级。需要改造或者维修的压力容器，按改造或者维修后的复验结果进行安全状况等级评定。压力容器定期检验工作包括全面检验和耐压试验。容器本身原因导致耐压试验不合格的可以定为 5 级。

全面检验是指压力容器停机进行的鉴定性检验，包括主体材质（与原设计是否相符、材质有无劣化等）、结构（封头、筒体、焊缝布置、开孔等）、焊接缺陷（裂纹、错边、焊缝咬边、焊缝埋藏、未融合、未焊透等）、内外表面裂纹、腐蚀状况（应力腐蚀、晶间腐蚀、均匀腐蚀、点腐蚀等局部腐蚀）、变形、鼓包、机械损伤等多方面的检查、测量与评级。以上诸方面评级中等级最低者即定为该压力容器的安全状况等级。

以上安全状况评级检验项目可以归纳为材质、结构和缺陷（制造或使用过程产生的）等三个方面。压力容器的安全状况等级首先取决于其材质与结构状况即设计制造质量。

设计制造质量符合有关法规和标准的要求、各种缺陷的评级结论为“不影响定级”的压力容器可以评为 1 级，在检验周期内与设计条件下能安全使用。

设计制造质量基本符合有关法规和标准的要求，但存在某些不危及安全的缺陷，各种缺陷的评级结论为“不影响定级”或“定为 2 级”的可以评为 2 级，在检验周期内，在设计条件（新压力容器）或操作条件（在用压力容器）下能安全使用。

下列情况的压力容器一般定为 3 级：主体材质、强度、结构基本符合有关法规和标准的

要求，但是有较明显的制造缺陷或使用过程中造成的腐蚀、磨损、损伤、变形等缺陷；制造时存在的某些不符合法规或标准的问题或缺陷，根据检验报告，未发现由于使用而发展或扩大。安全状况等级定为 3 级的压力容器，能在规定的操作条件下，按法规规定的检验周期安全使用。

主要受压元件材料与原设计不符、材质不明的一般压力容器，即使强度校核合格，经过检验未查出新生缺陷，多定为 4 级（但是移动式压力容器和液化石油气储罐则定为 5 级）。安全状况为 4 级的，必须采取有效措施，进行妥善处理，改善安全状况等级，否则只能在限定条件下使用。

使用过程中产生的缺陷也影响安全状况等级，检验规则规定：有明显应力腐蚀或晶间腐蚀的，定为 4 级或 5 级；发现存在表面脱碳、渗碳、石墨化、蠕变、回火脆化、高温氢腐蚀等材质劣化现象的，根据材质劣化程度，可定为 4 级或 5 级。

## 五、压力容器安全管理

特种设备实际上应作为重大危险源来管理。压力容器使用单位应当严格执行《特种设备安全法》等法律、法规、标准，加强压力容器的安全管理工作。应指定具有压力容器管理资质、熟悉专业和相关法规标准的工程技术人员，负责压力容器的安全管理工作。应落实操作人员培训和作业证制度。必须制定并严格执行以岗位责任制为核心，包括安全操作、安全检查、维修保养、应急救援、技术档案管理等在内的压力容器安全管理制度。

### 1. 压力容器的安全操作

使用单位必须针对具体的压力容器，制定并严格执行安全操作规程。操作规程应明确提出压力容器安全操作要求，其内容至少应包括：压力容器的操作工艺指标（含最高工作压力、最高或最低工作温度）；压力容器的岗位操作法（含开、停车的操作程序和注意事项）；压力容器运行中应重点检查的项目和部位，运行中可能出现的异常现象和防止措施，以及紧急情况的处置程序等。在操作规程中，不仅要规定应当做什么，还要规定禁止做什么。压力容器及管道主要危险因素是超温、超压和腐蚀。操作人员应当严格执行安全操作规程，不超温、不超压，升温升压速率要按操作规程缓慢进行。

### 2. 压力容器维修

使用单位应当对在用压力容器进行经常性日常维护保养，及时更换到期的密封元件。对容器的安全附件、安全保护装置及仪表等进行定期校验、检修，并记录。要加强压力容器及管道的防腐蚀措施。要严格压力容器的安全检查制度，对发现的问题应当及时处理并且记录。对于压力容器存在的缺陷，要弄清其产生原因，评估其危害，并且在使用过程中密切注意其变化，需要检验的及时检验，需要修复的及时修复。

压力容器出现故障或发生异常情况，使用单位应当对其进行全面检查维修，消除事故隐患后，方可重新投入使用。压力容器的重大维修与改造必须由具有相应资质的单位及人员来进行。压力容器、管道内部有压力时，不得进行任何维修，严禁带压紧固或拆卸螺栓，严禁带压补焊。检修过程中，严禁利用高压管道作电焊机接地线或吊装重物着力点，防止压力容器受到电弧或机械损伤。

3. 压力容器应急管理

压力容器发生事故有可能造成严重后果或者产生重大社会影响的，使用单位应当制定应急救援预案，建立应急救援组织机构，配置应急救援装备，并且适时演练。压力容器发生事故后，企业应积极组织抢救、如实报告、协助调查和善后处理。

压力容器发生下列异常现象之一时，操作人员应当立即采取包括紧急停车在内的紧急措施，并且按照规定的报告程序，及时向有关部门报告：

（1）工作压力、液位、温度（包括壁温）超过规定值，采取措施仍不能得到有效控制。

（2）主要受压元件发生裂缝、鼓包、变形、泄漏、衬内层失效等危及安全的现象。

（3）安全附件失灵、损坏等，不能起到安全保护作用的情况。

（4）接管、承压管路、紧固件损坏，难以保证安全运行。

（5）发生火灾等直接威胁到压力容器安全运行的事故。

（6）装运介质与核准不符或过量充装的。

（7）压力容器与管道发生严重振动危及安全运行。

（8）真空绝热压力容器外壁局部存在严重结冰、介质压力和温度明显上升。

（9）其他异常情况。

4. 压力容器档案管理

应当逐台建立压力容器技术档案，并且由其管理部门统一保管。必须保证技术档案的完整、准确。技术档案应当包括以下内容：

（1）压力容器档案卡。

（2）压力容器设计文件。

（3）压力容器制造、安装技术文件和资料。

（4）检验、检测记录及有关检验的技术文件和资料。

（5）修理方案、实际修理情况记录及有关技术文件和资料。

（6）技术改造方案、图样、材料质量证明书、施工质量检验技术文件和资料。

（7）安全附件校验、修理和更换记录。

（8）有关事故的记录资料和处理报告。

## 第二节　移动式压力容器安全

### 一、移动式压力容器及其附件

移动式压力容器包括汽车罐车、铁路罐车、罐式集装箱等，仅用于有压力的液体危险货物的公路、铁路和水路运输。按设计温度，移动式压力容器分为三种：常温型（−20～50℃）、低温型（−70～−20℃）和深冷型（＜−150℃），低温型与深冷型适用于冷冻液化气体，罐体均必须有真空绝热夹层。与固定式压力容器相比，移动式压力容器的安全技术和管理在大的方面是相同的，但是多了运输风险，在装卸作业中的风险也大得多，所以其安全技术更复杂，其安全管理更严格。与其他压力容器不同，移动式压力容器的使用登记机关为直辖市或设区市的负责特种设备安全监督管理的部门。使用单位应当严格履行《特种设备安全法》规定的六项职责，重大维修事项，应书面报告使用登记机关；安全附件变更事项，应经原设计单位同意，经检验机构检验合格后，使用单位将变更后的资料报使用登记机关备案，办理使用登记变更手续。

移动式压力容器的构成包括罐体、走行装置、承压管路、承压附件、安全附件等。承压管路包括以焊接或者法兰等方式与罐体连接的管路及管路中的管件、接头等。承压附件即装卸连接装置，包括装卸阀门和装卸接头等。移动式压力容器的安全附件包括安全阀，安全阀与爆破片组合装置，压力、液位和温度测量装置，紧急切断阀，阻火器，导静电装置等。在运输和装卸过程中，承压管路、承压附件、安全附件等可能成为压力容器安全的薄弱环节，其设置及选用要求与固定式压力储罐有所区别。例如，液位测量装置不可使用玻璃板（管）式液面计。再如，压力表应当选用符合国家或行业相关标准要求的抗震压力表，并应当采用可靠的固定结构，防止压力表在运输中发生相对运动。

## 二、移动式压力容器装卸安全

### 1. 移动式压力容器装卸安全要求

移动式压力容器的装卸作业比较频繁，而且装卸连接装置必须在装卸现场临时连接，必须承受流体的压力与腐蚀。由于装卸连接管道、接头及阀门出问题从而导致安全事故的案例较多。移动式压力容器装卸安全要求包括以下几个方面。

1）装卸管道和接头

移动式压力容器与装卸管道之间，必须有可靠的连接方式。所选用装卸管道、接头的材料，必须与介质、温度、压力工况相适应。以往，连接管道使用软管居多，发生事故较多。罐车充装应当尽可能不使用软管，建议禁用非金属软管。如果使用软管，其公称压力不得小于装卸系统工作压力的 2 倍，其最小爆破压力应当大于容器公称压力的 4 倍。使用单位应当每半年对装卸软管进行 1 次水压试验，试验压力为 1.5 倍的公称压力，试验结果要有记录和试验人员的签字。**【案例 9-2】**1991 年 8 月，东北某有机化工厂在将 40t 液体二氧化硫装卸入库时，装卸软管突然破裂，造成二氧化硫大量泄漏，154 人受到伤害。事故原因是装卸接管原来用铁管，改用胶管作装卸软管时，没有论证二氧化硫对胶管的腐蚀性。仅使用了 11 次，胶管就老化，在压力达到 0.6MPa 时，胶管发生振动扭曲破裂。

2）装卸阀门

装运易燃、易爆及毒性程度为中度危害以上的液体或液化气介质的罐车，无论是压力容器还是常压容器，其罐体装卸液管口处必须装设紧急切断阀门，其安装位置应在靠近罐体处（串联手动装卸阀门），其自动控制系统应远离紧急切断阀（见第四章）。罐车充装之前应打开紧急切断阀（注意：装卸结束后必须马上关闭），正常充装时使用手动装卸阀门控制装卸过程。罐车充装中发生物料泄漏时，应立即关闭手动装卸阀门，如手动装卸阀门无法接近或关闭失败，则启动控制系统关闭紧急切断阀。手动装卸阀门与紧急切断阀门都必须是合格产品，并经耐压试验与气密试验合格后方可安装使用，要定期检查确保可靠好用。

3）静电接地装置

由于在运输过程中的晃动或装卸过程中液体搅动，某些易燃液体可能携带静电。移动式压力容器在进行装卸作业时，必须接地良好，罐体与接地导线末端之间的电阻值应当符合相应标准的规定，严禁使用铁链、铁线等替代上述接地装置。

4）罐内处理

充装可燃、易爆介质的移动式压力容器，首次使用或者检修后首次充装前，必须按使用说明书的要求对罐内气体进行处理和分析。采用抽真空处理时，真空度不得低于 83.0kPa；采用氮气置换处理时，罐内气体含氧量不得大于 3%；充装的介质对含水量有特别要求的移动式压力容器，在首次使用或者检修后首次充装前，必须按使用说明书要求对罐内含水量进行处理和分析。以上处理单位必须出具证明文件。

5）最大允许充装量

液体具有热膨胀和不可压缩性质。多数液体每升高 1℃其体积增大 0.1%左右，有的接近 0.2%。在储运过程中，受外界气温或太阳暴晒等影响，容器内液体的温度可能升高二三十度。要给液体热膨胀留出空间，容器内液体绝对不可装满，以防止物理爆炸。液化气体受热时，不仅液相体积膨胀，还有部分液体气化，导致气相压力增大，更应严格控制充装量。《移动式压力容器安全技术监察规程》（TSG R0005）规定，在设计充装液化气体或液体介质的罐体时，其允许最大充装量应保留 5%的气相空间（设计温度下），并应在设计图纸上标明。

### 2. 充装作业前的准备工作

达到上述安全要求是充装作业安全的前提，做好各项准备工作是充装作业安全的保证。作业之前的准备工作，首先是充装场地应具备作业条件；采取了防止充装过程中车辆发生滑动的有效措施；设置了安全警示标志或者防护信号；易爆介质作业现场已采取防止明火和静电的措施；有释放静电要求的，做好移动式压力容器的静电接地设施与装卸台接地线网连接。充装场地具备作业条件之后，应进行装卸连接管与装卸接口的连接，要保证安全可靠，连接处无泄漏，连接管内有杂质的应先设法清理。

### 3. 装卸作业安全事项

充装单位应当制定安全操作规程，明确提出移动式压力容器运输与装卸等环节的安全操作要求。工艺操作规程应当包括罐体与车辆两方面的内容，包括装卸前各项安全准备工作、装卸的操作程序和注意事项等。充装作业人员应当明确岗位和职责，按照操作规程进行作业，并且符合下列要求：

（1）使用国家统一的移动式压力容器使用登记证及电子记录卡，对充装情况进行读、写记录，严禁错装、超装（超压）充装。

（2）充装前，要核实拟充装液体的数量是否超过最大允许充装量。充装完毕，必须复核充装质量（液化气体）或者压力（永久气体），如有超装或超压情形必须按规定处理。

（3）充装作业时，作业人员不得离开有效控制区域，所处位置要注意自身安全防范。

（4）充装作业时，应密切注意罐体工作压力等参数的变化，发现充装出现异常工况或者充装场地有雷电等危险情况，应立即停止充装作业并采取相应的安全措施。

（5）充装过程中，快装接头连接或者其他密封面发生泄漏，在内部有压力时，不得进行任何紧固，必须卸压后处理。必须按照应急预案对密封面泄漏进行应急处置。

（6）充装危险化学品时，应当向随车工作人员书面提供危险化学品信息联络卡，注明危险化学品的品名、数量、危害、应急措施及充装单位的联系方式等。

（7）可能产生静电的充装作业，要采用正确的充装操作规程，控制静电的产生与积累。

（8）充装作业完成后，按照操作规程关闭所有装卸阀门，断开临时连接的各装置。

装运液态介质的移动式压力容器到达卸载地点后，具备条件的必须及时卸载，卸载不得把介质完全排净，罐体内余压应不低于 0.1MPa。移动式压力容器卸载作业与充装作业安全要求相同。

## 三、移动式压力容器安全管理

### 1. 移动式压力容器的定期检验

移动式压力容器的定期检验分为年度检验和全面检验，年度检验每年至少一次。首次全面检验应当于投用后 1 年内进行，下次全面检验周期由检验机构根据《移动式压力容器安全技术监察规程》和《压力容器定期检验规则》确定。使用单位应当按照该规程与规则的要求，安排并落实定期检验计划。在使用过程中存在下列情况之一的，应当进行全面检验：①停用一年后重新使用的；②发生事故，影响安全使用的；③变更使用条件的；④发现有异常严重腐蚀、损伤或者对其安全使用有怀疑的。

### 2. 日常维护保养和自行检查制度

移动式压力容器安全管理的重点是充装与运输安全。应做好压力容器的日常维护保养和定期自行检查工作，这是保障充装、运输安全的重要条件。日常维护保养是指随车作业人员每次出车前、停车后和装卸前后的检查。定期自行检查是指使用单位的安全管理人员对移动式压力容器每月至少进行一次的检查。对日常维护保养和自行检查中发现的安全隐患，应当及时妥善处理，并且做好记录。日常维护保养和定期自行检查至少应当包括如下内容：

（1）罐体外部的标志标识是否清晰，罐体涂层及漆色是否完好，有无脱落等。

（2）罐体保温层、真空绝热层的保温性能是否完好。

（3）安全附件的性能是否完好，紧急切断阀及相关的操作阀门是否置于闭止状态。

（4）承压附件的性能是否完好，紧固件的连接是否牢固可靠、是否有松动现象。

（5）罐体内压力、温度是否异常及有无明显的波动，罐体各密封面有无泄漏。

（6）罐体与底盘（底架或框架）的连接紧固装置是否完好、牢固。

（7）随车配备的应急处理器材、防护用品及专用工具、备品备件等是否齐全、完好。

# 第三节　气 瓶 安 全

## 一、气瓶概述

气瓶是盛装具有一定压力的气体（含液化气体和溶解及吸附气体）的、特殊的移动式压力容器。气瓶种类多、使用范围广，必须高度重视气瓶的安全工作。

### 1. 气瓶分类

（1）公称工作压力≥10MPa 的属于高压气瓶，有 12.5MPa、15MPa、20MPa、30MPa 等多种规格；公称工作压力＜10MPa 的属于中低压气瓶，有 1MPa、2MPa、3MPa、5MPa、8MPa 等多种规格。

（2）按充装介质分为 4 种。

压缩气体气瓶用于盛装永久气体。永久气体是指临界温度低于或者等于−50℃的气体，如氢气、氮气、氧气、氩气等。

低温液化气体气瓶。低温液化气体是指在运输过程中由于深冷低温而部分呈液态的气体，临界温度一般低于或者等于–50℃，也称为深冷液化气体或冷冻液化气体。

高（低）压液化气体气瓶。液化气体是指临界温度高于–50℃的气体，包括临界温度高于–50℃且低于等于65℃的高压液化气体和临界温度高于65℃的低压液化气体。

溶解气体气瓶，用于盛装在压力下溶解于溶剂中的气体，如乙炔溶解在丙酮中。

《瓶装气体分类》GB/T 16163附表列出了属于以上各类气体的名称及主要危险性质。

（3）按制造方法分为3种。

钢制无缝气瓶，用作永久气体气瓶和高压液化气体气瓶。

钢制焊接气瓶，用作低压液化气体气瓶。

缠绕玻璃纤维气瓶，以玻璃纤维或碳纤维作为增强材料、以合成树脂作为基体材料制成的玻璃钢气瓶，用铝制内胆以保证气密，容积1～10L，充气压力15MPa或30MPa。绝热好，质量轻，一般为便携式压缩空气瓶，用作水下、消防等急救场合的呼吸器气源。

无缝气瓶、液化石油气气瓶、乙炔气瓶（乙炔溶解于丙酮中储存）等作为特殊的压力容器，属于第三类压力容器，由具有最高资质的厂家生产，以保证质量。

### 2. 气瓶安全附件

气瓶安全附件包括瓶阀、瓶帽、防振与安全泄压装置等。气瓶的安全泄压装置有安全阀、爆破片、易熔合金塞，也有复合型的，如爆破片-安全阀、爆破片-易熔合金塞等，其作用是防止因火灾等原因使气瓶中气体受热膨胀而发生物理爆炸。需要注意，有些气瓶禁止或不宜安装安全泄压装置，如盛装剧毒气体的钢瓶。防振圈通常为两个橡胶圈，套在气瓶上，防止在搬运、充装和使用过程中因为碰撞或滚动而损伤瓶壁，造成脆性破裂。

高压气瓶的瓶阀俗称底阀，装在气瓶上。高压气瓶充装时，高压气体直接通过底阀进入气瓶。充装完毕，关闭底阀。可燃气体钢瓶底阀的出气口螺纹应是内螺纹（左旋），而助燃气体钢瓶底阀的螺纹应是外螺纹（右旋），这是为了预防在钢瓶充装作业中发生可燃气体与助燃气体错装。容积较大的液化气体气瓶一般有两个瓶阀（底阀），充装时液体由液相阀进入钢瓶，钢瓶中的气体由气相阀导出。

高压气瓶使用前，要先把一个减压阀串接在底阀上。减压阀的作用是减压并调节气体使用压力。减压阀上带有两个测压装置：一个压力表指示减压阀入口侧压力，即钢瓶压力；另一个指示减压阀出口侧压力，如氧气钢瓶此压力与氧气软管内氧气压力持平。要注意：高压气瓶瓶内压力过低时，应及时停用；减压阀出口侧没有承受高压的能力，压力过高有危险。使用气瓶时，先开启底阀（减压阀的入口侧压力应与高压气瓶瓶内压力持平），再打开减压阀，并调节减压阀的开度使其出口压力符合使用需要。高压气瓶使用完毕，应先关闭底阀，后卸下减压阀，再戴上瓶帽，以防止底阀被碰撞损坏，也防止异物进入底阀。

### 3. 气瓶的充装量

为保证气瓶在运输和使用过程中不因环境温度升高而超压，必须严格控制气瓶的充装量。永久气体钢瓶通过控制充装压力控制充装质量。液化气体气瓶的最大允许充装质量都按照式（9-1）计算，实际充装量不得大于该计算值。

$$W = F_r V \quad (9\text{-}1)$$

式中，$W$为罐体最大允许充装质量，kg；$V$为罐体设计容积，L；$F_r$为质量充装系数，kg/L。质量充装系数的单位同密度，但它不是密度，仅用于液化气体最大允许充装质量的计算。

《液化气体气瓶充装规定》（GB 14193）列举了许多常用液化气体（包括低压和高压液化气体）的充装系数，可以查用，该标准没有列举的液化气体按照以下公式计算。

低压液化气体气瓶的充装系数为：

$$F_r = 0.97\rho\left(1-\frac{C}{100}\right) \quad (9\text{-}2)$$

式中，$F_r$为质量充装系数，kg/L；$\rho$为最高液相介质温度（通常设为60℃）下的液体密度，kg/L；$C$为液体密度的最大负偏差，一般取0～3。

高压液化气体气瓶的充装系数为：

$$F_r = \frac{pM}{ZRT} \quad (9\text{-}3)$$

式中，$F_r$为质量充装系数，$kg/m^3$；$M$为液化气体的相对分子质量；$p$为气瓶许用压力（绝对压力，MPa），取气瓶的公称工作压力；$T$为气瓶最高使用温度，K；$Z$为高压液化气体在以上温度及压力下的压缩系数；$R$为气体常量，$8.314\times10^{-3}$MPa·$m^3$/（kmol·K）。由式（9-3）可见，高压液化气体气瓶的质量充装系数$F_r$等于规定温度及压力下高压液化气体的密度。这是因为当处于最高使用温度及最高许用压力时，高压液化气瓶中的液相全部气化，高压液化气体的质量即为气瓶的最大允许充装量。

#### 4. 气瓶的颜色和标记

为防止错装和混装，国家标准《气瓶颜色标志》对于气瓶外表面的颜色、字样和色环做出了严格规定。例如，氧气钢瓶为天蓝色，氯气钢瓶为草绿色，氨气钢瓶为黄色。

气瓶出厂时，制造单位应当在产品的规定位置上，以钢印注明制造单位的制造许可证编号、企业代号标志、气瓶出厂编号及公称工作压力等气瓶的重要参数。定期检验后，应在气瓶规定部位打上检验单位代号、检验日期等规定的钢印标记。

### 二、气瓶爆炸事故及预防

#### 1. 气瓶物理爆炸事故及预防

气瓶发生物理爆炸事故多数是液化气体过量充装造成的。常用瓶装的液化气体有液化石油气、液氯、液氨等。**【案例9-3】**某市黄金冶炼厂一辆130型汽车在某化肥厂装上两只充装了液氨的钢瓶，返回途中一只液氨钢瓶突然发生爆炸事故，造成5人死亡，7人重伤，7人轻伤。事后，对未爆炸的那只液氨钢瓶进行检查，该钢瓶实际充装了247.8kg液氨，而钢瓶规定的最大充装量为200kg。该钢化肥厂充装液氨管理混乱，没有严格的充装管理制度，没有执行气瓶称量充装，充装工人仅凭肉眼观察钢瓶气相阀是否有雾状液滴喷出，以此作为充装完毕的标志，而不用衡器称量。

防止超装有以下措施和注意事项：

（1）永久气体钢瓶应严格控制充装压力，不得超过气瓶的公称工作压力。

（2）液化气体钢瓶不得超过GB 14193规定的最大充装量，气瓶生产厂家有充装量规定的，也不得大于气瓶产品规定的充装量。

（3）充装前应校准计量衡器，检查台面和计量杠杆。充装用的衡器应定期检验，确保准确。例如，充装液氯时规定：充装后的钢瓶必须复验充装量，两次称量误差不得超过充装量的1%；复磅时应换人换衡器；充装前后的质量均应登记存档。

（4）充装速度过快或操作不当，也是充装发生事故的原因。

2. 气瓶化学爆炸事故及预防

充装过程发生化学爆炸的原因是，瓶内原有物质与充装物质发生剧烈的化学反应，放出大量热，生成大量气体，使瓶内压力骤然升高。错装和混装是气瓶发生化学爆炸的主要原因。错装是指在应装甲气体的气瓶中充装了乙气体。混装是指在同一气瓶中充装了两种气体或液体。使用单位擅自更改气瓶的颜色标记，将盛装某一种气体的气瓶改为充装其他气体，容易导致混装，这种气瓶改装行为是违规的。**【案例 9-4】**1999 年 1 月 6 日，沈阳苏家屯氧气充灌站，6 只刚充装好的氧气瓶发生爆炸，整个充装站房被炸毁，导致 5 人死亡。爆炸原因是，使用充装了氢气的钢瓶充装氧气，钢瓶内氢气与氧气形成爆炸性混合气体，由静电引发了化学爆炸。

首次使用或者检修后首次充装可燃、易爆介质的钢瓶，必须先进行罐内处理，置换其中空气，以预防化学爆炸事故。罐内处理要求同移动式压力容器。液化石油气新钢瓶的抽真空工作，规定由液化石油气充装站在首次充装前完成，应保证钢瓶真空度在 83.0kPa 以上。

## 三、气瓶安全管理

为了安全使用气瓶，气瓶的安全管理至关重要。运输、储存、销售和使用气瓶的单位，应当制定相应的气瓶安全管理制度和事故应急处理措施，并有专人负责气瓶安全工作，定期对气瓶进行检验，对充装、运输、储存和使用人员进行气瓶安全教育。

1. 气瓶检验

气瓶应当逐只进行出厂检验后方可出厂。制造单位应当在每个气瓶的规定位置上打钢印，出具铭牌或者其他能固定于气瓶上的产品合格证，按批出具批量检验质量证明书。

气瓶定期检验单位要逐只进行气瓶检验并出具检验报告。各类气瓶的检验周期按照《气瓶安全技术监察规程》规定执行。例如，盛装一般气体的气瓶，每 3 年检验一次；盛装惰性气体的气瓶，每 5 年检验一次；盛装腐蚀性气体的气瓶、潜水气瓶及常与海水接触的气瓶，每 2 年检验一次。在使用过程中，发现有严重腐蚀、损伤或对其安全可靠性有怀疑时，应提前进行检验。库存和停用时间超过一个检验周期的气瓶，启用前应进行检验。

2. 气瓶充装安全

气瓶安全事故多数发生在充装环节。和移动式压力容器一样，气瓶充装单位应当在人员、设施等方面都符合要求，并经省级负责特种设备安全监督管理的部门批准，取得气瓶充装许可证后，方可在批准的范围内从事气瓶充装工作。

气瓶充装单位应建立并有效实施以下各项操作规程：瓶内残液（残气）处理操作规程；

气瓶充装前、后检查操作规程；气瓶充装操作规程；气瓶分析操作规程；设备操作规程；事故应急处理操作规程。严防过量充装、错装和混装。充装后，应当由充装单位持证作业人员逐只对气瓶进行检查，发现超装、错装、泄漏或其他异常现象，要立即进行妥善处理。

气瓶充装前必须有专人对钢瓶进行全面检查，属于以下情况之一者严禁充装。

（1）钢印标记、颜色标记不符合规定或不能识别的。

（2）安全附件不全、损坏或不符合规定的。

（3）钢瓶内无剩余压力，没有判明瓶内是否混入其他物质的。

（4）超过技术检验期限的。

（5）经外观检查，存在明显损伤，需进一步检验的。

（6）氧气瓶或其他氧化性气体气瓶沾有油脂的。

（7）易燃气瓶首次充装或定期检验后的首次充装，未经置换或抽真空处理的。

（8）新瓶无合格证的。

（9）瓶阀和易熔塞上紧后，螺扣外露不足 3 扣的。

（10）不合格产品。例如，电解法制取的氢气和氧气，当氢气中的氧含量或氧气中的氢含量超过 5%时，严禁充装。

### 3. 气瓶储存与运输安全

储存于气瓶中的压缩气体和液化气体等都属于危险化学品。气瓶的储存与运输，必须遵守危险化学品储存与运输的有关法规（见第八章）。例如，气瓶应储存于符合规定的专用仓库内，空瓶与实瓶应分开放置；储存与运输过程中，气瓶必须避免暴晒，应佩戴好瓶帽；毒性气体气瓶和瓶内气体相互接触能引起燃烧、爆炸、产生毒物的气瓶应隔离储存，也不得同车（厢）运输；运输气瓶的车、船应有明显的标志，不得在繁华市区、重要机关附近停靠，车、船停靠时，司机与押运人员不得同时离开等。

### 4. 气瓶使用安全

气瓶使用或维护不当，可能直接或间接造成爆炸、火灾或中毒伤亡事故。各类气瓶的安全使用事项不尽相同，共性使用要点如下：

（1）气瓶使用前，应进行安全性检查和气体确认，发现不符合要求的气瓶，应拒绝使用并交代清楚，以免被他人领用。

（2）近距离移动气瓶时，应手盘瓶后部转动瓶底，移动距离较远时，可用轻便小车运送，严禁抛、滚、滑、翻。钢瓶装卸、搬运时，必须戴好瓶帽、防振圈，严禁撞击。

（3）在工地使用时，应将气瓶放在专用车辆上或将其固定使用。防止气瓶受热，不得将气瓶靠近热源。安放气瓶的地点周围 10m 范围内，不应进行有明火或可能产生火花的工作。气瓶在夏季使用时，应防止暴晒。

（4）在可能造成回流的使用场合，使用设备上必须配置防止倒灌的装置，如单向阀等。

（5）用于连接气瓶的减压阀、接头、导管和压力表等都应涂以标记，用在专一类气瓶上，严防混用，并应连接牢固防止泄漏。

（6）开启或关闭瓶阀时，只能用手或专用扳手，不准使用锤子、管钳、长柄螺纹扳手，以防损坏阀件。开启或关闭瓶阀的速度应缓慢，防止产生摩擦热或静电火花，对盛装可燃气体的气瓶尤应注意。

（7）发现瓶阀漏气，或放不出气来，或存在其他缺陷时，将瓶阀关闭，并将发现的缺陷标在瓶体上，送交气瓶充装单位处理。瓶阀冻结时，应把气瓶移到较温暖的地方，用温水解冻。严禁用温度超过40℃的热源对气瓶加热。

（8）瓶内气体不得用尽，必须留有剩余压力，以防混入其他气体或杂质。永久气体气瓶的剩余压力应不小于0.05MPa；液化气体气瓶应留有不少于0.5%或1.0%规定充装量的气体。非专业人员不得自行处理气瓶内的残液。

（9）作业结束后，必须立即关闭瓶阀。气瓶使用完毕，要送回库房或妥善保管。

（10）严禁敲击、碰撞气瓶，严禁在气瓶上进行电焊引弧，不准用气瓶做支架或铁砧。

（11）要保持气瓶上油漆完好，漆色脱落或模糊不清时，应按规定重新漆色，既可防止瓶体腐蚀，也是识别标记。应经常保持气瓶及其附件清洁、干燥，防止灰尘进入气阀。

（12）氧气或氧化性气体气瓶的充装、运输、储存、使用等过程中，操作者应仔细检查自己的双手、手套、工具、减压阀、瓶阀等有无沾染油脂，凡有油脂的必须脱脂，干净后方能操作。氧气瓶和氧化性气体气瓶的密封垫，不得采用可燃材料。

## 第四节　锅 炉 安 全

大部分工业锅炉属于燃火压力容器，应用非常广泛，历来是政府安全监察的重点对象。本节以蒸汽水管锅炉为例，介绍锅炉安全技术与管理。不同类型的锅炉还有特殊的安全要求。

### 一、锅炉及其安全附件

锅炉是指利用各种燃料、电能或者其他能源，将所盛装的液体加热到一定的参数，并承载一定压力的密闭设备，其作用是将其他能源的能量转化为热能。锅炉的基本参数有：额定蒸发量（单位为t/h）、额定热功率（MW）和工作压力（MPa）。化工企业使用最多的是燃煤蒸汽水管锅炉。有机载热体锅炉具有低压力、高温度的特性，在小型化工企业中应用也较多。有不少单位使用燃气锅炉。还有不少企业使用公用水蒸气管网提供的水蒸气，消除了锅炉带来的危险性，降低了企业投资，能源利用率高，应大力提倡。

#### 1. 蒸汽水管锅炉构造简介

从化工角度看燃煤蒸汽水管锅炉，“锅”是水蒸发器，“炉”是煤炭燃烧反应器。从“风”和“水”这两种介质流程的角度看，锅炉由两大系统组成：一是燃烧系统，包括送风机、空气预热器、炉排、燃烧室（即炉膛）、烟道、除尘器、引风机、烟筒；二是水汽系统，包括除氧器、水泵、省煤器、汽包、水冷壁、对流管束、蒸汽过热器，部分锅炉不设除氧器和蒸汽过热器。蒸汽水管锅炉的主要传热方式为辐射传热和对流传热，水冷壁（主蒸发器）主要是辐射传热。在锅炉内部有四组换热器均以对流传热方式回收烟气热量，降低烟气温度，按照烟气流程这四次对流传热过程依次是：对流管束（水分蒸发）→过热器（提高水蒸气温度）→省煤器（提高给水温度，节煤）→空气预热器（提高入炉空气温度，改善燃烧状况）。

#### 2. 锅炉的安全附件

各种锅炉通常配有以下安全附件，燃气锅炉还有整套的自动控制的安全保护装置。

（1）安全阀。锅炉一般使用杠杆式安全阀，其作用是防止锅炉超压运行，蒸汽压力超过设定值时，安全阀自动开启，放出水蒸气，同时发出鸣叫声报警；蒸汽压力低于设定值时，安全阀自动“回座”关闭。安全阀的开启压力不可超过锅炉正常工作压力太多，以保证锅炉受压部分有足够的安全裕度；也不可太接近锅炉正常工作压力，以避免安全阀频繁开闭。

（2）压力表，用于显示锅炉汽包的工作压力，提示操作人员及时采取措施控制压力。蒸汽锅炉应安装具有蒸汽超压报警功能的压力表。

（3）水位计，用于监视锅炉汽包的水位高低，防止缺水和满水事故。

（4）流量报警。直流锅炉应装设给水流量低于启动流量时的报警装置。

（5）喷淋装置。蒸汽锅炉装有蒸汽过热器时，应装有自动喷淋装置。当蒸汽过热器出口蒸汽温度达到最高允许值时，能够自动投入事故喷水降温。

## 二、蒸汽锅炉事故及预防

### 1. 蒸汽锅炉爆炸事故

蒸汽锅炉爆炸事故分两类。一类是炉膛爆炸，常发生在燃油、燃气、燃煤粉的锅炉中。另一类是水汽系统爆炸，主要指汽包爆炸。汽包爆炸发生时，由于汽包内的过热水急剧气化为水蒸气，水蒸气体积急剧膨胀，可能发生沸腾液体膨胀蒸气爆炸。爆炸冲击波带有大量的水蒸气，在其笼罩范围内的人员易烫伤以至死亡。汽包爆炸原因有以下几种。

（1）超压爆炸。压力表失灵或操作人员对压力监视不严，致使蒸汽锅炉内水蒸气压力持续上升，此时如果安全阀失效，将造成锅炉锅筒内的压力超过其承受能力而破裂爆炸。

**【案例 9-5】**2004 年 8 月，太原市吴家堡村某企业发生锅炉爆炸事故，造成 3 人死亡，3 人重伤。事故原因是，该锅炉是非法安装并已被停用的，在非法起用时，分汽缸供气阀关闭，安全阀和压力表均失灵，锅炉处于封闭状态，无法排气泄压，水蒸气超压发生物理爆炸。

（2）缺陷导致爆炸。锅炉承受的压力未超过额定压力，但因主要承压部件腐蚀，出现裂纹、严重变形等情况，导致承压部件丧失承载能力，突然破裂爆炸。预防这类爆炸主要是加强检验，及时发现和处理存在的缺陷，避免锅炉带病运行。

### 2. 爆管事故

锅炉的水冷壁、对流管束、蒸汽过热器和省煤器等都属于列管式换热装置，其换热面一侧承受高温烟气的烘烤与冲刷，另一侧承受水、汽的高温、高压与腐蚀，工作条件极其恶劣。这些换热装置换热面的管子容易损坏爆破，俗称爆管。

爆管发生部位不同，危害程度不同，发生原因与处置方法也有区别。较为常见的是水冷壁和对流管束在运行中爆破，最初表现为蒸汽压力下降及锅炉燃烧不稳定，通常必须紧急停炉修理。当锅炉严重缺水时，水冷壁管与对流管束就得不到正常冷却，甚至烧红，此时如果给锅炉上水，就可能发生严重的爆管事故，甚至可能导致锅炉爆炸。水蒸气过热器管子超温、结垢或飞灰磨损严重时，可能导致过热器管子破裂。由于飞灰磨损严重、给水未进行除氧或管道水击等原因，可能造成省煤器爆管或省煤器其他零部件损坏。省煤器损坏严重时，锅炉水位下降，烟道潮湿或漏水，致使锅炉缺水而被迫停炉。发现省煤器损坏，如能经直接上水管给锅炉上水，则可不停炉进行省煤器修理，否则必须停炉修理。

### 3. 锅炉工艺事故

因操作不当导致某些工艺事故，造成锅炉主要承压部件温度、压力剧烈变化，可能是爆管事故和锅炉爆炸事故的隐患。锅炉运行各个时段，包括点火和升压、并炉和送汽、停炉保养等，必须严格执行锅炉安全操作规程，避免工艺事故的发生。

1）缺水事故

由于操作人员对水位监视不严、给水系统故障、锅炉排污阀门忘记关闭、水位报警器或给水自动调节器失灵而又未及时发现等原因，造成锅炉水位低于水位计最低安全水位刻度线，形成缺水事故。严重缺水会使锅炉蒸发受热面管子过热变形甚至爆破。发现锅炉缺水时，首先用“叫水”的方法判断缺水的程度，然后予以不同的处理。对于轻微缺水，可以立即向锅炉上水；严重缺水时，必须紧急停炉检查，不得给锅炉上水，以免导致锅炉爆炸事故。

2）满水事故

水位计出现“假水位”故障，而操作人员未及时发现，造成锅炉实际水位高于水位计最高安全水位刻度线，形成满水事故。严重满水时，锅水可进入蒸汽管道和过热器，造成水击和过热器结垢，并降低蒸汽品质。发现满水后，首先打开水位计排污阀排水，排除“假水位”嫌疑，一旦确认满水，应立即关闭给水阀，停止向锅炉上水，开启锅炉排污阀，降低锅炉汽包水位。

3）汽水共腾

由于锅水品质太差或负荷变化过快，锅炉蒸发表面汽水共同升起，产生大量泡沫并上下波动，形成汽水共腾现象。严重的汽水共腾会使蒸汽带水，导致蒸汽管道发生水击，并降低蒸汽品质。发现汽水共腾后，应减弱燃烧，关小锅炉水蒸气出口阀（主汽阀），打开排污阀，同时上水，以改善锅水品质。

4）水击事故

当管路中的液体流速因某种原因（如阀门快速启闭、突然停泵等）突然急剧变化时，对于某些管路系统，可能产生振动并发出巨大的击打声，这称为水击现象或水锤现象，如造成管道、阀门等损坏，则为水击事故。发生水击现象的原因比较复杂。当阀门快速启闭时，水击现象不会总是发生，但是也比较常见。

水蒸气突然进入温度较低的管道，突然凝结成水，体积突然缩小，造成局部真空。在真空形成瞬间，周围介质向真空处高速冲击，也会发生水击现象，严重时会损坏蒸汽管道与阀门，也是水击事故。锅炉给水管道、省煤器管道及过热器管道易发生水击事故。水击现象发生后，应认真检查管道、阀门、法兰等有无异常情况。为了预防发生水击事故，锅炉给水阀门启闭速度要缓慢，要避免发生满水和汽水共腾事故。

## 三、锅炉安全管理

为了保证锅炉安全经济运行、保障人身安全，国家有关部门制定了《锅炉安全技术监察规程》，该规程适用于锅炉及锅炉范围内的管道的设计、制造、安装、使用、检验、修理和改造。必须严格遵守以上规程，对锅炉实行科学管理。

锅炉定期检验项目包括外部检验、内部检验和水压试验。外部检验是指在运行状态下对锅炉安全状况进行的检验，每年进行一次。内部检验是指在停炉状态下对锅炉安全状况进行的检验，一般每 2 年进行一次。水压试验是指锅炉以水为介质，以规定的试验压力，对锅炉受压部件强度和严密性进行的检验。对于无法进行内部检验的锅炉，应当每 3 年进行一次水压试验。除进行正常的定期检验外，在移装锅炉投运前，或者锅炉停止运行一年以上需要恢复运行时，根据实际情况决定是否进行内部检验、外部检验或水压试验。

因给水水质不良导致锅炉加快结垢与腐蚀，是导致锅炉事故的重要隐患，也常常是影响锅炉安全与经济运行的主要因素。必须严格给水水质处理，使给水的硬度、碱度、氧含量等各项指标达到锅炉安全运行的要求，这是锅炉安全管理不同于其他压力容器之处。

锅炉安全管理与其他压力容器是类似的。锅炉的设计、制造、安装、检验、修理和改造，必须由具备相应资质的单位来进行。使用不合格的设备是一些小厂锅炉事故频发的主要原因。要建立健全各项规章制度，加强职工培训，坚持锅炉管理人员持证上岗制度。应当结合锅炉特点，制定一整套锅炉安全操作规程。锅炉运行各个时段，包括点火和升压、并炉和送汽、停炉保养等，都必须严格执行锅炉安全操作规程。应定期检查锅炉及其附属设备和安全附件，特别是腐蚀与结垢情况，落实其维护保养和检修计划，保证设备和安全附件的完好，及时发现和消除隐患，防患于未然。

## 思考题及练习题

1. 试述压力容器外部检查和内部检验内容。
2. 简述压力容器耐压试验与气密试验的步骤与注意事项。
3. 压力容器发生哪些异常现象时，操作人员应及时向有关部门报告？
4. 试述压力容器的安全状况等级划分的目的和依据。
5. 结合事故案例讨论移动式压力容器的危险因素。
6. 分析气瓶物理爆炸的原因及预防措施。
7. 分析气瓶化学爆炸的原因及预防措施。
8. 哪些情况下严禁气瓶充装？
9. 试述蒸汽锅炉爆炸事故原因及预防措施。
10. 什么是水锤现象与水击事故？应如何避免？
11. 综述各类压力容器的安全附件。
12. 调查本学校（单位）锅炉、气瓶等特种设备使用情况，提出安全措施建议。

# 第十章　化工安全管理概述

**本章学习目标**

（1）了解我国安全生产法律体系、化工企业主要安全管理制度以及现代安全管理方法，深入了解《安全生产法》的主要内容。掌握我国安全生产的方针、管理体制与基本制度。

（2）熟悉与安全生产有关的安全技术标准方面的知识。

（3）熟悉企业文化的内涵与建设优秀企业文化的意义。

（4）了解事故调查分析的理论，熟悉我国化工安全事故调查分析的特点。

本章介绍我国安全生产法律体系和化工企业主要安全管理制度与管理方法。本章介绍的安全事故调查分析既是重要的管理工作，又有很强的技术性。

## 第一节　我国安全生产法律体系

1984 年震惊世界的印度博帕尔事件是世界工业史上空前的惨案。由此，世界各国大大加强了危险化学品的安全管理和立法工作。现在国际安全界普遍认同的预防事故的基本对策——3E 原则是：工程技术（engineering）、教育（education）和强制（enforcement）。所谓强制指的是法律措施和管理措施。我国安全生产法律法规体系包括法律、国务院法规、国务院部门和地方政府法规以及国家标准。

### 一、安全生产法

中华人民共和国法律由全国人民代表大会及其常务委员会根据国家宪法制定，由中华人民共和国主席令发布。与安全生产有关的法律主要有：《中华人民共和国安全生产法》（以下简称《安全生产法》，各法律的名称均用简称）、《特种设备安全法》、《职业病防治法》、《消防法》、《环境保护法》、《劳动法》和《突发事件应对法》等。

《安全生产法》是我国第一部全面规范安全生产的专门法律。它是我国安全生产法律体系的主体法，是各类生产经营单位及其从业人员实现安全生产所必须遵循的行为准则，是各级人民政府及其有关部门进行监督管理和行政执法的法律依据，是制裁各种安全生产违法犯罪行为的有力武器。它规定了我国安全生产的方针、体制以及基本法律制度。

#### 1. 我国安全生产方针、体制

《安全生产法》规定：安全生产工作应当以人为本，坚持安全发展，坚持“安全第一、预防为主、综合治理”的方针。“综合治理”要求运用行政、经济、法治、科技等多种手段，充分发挥社会、职工、舆论监督各个方面的作用，抓好安全生产工作。我国安全生产管理体制是：生产经营单位负责、职工参与、政府监管、行业自律、社会监督。《安全生产法》明确规定了各级人民政府在安全生产工作中的地位、任务和责任；规定了各级安全生产监督管理部门，依照该法对安全生产进行综合监督管理；同时规定了有关部门依照有关法律、行政法规规定的职责范围，对有关专项安全生产工作实施监督管理。生产经营单位是安全生产的主体，《安全生产法》对其主要负责人的安全生产职责和安全生产违法行为的法律责任等，都做出了明确的规定。职工积极参与是搞好安全生产的基础，《安全生产法》在赋予从业人员安全生产权利的同时，还明确规定了他们必须履行的法定义务及其法律责任。

### 2. 有关安全生产的基本法律制度

《安全生产法》确立了对安全生产普遍适用的各项基本法律制度：

（1）安全生产监督管理制度。这项制度主要包括安全生产监督管理体制、各级人民政府和安全生产监督管理部门以及其他有关部门各自的安全监督管理职责、安全监督管理人员职责、社区基层组织和新闻媒体进行安全生产监督的权利和义务等。

（2）生产经营单位安全保障制度。这项制度主要包括生产经营单位的安全生产条件、安全管理机构及其人员配置、安全投入、从业人员安全资质、安全评价、安全设施的设计审查和竣工验收、安全技术装备管理、生产经营场所安全管理、社会工伤保险等。

（3）生产经营单位负责人安全责任制度。这项制度主要包括生产经营单位主要负责人和其他负责人、安全生产管理人员的资质及其在安全生产工作中的主要职责。

（4）从业人员安全生产权利义务制度。这项制度主要包括生产经营单位的从业人员在生产经营活动中的基本权利和义务，以及应当承担的法律责任。

（5）安全中介服务制度。主要包括从事安全评价、评估、检测、检验、咨询服务等工作的安全中介机构和安全专业技术人员的法律地位、任务和责任。

（6）安全生产责任追究制度。这项制度主要包括安全生产的责任主体，安全生产责任的确定和责任形式，追究安全责任的机关、依据、程序和安全生产法律责任。

（7）事故应急救援和处理制度。这项制度主要包括事故应急救援预案的制定、事故应急体系的建立、事故报告、调查处理的原则和程序、事故责任的追究、事故信息发布等。

（8）生产安全事故隐患排查治理制度。生产经营单位必须建立生产安全事故隐患排查治理制度，采取技术、管理措施及时发现并消除事故隐患，并向从业人员通报隐患排查治理情况。负有安全生产监督管理职责的部门应当建立健全重大事故隐患治理督办制度。

（9）违法行为处罚制度。该制度包括经济处罚和行政处罚。对于违法行为进行适当的处罚以及严重违法行为公告和通报制度。

此外，《安全生产法》还规定了注册安全工程师制度、安全生产标准化制度、安全生产责任保险等制度。

## 二、国务院行政法规

国务院行政法规由国务院根据国家有关法律制定，由国务院总理签署国务院令发布。与安全生产有关的法规很多，主要有：《危险化学品安全管理条例》、《特种设备安全监察条例》、《使用有毒物品作业场所劳动保护条例》、《易制毒化学品管理条例》、《安全生产许可证条例》、《生产安全事故报告和调查处理条例》和《生产安全事故应急条例》等。

国务院部门行政法规由国务院各部门发布。例如，原国家安全生产监督管理总局制定发布了《危险化学品建设项目安全许可实施办法》、《安全生产违法行为行政处罚办法》和《生产经营单位安全培训规定》等与安全生产有关的许多行政法规；原国家质量监督检验检疫总局制定发布了许多与特种设备安全有关的行政法规。

### 三、安全生产标准

安全生产标准是为规范生产作业行为，保障劳动者人身安全健康，实现安全生产而制定的规范性文件。安全生产标准涵盖职业卫生标准。安全生产标准是安全生产法律法规体系的重要组成部分，是政府有关部门监督执法工作的重要技术依据。

多数安全生产标准的全部或部分条文（标准中均注明）具有强制性，具有技术性法律规定的作用。许多安全事故之所以发生，是因为没有严格执行安全生产标准或者使用了不符合标准的产品。每项化工安全技术工作都可以查到国家或行业标准。企业应当经常对照安全生产标准要求找隐患，配置安全设施。化工技术人员必须熟悉与标准有关的知识。

我国的标准分为国家标准、行业标准、地方标准和企业标准四个级别，而安全生产标准只有国家标准或行业标准。安全生产标准由国家相关部门组织专家起草，经公示、讨论、审核制定。国际标准是指国际标准化组织 ISO、国际电工委员会 IEC 及其他国际组织制定的标准。采用国际标准包括采用国外先进标准，是指将其不同程度地纳入我国的各级标准中，纳入内容必须符合我国国情，必须经我国相应主管部门批准。

安全生产标准包括技术类、管理类和工作类。管理类标准是安全管理的依据；技术类标准是安全技术的依据。技术标准可大致分为基础标准、产品标准、方法标准、设计规范等几类，行业标准中还有操作或作业规范类技术标准。某些技术标准是制定其他技术标准的基础，而常常被其他标准大量引用。这类标准常称为基础标准，如《建筑设计防火规范》。

## 第二节　化工企业安全管理制度

企业是安全生产的主体。为了安全生产与职工健康，企业必须依据国家有关安全生产的法律、法规、标准和本企业的特点制定安全管理制度。安全管理制度一般包括以下几个方面的制度：①安全生产责任制度；②安全教育制度；③安全考核制度；④安全作业证制度；⑤安全检查制度；⑥安全技术措施管理制度；⑦安全事故管理制度；⑧事故应急救援制度。此外，还应根据本企业具体情况，制定有关危险化学品、锅炉、压力容器、车辆等特种设备以及职业危害因素的管理制度。安全生产责任制度是企业安全管理制度的核心。

### 一、安全生产责任制度

安全生产责任制度要求：把企业的各项安全工作全部落实到人，做到事事有人负责，明确各岗位的责任人员、责任范围和考核标准等内容。企业安全工作实行各级首长负责制。企业各级领导和职能部门应在各自的工作范围内，对实现安全生产和职工健康负责，同时向各自的首长负责。安全生产人人有责，企业的每个职工必须认真履行各自的安全职责，做到各尽职守，各负其责。安全生产的第一责任人是厂长（经理）。

#### 1. 厂长（经理）安全职责

（1）厂长（经理）是企业的安全负责人，对本企业安全工作负全面责任，必须认真贯彻执行各项安全生产法律、法规、制度和标准。

（2）重视职工的劳动条件和企业的安全、职业状况，重视女工的劳动保护工作。

（3）批准、发布本企业的各项安全管理制度、安全技术规程、安全措施和长远规划。

（4）经常深入现场了解掌握安全生产情况，组织开展安全技术研究工作，推广先进的安全技术和管理方法。

（5）全面负责本单位的生产安全事故应急工作，审定生产安全事故应急救援方案。

（6）建立健全安全组织和机构，根据实际情况，按企业职工总数的2‰～5‰的比例，配备、充实安全专业人员，提高专业人员的素质，稳定安全专业队伍。

（7）定期召开安全生产专题会议，及时研究和解决有关安全生产的重大问题，审核引进技术（设备）和开发新产品中的重要安全技术问题。适时组织企业安全评价活动。

（8）组织全厂性安全教育与考核工作。

（9）坚持“五同时”原则：在计划、布置、检查、总结、评比生产时，同时计划、布置、检查、总结、评比安全工作。

（10）企业内实行的各级承包以及与外单位的各项承包合同中，都必须有安全技术指标、安全管理要求和安全职责等条款，并认真考核。

（11）副厂长（副经理）在厂长（经理）指定的工作范围内对安全生产负责。

### 2. 总工程师（或技术总负责人）安全职责

（1）在厂长（经理）的领导下，对本企业的安全技术工作全面负责。

（2）组织制定、修订和审定本企业各项安全管理制度、安全技术规程，组织编制安全技术措施计划、方案。制定长远发展规划，采取安全技术措施，不断改善劳动条件。对所需要采取的安全技术措施，在计划安排时，应保证资金，一经列项，不准挪作他用。

（3）协助厂长组织安全技术研究和企业安全评价工作，负责解决疑难或重大安全技术问题，推广和采用先进的安全技术和安全防护装置。

（4）组织制定审批安全教育计划，参加对干部的安全教育和考核工作。

（5）审批重大工艺处理、检修、施工安全技术方案，审查引进技术（设备）和开发新产品中的安全技术问题。组织制定并审核生产安全事故应急救援方案。

（6）审批特殊动火证，参加重大事故的技术分析工作。

（7）副总工程师等在总工程师领导下，对分管工作范围内的安全技术工作负责。

### 3. 安全技术部门安全职责

作为安全生产的综合管理部门，安全技术部门无疑责任重大。《安全生产法》规定，生产经营单位的安全生产管理机构以及安全生产管理人员应当履行下列职责：

（1）组织或者参与拟订本单位安全生产规章制度、操作规程和生产安全事故应急救援预案；

（2）组织或者参与本单位安全生产教育和培训，如实记录安全生产教育和培训情况；

（3）督促落实本单位重大危险源的安全管理措施；

（4）组织或者参与本单位应急救援演练；

（5）检查本单位的安全生产状况，及时排查生产安全事故隐患，提出改进安全生产管理的建议；

（6）制止和纠正违章指挥、强令冒险作业、违反操作规程的行为；
（7）督促落实本单位安全生产整改措施。

### 4. 车间人员安全职责

车间人员包括车间主任、工段长、车间安全员、班组长、班组安全员等。其中，车间主任是车间的安全负责人，对车间安全工作负全面责任。车间人员应当在车间主任领导下，重点抓好以下安全工作。

（1）认真学习并严格执行各项安全生产法规、规章制度、安全技术标准、岗位工艺指标和操作规程。

（2）抓好车间级和班组（工段）级安全教育，定期进行考核。抓好对新上岗人员的安全技术考核，严格安全作业证制度。

（3）认真执行交接班制度，做到班前讲安全，班中检查安全，班后总结安全。

（4）组织车间级定期、不定期安全检查，班组做好设备和安全设施的巡回检查及维护保养工作，并做好记录。确保设备、安全装置、防护设施、防护器具和消防器材处于完好状态。发现隐患及时整改，车间无力整改的要采取临时安全措施，及时向厂部书面报告。

（5）编制车间中小修计划、安全技术措施和方案，经批准后，组织实施。组织工人熟练应对各种情况下的开车停车操作，制定、演练各种事故的应急救援预案。

（6）严格劳动纪律，不违章指挥。安全员有权制止一切违章作业，监督检查本辖区非化工工种作业人员的作业，维护正常生产秩序。

（7）参与车间新建、改建、扩建工程设计和设备改造以及工艺条件变动方案的审查。

（8）监督检查指导班组人员正确使用劳动防护用品、器具和消防器材。

### 5. 工人安全职责

（1）严格遵守各项安全生产规章制度，积极参加安全活动、学习安全技术知识。

（2）认真执行交接班制度，交班要认真、全面地介绍本班安全生产状况，特别是有无异常现象；接班必须认真检查本岗位的设备和安全设施是否齐全完好，各项工艺指标有无异常，详细了解上一班安全生产状况。

（3）精心操作，严格执行工艺规程，遵守纪律，操作记录要清晰、真实、整洁。

（4）按时巡回检查，准确分析、判断和处理生产过程中的异常情况。

（5）认真维护保养设备，发现缺陷及时消除，并做好记录，保持作业场所清洁。

（6）正确使用、妥善保管各种劳动防护用品、器具和防护器材、消防器材。

（7）不违章作业，并劝阻或制止他人违章作业，对违章指挥有权拒绝执行，同时及时向领导报告。

### 6. 职能部门安全职责

科研、产品开发、设计、生产、技术、设备动力、保卫、质检、基建、供销、运输、财务、劳资、教育、行政管理、医疗、工会等各部门，应在各自的职责范围内，对实现安全生产和职工健康负责。例如，劳资、教育部门负责组织调入职工和有关人员（实习、培训人员）

的入厂安全教育和各种在职培训，并根据职业禁忌证要求，做好新工人招收和职工调配工作。工会应当监督企业的各项安全和职业卫生工作，并参加伤亡事故的调查和善后处理工作。

## 二、安全事故管理制度

### 1. 事故分类管理

事故是造成死亡、职业病、伤害、财产损失或其他损失的意外事件。事故可分以下几类分别进行管理。

（1）生产（工艺）事故，指生产过程中，由于违反工艺规程、岗位操作规程或操作不当等，造成原料、半成品或成品损失的事故。由生产部门负责管理。

（2）设备事故，指设备因非正常损坏造成停机，致使产量损失或修复费用达到规定数额的事故。由设备动力部门负责管理。

（3）质量事故，指产品质量（包括工程质量和服务质量）达不到技术标准和技术规范的事故。由质量检验部门负责管理，其中基建工程质量事故由基建部门负责管理。

（4）交通事故，指由于违反交通运输规则或由于其他原因造成车、船损坏，人员伤亡或财产损失的事故。由保卫或交通管理部门负责管理。

（5）火灾、爆炸以及职工在生产劳动过程中发生的人身伤害、急性中毒等生产安全事故，均由安全技术部门负责管理。

此外有环境污染事故、医疗事故、人为破坏事故等。各职能部门应按分类管理的要求，调查、统计、存档。安全技术部门负责全厂各类事故的综合统计。

### 2. 生产安全事故报告和处理

国务院《生产安全事故报告和调查处理条例》规定，生产经营活动中发生的、造成人身伤亡或者直接经济损失的，都属于生产安全事故。按照造成的人员伤亡或者直接经济损失，生产安全事故分为以下四个等级：

（1）Ⅰ级特别重大事故，是指造成30人以上死亡，或者100人以上重伤（包括急性工业中毒，下同），或者1亿元以上直接经济损失的事故。

（2）Ⅱ级重大事故，是指造成10人以上30人以下死亡，或者50人以上100人以下重伤，或者5000万元以上1亿元以下直接经济损失的事故。

（3）Ⅲ级较大事故，是指造成3人以上10人以下死亡，或者10人以上50人以下重伤，或者1000万元以上5000万元以下直接经济损失的事故。

（4）Ⅳ级一般事故，是指造成3人以下死亡，或者10人以下重伤，或者1000万元以下直接经济损失的事故。

事故发生后，企业应当及时报告政府有关部门，不得迟报、漏报、谎报、瞒报。报告内容应准确、完整，事故报告后出现新情况的，应当及时补报。发生生产安全事故后，对负有责任的生产经营单位除要求其依法承担相应的赔偿等责任外，由安全生产监督管理部门依照上列事故等级罚款。例如，发生特别重大事故、情节特别严重的，处1000万元以上2000万元以下的罚款。生产经营单位的主要负责人未履行《安全生产法》规定的安全生产管理职责，导致发生安全事故的，亦有罚款数额规定。

## 三、事故应急救援制度

### 1. 事故应急救援制度的必要性

事故现场急救就如同战斗，面对瞬息万变的情况既需要临机决断，又要有高度的科学性。许多事故案例表明，在重大生产事故中，企业自身如果没有科学严密的事故应急救援预案，事故现场急救过程必然低效甚至混乱，可能导致次生事故，损失可能成倍增加，甚至可能造成抢救人员伤亡。事故应急救援预案的目标是将事故局限化，尽可能减少事故损失。

**【案例 10-1】**珠海市前山裕新织染厂“6·16”特大火灾和厂房倒塌事故，死亡 93 人，重伤 48 人，毁坏厂房 18135m$^3$，直接经济损失 9515 万元。6 月 16 日下午，某消防工程安装公司 6 名工人在织染厂 A 厂房一楼棉仓内，安装消防自动喷淋系统，使用冲击钻钻孔。16 时 30 分在移动钻孔位置时，用手拉夹在棉堆中的电源线，造成电线短路，棉堆突然冒烟起火。在场工人不会使用灭火器，该厂也没有消防栓，致使棉堆火势猛烈。消防车赶到后，要到 3km 以外取水，7 日凌晨 3 时，消防人员才将大火基本扑灭。17 日 13 时左右，厂方组织约 400 多名工人进入火场清理火种、搬运残存的棉包，14 时 10 分，A 厂房西半部突然发生倒塌。造成大量人员伤亡的原因不是火灾，而是事故处理中的厂房倒塌。

不懂建筑物耐火极限的常识，不会使用灭火器，近百条生命的牺牲代价太沉重了！

2019 年 4 月，我国开始实施《生产安全事故应急条例》。该条例对于生产安全事故应急救援工作，做出了全面规定。生产经营单位应当制定并向本单位人员公布生产安全事故应急预案。企业所在地县级以上地方人民政府，应制定管辖区内生产安全事故应急救援预案。条例对于生产安全事故救援中，政府与企业的职责、应急救援现场指挥体系、应急救援队伍建设、应急救援装备和物资的储备及后勤保障、应急救援预案演练等均有详细的规定。

### 2. 事故应急救援预案的编制

企业可参考《生产经营单位安全生产事故应急预案编制导则》AQ/T 9002，根据风险评价的结果，针对生产安全事故，制定相应的事故应急救援预案。事故应急救援预案，应当符合有关法律、法规、规章和标准的规定，符合安全事故发生、发展的规律，符合单位实际情况。应急救援预案，应明确规定应急组织体系、职责分工以及应急救援程序和措施，应形成体系，针对各类可能发生的事故和所有危险源，制订综合应急预案、专项应急预案和现场应急处置方案。相关应急预案之间应相互衔接匹配。

综合应急预案是应对各类事故的综合性文件，它从总体上阐述本企业处理事故的应急方针、政策，应急组织结构及相关应急职责，应急行动、措施和保障等基本要求和程序。

专项应急预案是针对具体的事故类别（如爆炸、危险化学品泄漏等事故）、危险源和应急保障而制定的计划或方案，是综合应急预案的组成部分，应按照综合应急预案的程序和要求组织制定，并作为综合应急预案的附件。专项应急预案应根据预测的事故危害程度、影响范围和控制难度，将事故进行分级，确定与之对应的应急响应级别。根据应急响应级别，分别制定明确的救援程序和具体的应急救援措施。

现场处置方案是针对具体的装置、场所、设施、岗位所制定的应急处置措施。方案应根据风险评估及危险性控制措施逐一编制。现场处置方案应具体、简单、针对性强，使预想事故现场相关人员易学、易记，通过演练能熟练掌握，达到如下要求：一旦事故发生，车间现场人员能快速反应，及时报告与呼救，按照现场处置方案迅速投入救援工作。例如，化工企业各车间、工序、装置的火灾扑救方案都应当根据具体情况分别制定。

应急救援预案要有科学性，包括：对事故发生发展过程的科学预测，应急资源的科学评价，人员及机构的科学调度，应急程序的科学制定等。预案要有系统性，即应包括：危险分析和风险评价、应急能力评价、应急管理、应急措施（包括消防、人员抢救、物质供应、对外联络）等。预案时间跨度应该从应急准备到现场急救直至恢复生产。预案要有非常强的可操作性，有灵活性即应有多种备选方案，有动态性即不断修订、完善。

### 3. 事故应急救援预案的演练

事故应急救援预案演练的目的是使从业人员了解、熟悉应急预案，在演练中不断修订、完善应急预案。事故应急预案的演练包括桌面演练、功能演练和全面演练。桌面演练即指挥系统演练，功能演练即专项演练如灭火演练，全面演练即从实战出发进行系统的演练。以下几条是化工企业生产安全事故应急救援工作的重点，也是事故应急救援预案演练的重点。

（1）企业发生事故后，必须积极抢救，防止事故蔓延扩大。发生重大事故时，企业领导要直接指挥，设立应急救援现场指挥部。要确保事故报警系统与通信系统 24 小时可靠运行，使有关人员能及时得知事故发生，迅速组织逃生与抢救工作，使事故及救援进展信息畅通无阻。必要时，要及时、准确地向政府报告并向媒体发布事故及救援进展信息。

（2）安全技术、生产等部门应按照应急预案，各司其职有条不紊地进行事故抢救工作。抢救人员应佩戴好防护器具，在统一指挥和有效监护下进行事故抢险与救护工作。医疗等部门对中毒、烧伤、烫伤等受伤人员及时进行现场急救和送医院抢救。

（3）保卫等部门应做好现场抢救的警戒工作。在抢救时，应注意保护现场，确实需要移动现场物件时，必须做好标志。有害物质大量外泄的事故或火灾事故现场，必须划出警戒区域设置警戒线，紧急疏散与应急处置无关的人员。

（4）及时控制泄漏源和正确处置泄漏物。易燃、易爆、有毒及有害物质的泄漏，常常是安全事故的起因或结果。泄漏处置是事故应急预案的重要内容。首先要制定泄漏源控制方案，及时消除危险物质的泄漏：包括通过关闭有关阀门、紧急停车等手段，切断泄漏源与其他设备、工段的联系；在可能的情况下制定堵漏方案。及时处理危险的泄漏物是防止二次事故的重要措施。应根据危险泄漏物的特点，预先制定泄漏物处理方案。例如，危险泄漏物是液体的，可以筑堤堵截引流到比较安全的地点，防止其四处蔓延；如果该液体是易蒸发的，可用泡沫等覆盖其表面，抑制其蒸发；如果危险泄漏物形成蒸气（如液氨），可用水枪等向蒸气云喷射雾状水，加速其向高空扩散或溶解。泄漏源堵漏和处理危险的泄漏物都是技术要求高、危险性很大的工作，必须由训练有素的人员来担任。

## 四、安全检查制度

安全检查的基本任务是查找生产中存在的安全隐患，监督各项安全规章制度的执行。安全检查是安全管理的重要手段，它包括企业自身进行的检查，也包括由地方政府部门、行业主管部门组织的检查。企业应制定安全检查制度和安全检查计划，使安全检查工作制度化、规范化。企业自身应进行下列安全检查。

（1）定期安全检查，如结合年度大修，进行设备内外部检查。

（2）专业性安全检查，如安全装置、电气安全、锅炉和压力容器、防火防爆、防毒防尘、运输车辆等。

（3）季节性安全检查，如防暑降温、防雷电、防雨防洪、防冻保暖等。

（4）经常性安全检查，一般厂级每年不少于四次（含节假日检查），车间级每月不少于一次，班组级每周一次。

安全检查是发现危险因素的手段。安全整改是为了采取措施消除危险因素，把事故苗头消灭在事故发生之前，以保证安全生产。不论何种类型的安全检查，都要讲究实效。每次安全检查都要本着对安全生产、对广大职工的安全健康高度负责的精神，积极广泛地发动群众做好整改。对检查出来的问题，必须做到条条有着落，件件有交代。

## 第三节　现代安全管理方法

我国化工企业推广几种现代安全管理方法，包括安全工作标准化管理、职业安全健康管理体系和健康安全环境管理体系。

### 一、安全工作标准化管理

安全生产标准化是在传统的安全质量标准化基础上形成的一套系统、规范、科学的安全管理体系，是系统工程理论在企业安全工作中的具体应用。企业安全工作标准化的建设，应结合自身特点，以危险、有害因素辨识和风险评价为基础，树立任何事故都是可以预防的理念，与企业其他方面的管理有机地结合起来，注重科学性、规范性和系统性。安全工作标准化的实施，应体现全员、全过程、全方位、全天候的安全监督管理原则，通过有效方式实现信息的交流和沟通，不断提高安全意识和安全管理水平。

《危险化学品从业单位安全标准化通用规范》AQ 3013—2008 提出了 10 个一级管理要素：负责人与职责；风险管理；法律法规与管理制度；培训教育；生产设施及工艺安全；产品安全与危害告知；作业安全；职业危害；事故与应急；检查与自评。这 10 个一级要素又分解为 53 个二级要素。对每一个二级要素都提出了具体的管理目标和措施。一般采用计划（P）、实施（D）、检查（C）、改进（A）动态循环、持续改进的管理模式，以实现安全生产长效机制。这是安全工作标准化管理的主体。

下面以对工艺安全这一二级要素的 8 项管理要求为例予以介绍。

（1）企业操作人员应掌握工艺安全信息，主要包括：①化学品危险性信息，如物理特性、化学特性、毒性、职业接触限值；②工艺信息，如流程图、化学反应过程、最大储存量、工艺参数安全上下限值；③设备信息，如设备材料、设备和管道图纸、电气类别、调节阀系统、安全设施。

（2）企业应保证下列设备设施运行安全可靠：①压力容器和压力管道，包括管件和阀门；②泄压和排空系统；③紧急停车系统；④监控、报警系统；⑤联锁系统；⑥各类动设备，包括备用设备等。

（3）企业应对工艺过程进行风险分析：①工艺过程中的危险性；②工作场所潜在事故发生因素；③控制失效的影响；④人为因素等。

（4）企业生产装置开车前应组织检查，进行安全条件确认。安全条件应满足下列要求：①现场工艺和设备符合设计规范；②系统气密测试、设施空运转调试合格；③操作规程和应急预案已制订；④编制并落实了装置开车方案；⑤操作人员培训合格；⑥各种危险已消除或控制。

（5）企业生产装置停车应满足下列要求：①编制停车方案；②操作人员能够按停车方案和操作规程进行操作。

（6）企业生产装置紧急情况处理应遵守下列要求：①发现或发生紧急情况，应按照不伤害人员为原则，妥善处理，同时向有关方面报告；②工艺及机电设备等发生异常情况时，应采取适当的措施，并通知有关岗位协调处理，必要时按程序紧急停车。

（7）企业生产装置泄压系统或排空系统排放的危险化学品，应引至安全地点并得到妥善处理。

（8）企业操作人员应严格执行操作规程，对工艺参数运行出现的偏离情况及时分析，保证工艺参数控制不超出安全限值，偏差及时得到纠正。

## 二、职业安全健康管理体系

把企业的安全管理与职业健康管理结合起来，对化工企业而言是顺理成章的事情。职业安全健康管理体系也称职业安全卫生管理体系，适合大、中、小型各类化工企业。该管理体系不仅要求安全生产与职业健康工作一体化管理，还要求有新的管理理念。职业安全卫生管理的核心是企业职业安全健康方针，该方针应指明企业职业安全健康工作的方向和原则，阐明企业的职业安全健康责任、总体目标以及在职业安全健康管理方面所做出的承诺。化工企业的承诺重点应关注以下方面：

（1）遵守现行职业安全健康法规。

（2）为职业安全健康管理体系的有效运行，提供充足的资源（包括人、财、物和专项技术资源）。

（3）确立职业安全健康绩效准则，并为此建立一套奖惩激励机制。

（4）加强员工的培训，不断提高职业安全健康的意识和能力。

（5）为员工提供充足的劳动防护用品及设施。

（6）杜绝火灾、爆炸、有毒物质泄漏等安全事故的发生，最大限度地维护员工的安全健康不受伤害。

## 三、健康安全环境管理体系

化工安全与职业健康以及环境保护三者有紧密联系。健康安全环境管理体系（HSE）是安全、健康和环境保护一体化管理的现代管理模式。这个一体化不是三项管理的简单加合，也不仅是企业有关管理机构的简单合并，而是更符合现代企业要求的管理模式。目前HSE已经在国内外大型化工企业中全面推广。

### 1. HSE管理的十大要素

下面以中国石化集团公司的HSE管理体系为例，说明HSE管理的十大要素。各企业HSE实施的标准不一，标准要素排列各异，但核心内容都是系统安全的基本思想。

1）领导承诺、方针目标和责任

HSE管理有形成文件的明确的领导承诺、方针和战略目标。高层管理者提供强有力的领导和自上而下的承诺，表达对HSE的高度重视，这是成功实施HSE管理体系的基础。方针和战略目标是企业在 HSE 管理方面的指导思想和原则，是实现良好的 HSE 业绩的保证，是承诺的最终目的。中国石化集团公司 HSE 方针是：安全第一、预防为主，全员动手、综合治理，改善环境、保护健康，科学管理、持续发展。公司 HSE 目标是：努力实现无事故、无污染、无人身伤害，创国际一流的 HSE 业绩。

2）组织机构、职责、资源和文件控制

为了保证体系的有效运行，要求企业必须合理配置人力、物力和财力资源，明确各部门、人员的 HSE 管理职责。

（1）公司和直属企业应建立组织机构，明确职责，合理配置人力、物力和财力资源，广泛开展培训，以提高全体员工的意识和技能。

（2）建立培训记录，不断完善培训计划，制定严格的培训考核制度。定期开展培训以提高全体员工的素质，遵章守纪、规范行为，确保员工履行自己的 HSE 职责。

（3）应有效地控制 HSE 管理文件，为实施 HSE 管理提供切实可行的依据。公司应控制 HSE 管理文件，确保这些文件与公司的活动相适应。文件发布前要经授权人批准，对文件要定期评审，必要时进行修订，需要时现行版本随时可得，失效时要及时收回，文件控制的范围要有明确规定。

3）风险评价和隐患治理

（1）风险评估是一个不间断的过程，是建立和实施 HSE 管理体系的核心，是 HSE 要素的基础。要求企业经常识别与业务活动有关的危害、影响和隐患，并对其进行科学的评价分析，确定最大的危害程度和可能影响的最大范围，以便采取有效或适当的控制和防范措施，把风险降到最低限度。主管领导应直接负责并制定风险评价管理程序，每隔一不定期时间或发生重大变更时，应重新进行风险评估。

（2）隐患评估后，直属企业的最高管理者对事故隐患要做到心中有数，亲自组织隐患治理工作。

4）承包商和供应商管理

这项管理要求对承包商和供应商的资格预审、选择、作业过程进行监督，对承包商和供应商的表现评价等方面进行管理。对于承包商的资格审查要严格把关，不得将不安全或产生职业危害以及污染环境的作业，转移给不具备条件的承包商和个人。对于承包商作业开工前的准备和作业过程要实施监督。供应商不仅应当具备相应的资质，提供质量合格的产品，还应当提供中文说明书，载明产品性能、可能产生的危害、安全操作和维护注意事项、危害防护措施等内容。

5）装置（设施）设计与建设

要求新建、改建或扩建装置（设施）时，要按照“三同时”的原则，按照有关标准、规范进行设计、设备采购、安装和试车，以确保装置（设施）保持良好的运行状态。

6）运行与维护

要求对生产装置、设施、设备、危险物料、特殊工艺过程和危险作业环境进行有效控制，提高设施、设备运行的安全性和可靠性，结合现有的、行之有效的管理制度，对生产的各个环节进行有效管理。

7）变更管理和应急管理

变更管理是指对人员、工作过程、工作程序、技术、设施等发生的永久性或暂时性的变化进行有计划的控制，以避免或减轻对安全、环境与健康方面的危害和影响。应急管理是指对生产系统进行全面、系统、细致地分析和研究，针对可能发生的突发性事故，制定防范措施和应急预案，并进行演练，确保万一发生事故时能控制事故，将事故损失减小到最低程度。

8）检查、考核和监督

建立定期检查和监督制度，定期对已建立的 HSE 管理体系运行情况进行检查与监督，保证 HSE 管理方针目标的实现。

9）事故处理和预防

建立事故报告、调查处理和预防管理程序，及时调查、确认事故或未遂事件发生的根本原因，制定相应的纠正和预防措施，确保事故不会再次发生。

10）审核、评审和持续改进

要求企业定期对 HSE 管理体系进行审核、评审，以确保体系的适应性和有效性，使其不断完善，达到持续改进的目的。

2. HSE 的特点

1）领导者的管理理念与承诺

HSE 是企业管理者对全体职工和社会应尽的义务与责任，这应当是领导者的管理理念。领导者对于企业的安全生产、职工健康和环境保护必须高度重视。这种重视首先表现在企业对于社会的庄严承诺上。最高管理层应当以书面形式向全体职工与社会公开自己的责任与承诺：各级最高管理层是 HSE 第一责任人；HSE 的方针、目标和计划；HSE 在整个管理体系中的优先地位；保证始终对 HSE 所需要的资源（人、财、物等）支持，赋予应有的权力，保持与政府和社会的联系渠道，定期公布企业 HSE 表现。HSE 还是持续改进的管理体系，具有实现安全生产、健康保障和环境保护的长效机制。

2）HSE 是对社会开放式的管理体系

HSE 不仅要求全体职工履行自己的 HSE 职责，积极参与 HSE 的改进，还是对社会开放的而不是局限于企业内部的管理体系，是企业管理者主动接受社会与全体职工监督的管理体系。社会力量参与 HSE 不仅起到监督作用，对于承包商、供应商，除了要求其必须承担应尽的义务之外，也鼓励他们积极参与 HSE 的改进。

## 四、建设优秀的企业文化

“让工作变得更安全、更健康、更愉快”，这是化工从业人员共同的企盼和追求。实现这个美好的愿望，不仅要依靠安全技术、安全工程设施等硬件，而且需要安全管理、安全教育等软件。在国内外安全生产先进企业中，遵守安全操作规程和各项安全规章制度，遵守纪律，保护环境等，已经成为从业人员的自觉主动的行为，成为从业人员的习惯。一般企业没有达到这个层次，主要原因是安全意识、安全理念的差距，是企业文化不同。树立正确的安全理念，不断增强从业人员的安全意识，养成规范的行为习惯，是企业发展的必然要求，是建设优秀企业文化的内涵。建设优秀的企业文化，是企业发展的百年大计。

企业文化指企业的核心价值观或者办企业的理念。企业的核心价值观，决定了企业的行为准则，是管理层判断是非和决定做事情优先顺序的标准，也是指导从业人员行为的准则。企业文化是企业的灵魂。化工生产的特点决定了化工企业必须把“以人为本、安全生产、保障健康和保护环境”作为企业的核心价值观。化工企业文化的中心是安全文化。健康安全环境管理体系把企业主要领导人办企业的理念公之于众，把管理层对安全生产、职工健康和环境保护的目标公之于众，成为主要领导人对全体员工和社会的庄严承诺。这种管理理念体现的就是一种优秀的企业文化。

企业文化对内是一种管理理念。不同的企业文化，有不同的企业管理方法。真正把“依法治厂”作为管理理念的企业，必然把严格遵守国家各项法律、法规作为企业管理的红线，任何时候不会通过违法违规来谋取非法收入。真正把“以人为本”作为管理理念的企业，必然坚持“安全第一”的方针，决不会以牺牲员工的生命和健康为代价，去谋取利润。

企业文化对外体现了企业的形象和社会责任。真正以“文明治厂”作为管理理念的企业，必然把服务社会作为办厂的宗旨，决不会以牺牲生态环境为代价，去谋取企业发展。在安全生产与环境保护方面，要力争本企业的标准比国家标准更高、更严。

建设优秀企业文化的主要责任在企业领导人和管理层。建设优秀企业文化绝不可能一蹴而就，需要长期艰苦的努力，需要历史的积淀。员工与社会的监督和积极参与，是建设优秀企业文化的必要条件。实行 HSE 等先进管理体系有利于建设优秀的企业文化。

## 第四节　化工安全事故调查分析概述

### 一、化工安全事故调查分析简介

化工安全事故很难在实验室中进行模拟研究，每次事故都是宝贵的反面经验。从事故中吸取经验教训是预防事故的重要途径。安全事故调查分析的目的是：及时、准确地查清事故经过、事故原因和事故损失，查明事故性质，认定事故责任，总结事故教训，提出整改措施。后果不太严重、原因也比较简单的事故，通常由企业自行调查处理；出现人员伤亡或较大经济损失的安全事故，通常由企业的上级或政府部门组织事故调查组进行调查处理。安全事故调查分析应当对企业负责，对当事人和社会负责。事故调查处理应当按照科学严谨、依法依规、实事求是、注重实效的原则。事故调查处理应做到：事故原因没有查清不放过，责任没有得到追究不放过，职工没有受到教育不放过，防范措施没有落实不放过。事故调查报告应当依法及时向社会公布，有关资料应存档。

事故调查分析是一项专业性很强的工作，需要调查者既有化工生产经验，又有比较广泛的理论知识。通过调查获得有关材料是分析研究事故的基础。安全工程的事故致因理论的关注点是安全事故的预防，但对于事故调查分析也有重要指导作用。

#### 1. 事故证据及其采集

事故证据是确定事故性质、原因，认定事故责任的依据。事故现场勘察、现场测试及现场鉴定等，是获得事故证据的重要方法。事故证据包括人证、物证、位置证据和文件证据。

人证指目击者（包括消防人员）的证词。如实提供证词，是火灾肇事嫌疑人和被侵害人等知情人员的法律责任。当调查人员提出要求时，当事人应到火灾现场进行指认。

物证包括化学品（原料、产品、辅料等）的样品、机械设备、零件、碎片、容器断口形式、污渍等。火灾原因多种多样，由于高温火焰和扑救活动，火灾现场的物证通常被严重破坏。在救灾过程中，要注意保护现场，保存证据。调查人员应遵循有关火灾现场勘验的规则。

位置证据包括事故发生前后，人员、设备及碎片的位置、阀门开度、储罐液位高度等。位置证据有难以保存等特点。在采集证据时，应当优先采集。

文件证据包括操作人员原始操作记录、化验结果单、报警记录、特种作业资格证与作业许可证，也包括设备档案、工艺条件、操作规程与管理规章制度等，还包括消防人员在救灾现场的录像资料等。采用数字集散控制系统（DCS）或现场总线控制系统（FCS）的化工企业，可以从计算机系统查到事故发生前后工艺参数的变化以及阀门操作等有关信息。案例 1-2 中石油吉林石化分公司双苯厂发生爆炸事故调查中，就是根据 DCS 自动记录提供的信息，判断事故起因是阀门操作顺序错误导致的。

对事故现场的某些实物进行现场测试与鉴定，可能获取事故证据。现场勘察后，调查人员应当及时提供全面、客观的现场勘察报告。现场鉴定针对的是设备及其附件，如锅炉爆炸事故后要对安全阀、压力表等附件进行检验。现场测试针对的是事故现场有关物质，如进行采样和分析化验，确定其组成、浓度、杂质含量和理化性质等。案例 6-6 事故现场测定冷冻盐水氨含量为 17. 64g/L，这为确定三氯化氮为爆炸物提供了佐证。案例 8-8 江苏响水天嘉宜化工有限公司“3·21”特别重大爆炸事故调查组，委托专业机构鉴定，该企业存放的硝化废料属于危险废物。经对样品分析，该硝化废料有自分解特性，分解时放热，分解速率随温度升高加快。热安全性分析表明，该硝化废料自燃温度 163. 6℃。绝热温升计算结果表明，在堆垛紧密、通风不良条件下，该硝化废料可以达到自燃温度。

2. 事故原点调查

事故是由事故隐患突然激发转化而成。隐患转化为事故的起始时间与地点称事故原点，如第一起火点或第一爆炸点。事故隐患转化为事故，具有突变特征并与事故后果有直接因果关系。在事故调查中，必须首先查清和验证事故原点的位置，然后才能对事故过程中的各个环节进行定性和定量分析。化工火灾、爆炸及中毒事故多数是有害气体、液体从设备中泄漏到外界后发生的。查找最早的泄漏点，有可能找到事故发生的原因。案例 2-2 美国挑战者号航天飞机升空后爆炸。从航天飞机升空后的视频资料发现，泄漏点就在右侧助推火箭 O 型密封圈安装处。

火灾事故调查中，查明起火点与最先点燃物料对于判断事故的直接原因有重要意义。起火点通常应当是破坏程度最严重的，但是由于火灾蔓延过程中，可燃物不同，燃烧环境不同，破坏程度最严重的区域也可能远离起火点。正确分析点火源是查明起火点的重要方法。例如，火灾过后发现金属导线熔融冷却后形成的金属圆珠，这是认定电气火灾的有力物证。确实不存在点火源的火灾，就要考虑有无可发生自燃的物质存在。案例 6-10 东方红化工厂火灾爆炸事故调查分析过程中，曾产生重大分歧。有人认为最先点燃物料是石脑油，有人认为是乙烯。经周密调查分析与计算，爆炸最严重的乙烯 B 罐在爆炸前曾受火焰灼烤，温度已达 600～800℃，发生蠕变破坏，约有 60t 乙烯爆沸，发生蒸气爆炸。事故调查组用大量证据排除了乙烯首先爆炸的可能性，证明了事故是石脑油泄漏造成的。

3. 模拟试验

模拟试验可以研究事故隐患转化为事故的激发条件，以验证对事故原因分析的正确性。

此类试验结果不是直接证据，仅可以作为事故分析的佐证。现场演示是在事故现场进行的模拟试验。例如，为了验证静电是否是爆炸事故的点火源，可以现场演示事故前的操作，并测试所产生静电的电压。如果现场模拟难以进行，有的事故可以在实验室内做模拟试验，有的事故过程可以用计算机模拟、计算，以确定事故真正原因。案例 8-8 江苏响水特别重大爆炸事故调查组，取硝化废料样品进行了燃烧试验，模拟了火灾过程。燃烧试验表明，硝化废料样品燃烧特征与火灾现场监控设备记录的火灾初始阶段燃烧特征视频录像吻合。

#### 4. 事故扩大原因与管理缺陷的调查

化工安全事故发生发展过程中，可能发生事故扩大化。许多案例表明，事故扩大化可能造成很大损失。事故调查不仅要调查分析事故的起因，还必须调查事故扩大的原因。

在火灾事故中，最先点燃物料是气体、液体还是固体，其可燃性如何，对于火灾的蔓延影响很大。火灾事故调查应当查明火灾蔓延的原因，以便总结经验教训。通常火灾蔓延有以下几个可能的原因：一是火灾没有及时发现，这就要查明火灾报警系统情况；二是起火点附近有大量可燃物，这就要查明有关设备、物品的安全距离是否符合规定；三是起火点附近处于富氧环境；四是与火灾预防及扑救有关的安全设施失效。

火灾发生、蔓延的原因不止上述几条，以上原因都违背了有关安全法规、安全标准的某些强制性要求。从发布的化工安全事故调查报告中可以很清楚地看到，无论是何种事故，调查组总要审查、确定事故企业与安全生产及职业卫生有关法律、法规、规章、标准要求的符合性。调查报告通常将调查发现的，企业违反安全法规、安全标准之处一一列出，尽管有些违规之处与所查事故并无直接关系。对照有关安全法规、安全标准查找事故发生原因，是各种化工安全事故调查分析的通则。

根据危险源系统理论，事故是第一类危险源与第二类危险源共同作用的结果。在化工安全事故中，第一类危险源（失控的能量或危险物质）通常比较容易确定。例如，导致中毒事故的毒物通过化验即可确定。确定第二类危险源（能导致约束、限制能量的措施失效或破坏的各种不安全因素）是事故调查的重点。例如，中毒事故的调查应重点分析毒物是如何泄漏到工作场所的。第二类危险源包括人的失误与物的不安全状态以及环境因素。而这三类因素都与安全管理有密切关系。因管理失误，导致对于危险源的控制不到位，是安全事故发生的重要原因。从发布的化工安全事故调查报告中可以很清楚地看到，在事故调查分析中，通常把安全管理方面的缺陷作为调查工作的重要部分，以确定管理者的责任。

## 二、化工容器爆炸原因与破坏形式

爆炸事故的调查首先要分清爆炸事故属于物理爆炸还是化学爆炸，如果两种爆炸都存在，要判断首先发生的是哪一种爆炸。化工容器发生爆炸事故之后，容器的断口形式是爆炸事故的有力物证，观察断口破坏形式，可以推测破坏原因，总结教训。化工容器常见的破坏形式有塑性破坏、脆性破坏、蠕变破坏、疲劳破坏与腐蚀破坏。

#### 1. 塑性破坏

塑性破坏又称韧性破坏，是由于容器内部压力逐渐升高，器壁发生塑性变形，而后发生断裂的破坏形式。塑性破坏的主要特征是：破裂容器具有明显的形状改变和较大的塑性变形，如最大圆周伸长率常达 10%以上；断口呈暗灰色纤维状，无闪烁金属光泽；断口不平齐，呈撕裂状，而与主应力方向成 45°角；这种破裂一般没有碎片或有少量碎片；容器的实际爆破压力接近计算爆破压力。塑性破坏的原因是超压，如操作失误或液化气体过量充装等原因导致的超压。如果容器因腐蚀或磨损导致器壁变薄，爆破压力将降低。

2. 脆性破坏

容器没有明显变形而突然发生破裂，根据破裂时的压力计算，器壁的应力也远远没有达到材料的强度极限，有的甚至还低于屈服极限，这种破裂现象和脆性材料的破坏很相似，称为脆性破坏。又因它是在较低的应力状态下发生的，故又称低应力破坏。脆性破坏的主要特征是：破裂容器一般没有明显的伸长变形，而且大多裂成较多的碎片，常有碎片飞出，如将碎片拼合起来测量，其周长、容积和壁厚与爆炸前相比没有变化或变化很小；断口齐平并与主应力方向垂直；形貌呈闪烁金属光泽的结晶状；大多数在使用温度较低的情况下发生。脆性破裂的原因通常是拉伸应力和腐蚀介质共同引起的应力腐蚀破裂（SCC）。$H_2S$ 引起的 SSCC 的特征是，断口处腐蚀产物有大量硫化物，起裂源点附近白点成群（说明裂纹密集）。

3. 蠕变破坏

蠕变破坏是指在一定温度（钢在 300℃以上）及压力作用下，随时间延长容器发生蠕变（材料逐渐变长、截面积逐渐变小）的破坏形式。蠕变破坏的主要特征是：蠕变破坏具有明显的塑性变形，破坏总是发生在高温下，经历较长的时间，破坏时的应力一般低于材料在使用温度下的强度极限。此外，蠕变破坏后进行检验可以发现材料有晶粒长大、钢中碳化物分解为石墨、氮化物或合金组织球化等明显的金相组织变化。蠕变破坏的原因是：设计选材不当或超温、局部过热等。火灾事故中，被火焰灼烤的化工容器易发生蠕变破坏。

4. 疲劳破坏与腐蚀破坏

压力容器在反复的加压过程中，壳体的材料长期受到交变载荷的作用，因此出现金属疲劳而产生的破坏形式称为疲劳破坏。疲劳破坏的主要特征是：破裂容器本体没有产生明显的整体塑性变形，但它又不像脆性破裂那样使整个容器脆断成许多碎片，而只是一般的开裂，使容器泄漏而失效。金属疲劳破坏往往与腐蚀有关，称疲劳腐蚀也称腐蚀疲劳，它是金属材料在腐蚀和应力的共同作用下引起的一种破坏形式，它的结果是造成金属断裂而被破坏。与 SCC 不同的是，它是由交变或脉冲式的拉伸应力和介质对金属的腐蚀作用所引起的。所以，只有那些较频繁的间歇操作或操作压力大幅度波动的容器才可能产生。

腐蚀破坏是指容器壳体由于受到介质的腐蚀而产生的一种破坏形式（见第三章）。

## 三、因果关系图简介

事故调查分析的本质是研究事故的因果关系。用因果关系图分析事物之间的因果关系，在工商管理等许多工作中比较常见，在事故调查分析工作中更是经常使用。简单的事故因果关系图是一条直链：初始原因→中间结果（中间原因）→…→最终结果。从初始原因到最终结果，可能要经历若干阶段，每一阶段前后阶段的事件之间都有因果关系。多问几个为什么就可能找到事故的原因。“原因→结果”是一切因果关系图的基本单元。

导致化工安全事故最终结果和中间结果的，都可能不止一个原因，初始原因与中间原因都可能导致多个结果。同时，有些事件之间的因果关系不是绝对的，可能是不确定的或有条件的，呈现复杂的逻辑关系。此时，常以鱼刺图等较复杂的因果关系图为分析工具。

绘制鱼刺图务求把各种危险因素无一遗漏地找出来，可组织有关人员充分发表意见，提出对事故原因的看法。通常危险因素可归纳为装置、物料、人、管理、设计、环境等诸方面。每个方面又细分为若干细目及层次。各层次因素之间可能又有因果关系（图 10-1）。

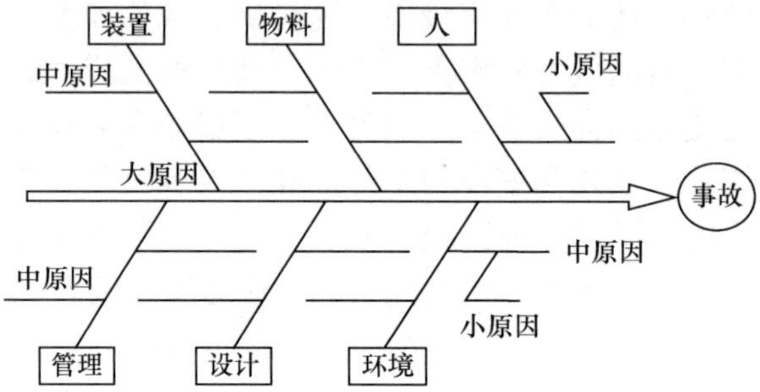


图 10-1　因果关系图

使用鱼刺图可用排除法，排除所有与该事故无关的因素，剩下的因素就是事故原因，再从中分析确定主要原因与次要原因。分析事故原因，必须经历一个去伪存真、由此及彼、由表及里的分析论证过程，透过纷繁复杂的现象，找到事故的本质原因。分析论证过程必然要假设事故原因并进行推理。只有假设的事故原因与物证、人证等一系列客观事实形成的证据链条完全吻合，方可判定事故的真正原因。该判定的前提条件是证据链是真实、完整的。化工安全事故的分析论证，需要丰富的化工生产经验，但是仅仅凭以往的经验来推测事故原因是不严密的。分析论证需要的知识比较广泛，如有关燃烧、爆炸、毒物、材料、化学的各种知识，许多情况需要理论计算。

事故致因理论常用图形（树枝、鱼骨、蝴蝶结、直根或三脚架等）表示复杂的因果关系。20 世纪 50 年代提出的事故树理论是预先假设事故结果然后倒推事故原因，而事件树理论是预先假设事故原因再推测事故结果。这两个理论在风险识别与安全评价中应用较多。事故调查分析是在事故已经发生、结果已知条件下，探索事故原因，运用事故树理论进行事故调查分析较合适。有兴趣的读者可查阅此类论文。20 世纪 70 年代以后提出的蝴蝶结理论、直根理论和三脚架理论都是在事故树与事件树理论基础上发展起来的。这些理论有助于正确地进行事故原因的分析论证。在欧美国家，这几种理论的培训与咨询已经进入商业运作阶段。如果需要深入了解有关因果关系图等安全事故调查分析方法的知识，请查阅有关书籍。

## 思考题及练习题

1. 试述我国安全管理的方针、体制。
2. 讨论安全技术标准的作用和采用国际标准的意义。
3. 为什么说安全生产责任制是企业安全管理制度的核心？
4. 讨论化工企业的事故分类。
5. 结合第一～九章知识，分析案例 10-1 有哪些经验教训。

6. 什么是职业安全健康管理体系？试分析该体系的特点。
7. 什么是健康安全环境管理体系？试分析该体系的特点。
8. 讨论为什么要建设优秀的企业文化与怎样建设优秀的企业文化。
9. 调查研究安全管理先进企业（如杜邦公司）的安全文化及安全理念。
10. 事故调查分析中，为什么经常分析事故与安全管理缺陷的关系？
11. 事故调查分析中，为什么常对照有关安全法规、标准找事故原因？
12. 选择本书案例，讨论确定其事故原因的主要依据。
13. 查阅江苏响水天嘉宜化工有限公司“3·21”特别重大爆炸事故调查报告。

# 第十一章　职业性危害与防护

**本章学习目标**

（1）深入了解职业病及其危害，职业性危害的防治法律、法规及职业病的三级预防体系；熟悉职业病发生源、接触者和传播途径的控制原则及劳动环境测定知识。

（2）熟悉粉尘对人体的危害及粉尘危害的防护技术。

（3）了解辐射、噪声及高温的危害及防护技术。

（4）熟悉导致电气伤害、化学灼伤和机械伤害的原因及其防护。

（5）通过实物教学，掌握各种个体防护用品知识。

职业性危害主要指职业病与工伤。本章首先概述职业病及其危害、职业病防治法律和职业病三级预防体系，然后分类讨论各类职业性危害的防护技术。企业要高度重视职业性危害防护工作，职工也要掌握职业危害防护的有关知识。

## 第一节　职业病防治

### 一、职业病及其危害

职业病是指企业、事业单位和个体经济组织等用人单位的劳动者，在职业活动中，因接触粉尘、放射性物质和其他有毒、有害因素而引起的疾病。导致职工患职业病的职业性有害因素称为职业病危害因素。职业病危害因素包括粉尘、化学因素、物理因素、放射性因素、生物因素等。职业病的特点是：职业病的病因明确，患者与职业病危害因素有接触史；有群发性，接触人群有一定的发病率，是否发病与职业病危害因素的浓度或强度有直接关系，也与个体危险因素有关；有特异性，即选择性地作用于人体的某一系统或某一器官，出现典型症状；有潜伏期的职业病，如能早期诊断、及时治疗、妥善处理，多数预后较好；控制职业病危害因素与人体的接触强度与时间，可以预防职业病。

职业病必须由国家认定，所以又称法定职业病。随着经济发展，职业病危害因素在增多，法定职业病的种类也在变化，职业病目录与职业病危害因素目录都要依法修订。2013 年，国家卫生行政等部门联合发布了新修订的《职业病分类和目录》。该目录纳入法定范围的职业病分 10 大类。这 10 类职业病的主要区别就是其职业病危害因素不同，其中因粉尘所致尘肺病 13 种，其他呼吸系统疾病 6 种；因化学因素所致职业性中毒 60 种；物理因素所致职业病 7 种；放射性因素所致职业性放射性疾病 11 种；生物因素所致职业性传染病 5 种。此外，还有职业性皮肤病 9 种、眼病 3 种、耳鼻喉口腔疾病 4 种、职业性肿瘤 11 种、其他职业病 3 种，详见表 11-1。2015 年国家卫生行政等部门联合发布了新修订的《职业病危害因素分类目录》，其中化学因素 375 种、粉尘 52 种、物理因素 15 种、放射性因素 8 种、生物因素 6 种、其他因素 3 种。接触职业病危害因素，也可能使某些非职业病的发病率增高，或者使某些个体的非职业病加剧，生产环境中多种因素也可能导致病损，这些情况并非职业病而称为职业相关疾病或职业性多发病，但也属于职业危害。

我国可能接触职业病危害因素的劳动者超过 2 亿，广泛分布在煤炭、冶金、建材、有色金属、机械和化工等 30 多个行业。新中国成立至 2008 年底，全国已累计报告职业病 704602 多例，其中尘肺病 638234 例。据国家卫生行政部门通报，2015 年到 2018 年这四年，全国报告新发职业病病例分别为 29180 例、31789 例、26756 例、23497 例，其中职业性尘肺病 26081 例、27992 例、22701 例、19468 例；职业性化学中毒 931 例、1212 例、1021 例、1333 例。由于职业病具有迟发性和隐匿性的特点，估计我国实际发生的职业病病例要大于报告数量。

**表 11-1　职业病目录**

| 类 别 | 职业病名称 |
|---|---|
| 尘肺病 | （1）矽肺；（2）煤工尘肺；（3）石墨尘肺；（4）碳黑尘肺；（5）石棉肺；（6）滑石尘肺；（7）水泥尘肺；（8）云母尘肺；（9）陶工尘肺；（10）铝尘肺；（11）电焊工尘肺；（12）铸工尘肺；（13）根据《尘肺病诊断标准》和《尘肺病理诊断标准》可以诊断的其他尘肺病 |
| 其他呼吸系统疾病 | （1）过敏性肺炎；（2）棉尘病；（3）哮喘；（4）金属及其化合物粉尘肺沉着病（锡、铁、锑、钡及其化合物等）；（5）刺激性化学物所致慢性阻塞性肺疾病；（6）硬金属肺病 |
| 职业性化学中毒 | （1）铅及其化合物中毒（不包括四乙基铅）；（2）汞及其化合物中毒；（3）锰及其化合物中毒；（4）镉及其化合物中毒；（5）铍病；（6）铊及其化合物中毒；（7）钡及其化合物中毒；（8）钒及其化合物中毒；（9）磷及其化合物中毒；（10）砷及其化合物中毒；（11）铀及其化合物中毒；（12）砷化氢中毒；（13）氯气中毒；（14）二氧化硫中毒；（15）光气中毒；（16）氨中毒；（17）偏二甲基肼中毒；（18）氮氧化合物中毒；（19）一氧化碳中毒；（20）二硫化碳中毒；（21）硫化氢中毒；（22）磷化氢、磷化锌、磷化铝中毒；（23）氟及其无机化合物中毒；（24）氰及腈类化合物中毒；（25）四乙基铅中毒；（26）有机锡中毒；（27）羰基镍中毒；（28）苯中毒；（29）甲苯中毒；（30）二甲苯中毒；（31）正己烷中毒；（32）汽油中毒；（33）一甲胺中毒；（34）有机氟聚合物单体及其热裂解物中毒；（35）二氯乙烷中毒；（36）四氯化碳中毒；（37）氯乙烯中毒；（38）三氯乙烯中毒；（39）氯丙烯中毒；（40）氯丁二烯中毒；（41）苯的氨基及硝基化合物（不包括三硝基甲苯）中毒；（42）三硝基甲苯中毒；（43）甲醇中毒；（44）酚中毒；（45）五氯酚（钠）中毒；（46）甲醛中毒；（47）硫酸二甲酯中毒；（48）丙烯酰胺中毒；（49）二甲基甲酰胺中毒；（50）有机磷中毒；（51）氨基甲酸酯类中毒；（52）杀虫脒中毒；（53）溴甲烷中毒；（54）拟除虫菊酯类中毒；（55）铟及其化合物中毒；（56）溴丙烷中毒；（57）碘甲烷中毒；（58）氯乙酸中毒；（59）环氧乙烷中毒；（60）上述条目未提及的与职业有害因素接触之间存在直接因果联系的其他化学中毒 |
| 职业性皮肤病 | （1）接触性皮炎；（2）光接触性皮炎；（3）电光性皮炎；（4）黑变病；（5）痤疮；（6）溃疡；（7）化学性皮肤灼伤；（8）白斑；（9）根据《职业性皮肤病的诊断总则》可以诊断的其他职业性皮肤病 |
| 职业性眼病 | （1）化学性眼部灼伤；（2）电光性眼炎；（3）白内障（含放射性白内障、三硝基甲苯白内障） |
| 职业性耳鼻喉口腔疾病 | （1）噪声聋；（2）铬鼻病；（3）牙酸蚀病；（4）爆震聋 |
| 物理因素所致职业病 | （1）中暑；（2）减压病；（3）高原病；（4）航空病；（5）手臂振动病；（6）激光所致眼（角膜、晶状体、视网膜）损伤 |
| 职业性放射性疾病 | （1）外照射急性放射病；（2）外照射亚急性放射病；（3）外照射慢性放射病；（4）内照射放射病；（5）放射性皮肤疾病；（6）放射性肿瘤（含矿工高氡暴露所致肺癌）；（7）放射性骨损伤；（8）放射性甲状腺疾病；（9）放射性性腺疾病；（10）放射复合伤；（11）根据《职业性放射性疾病诊断标准（总则）》可以诊断的其他放射性损伤 |
| 职业性传染病 | （1）炭疽；（2）森林脑炎；（3）布鲁氏菌病；（4）艾滋病（限于医疗卫生人员及人民警察）；（5）莱姆病 |

续表

| 类 别 | 职业病名称 |
| --- | --- |
| 职业性肿瘤 | （1）石棉所致肺癌、间皮瘤；（2）联苯胺所致膀胱癌；（3）苯所致白血病；（4）氯甲醚、双氯甲醚所致肺癌；（5）砷及其化合物所致肺癌、皮肤癌；（6）氯乙烯所致肝血管肉瘤；（7）焦炉逸散物所致肺癌；（8）六价铬化合物所致肺癌；（9）毛沸石所致肺癌、胸膜间皮瘤；（10）煤焦油、煤焦油沥青、石油沥青所致皮肤癌；（11）$\beta$-萘胺所致膀胱癌 |
| 其他职业病 | （1）金属烟热；（2）滑囊炎（限于井下工人）；（3）股静脉血栓综合征、股动脉闭塞症或淋巴管闭塞症（限于刮研作业人员） |

## 二、职业性危害防治法律简介

### 1. 职业病防治法

《中华人民共和国职业病防治法》(以下简称《职业病防治法》) 规定，职业病防治工作坚持“预防为主、防治结合”的方针，建立“用人单位负责、行政机关监管、行业自律、职工参与和社会监督”的机制，实行“分类管理、综合治理”的职业病防治管理原则。

国务院和县级以上地方人民政府，应制定、实施职业病防治规划，并将其纳入国民经济和社会发展规划。《职业病防治法》对于职业病的前期预防、劳动过程中的防护与管理、职业病诊断与职业病病人保障、政府监督检查等做出了明确规定。

用人单位应当为劳动者创造符合国家职业卫生标准要求的工作环境和条件，并保障劳动者获得职业卫生保护。用人单位应当采取下列职业病防治管理措施：

（1）设置或者指定职业卫生管理机构或者组织，配备专职或者兼职的职业卫生专业人员，负责本单位的职业病防治工作。

（2）制定职业病防治计划和实施方案。

（3）建立、健全职业卫生管理制度和操作规程。

（4）建立、健全职业卫生档案和劳动者健康监护档案。

（5）建立、健全工作场所职业病危害因素监测及评价制度。

（6）建立、健全职业病危害事故应急救援预案。

《职业病防治法》规定了劳动者的权利和义务。劳动者的权利有：获得职业卫生教育、培训；获得职业健康检查、职业病诊疗、康复等职业病防治服务；了解工作场所产生或者可能产生的职业病危害因素、危害后果和应当采取的防护措施；要求用人单位提供符合防治职业病要求的防护设施和个体防护用品，改善工作条件；对违反职业病防治法律、法规以及危及生命健康的行为提出批评、检举和控告；拒绝违章指挥和强令进行没有职业病防护措施的作业；参与用人单位职业卫生工作的民主管理，对职业病防治工作提出意见和建议。

劳动者应尽的义务有：学习、了解并遵守相关的职业病防治法律、法规；学习并掌握相关的职业卫生知识；正确使用、维护职业病防护设备和个体防护用品；严格遵守职业病防治规章、制度和操作规程，发现职业病危害事故隐患应当及时报告。

### 2. 工伤保险条例

《工伤保险条例》是国务院制定的法规。制定该条例是为了保障受工伤或患职业病的职工获得医疗救治和经济补偿，促进工伤预防和职业康复，分散用人单位的工伤风险。职工发生事故伤害或者按规定被诊断、鉴定为职业病，所在单位应当自事故伤害发生之日或者被诊断、鉴定为职业病之日起 30 日内，向本地区社会保险行政部门提出工伤认定申请。职工发生工伤，经治疗伤情相对稳定后存在残疾、影响劳动能力的，应当进行劳动能力鉴定。用人单位应保障职业病病人享受职业病待遇，安排职业病病人进行治疗、康复和定期检查。对不适宜继续从事原工作的职业病病人，应当调离原岗位并妥善安置。

根据《职业病防治法》我国还颁布了一批职业卫生法令、法规，卫生行政部门修订、发布了大量国家职业卫生标准。国家职业卫生标准统一代号为 GBZ，多数为强制性标准，是实施职业卫生法律、法规的技术规范，是卫生监督、管理的法定依据。

## 三、职业病的病因预防

职业病三级预防体系是指：消除或控制职业病危害因素（病因预防），职工职业健康监护（临床前期预防），职业病病人和工伤人员的治疗康复（临床预防）。引起职业性危害的充分条件是，劳动者与职业病危害因素接触时间较长或职业病危害因素的作用强度较大。职业病病因预防，应当从职业病危害发生源、接触者、传播途径三方面入手，重点控制职业病危害因素的作用强度和接触时间。

### 1. 发生源控制

预防职业性危害，首先要进行职业病危害因素辨识，即弄清企业存在哪些职业病危害因素，这些职业病危害因素的作用强度如何，可能造成哪些职业性危害，存在哪些有损职工健康的有害作业，有害作业危害程度属于什么级别。

应当在职业病危害因素辨识的基础上，有针对性地提出预防控制技术措施和职业卫生管理措施。改变工艺可以从根本上消除职业病危害发生源或减少其危害性。例如，用无毒或低毒的溶剂代替毒性较高的溶剂。再如，将产品剂型由粉状改为浆状，以避免粉尘危害。

与安全生产中对危险化学品的控制措施相比，对职业性危害因素中的粉尘与化学因素的控制措施基本相同。职业病危害发生源是有毒气体或粉尘的，要特别注意防止其泄漏并控制其浓度，其控制措施包括密封、监控、通风、除尘等技术。采用密闭、隔离等措施，将职业病危害发生源屏蔽起来，尽量减少人员与发生源接触机会，是常用的技术措施。例如，尽量采用密闭化、连续化、机械化操作和自动控制；将集中产生有毒气体或粉尘的设备，安装于负压室内并与局部排风结合，使操作人员与生产设备隔离；将放射性物质屏蔽起来。在工作场所安放职业病危害警示标识，也是一种屏蔽措施。

要像抓安全生产一样，建立、健全并严格执行职业危害防治责任制度和职业危害防护设施维护检修制度。生产经营单位对职业危害防护设施，应当进行经常性的维护和检修，定期检测其性能和效果，确保其正常运行，不得擅自拆除或者停用。

### 2. 接触者控制

接触者控制常采用以下措施：个体防护、特殊群体保护、个体医学监护、劳动组织管理、培训教育等，这些都是重要的职业卫生管理措施。

工程措施不一定能消除或完全控制职业病危害因素，此时必须采取个体防护措施。生产经营单位必须为从业人员提供符合国家标准、行业标准的职业危害防护用品，并督促、教育、指导从业人员，按照使用规则正确佩戴、使用防护用品，不得以发放钱物替代发放职业危害防护用品。单位应当建立、健全从业人员防护用品管理制度，对职业危害防护用品，进行经常性的维护、保养，确保防护用品有效。

劳动者从事特定职业或者接触特定职业病危害因素时，比一般职业人群更易遭受职业病危害和罹患职业病，或者可能导致原有自身疾病病情加重，或者在作业过程中诱发可能导致对他人生命健康构成危险的疾病等，这些个人特殊生理或病理状态称为职业禁忌证。例如，造血系统疾病是接触苯作业的禁忌证。鉴别有职业禁忌的劳动者，是职工上岗前职业健康检查的重要目的。用人单位不得安排未经上岗前职业健康检查的劳动者，从事接触职业病危害的作业；不得安排有职业禁忌的劳动者，从事其所禁忌的作业。合理调配工作岗位，是预防职业性危害的重要措施，对于有职业禁忌的劳动者，以及发现有与所从事的职业相关的健康损害的劳动者，应调离原工作岗位并妥善安置。

在同样环境中，从事同一种劳动，不同劳动者所受到的职业性危害程度差别较大，这主要与劳动者个体危险因素有关。具有个体危险因素的容易得职业性伤病，称为易感者或高危人群。劳动者个体危险因素有多种，如身体有病、营养缺乏或过敏，有吸烟、嗜酒等不良习惯，这类人受职业病危害因素（特别是可导致慢性中毒的毒物）影响的概率较大。少年与妇女对于某些职业病危害因素较敏感，用人单位不得安排未成年工从事接触具有职业危害的作业，要特别注意不得安排孕期、哺乳期的女职工从事对本人和胎儿、婴儿有危害的作业。

生产经营单位应当建立、健全职业健康宣传教育培训制度，对从业人员进行上岗前的职业健康培训和在岗期间的定期职业健康培训，普及职业健康知识，督促从业人员遵守职业危害防治的法律、法规、规章、标准和操作规程，提高从业人员自身防护意识与能力。

### 3. 传播途径控制与劳动环境测定

1）传播途径控制

传播途径控制的重点也是尽可能避免人员与发生源接触，降低职业病危害因素的作用强度。与发生源控制不同的是，传播途径控制的重点是劳动环境。《职业病防治法》要求，在项目建设阶段，就要对可能存在的职业病危害进行预评价。企业选址、总体布局、通风、除尘及各种职业病防护设施的设计，必须符合国家职业卫生标准要求，为创造优良的劳动环境打好基础。在此基础上，要做好劳动环境的日常维护管理和持续改善工作。

2）劳动环境测定

劳动环境测定是指对劳动环境中各种有害因素和不良环境条件的测定，是劳动环境评价的依据。只有经常进行劳动环境测定和评价，才能确定劳动环境是否符合职业卫生要求。劳动环境中有害因素测定的基本方法是：测定劳动者接触有害因素的时间和强度（浓度），并做出评价。企业应当建立、健全职业危害日常监测管理制度，设专人负责作业场所职业危害因素的日常监测，保证监测系统持续正常工作。

（1）有害因素职业接触限值。

《工作场所有害因素职业接触限值 第1部分：化学有害因素》（GBZ 2.1—2007），规定了工作场所空气中339种有毒物质、47种粉尘和2种生物因素的职业接触限值。其中部分有毒物质的职业接触限值见表11-2。《工作场所有害因素职业接触限值 第2部分：物理因素》（GBZ 2.2—2007），规定了工作场所多种物理因素职业接触限值。两个标准适用于企业工业卫生设计，也适用于职业卫生监督检查等，但不适用于非职业性接触。应根据这两个标准，监测工作场所环境污染情况，评价工作场所卫生状况、劳动条件及劳动者接触有害因素的程度。这两个标准也可用于评估生产装置泄漏情况，评价防护措施效果等。

（2）有害因素的监测方法。

在实施职业卫生监督管理、评价工作场所有害因素职业危害或个人接触状况时，应按照国家颁布的标准测量方法进行测量和分析。现执行《工作场所空气有毒物质测定》（GBZ/T 160—2013）系列标准和《工作场所物理因素测量》（GBZ/T 189—2007）系列标准。有害因素的测定时间、地点等要有代表性，要能科学地、真实地反映被评价岗位劳动者接触有害因素的实际情况，为有害因素的分级评价提供可靠的依据。测定点放置测定仪器的具体位置，一般应尽量接近劳动者的作业位置，并处于下风侧或浓度（强度）有代表性的位置。例如，粉尘和毒物采样器的采样头应处于呼吸带高度，高温和辐射测定的探头应处于胸部高度。

**表 11-2　工作场所空气中化学物质容许浓度**

| 序 号 | 毒物名称 | 最高容许含量①/（$mg/m^3$） | 时间加权平均容许含量②/（$mg/m^3$） | 短时间接触容许含量③/（$mg/m^3$） | 备 注 |
|---|---|---|---|---|---|
| 1 | 氨 | — | 20 | 30 | |
| 2 | 苯 | — | 6 | 10 | 皮 |
| 3 | 苯胺 | — | 3 | — | 皮 |
| 4 | 苯硫磷 | — | 0.5 | — | 皮 |
| 5 | 敌百虫 | — | 0.5 | 1 | — |
| 6 | 对硫磷 | — | 0.05 | 0.1 | 皮 |
| 7 | 二甲苯（全部异构体） | — | 50 | 100 | — |
| 8 | 二硫化碳 | — | 5 | 10 | 皮 |
| 9 | 二氧化氮 | — | 5 | 10 | — |
| 10 | 二氧化硫 | — | 5 | 10 | — |
| 11 | 二氧化氯 | — | 0.3 | 0.8 | — |
| 12 | 氟化氢（以 F 计） | 2 | — | — | — |
| 13 | 氟化物（不含氟化氢）（以 F 计） | — | 2 | — | — |
| 14 | 金属汞（蒸气） | — | 0.02 | 0.04 | 皮 |
| 15 | 甲拌磷 | 0.01 | — | — | 皮 |
| 16 | 甲苯 | — | 50 | 100 | — |
| 17 | 甲醇 | — | 25 | 50 | 皮 |
| 18 | 甲醛 | 0.5 | — | — | — |
| 19 | 久效磷 | — | 0.1 | — | 皮 |
| 20 | 乐果 | — | 1 | — | 皮 |
| 21 | 硫化氢 | 10 | — | — | — |
| 22 | 硫酸二甲酯 | — | 0.5 | — | 皮 |
| 23 | 氯 | 1 | — | — | — |

续表

| 序号 | 毒物名称 | 最高容许含量[①]/（$mg/m^3$） | 时间加权平均容许含量[②]/（$mg/m^3$） | 短时间接触容许含量[③]/（$mg/m^3$） | 备注 |
|---|---|---|---|---|---|
| 24 | 马拉硫磷 | — | 2 | — | 皮 |
| 25 | 内吸磷 | — | 0.05 | — | 皮 |
| 26 | 砷化氢 | 0.03 | — | — | — |
| 27 | 硝基苯 | — | 2 | — | 皮 |
| 28 | 氧化乐果 | — | 0.15 | — | 皮 |
| 29 | 一氧化氮 | — | 15 | — | — |
| 30 | 一氧化碳（非高原） | — | 20 | 30 | — |
| | 海拔 2000～3000m | 20 | — | — | — |
| | 海拔＞3000m | 15 | — | — | — |

① 最高容许含量（MAC）指工作地点、在一个工作日内、任何时间均不应超过的有毒化学物质的含量。工作地点指劳动者从事职业活动或进行生产管理过程而经常或定时停留的地点。

② 时间加权平均容许含量（PC-TWA）指以时间为权数规定的 8h 工作日、40h 工作周的平均容许接触浓度。

③ 短时间接触容许含量（PC-STEL）指在遵守 PC-TWA 前提下，容许短时间（15min）接触的浓度。

## 四、职业健康监护

职业健康监护包括劳动者上岗前、在岗期间、离岗时、应急的健康检查和职业健康监护档案管理工作。职业健康监护属于二级预防，其目的是早期发现职业病、职业健康损害和职业禁忌证，通过早期发现、早期诊断、早期治疗，防止病情恶化，便于用人单位和劳动者本人及时采取调配工作岗位等干预措施。根据劳动者的职业接触史，通过医学健康检查和健康相关资料的收集，连续性地监测劳动者的健康状况，便于评价职业健康损害与作业环境中职业病危害因素的关系及危害程度。

根据《职业病防治法》及有关职业健康监护的规定，用人单位有以下责任和义务：

（1）应根据国家有关法律、法规，结合生产劳动中存在的职业病危害因素，建立职业健康监护制度，保证劳动者能够得到与其所接触的职业病危害因素相应的健康监护。

（2）应根据职业健康监护方面的法规、标准的有关规定，制订本单位的职业健康监护工作计划。应选择并委托具有职业健康检查资质的机构，对本单位接触职业病危害因素的劳动者进行职业健康检查。

（3）应保证从事职业病危害因素作业的劳动者，在上岗前、在岗期间、离岗前或者急需时，能及时参加职业健康检查，劳动者接受健康检查的时间应视为正常出勤。

（4）建立、健全从业人员职业健康监护档案管理制度。职业健康监护档案应当包括劳动者的职业史、职业病危害因素接触史、职业健康检查结果和职业病诊疗等有关个人健康资料。职业健康监护档案应由专人负责管理，并按照规定的期限妥善保存。要确保医学资料的机密和维护劳动者的职业健康隐私权、保密权。从业人员离开单位时，有权索取本人职业健康监护档案复印件，生产经营单位应当如实、无偿提供，并在所提供的复印件上签章。

职业病第三级预防又称临床预防，是在明确诊断后，使患者得到及时、合理的治疗处理，防止疾病恶化及复发，防止劳动能力丧失。对慢性职业病患者，通过医学监护，预防并发症和伤残。通过功能性和心理康复治疗，达到病而不残或残而不废和延长寿命的目的。三级预防必须认真贯彻《工伤保险条例》。

本节讨论的职业危害预防控制对策具有普遍性，适用于包括职业中毒在内的各种职业危害。各种职业危害的预防控制对策都有特殊性，要结合具体职业病危害因素进行探讨。

# 第二节　粉尘对人体的危害与防护

## 一、粉尘对人体的危害

### 1. 粉尘对人体的主要危害

粉尘侵入人体的途径主要有呼吸系统、眼睛、皮肤等，其中以呼吸系统为主要途径。在粉尘环境中工作，人的鼻腔只能阻挡吸入粉尘总量的 30%～50%，其余部分进入呼吸道。粉尘对人体各系统有如下危害。

（1）尘肺病。长期吸入粉尘，粉尘侵入呼吸系统后，最常见的是引发尘肺病。尘肺病指在生产活动中因吸入各种粉尘而引起的以肺组织纤维化为主的疾病，包括石棉肺、矽肺、煤工尘肺等。尘肺病是我国最主要的职业病，多发生在采矿、金属冶炼等行业，多年来占职业病新发病例总数的 80%以上。2016 年全国报告尘肺病新病例共 27992 例，其中煤工尘肺 16658 例，矽肺 10072 例。1987 年国务院发布了《中华人民共和国尘肺病防治条例》。

（2）中毒。如果吸入铅、砷、锰、氰化物、塑料助剂、沥青等毒性粉尘，这些粉尘在呼吸道溶解后进入血液循环系统，可引起中毒。

（3）上呼吸道慢性炎症。某些粉尘如棉尘、毛尘、麻尘等，可附着于鼻腔、气管、支气管的黏膜上，长期发生刺激作用，继发感染，发生慢性炎症。

（4）眼睛。如果粉尘侵入眼睛，可引起结膜炎、角膜混浊、眼睑水肿和急性角膜炎等症状，金属粉尘可引起角膜损伤。

（5）皮肤。粉尘侵入皮肤后，可堵塞皮脂腺、汗腺，造成皮肤干燥，易受感染，引起毛囊炎、粉刺、皮炎等。

（6）致癌作用。接触放射性矿物粉尘、铬酸盐、雄黄矿易发生肺癌，石棉粉尘可引起胸膜间皮瘤。

### 2. 粉尘性质的影响

粉尘对人体的危害程度取决于人体吸入的粉尘量、粉尘侵入途径、粉尘沉着部位和粉尘的物理、化学性质等因素。在众多粉尘中，以石棉尘和含游离二氧化硅的粉尘对人体危害最为严重。长期吸入含游离二氧化硅的粉尘，可导致肺组织纤维化，引起硅沉着病，肺功能减退，最后可因缺氧而死亡，是尘肺病中最严重的类型。游离二氧化硅含量越高，肺部病变越严重。

粉尘的分散度是指粉尘的粒径及其分布。粒径小的颗粒所占比例越大，粉尘的分散度越高，在空气中的沉降速度越慢，漂浮时间越长，被人吸入的可能性就越大。粒径 10μm 左右的粉尘，可在上呼吸道阻留，随咳痰或喷嚏排出体外。粒径为 10～5μm 的粉尘，可因下呼吸道黏膜上皮的纤毛运动而随黏液向外运动，随咳痰或喷嚏排出体外。粒径小于 5μm 的粉尘可到达呼吸道深部，其中粒径小于 2μm 的粉尘能够进入肺泡，对人体的危害最大。

粉尘的密度与荷电也影响其在空气中的沉降速度和漂浮时间。密度较大或带有异性电荷的粉尘，容易从空气中清除。密度越小或带有同性电荷的粉尘，沉降速度慢，漂浮时间长，被人吸入的可能性就大，危害性较大。

对人体有毒害的粉尘，随溶解度增加，对人体的危害也增加。对人体仅有机械刺激作用的粉尘，随溶解度增加，对人体的危害减少。此外，硬度大的粉尘、形状不规则的粉尘，对人体危害较大。

## 二、粉尘危害防护

GBZ 2.1—2007 有关工作场所空气中粉尘容许浓度的规定见表 11-3。除了第五章已讨论过的工业除尘等技术外，预防粉尘危害应采取以下技术措施或个体防护措施。

（1）密闭。可能产生粉尘的工艺装置，宜密闭并在负压状态下使用，以防止粉尘泄漏到环境中。

（2）加湿。固体的机械粉碎、磨粉、钻孔、切削、锯断过程，应尽可能通过加湿以降低空气中粉尘的悬浮量。

（3）局部排风。产生粉尘、烟尘、烟雾的场所，可以采用局部排风措施降低空气中粉尘的浓度，不可采用全面通风。

**表 11-3　工作场所空气中粉尘容许浓度**[1]（$mg/m^3$）

| 序号 | 物质名称 | 总尘[2] | 呼尘[3] | 序号 | 物质名称 | 总尘 | 呼尘 |
|---|---|---|---|---|---|---|---|
| 1 | 白云石粉尘 | 8 | 4 | 20 | 麻尘（游离 $SiO_2$ 粉尘＜10%） | | |
| 2 | 玻璃钢粉尘 | 3 | — | | 亚麻尘 | 1.5 | — |
| 3 | 茶尘 | 2 | — | | 黄麻 | 2 | — |
| 4 | 沉淀 $SiO_2$ 粉尘（白炭黑） | 5 | — | | 苎麻 | 3 | — |
| 5 | 大理石粉尘 | 8 | 4 | 21 | 煤尘（游离 $SiO_2$ 粉尘＜10%） | 4 | 2.5 |
| 6 | 电焊烟尘 | 4 | — | 22 | 棉尘 | 1 | — |
| 7 | 二氧化钛粉尘 | 8 | — | 23 | 木粉尘 | 3 | — |
| 8 | 沸石粉尘 | 5 | — | 24 | 凝聚 $SiO_2$ 粉尘 | 1.5 | 0.5 |
| 9 | 酚醛树脂粉尘 | 6 | — | 25 | 膨润土粉尘 | 6 | — |
| 10 | 谷物粉尘 | 4 | — | 26 | 皮毛粉尘 | 8 | — |
| 11 | 硅灰石粉尘 | 5 | — | 27 | 人造玻璃质纤维 | | |
| 12 | 硅藻土粉尘（游离 $SiO_2$ 粉尘＜10%） | 6 | — | | 玻璃棉粉尘 | 3 | — |
| 13 | 滑石粉尘 | 3 | 1 | | 矿渣棉粉尘 | 3 | — |
| 14 | 活性炭粉尘 | 5 | — | | 岩棉粉尘 | 3 | — |
| 15 | 聚丙烯粉尘 | 5 | — | 28 | 桑蚕粉尘 | 8 | — |
| 16 | 聚丙烯纤维粉尘 | 2 | — | 29 | 砂轮磨尘（游离 $SiO_2$ 粉尘＜10%） | 8 | — |
| 17 | 聚氯乙烯粉尘 | 5 | — | 30 | 石膏粉尘 | 8 | 4 |
| 18 | 聚乙烯粉尘 | 5 | — | 31 | 石灰石粉尘 | 8 | 4 |
| 19 | 铝尘 | | | 32 | 石棉（石棉含量 10%以上） | | |
| | 铝、铝合金粉尘 | 3 | — | | 粉尘 | 0.8 | — |
| | 氧化铝粉尘 | 4 | — | | 纤维 | 0.8 | — |

续表

| 序号 | 物质名称 | 总尘[②] | 呼尘[③] | 序号 | 物质名称 | 总尘 | 呼尘 |
|---|---|---|---|---|---|---|---|
| 33 | 石墨粉尘 | 4 | 2 | 39 | 稀土粉尘 | 2.5 | — |
| 34 | 水泥粉尘（游离 $SiO_2$ 粉尘<10%） | 4 | 1.5 | 40 | 洗衣粉混合粉尘 | 1 | — |
| 35 | 炭黑粉尘 | 4 | — | 41 | 烟草尘 | 2 | — |
| 36 | 碳化硅粉尘 | 8 | 4 | 42 | 萤石混合粉尘 | 1 | 0.7 |
| 37 | 碳纤维粉尘 | 3 | — | 43 | 云母粉尘 | 2 | 1.5 |
| 38 | 矽尘 | | | 44 | 珍珠岩粉尘 | 8 | 4 |
| | 10%～50%游离 $SiO_2$ | 1 | 0.7 | 45 | 蛭石粉尘（游离 $SiO_2$ 粉尘<10%） | 3 | — |
| | 50%～80%游离 $SiO_2$ | 0.7 | 0.3 | 46 | 重晶石粉尘 | 5 | — |
| | 80%以上游离 $SiO_2$ | 0.5 | 0.2 | 47 | 其他粉尘[④] | 8 | — |

①表中数据均为时间加权平均容许含量（PC-TWA），$mg/m^3$，唯有石棉纤维尘含量单位为：f/mL。

②总尘即总粉尘，是指可进入呼吸道（鼻、咽和喉、胸腔气管、细支气管和肺泡）的粉尘，简称总尘。技术上是用总粉尘采样器按标准方法在呼吸带测得的所有粉尘。

③呼尘：按呼吸性粉尘标准测定方法所采集的可进入肺泡的粉尘粒子，其空气动力学直径均在 7.07μm 以下，空气动力学直径 5μm 粉尘粒子的采样效率为 50%，简称呼尘。

④其他粉尘是指游离 $SiO_2$ 粉尘低于 10%，不含石棉和有毒物质，而尚未制定允许浓度的粉尘。

注：表中列出的各种粉尘（石棉纤维尘除外）凡游离 $SiO_2$ 粉尘高于 10%者，均按矽尘容许浓度对待。

（4）粉尘监测。对作业环境的粉尘浓度实施定期检测，目的是检查作业环境的粉尘浓度是否在国家标准规定的允许范围之内。粉尘测定按《工作场所空气中粉尘测定》（GBZ/T 192—2007 第 1、3、4 部分）进行。

（5）其他工程措施。可能释放粉尘的设备最好单独集中布置，以限制和缩小粉尘危害区域的范围。生产、储存场所和除尘器室、除尘管道、地沟等，应定期清除沉积的粉尘，这些地方的表面应平整光滑，易于清扫并配有及时吸尘设施和清水喷雾设施。

（6）个体防护措施。采取有关技术措施后，作业环境粉尘浓度仍然达不到标准要求的，必须采取佩戴呼吸防护器等个体防护措施。

## 第三节　职业环境危害与防护

化工企业的职业环境危害因素主要有辐射、噪声、振动、高温、低温与潮湿等。这些危害因素不仅影响职工身体健康，有的还是污染源或不利于安全生产。化工企业应当有效控制各种职业环境危害因素，使劳动者与各种环境危害因素的接触水平，符合《工作场所有害因素职业接触限值 第 2 部分：物理因素》（以下以 GBZ 2.2 表示该标准名称）的要求。

### 一、辐射的危害与防护

1. 电离辐射与非电离辐射

辐射分为两大类：电离辐射和非电离辐射。电离辐射包括 α 射线、β 射线、γ 射线、X 射线、中子射线等。非电离辐射包括紫外光、可见光、红外线、激光和射频辐射。辐射本质为电磁波，一些辐射线的波长 $\lambda$ 和频率 $f$ 如表 11-4 所示。辐射线的波长越短、频率越高，则量子的能量水平越高，生物学效应越强。电离辐射是波长＜100nm 的电磁辐射，能使受到辐射的物质发生电离现象。非电离辐射是波长＞100nm 的电磁辐射，其光子的能量小，不足以令中性分子及原子电离。

**表 11-4　各种辐射线的波长和频率范围**

| 射线种类 | Γ 射线 | X 射线 | 紫外线 | 可见光 | 红外线 | 射频电磁波 |
|---|---|---|---|---|---|---|
| $\lambda$/m | $<10^{-10}$ | $10^{-10}\sim10^{-8}$ | $10^{-8}\sim10^{-7}$ | $10^{-7}\sim10^{-6}$ | $10^{-6}\sim10^{-4}$ | $10^{-4}\sim10^{3}$ |
| $f$/Hz | $>3\times10^{18}$ | $3\times10^{16}\sim3\times10^{18}$ | $3\times10^{15}\sim3\times10^{16}$ | $3\times10^{14}\sim3\times10^{15}$ | $3\times10^{12}\sim3\times10^{14}$ | $3\times10^{5}\sim3\times10^{12}$ |

### 2. 电离辐射的危害与防护

电离辐射可引起的放射病有十几种（表 11-1）。电离辐射的危害主要是由放射线照射人体造成的。在电离辐射作用下，机体的反应程度取决于电离辐射的种类、剂量、照射条件及机体的敏感性。人在短时间内受到超过允许剂量的放射性照射，可引起机体的急性损伤，即急性放射病。长期或反复受到接近或低于允许剂量的放射性照射，可引起慢性放射性损伤，出现皮肤损伤、内分泌失调等症状，严重时出现贫血、白血球减少、白内障、生育力受损等，还可能引起胎儿死亡或畸形。电离辐射属于第 1 类致癌因子。

常见放射源包括放射性物质与射线装置两大类。X 射线装置在化工中应用较多，如 X 射线衍射仪、X 射线探伤机等。放射性物质镅 241（Am-241）用于离子感烟火灾报警器。必须严格遵守放射源安全操作规程，采取如下防护措施，尽可能避免人员受到辐射。

（1）屏蔽防护。屏蔽防护是最重要的防护措施。储存和使用放射性物质都必须对其进行屏蔽。不同的放射性物质采用的屏蔽材料及其厚度不同。

（2）距离防护。放射性物质的辐射强度与距离的平方成反比。应尽可能采用远距离操作或自动化操作。

（3）时间防护。人体受到照射的累积剂量与接触时间成正比。对于高强度的电离辐射，要尽可能缩短接触时间，必要时采取轮换操作。

（4）个体防护。进入有辐射污染的场所时应穿戴防护服、手套、鞋帽、面罩、目镜，有时需戴呼吸器等；工作期间禁止进食、饮水；离开时彻底清洗身体暴露部分等。

（5）报警防护。电离辐射强度超标时，信号自动报警装置应报警，人员及时撤离。

### 3. 非电离辐射的危害与防护

各种非电离辐射的危害有所不同。紫外线强烈作用于皮肤时，可发生光照性皮炎，皮肤上出现红斑、痒、水疱、水肿等；严重的还可引起皮肤癌。紫外线作用于眼部，可引起结膜炎、角膜炎，称为光照性眼炎，还可能诱发白内障，如紫外线会使焊工患上电光性眼炎。

红外线与激光直接照射可能引起眼的急性损伤。红外线眼底损伤，多由于注视工业上的某种热源时，辐射至眼部的红外线经过眼屈光体的折射，聚焦于黄斑部发生灼伤所致。接触红外线的工种主要有炼铁、轧钢、熔化黄金、制马口铁、玻璃成型等。统计发现，玻璃工人工龄越长，白内障的发病率越高。肉眼直接观看日食，可能导致红外线眼底损伤。

微波（波长 1mm～1m）和高频电磁场（波长 10m～3000m）统称为射频辐射，是电磁辐射中波长最长、能量最小的电磁波。在射频辐射作用下，只有少数人特别是接触超高频电磁波（波长 1m～10m）和微波者，可能有明显的临床现象，影响劳动能力。

各种非电离辐射强度的影响因素与电离辐射是相同的。和电离辐射防护类似，对于在生产过程中有可能产生非电离辐射的设备，应制定辐射防护规程，采取有效的屏蔽措施或加大接触距离和缩短接触时间。因受限制缺乏防护措施时进行个体防护。

电磁辐射是能量以电磁波的形式通过空间传播的现象，它直接影响人类的生活环境，已经成为一种新的环境污染源。能产生脉冲放电的设备，能产生工频交变电磁场的电器装置，如大功率电机、变电器和输电线附近电磁场等，以及能产生射频电磁辐射的装置，如广播电视、微波通信等各种射频设备，都可能成为电磁污染源。所以，非电离辐射防护不仅限于车间，办公室与家庭亦不可忽视。工业用电磁辐射设备主要为高频感应加热设备，如高频淬火、高频焊接和高频炉、高频熔炼设备及高频介质加热设备，如塑料热合机、高频干燥处理机、高频介质加热联动机等。该类设备将电能转换为热能或其他能量加以利用，但伴有电磁辐射产生并泄漏出去，可引起工作场所环境污染。

## 二、噪声的危害与防护

### 1. 噪声与声压级

噪声是指一切有损听力、有害健康或有其他危害的声响。

受到声波扰动后产生的大气压力变化称声压。正常人刚能听到的声音称人耳的“听阈”，其声压约为 $2\times10^{-5}$Pa（1000HZ）；令正常人耳感到疼痛的声音称人耳的“痛阈”，其声压约为 20Pa（1000HZ）。二者声压值相差 $10^6$ 倍，用声压度量声音强弱时表达不方便，所以改用声压级度量声音强弱。声压级定义为

$$L_P = 20\lg\frac{P}{P_0}$$

式中，$P$ 为实测声压；$P_0$ 为参考声压（国际标准化组织和我国规定用 $2\times10^{-5}$Pa）；$L_P$ 称声压级，单位是十分之一贝尔即分贝（dB）。噪声测量常用仪器为声级计，它测定声压并将其转换为电压信号，表头上直接显示声压级 dB 值。人耳对声音强弱的主观感受不仅与声压有关，还与声音频率有关。对于不同频率的声压级进行人为调整，使仪器读数与人的主观感受相一致，称为频率计权，频率计权后得到的声级称为计权声级。声级计的频率计权有 A、B、C、D 四种，其中 A 声级是国际标准化组织和我国用来评价噪声的主要指标，记作 dB（A）。

### 2. 噪声的危害

噪声对人体的危害主要表现在以下几个方面。

（1）损害听觉。短时间暴露在噪声下可引起听觉疲劳，其表现为听力减弱、听觉敏感性下降。听觉疲劳是暂时性的，经过休息听觉机能可以恢复。听力损伤的特点是潜伏期长、有持续渐进性和不可逆性，不可掉以轻心。长期反复接触较强的噪声，听觉疲劳来不及恢复，可引起永久性耳聋。噪声在 80dB（A）以下，一般不致引起职业性耳聋；在 80dB（A）以上，对听力有不同程度影响；而噪声在 95dB（A）以上，对听力的影响比较严重。短时间接触强烈噪声，如 120dB（A）以上的噪声，可突发爆震性耳聋。2016 年全国报告新发爆震聋病例 40 例，职业性噪声聋病例 1220 例，合计占全部新发职业病病例数的第二位。

（2）引起各种病症。长时间接触高声级噪声，除引起职业性耳聋外，还可引发消化不良、食欲不振、恶心、呕吐、头痛、心跳加快、血压升高、失眠等全身性病症。

（3）影响睡眠。噪声在 40dB（A）以下，对人的睡眠基本无影响；噪声在 55dB（A）以上，严重影响人的休息和入睡。

（4）引起事故。强烈的噪声可导致某些机器、设备、仪表精度下降甚至损坏；在某些特殊场所，强烈的噪声会掩盖警报音响等，引起事故。

要注意噪声危害的影响因素。噪声的强度越大、频率越高、接触噪声的时间越长，对人体的危害越大。噪声的性质、强度和频率经常变化的非稳态噪声，比稳态噪声的危害大。规定声级波动＜3dB（A）的噪声为稳态噪声，声级波动≥3dB（A）的噪声为非稳态噪声。脉冲噪声也属于非稳态噪声，它是指突然爆发又很快消失、持续时间≤0.5s、间隔时间＞1s、声压有效值变化≥40 dB（A）的噪声。

### 3. 噪声控制标准

GBZ 2.2 要求噪声职业接触限值为 85dB（A），即每周工作 5 天，每天工作 8h，稳态噪声限值为 85dB（A）。对于非稳态噪声、每周工作不是 5 天或每天工作不是 8h 等情况，均需计算各自的等效声级，等效声级的限值亦为 85dB（A）。对于脉冲噪声工作场所，噪声声压级峰值和脉冲次数不应超过表 11-5 规定。

**表 11-5　工作场所脉冲噪声职业接触限值**

| 工作日接触脉冲次数 $n$ | 声压级峰值 / dB（A） |
|---|---|
| $n \leqslant 100$ | 140 |
| $100 < n \leqslant 1000$ | 130 |
| $1000 < n \leqslant 10000$ | 120 |

为防治环境噪声污染、保护和改善生活环境、保障人体健康，我国制定了《中华人民共和国环境噪声污染防治法》（简称《环境噪声污染防治法》）和一系列环境噪声标准，包括户外、室内和环境噪声排放等标准。《环境噪声污染防治法》规定：产生环境噪声污染的工业企业，应当采取有效措施，减轻噪声对周围生活环境的影响；在城市范围内向周围生活环境排放工业噪声的，应当符合国家规定的工业企业厂界环境噪声排放标准，该标准与表 11-6 城市环境噪声标准中的 1～4 类相同。

**表 11-6　城市环境噪声标准（单位：dB）**

| 类 别 | 0 | 1 | 2 | 3 | 4 |
|---|---|---|---|---|---|
| 场 所 | 疗养院、别墅区 | 居住区、文教区 | 居住、商业、工业、混合区 | 工业区 | 交通干线两侧 |
| 昼 间 | 50 | 55 | 60 | 65 | 70 |
| 夜 间 | 40 | 45 | 50 | 55 | 60 |

注：①乡村居住环境参照城市环境 1 类噪声标准。

②“昼间”是指 6:00 至 22:00 的时段；“夜间”是指 22:00 至次日 6:00 的时段。

③各类标准适用范围由地方人民政府划定。

④夜间频繁突发的噪声（如排气噪声），其峰值不准超过标准值 10dB；夜间偶然突发的噪声（如短促鸣笛声），其峰值不准超过标准值 15dB。

4. 噪声控制措施

噪声控制也应当从噪声发生源、传播途径与接触者三方面入手。

1）噪声源控制

工业噪声源有三种：机械性噪声、气体动力性噪声和电磁噪声。

因机械振动产生的噪声为机械性噪声。机械性噪声源控制的一般措施有选用低噪声设备、材料和低噪声机械加工工艺，强振动设备应采用减振基础等。

气体振动可产生气体动力性噪声。放空管口及气体动力机械，如通风机、鼓风机和压缩机的进排气口为敞开时，应在进、排气管的适当位置设消声器。消声器是允许气流通过而同时使噪声减弱的装置，其原理为通过吸声等消耗声波能量，通过隔声控制声波传播途径。

发电机、变压器、变频器等电力电器运行中，因电磁场交替变化而引起的噪声属于电磁噪声。电磁噪声是电力电器设备产品的设计标准之一，应当选择低噪声电力电器设备。

2）厂区布置设计

在厂区布置设计中，产生噪声的车间与非噪声作业车间、高噪声车间与低噪声车间应分开布置。在满足工艺流程要求的前提下，宜将高噪声设备相对集中。噪声与振动较大的生产设备，宜安装在单层厂房内或多层厂房底层，如在此类厂房一角单独设立鼓风机房。

3）采用吸声与隔声技术，阻断噪声传播途径

声波是一种机械波，其传播过程只是能量的传递过程。声波在空气中以纵波形式传播，作为传播介质的空气不断发生疏密变化。声波遇到障碍物后部分反射，部分被障碍物吸收，部分透过障碍物。如果障碍物是坚硬、光滑的墙壁、地面、天花板等，将发生多次反射，反射可使噪声提高十几分贝。如果障碍物是柔软、多孔的吸声材料，声波在吸声材料孔隙内多次反射，声能转化为热量而消耗。产生噪声的车间，应在控制噪声发生源的基础上，在建筑设计中增加吸声措施。常用吸声材料有矿渣棉、木屑、毛毡、玻璃棉等。一般吸声材料对于高频声音吸收效果好，而对低频声音吸收效果差。增加吸声材料的厚度，可以提高吸声材料的吸收效果，但不经济，在实际应用中常采用吸声结构来吸收低频噪声。吸声结构多为具有共振吸声作用的板材，声波在吸声结构中发生阻尼共振，能较多地消耗声波的能量。例如，在纤维薄板后面设置一定厚度的空气层，声波到达薄板时，激起薄板振动并不断变形，声波转化为热能，这称为薄板共振吸声结构。共振吸声结构还有穿孔板、微穿孔板式，都可以作为墙壁、天花板的装饰板，既吸声又美观。各种吸声结构的共振频率，都应严格计算。

隔声是尽量减少声波透过障碍物。在发电机、风机及球磨机等噪声源外面，加隔声罩是比较常用的方法，隔声罩内表面一般为吸声材料。送风管道外覆盖吸声和隔声材料可降低噪声。若强噪声源不能进行降噪处理时，宜设置隔声室，隔声室应采用隔声门窗。吸声与隔声的详细设计，可查看有关书籍。

4）噪声劳动保护用品

采用控制措施后，噪声作业劳动者接触噪声声级仍达不到 GBZ 2.2 要求的，应合理设计劳动作息时间或佩戴个体防护用品。噪声劳动保护用品有耳塞、耳罩和防噪声帽盔等。

耳塞要求能密封外耳道而又不引起刺激或压迫感。有人做过实验，用棉纱制作耳塞其隔声值为 13.86dB（A）。市售最简单有效的是塑制海绵圆柱体，富有弹性且柔软，用时捏紧塞入耳道，然后等其自行弹起，可适应于不同型耳道。

耳罩构造形状与电脑用耳机类似，能罩住部分乳突骨和一部分颅骨，有助于减少部分能经骨骼传导到内耳的噪声。

防噪声帽盔能覆盖大部分头骨，以防止强烈噪声经空气和骨骼传导而到达内耳，帽盔两侧耳部常垫衬防声材料，以加强防护效果。

对防噪声用具的选用，应考虑作业环境中噪声的强度和性质及各种防噪声用具衰减噪声的性能。如对稳态噪声，其强度在 110dB（A）以下，且其频率为 1000～3000HZ 者，单用耳塞或耳罩即可。如噪声过强，即使为低频（低于 1000HZ），宜戴帽盔或并用耳塞和耳罩，据报道耳塞和耳罩两者并用的降噪声效果比单独使用高 6～18dB（A）。

#### 5. 防振动

气体压缩机、球磨机等机械会产生振动。振动的危害包括产生噪声、导致某些部位磨损或部件松动等。长期处于强振动环境，对人体健康有害。工业企业设计中，宜选用振动较小的设备，使振动强度符合 GBZ 2.2 的要求，避免振动对健康的影响。在控制振动源的基础上，必要时在厂房建筑设计中应采取减振措施。产生强振动或冲击的机械设备应设计减振基础。

### 三、高温的危害与防护

#### 1. 高温作业及其危害

异常气象条件包括高温、低温、高湿、高气压、低气压等，对人体都有一定危害。高温作业对于人体的主要危害是中暑。重症中暑症包括热痉挛、热衰竭、日射病和热射病等四种类型，如不及时救治将会危及生命。热痉挛症状特点是：多发生于大量出汗及口渴，饮水多而盐分补充不足导致血中氯化钠浓度急速明显降低时，这类中暑发生时肌肉会突然出现阵发性的痉挛和疼痛。热衰竭症状特点是：这种中暑常常发生于老年人及一时未能适应高温的人，主要症状为头晕、头痛、心慌、口渴、恶心、呕吐、皮肤湿冷、血压下降、晕厥或神志模糊，此时的体温正常或稍微偏高。日射病症状的特点是：这类中暑的原因为直接在烈日的暴晒下，强烈的日光穿透头部皮肤及颅骨引起脑细胞受损，进而造成脑组织的充血、水肿。由于受到伤害的主要是头部，所以最开始出现的不适就是剧烈头痛、恶心呕吐、烦躁不安，继而可出现昏迷及抽搐。热射病症状的特点是：在高温环境中从事体力劳动的时间较长，身体产热过多而散热不足，导致体温急剧升高，发病早期有大量冷汗，继而无汗、呼吸浅快、脉搏细速、躁动不安、神志模糊、血压下降，逐渐向昏迷伴四肢抽搐发展，严重者可产生脑水肿、肺水肿、心力衰竭等。**【案例 11-1】**2011 年 7 月 10 日，在山东枣庄防备煤矿“7·6”火灾事故抢险救援过程中，3 名救援队员因高温中暑导致热衰竭，抢救无效不幸牺牲。

高温作业有两种类型：一类为干热型，特点是高温与强烈的热辐射并存，工作场所空气湿度不大；另一类为湿热型，特点是高温与高湿度并存，通常空气相对湿度在 80%以上。GBZ 2.2 要求按照 WBGT 指数来确定高温作业职业接触限值。WBGT 指数也称为湿球黑球温度（℃），是表示人体接触环境热强度的一个经验指数，它采用了自然湿球温度（tnw）、黑球温度（tg）和干球温度（ta）三个参数，并由下列公式计算而获得：

$$\text{室内作业：} WBGT = 0.7tnw + 0.3tg$$

$$\text{室外作业：} WBGT = 0.7tnw + 0.2tg + 0.1ta$$

GBZ 2.2 规定：生产劳动过程中，工作地点平均 WBGT 指数≥25℃的作业称高温作业。

体力劳动强度为Ⅳ级时，高温作业累积时间满 8h，则 WBGT 指数限值为 25℃；体力劳动强度每降一级或接触高温作业的累积时间每减少 25%，WBGT 指数限值提高 1～2℃。

2. 消除高温职业危害的措施

消除高温职业危害，应优先改革工艺设计，减少生产过程中热和水蒸气的释放。其次，应采取有利于隔热、通风、降温的设计，使作业地点 WBGT 指数符合 GBZ 2.2 的要求。对于达不到标准要求的，应采取必要的劳动管理措施。

1）优化建筑设计，加强自然通风，必要时采用机械通风降低车间温度

应根据夏季主导风向设计高温作业厂房的朝向，使厂房能形成穿堂风或能增加自然通风的风压。以自然通风为主的高温作业厂房，应有足够的进、排风面积。高温作业厂房宜设有避风的天窗。当高温作业时间较长、工作地点的热环境参数达不到卫生要求时，应采取机械通风等降温措施，一般是对工作地点进行局部送风，有的采用带有水雾的气流。

2）优化车间热源布局设计，使作业地点远离热源

热源应尽量布置在车间外面。室内热源（车间内发热设备）布置原则为：采用热压为主的自然通风时，应尽量布置在天窗的下方；采用风压为主的自然通风时，应尽量布置在夏季主导风向的下风侧。热源布置应便于采用各种隔热及降温措施。

3）采用有效的隔热措施屏蔽热辐射源

对于干热型高温作业，应采用有效的隔热措施，如水幕、隔热水箱或隔热屏等。工作人员经常停留或靠近的高温地面或高温壁板，其表面平均温度不应＞40℃，瞬间最高温度也不宜＞60℃。

4）采取必要的劳动管理措施

劳动者在高温季节上岗前及在岗期间，都应进行职业健康体检，发现患有Ⅱ期及Ⅲ期高血压、活动性消化性溃疡、慢性肾炎、未控制的甲亢、糖尿病及大面积皮肤疤痕等高温职业禁忌证者，应及时调离高温作业岗位。高温作业车间应设室温≤30℃的工间休息室。当作业地点日最高气温≥35℃时，应采取局部降温和综合防暑措施，并应减少高温作业时间。

## 第四节　职业性伤害与防护

电气伤害、化学灼伤、机械伤害等职业伤害，是由不同的能量作用于人体造成的。这些职业伤害能否造成人员伤亡，取决于能量大小、作用时间长短和频率及力的集中程度等因素。既要熟悉如何预防职业伤害事故，又要掌握各种职业伤害的急救知识。

### 一、电气伤害与防护

1. 电气伤害形式

电气伤害有两种形式：电击与电伤，二者往往同时发生。电伤是指电流的电能转化为其他形式的能量后，造成的人体外部的局部性伤害，如转化为热能导致的灼伤和电弧烧伤。多数人身触电伤亡事故是电击造成的。电击是指超过一定强度的电流通过人体时，对人体器官主要是心脏、中枢神经和肺部等部位造成的伤害事故。电流对人体的作用与电流强度关系极大。对于工频交流电，在给定条件下，电流通过人体，可引起任何感觉的最小电流值称感知

阈值，一般为 0.5mA。在给定条件下，手握着电极的人能够摆脱的最大电流值称摆脱阈值，正常人体摆脱阈值平均为 10mA，与触电时间无关。室颤电流是指引起心室颤动的最小电流，其电流值即室颤阈值。由于心室颤动几乎终将导致死亡，因此可以认为室颤电流即致命电流。室颤电流与电流持续时间关系密切：当电流持续时间超过心脏周期时，室颤电流仅为 50mA 左右；短于心脏周期时，室颤电流为数百毫安；当电流持续时间小于 0.1s 时，只有电击发生在心脏易损期、500mA 以上乃至数安培的电流才能够引起心室颤动。

电击按其形式分为三种：①单线电击，指人体接触带电导体，电流通过人体传入地下导致的电击，是最常见的电击形式。人离高压带电导体过近，空气层被击穿，也可能导致单线电击；②双线电击，指人体的不同部位同时接触两相带电导体，电流由一相经人体流入另一相导致的电击；③跨步电压电击。高压电接地处或大电流（如雷电电流）流过的接地线附近，以接地点为中心，在地面形成方圆大约 20m 的电场。人处在这个电场中，两脚之间的电压即跨步电压。中心点的电位越高、离中心点越近、两脚距离越大，跨步电压越大。如果鞋的绝缘不好，两下肢与地面形成回路，脚会发麻甚至抽筋摔倒，摔倒后跨步电压增大，电流将流过人体的重要部位，导致死亡。

### 2. 电气伤害防护技术

触电事故分为直接触电电击和间接触电电击事故，其防护技术不同。

1）直接触电的防护

直接触电电击是指人体触及正常运行的设备和线路的带电体时造成的电击，可以采用降低电能强度或将人体与电能隔离等多项措施来防护。

（1）特低电压。特低电压过去称安全电压，是指为防止触电事故而采用、由特定电源提供、由独立电路传输的低电压系列，常用于手提式电动工具或照明灯具等。目前，我国特低电压电气产品的电压系列额定值为 42V、36V、24V、12V 和 6V。手提式电动工具一般用 42V；矿井、多导电粉尘等场合使用的行灯多用 36V；在受限空间如化工容器内检修时，应使用电压更低的灯具。要注意，特低电压仍然可能成为火灾爆炸事故的点火源。

（2）绝缘材料。绝缘材料又称电介质，它在电气设备中的作用是把电势不同的带电部分隔离开来。电工使用的绝缘钳、绝缘手套、绝缘靴等安全用具都是利用绝缘材料制作的。绝缘材料首先应具有较高的绝缘电阻和耐压强度，能避免发生漏电、击穿等事故；其次耐热性能要好，避免因长期过热而老化变质。绝缘材料发生击穿、损伤或老化时，要及时更换。绝缘材料的绝缘性能与温度有密切的关系，温度越高，绝缘材料的绝缘性能越差。为保证绝缘强度，每种绝缘材料都有一个最高允许工作温度，在此温度以下可以长期安全地使用，超过这个温度就会迅速老化。按照耐热程度，绝缘材料分为 Y、A、E、B、F、H、C 等级别，各耐热等级对应的最高允许工作温度为：Y 级 90℃、A 级 105℃、E 级 120℃、B 级 130℃、F 级 155℃、H 级 180℃、C 级 200℃以上。

（3）屏护。屏护是用遮拦或障碍物等作为屏障防止触及带电体，适用于电气设备和配电线路不便于绝缘的部位。高压电气设备必须用屏护。屏护装置上应设置警告牌。

（4）间距。间距是指安全距离，包括带电体与带电体、带电体与其他设施及带电体与地面之间的安全距离。其作用是防止人或车辆接触或过分接近带电体，也有利于防止由于短路等引发电气火灾事故。在电力设计规范中，对于各类安全距离都有明确规定。

2）间接触电的防护

间接触电电击是指人体触及那些在设备线路发生故障情况下意外带电的带电体时造成的电击。在电力系统中，由于电气装置绝缘老化、磨损或被过电压击穿等原因，原来不带电的部分可能带电，这些意外的漏电可能引起电气设备损坏和人身触电伤亡事故。可能发生间接触电事故的有电机、变压器、电器、照明器具的外壳与底座，配电装置的金属框架，电力设备传动装置，电力配线钢管，交、直流电力电缆的金属外皮等。

为避免间接触电事故，通常采取保护接地、保护接零或漏电保护装置等防护措施，转移意外释放的电能，或者切断漏电设备的电源。

（1）保护接地。

保护接地是指将电气装置在故障情况下可能出现危险电压的金属部分，通过接地体与大地连接起来。采取保护接地后，如果发生间接触电，接地电流将同时沿着接地体与人体两条途径流过。因为人体电阻（1000～2000Ω）比保护接地电阻（通常约4Ω）大得多，所以绝大部分电流从接地体流过，流过人体的电流就很小，从而避免或减轻触电的伤害。保护接地适用于电源中性点不接地的高低压电网，也适用于带阻抗接地的系统。

（2）保护接零。

保护接零适用于中性点直接接地、电压380/220V的三相四线制供电系统。保护接零原理是：用一根专用导线，将可能发生间接触电事故的电气设备（如电机外壳），接在中性点接地的零线上；当发生电气设备绝缘损坏（如电机碰壳短路）故障时，形成单相短路电流回路，短路电流由相线经外壳到低压系统零线，通过接零导线回至中性点；由于故障回路的电阻、电抗都很小，短路电流强度足够大，能使线路上的过流保护装置迅速动作（或保护继电器动作），切断故障设备的电源，防止人身触电事故。

（3）漏电保护装置。

漏电一般是指电线中的火线对地，或者电气设备中的带电体对设备外壳发生的短路。漏电不仅可能导致间接触电事故，当漏电电流较大时还可能打火，导致电气火灾事故。漏电保护装置主要用于低压配电系统，作用是预防以上事故发生。漏电保护装置由检测、判断和执行机构三部分构成，可对漏电流检测和判断，执行动作均为断开电路。漏电保护装置分为电压型、零序电流型、中性点型和泄漏电流型，其主要区别是检测机构的检测信号不同。

### 3. 触电急救

触电急救的要点是迅速急救。据统计，触电后1min开始救治者，90%有良好效果；触电后6min开始救治者，10%有良好效果；触电后12min开始救治者，多数没有效果。首先要使触电者脱离电源，然后就地紧急抢救。要特别注意：救援者要防止与触电者直接接触而自身触电！

使触电者脱离低压电源的方法有三种：立即拉开电源开关或拔出电源插头，注意拉线开关控制零线时无效；用带绝缘柄的电工钳或干燥木柄的斧子切断电线；如果电线搭在触电者身上，可以利用干燥的木板、木棒、绳索、衣服等作为绝缘工具挑开电线或拉开触电者。

使触电者脱离高压电源的方法有三种：立即通知有关部门停电；穿上绝缘靴，戴上绝缘手套，用相应等级的绝缘工具拉下开关；设法使高压线路短路跳闸。

就地紧急抢救方法分三种情况：触电者有知觉时，要严密观察，使触电者保持安静，昏迷的送医院；触电者无知觉有心跳时，要严密观察其呼吸状况，能自主呼吸的要使触电者平卧在空气流通处，摩擦全身使其发热，迅速就医，如果呼吸困难不时发生痉挛，要做好胸外心脏按压和人工呼吸的准备；触电者无心跳时，不要认为已经死亡，要按照假死处理，立即就地实施胸外心脏按压和人工呼吸，进行紧急救护，切忌贻误时机。

## 二、化学灼伤与防护

### 1. 化学灼伤的危害

化学性皮肤灼伤是化学物质直接对皮肤的刺激、腐蚀作用，还包括化学反应热引起的急性皮肤损害，简称化学灼伤。化学物质对皮肤局部的损伤作用，主要是细胞脱水和蛋白质变性，有的因产热而加重灼伤。化学灼伤的特点是，某些化学物质在接触人体后，除立即损伤外，还可继续侵入或被吸收，导致进行性局部损害或全身性中毒。损害程度除与化学物质的性质有关外，还取决于剂量、浓度、聚集态、接触时间、接触面积及当时的急救措施等。可导致化学灼伤的化学物质不下数千种，常见的有酸灼伤、碱灼伤及磷灼伤。

1）酸灼伤

较常见的酸灼伤为强酸（硫酸、盐酸、硝酸）灼伤，其共同点是使组织蛋白凝固而坏死，能使组织脱水，不形成水泡，皮革样成痂，一般不向深部侵蚀，但脱痂时间较久。

2）碱灼伤

较常见的碱灼伤为强碱（氢氧化钠、氢氧化钾）灼伤，也可使组织脱水，但与组织蛋白结合成复合物后，能皂化脂肪组织，皂化时可产热，继续损伤组织，碱离子能向深处穿进，疼痛较剧，创面可扩大、加深，愈合慢。

3）磷灼伤

磷灼伤一般是黄磷灼伤。黄磷是腊状半透明结晶体，34℃时可自燃，产生黄色火焰和浓厚的白烟，散发出类似大蒜的气味。磷燃烧时的高温可引起热力灼伤，磷燃烧产生的五氧化二磷和三氧化二磷，遇水形成磷酸和次磷酸，可引起皮肤和黏膜的酸灼伤。磷灼伤是热力和化学的复合灼伤。磷溶解于脂肪，因此磷灼伤后，接触皮肤的磷颗粒可迅速深入到皮肤深处，使脂肪液化造成严重灼伤，并可随血液带至全身。黄磷灼伤是一种严重的特殊灼伤，不仅直接损伤皮肤和黏膜，并可因吸收而造成内脏损伤和全身中毒。黄磷对人体毒性极大，0.5～1.0g黄磷即可致人死亡，即使灼伤面积不大（12%～15%），亦可因磷中毒而丧生。

### 2. 化学灼伤的急救

GBZ 51—2002《职业性化学性皮肤灼伤诊断标准》规定了皮肤灼伤的急救处理原则。处理化学灼伤时，应了解致伤物质的性质，采取如下相应的措施。

（1）所有化学灼伤发生后，均应迅速脱去被化学物质浸湿的衣服。

（2）化学灼伤严重程度与接触时间关系密切。因此，无论何种化学物质灼伤，均应立即用大量清洁水冲洗创面至少 20min 以上，一方面可稀释和清除残留的化学物质，另一方面作为冷疗可减轻疼痛。注意开始用水量应足够大，尽可能迅速将化学物质从创面冲净。现场如果有适合的中和剂可以考虑使用，但切不可因获取中和剂而耽误时机。

（3）头面部灼伤时，应首先注意眼睛，尤其是角膜有无损伤，并优先冲洗，冲洗时提起眼睑，用流动清水或生理盐水冲洗，迅速就医。尤其是碱灼伤，能引起眼组织胶原酶的激活和释放，造成进行性损害。

3. 化学灼伤的预防

高温流体直接与人体接触可能导致烫伤，即热力灼伤。高温化学物质直接与人体接触时，可能同时发生化学灼伤与热力灼伤，称复合灼伤。低温流体直接与人体接触可能导致冻伤，也是一种热力灼伤。各种灼伤的预防措施都要尽可能避免人员与危害因素直接接触。熟悉有关危险化学品的性质，尽可能避免人员与可能导致化学灼伤的物质直接接触，这是预防化学灼伤的根本之策。造成化学灼伤的多数是酸、碱等腐蚀性液体，必须根据实际情况，采取有力的技术措施与管理措施，尽可能避免人员与腐蚀性液体直接接触。

（1）预防设备管道的腐蚀，并做好设备管道的密封工作，防止腐蚀性液体泄漏。

（2）向容器中加入腐蚀性液体时，要用泵或利用液位差由玻璃管通入。容器应当设置液位计，防止腐蚀性液体物料溢出，必要时设置液位自动控制或自动溢流装置。在容器中进行物料混合时，要严格遵守安全操作规程。例如，稀释浓硫酸时，不能将水倒入浓硫酸中，因为水的密度较小，会使浓硫酸飞溅出去伤人，应该慢慢将浓硫酸倒入水中，并不断搅拌。

（3）腐蚀性液体的取样口尽量设置在压力较低的容器上，取样口的高度离操作人员站立的地面或平台不宜超过 1.3m。高温物料的取样应经冷却。取样时要小心开启取样阀门，避免大量液体飞溅。

（4）储存酸、碱或其他可能导致化学灼伤液体的储槽、池子，必须有盖，敞口的储槽其敞口应当高出地面 1m 以上，或者加栏杆及警示标志，严防人员跌入或误入。

（5）有关操作人员在处理或检修可能发生酸、碱物质喷溅的场所，应穿戴全身防护衣，戴耐酸碱手套，同时佩戴防护面罩或防护眼镜。具有化学灼伤危险的作业区，必须设置应急洗眼冲淋装置，如洗眼器、淋洗器等安全防护措施，并在装置区设置救护箱。

## 三、机械伤害与防护

在流体输送、过滤、沉降、离心分离、搅拌等化工单元操作中，常常使用动机械，如泵、气体压缩机、离心过滤机、离心沉降机、搅拌机等。通风设施中的风机和维修车床等也属于动机械。动机械的特点是有运动部件，其危险性也在于“动”，可能造成机械伤害。传动或输送皮带、皮带轮、齿轮、离心机的转鼓等旋转运动，都有可能发生人的肢体等被卷入的夹挤伤害事故；机械零部件或物料可能被抛射而造成人体伤害；机械部件的往复运动可能造成人体某一部位受碰撞伤害，也可能造成人肢体被剪切的事故。机械伤害事故的原因包括机械的不安全状态和人的不安全行为两个方面。

1. 机械的不安全状态

设计、制造、安装有问题，都可能使动机械处于不安全状态。例如，设计时忽略了防护设施；实际使用条件与预想的使用条件差别太大；零部件机械强度计算有误；结构设计不合理；制造时选用材质不符合工艺要求；安装质量不合格；设备基础不牢、地脚螺丝松动等都可能使动机械处于不安全状态。使用和维修不当也可能使动机械处于不安全状态。例如，机械使用条件恶劣；冷却润滑不良，机械磨损和腐蚀快；超负荷运行；维护保养差；检修质量差或长期失修，该更换的零部件没有更换等。

### 2. 人的不安全行为

人的不安全行为包括操作者误操作和误入危区（运动部件）两种情况。

1）误操作

机械操作人员应当具有良好的素质，但不同的人在体力、智力、分析判断能力及灵活性和熟练性等方面的素质有差异。特别是人的情绪易受环境因素、社会因素和家庭因素的影响，导致操作失误。

（1）动机械的噪音可能使操作者听觉麻痹，当动机械声音异常时操作者不易发觉。

（2）动机械的控制或操作系统设计不当，与操作者习惯不一致。例如，通常机械启动按钮为绿色，停止按钮为红色，如果改用其他颜色，则易导致误操作。

（3）操作规程不完善。

（4）操作者不熟悉动机械，操作生疏、注意力不集中、缺乏安全意识或大意马虎等。

（5）动机械突然发生异常现象，操作者精神过于紧张而导致操作失误。

2）误入危区

（1）操作者极度疲劳，操作动机械时打瞌睡或大脑麻木。

（2）不合适的工作服或手套把操作者卷入机械。

（3）检修动机械时，没有在配电室切断电源，有人误启动机械。

（4）操作者精神过分紧张或注意力分散，都可能误入危区。

（5）操作者不了解机械的危险性、危险范围和危险部位。

### 3. 机械伤害防护

保证动机械处于安全状态，做好劳动组织管理与作业环境，是预防机械伤害的重要措施。

（1）要加强动机械的管理、维修、保养工作，保证动机械处于安全状态。要特别注意保证动机械的防护设施齐全、有效，如皮带轮防护罩和联锁装置等不可随意拆除。

（2）要注意人机协作。人与机器如何恰当分工，做到取长补短，这就是人机协作。人的长处是对于工作状况有认知和适应能力，缺点是易受精神状态和情绪变化的支配，缺乏耐久性。机器能持久运转，输出功率大，但对于故障和外界干扰没有自适应能力。人与机器分工协作形成一个有机体，可以从根本上提高人机系统的安全性和可靠性。不良的人机关系即操作人员与机械不协调，如不良的劳动体位、不恰当的人机间距、显示器与控制器的位置不当、工作台的高低、座位的尺寸不合适、工作空间太小、不符合人生理的工具等，都会对操作人员的工作效率与系统的安全产生影响，可能使机械伤害增多。应用人机工程学的成果，进行正确的设计，是减少机械伤害的重要方面。

（3）要保持良好的作业环境。人机系统都处于一定的环境中，对照明、噪声、温度、湿度等环境因素控制不当，不但影响工作效率，而且会危害人的健康，有的环境因素还会影响设备、仪表的正常运行。不良的作业环境是职业性有害因素。保持良好的作业环境是安全生产的保证。

（4）针对不同的动机械，制定严格的操作规程，加强技术培训和安全教育，提高员工工作技能与心理素质。注意操作者个体防护，如穿戴符合要求的防护服和安全帽。

（5）加班多、轮休制度不合理等，可能导致职工过度疲劳，易发生职业性危害。应做好劳动组织管理，及时化解各种矛盾，为企业创造良好的人文环境。

（6）检修作业中，要防止人员发生机械伤害。例如，高空作业或吊装时有重物落下，移动设备时设备倾倒，都可能造成砸伤，吊装时还可能发生碰伤。检修作业人员站位非常重要，如在拆卸防爆片时不要面对防爆片；压力容器气密试验中，不要站在可能爆炸的部件对面；检修化工设备要站在上风处。在发生火灾、爆炸或中毒事故时，正确选择疏散途径和时机，有些人身伤亡是可以避免的。老职工在这些细节问题上的经验要总结推广。

## 第五节　个体防护用品

个体防护用品包括呼吸防护器、安全帽、防护服、防护眼镜和面罩、防噪声用具、坠落防护用具、电工绝缘用品及皮肤防护用品等。当工程技术措施还不能消除或完全控制职业性有害因素时，个体防护用品是保障健康的重要防护手段。可根据实际需要，参考《个体防护装备配备基本要求》（GB/T 29510），选择不同类型、规格及防护等级的个体防护用品。

### 一、呼吸防护器

呼吸防护器的作用是防尘、防毒和防窒息，根据结构和作用原理，可分为过滤式呼吸防护器和供气式呼吸防护器两大类。

#### 1. 过滤式呼吸防护器

过滤式呼吸防护器的作用是过滤或净化空气中的有害物质，一般用于空气中有害物质浓度不是很高且空气中含氧量不低于 18%的场合。该类防护器又可分为用于防尘的机械过滤式和用于防毒的化学过滤式两种。

1）机械过滤式呼吸防护器

机械过滤式呼吸防护器又称自吸过滤防颗粒呼吸器，靠佩戴者呼吸来克服空气流动阻力，防御空气中的颗粒物。其过滤净化作用完全依靠过滤元件（多孔性滤料）。好的滤料能滤掉细尘，且阻力小、通气性好。使用一定时间后，因粉尘等阻塞滤料孔隙，吸气阻力会增大，须及时更换滤料或将滤料处理后再用。其多孔性滤料有两种，KN 型可防非油性颗粒物，KP 型可防油性或非油性颗粒物。GB/T 29510—2013 规定，该呼吸防护器分三个等级，分别称 KN（或 KP）90 型、95 型与 100 型，其阻尘率控制指标分别为≥90%、95%与 99.97%。

机械过滤式呼吸防护器的面罩有三种：随弃式（没有可更换部件）、可更换式半面罩与全面罩。防尘口罩属于随弃式呼吸防护器，用于防御各种粉尘、烟或雾等质点较大的有害物质，但不可用于防有毒气体或蒸汽。防尘口罩比较方便，有工业用与民用之分，产品种类很多，但是必须使用符合标准的产品。普通纱布口罩对危害人体最大的 5μm 以下的粉尘，阻尘率只有 10%左右，不能起到粉尘危害防护作用。有的无纺布口罩有防尘作用，但是粉尘被超细静电纤维布捕捉到后，很难清洗掉，且水洗会破坏静电纤维布的吸尘能力。

2）化学过滤式呼吸防护器

GB/T 29510—2013 规定，化学过滤式呼吸防护器中，用于有毒气体或蒸气防护的，根据防护时间分为 1～4 四个等级；用于毒性颗粒过滤的，根据滤烟能力分为 $P_1$（≥95%）、$P_2$（≥

99%）和 $P_3$（≥99.99%）三个等级。

防毒面具是最常见的化学过滤式呼吸防护器。防毒面具的组成包括：一个薄橡皮所制的面罩，上接一短蛇管，蛇管另一端连接药罐，或在面罩上直接连接一个或两个药盒，这种形式称全面罩。如果有害物质不刺激皮肤或黏膜，就不必用面罩，只要用一个连接储药盒的口罩（也称半面罩）。无论面具或口罩，其吸入和呼出通道都要分开。药罐或罩内用于净化有害物质的滤料视防护对象而不同，如酸雾用钠石灰，氨用硫酸铜，汞用含碘活性炭。活性炭吸附作用较强，吸附有机化合物的效果一般较无机化合物好，且通常对含碳原子多的有机化合物吸附率较高，吸附芳香族化合物又较脂肪族有效。常用净化滤料大多数为 8～14 目的颗粒状物质。我国现产的滤毒罐，各种型号涂有不同颜色的标记，并标有防护适用范围和应换滤料的时间。

2. 供气式呼吸防护器

供气式呼吸防护器（又称隔离式呼吸防护器）所需清洁空气并非现场空气，而是另行供给，可用于缺氧的场合，按其供气的方式又分为自带式与外界输入式两类。

1）自带式

自带式供气罐固定于使用者背上或前胸。供气罐采用耐压的钢板或铝合金板制成，有两种形式：①罐内盛压缩氧气或空气供吸入，呼出的二氧化碳由呼吸通路中预置的药品如钠石灰等除去，再循环吸入，一般压缩氧气罐大约可维持 2h；②罐中盛过氧化钠或其他金属过氧化物，呼出的水蒸气及二氧化碳与过氧化物发生化学反应，产生的氧气供吸入。该类防护器主要用于意外事故时供救灾人员佩戴，或在密不通风且有害物质浓度极高而又缺氧的工作环境中使用。过氧化物为强氧化剂，要防止过氧化物万一泄漏引起事故。

除了气源部分之外，其他部分包括一个面罩，面罩连接一短蛇管（导气管），管尾接一个供气调节阀（固置于皮腰带上），阀另一端接气源。佩戴者可用调节阀调节空气流量。面罩的作用是使佩戴者的呼吸器官与周围空气隔绝，而与呼吸防护器提供的清洁空气联通。面罩有全面罩、半面罩和开放型面罩之分。全面罩与头部密合，能遮盖住眼、面、鼻、口和下颚。半面罩与头部密合，能覆盖口和鼻或覆盖口、鼻和下颚。开放型面罩用于正压式空气呼吸保护器，工作时其面罩内始终保持略高于外界环境气压的压力，外界有害物质不能进入罩内。

2）外界输入式

除了气源部分之外，外界输入式呼吸防护器其他部分与自带式的结构基本相同。外界输入式的供气源不是自身携带，清洁空气通过一根长管（通常为软管），经调节阀输送至呼吸防护器，故称长管呼吸防护器。如果软管过长，则阻力太大，且恐中间折叠而妨碍供气。根据输气动力，外界输入式呼吸防护器可以细分为三种：①自吸式。依赖使用者自主呼吸输入空气，其长管长度宜在 8m 左右，至多不应超过 20m，长管尾部置于空气洁净的地方，吸气阻力不应超过 588Pa，呼气阻力小于 294Pa；②连续送风式。使用风机或空气压缩机向长管内输送清洁空气，经油水尘屑分离器净化后送长管呼吸防护器，用空气压缩机时其管长度可达 100～200m；③高压送风式。使用高压气瓶，经过减压器向长管内输送清洁空气，长管必须承压，高压气瓶内气压过低时报警器应当连续报警。

因使用者的活动范围受长管限制，外界输入式呼吸防护器不适用于消防与救援。有的外界输入式呼吸防护器用送气口罩或头盔代替面罩。头盔常用于喷砂等作业，也可用于煤矿采煤作业，头盔内的供气量应使盔内保持轻度正压。

## 二、防护服与安全帽

### 1. 防护服

防护服种类很多，包括阻燃、焊接、防 X 射线、带电作业、防辐射、防高压静电用防护服，应根据需要加以选用。以下仅简单介绍阻燃防护服、酸碱类化学品防护服，详见《防护服装 化学防护服的选择、使用和维护》GB/T 24536。

1）阻燃防护服

阻燃防护服的特点是能耐高温、阻燃、隔离辐射热、防飞溅火星及熔融物。根据续燃时间、阴燃时间、损毁长度等多项指标，阻燃防护服分 A、B、C 三个等级，分别供不同行业与不同场合选用。要注意，高温会使某些化纤熔融，黏附在人的皮肤上，造成严重的灼伤，从事易燃易爆作业的人员，不可穿着化纤衣物，必须穿着阻燃防护服。

2）酸碱类化学品防护服

该防护服的作用是防止酸碱类化学品直接损害皮肤或经皮肤吸收损害人体。酸碱类化学品防护服分织物类与非织物类两大类，织物类适用于中、轻度酸碱污染场所，非织物类适用于严重酸碱污染场所。根据防止化学品的渗透性能，酸碱类化学品防护服分 3 个等级。

### 2. 安全帽

用于防止重物意外坠落或飞来击伤头部的防护帽称为安全帽。普通安全帽过去曾用藤、柳条等材料制作，目前则多用合成树脂如改性聚乙烯和聚苯乙烯树脂、聚碳酸酯、玻璃纤维增强树脂橡胶等。防静电、电绝缘、抗压、防寒和耐高温安全帽是在普通安全帽基础上改进而成。我国安全帽的国家标准要求为：重量不超过 400g，帽檐在 10～35mm，倾斜度为 45°～60°，帽舌 10～50mm，帽色为浅色或醒目颜色，并要求须经冲击吸收、耐穿透、耐燃烧等技术性试验，有的还要经电绝缘、侧向刚性和耐低温等技术性试验。安全帽的选择、使用、维护及判废参见 GB/T 30041《头部防护 安全帽选用规范》。

## 三、防护眼镜和面罩

防护眼镜和面罩合称为眼面防护用具，其主要作用是保护眼睛和面部免受电磁辐射（紫外线、红外线和微波等）、粉尘、烟尘、金属和砂石碎屑或化学溶液溅射等损伤。眼面防护用具分为防冲击眼护具、焊接眼护具、激光护目镜、炉窑护目镜、微波护目镜、X 射线防护眼镜、化学安全防护镜、防尘眼镜等，可供选用。

防护眼镜的框架常用柔韧且能顺应脸型的塑料或橡胶制成，框宽大，足以覆盖使用者自身所戴的眼镜。根据作用原理不同，防护眼镜分为反射性与吸收性防护镜片两类。

反射性防护镜片是在玻璃片上涂布光亮的金属薄膜，如铬、镍、银等。在一般情况下，可反射的辐射线范围较宽，反射率可达 95%。

吸收性防护镜片多半带有色泽，根据选择吸收原理制成，如绿色的玻璃可吸收红光和蓝光，仅使绿光通过。但在某些生产中，同时存在短波和长波辐射，则不能用选择吸收作用的玻璃片，而是在玻璃中加入一定量的化学物质（如氧化亚铁等），能较全面地吸收辐射线。

防护面罩保护部位应包括面部、双耳与下颌。预防化学溶液溅射等损伤的防护面罩，多用聚碳酸酯等透明塑料制作。防热面罩除铝箔面罩外，也可用单层或双层金属网制成，但以双层为好，可将部分辐射热遮挡而在空气中散热。金属网面罩也能防护微波辐射。电焊工用面罩装有带编号的深绿色镜片，编号越大，辐射线透过率越小，其面罩部分用一定厚度的硬质纤维制成，质轻、隔热且具有良好的电绝缘性。

## 思考题及练习题

1. 讨论预防职业性危害的指导思想。
2. 讨论职业病危害的预防控制对策。
3. 试述劳动环境测定的作用、依据和方法。
4. 试述粉尘对人体的危害和粉尘危害的预防技术措施。
5. 电离辐射包括哪些内容？非电离辐射包括哪些内容？
6. 试述消除高温职业危害的措施。
7. 试述直接触电与间接触电的防护措施。
8. 试述触电急救的要点和使触电者脱离低压电源的方法。
9. 何为化学灼伤？试述化学灼伤的一般急救处理原则。
10. 试分析造成机械伤害的原因。
11. 试述供气（隔离）式呼吸防护器的分类及原理。
12. 对照实物了解、熟悉各种劳动保护用品的佩戴与使用方法。
13. 调查本地区近年来主要职业病及防治进展情况。

# 第十二章　环境保护基础

**本章学习目标**

（1）全面了解有关环境保护的法律、标准等各方面的环境保护基础知识。增强环境保护意识，明确企业及个人在环境保护中应负的责任。

（2）深入了解化工废气、工业废水和固体废物的处理技术。

（3）熟悉环境保护的某些热点问题，包括细颗粒物与雾霾等大气污染物，污水重要指标及水体的自净化功能，清洁生产与循环经济，土壤污染、地下水污染的特点等。

本章简要介绍有关环境保护的基础知识，重点讨论化工废气、废水及固体废物的处理技术及环境保护的某些热点问题。

## 第一节　环境保护概述

### 一、我国环境与生态保护概况

多年来，我国陆续制定、修订了一批环境保护法律、法规，采取了一系列重大政策措施，大力开发清洁能源，淘汰落后产能，努力发展环保产业和循环经济。在国民经济快速增长、人民群众消费水平显著提高的情况下，主要污染物排放总量得到控制，大气环境和部分河流、湖泊的水质逐步改善，重点流域、区域环境治理不断推进。工业固体废物和生活垃圾治理工作不断推进。生态保护和治理工作得到加强，在沙漠治理方面取得了举世瞩目的成绩。

我国环境形势依然严峻。部分城市主要污染物的排放量超过环境承载能力，空气污染严重，雾霾天数较多。部分流经城市的河段和近岸海域普遍受到污染。部分地区地下水污染与土壤污染相当严重，重金属和持久性有机污染物的危害开始显现，威胁粮食安全和食物安全。随着城市化进程，电磁污染与噪声污染已经不容忽视。发达国家上百年工业化过程中分阶段出现的环境问题，在我国集中出现，呈现结构型、复合型、压缩型的特点。部分地区生态破坏严重，水土流失量大面广，生物有机体的生存环境恶化，生物多样性减少，生态系统功能退化。我国生态环境保护工作面临一场持久战，今后若干年都将处于攻坚阶段。

化工生产的特点之一是产生的废气、废液和固体废弃物较多，如果不经处理而排放，必然造成环境污染。化工矿山的尾矿库、化工企业多年堆积的废渣等对周围生态环境污染严重。2011 年全国排查的 4.46 万家化学品企业中，72%分布在长江、黄河、珠江、太湖等重点流域沿岸，严重威胁水源和生态环境安全，化工产业的布局正在调整。

对于化工企业，减少“三废”排放数量和治理污染，有利于创造良好的工作环境，有利于员工身体健康，更是企业义不容辞的社会责任。环境污染可能造成巨大经济损失，危害群众健康。加强环境保护，有利于提高全社会的环境意识和道德素质，促进社会主义精神文明建设；有利于保障人民群众身体健康，提高生活质量和延长人均寿命；有利于维护中华民族的长远利益，为子孙后代留下良好的生存和发展空间。

## 二、我国有关环境保护的法律法规简介

### 1. 有关环境保护的法律法规

我国有关环境保护的法律主要有《中华人民共和国环境保护法》(简称《环境保护法》,以下法律名称均用简称)、《环境保护税法》、《大气污染防治法》、《水污染防治法》、《固体废物污染环境防治法》、《土壤污染防治法》、《海洋环境保护法》、《放射性污染防治法》、《环境噪声污染防治法》、《环境影响评价法》、《清洁生产促进法》、《循环经济促进法》、《节约能源法》和《突发事件应对法》等。

国务院出台了一系列环境保护法规及各种污染防治法的实施细则。国家环境保护部门制定了大量的行政规章，如排放污染物申报办法。有些地方权力机关和政府机关，根据宪法和相关法律以及当地实际情况和特定环境问题，制定了环境保护地方性法规及规章，在本地范围内实施，具有较强的可操作性。

环境保护需要广泛的国际合作。经全国人大批准，我国参加了《关于消耗臭氧层物质的蒙特利尔议定书》、《控制危险废料越境转移及其处置巴塞尔公约》、《巴黎气候变化协定》等多项环境保护国际公约。

### 2. 环境保护法

《环境保护法》是环境保护的基本法律，规定了环境保护的方针、监督管理体制、各种法律制度等。保护环境是国家的基本国策。环境保护坚持“保护优先、预防为主、综合治理、公众参与、损害担责”的原则。地方各级人民政府应当对本辖区的环境质量负责，应将环境保护工作纳入国民经济和社会发展规划。环境保护行政主管部门应对本辖区的环境保护工作实施统一监督管理。一切单位和个人都有保护环境的义务。

《环境保护法》规定：企业事业单位和其他生产经营者，应当防止、减少环境污染和生态破坏，排放污染物的应对所造成的损害依法承担责任。应采取措施，防治在生产建设或者其他活动中产生的废气、废水、废渣、医疗废物、粉尘、恶臭气体、放射性物质以及噪声、振动、光辐射、电磁辐射等对环境的污染和危害；未取得排污许可证的不得排放污染物。重点排污单位应当按照国家有关规定和监测规范安装使用污染监测设备，保证监测设备正常运行，保存原始监测记录。

2014 年修订的《环境保护法》，大幅度地加大了对于违法行为的经济处罚和行政处罚力度，赋予环保部门更多监管权力。企业事业单位和其他生产经营者排放污染物时，如超过污染物排放标准或者超过重点污染物排放总量控制指标，县级以上人民政府环境保护主管部门可以责令其采取限制生产、停产整治等措施；情节严重的，报经有批准权的人民政府批准，责令其停业、关闭。对于符合《环境保护法》规定的严重违法行为，环境保护主管部门可以将案件移送公安机关，对其直接负责的主管人员和其他直接责任人员，给予行政拘留处分。对犯污染环境罪的可判处有期徒刑。

《环境保护法》规定了下述有关环境保护的法律制度。这些制度在《大气污染防治法》和《水污染防治法》等法律法规中，也有相同或类似的规定。

(1)环境监测制度与跨区域联合防治协调制度。国务院环境保护主管部门制定监测规范，会同有关部门组织监测网络，统一规划国家环境质量监测站(点)的设置，建立监测数据共

享机制，加强对环境监测的管理。国家建立跨行政区域的重点区域、流域环境污染和生态破坏联合防治协调机制，实行统一规划、统一标准、统一监测、统一防治的措施。

（2）环境监管制度和举报制度。县级以上人民政府环境保护行政主管等部门有权对管辖范围内的排污单位进行现场检查。被检查的单位应当如实反映情况，提供必要的资料。

公民、法人和其他组织有权举报各种违反《环境保护法》的行为。《环境保护法》明确规定了环境公益诉讼制度。

（3）环境影响评价与“三同时”制度。

建设对环境有影响的项目，应当依法进行环境影响评价，并将环境影响评价文件报送环境保护主管部门批准，否则项目不得开工。环境影响评价是指对规划或建设项目实施后可能造成的环境影响进行分析、预测和评估，提出预防或者减轻不良环境影响的对策和措施，进行跟踪监测等各项活动，是对环境的安全评价。

建设项目中防治污染的设施，应当与主体工程同时设计、同时施工、同时投产使用。防治污染的设施应当符合经批准的环境影响评价文件的要求，不得擅自拆除或者闲置。

（4）重点污染物排放总量控制制度。重点污染物排放总量控制指标由国务院下达，省、自治区、直辖市人民政府分解落实。由于环境对于污染物的承载能力是有限的，在污染源集中的地区，即使每个污染源都实现浓度达标排放，也不能保证环境质量符合标准。此时，推行污染物排放总量控制势在必行。企业事业单位在执行国家和地方污染物排放标准的同时，应当遵守分解落实到本单位的重点污染物排放总量控制指标。对超过国家重点污染物排放总量控制指标，或者未完成国家确定的环境质量目标的地区，暂停审批其新增重点污染物排放总量的建设项目的环境影响评价文件。

（5）污染事件应急预案制度。企业事业单位应当按照国家有关规定，制定突发环境事件应急预案，报环境保护主管部门和有关部门备案。在发生或者可能发生突发环境事件时，企业事业单位应当立即采取措施处理，及时通报可能受到危害的单位和居民，并向环境保护主管部门和有关部门报告。各级人民政府及其有关部门和企业事业单位，应依照《突发事件应对法》的规定，做好突发环境事件的风险控制、应急准备、应急处置和事后恢复等工作。

（6）公众参与和信息公开制度。公民、法人和其他组织依法享有获取环境信息、参与和监督环境保护的权利。政府应当依法公开环境信息、完善公众参与程序，为公民、法人和其他组织参与和监督环境保护提供便利。县级以上人民政府环境保护主管等部门，应当依法公开环境质量、环境监测、突发环境事件以及环境行政许可、行政处罚等信息。重点排污单位应当如实向社会公开其主要污染物的名称、排放方式、排放浓度和总量、超标排放情况，以及防治污染设施的建设和运行情况，接受社会监督。

（7）严重污染环境的工艺、设备和产品淘汰制度。任何单位和个人不得生产、销售或者转移、使用严重污染环境的工艺、设备和产品。禁止引进不符合我国环境保护规定的技术、设备、材料和产品。

（8）生态保护制度。国家在重点生态功能区、生态环境敏感区和脆弱区等区域，划定生态保护红线，实行严格保护。建立健全生态保护地区的生态保护补偿制度。生态保护要因地制宜坚持自然修复为主的方针。

3. 环境标准

环境标准是具有法律性质的技术标准，是国家为了维护环境质量、实施污染控制，而按照法定程序制定的各种技术规范的总称。我国环境标准分为五类三级。“三级”指环境标准的三个级别，即国家环境标准、国家环境保护部门标准及地方环境标准。“五类”指五种类型的环境标准，包括环境质量标准、污染物排放标准、环境基础标准、环境监测方法标准及环境标准样品标准。地方环境标准只包括环境质量标准和污染物排放标准。凡颁布地方污染物排放标准的地区，执行地方污染物排放标准，地方标准未做出规定的，仍执行国家标准。

## 三、循环经济、清洁生产与节约资源

环境污染后对污染物的处理属末端治理，预防污染物的产生或泄漏才是环境保护的治本之策。抓好循环经济、清洁生产与节约资源工作，淘汰某些严重污染环境的产品，都是减少甚至消除污染源的重大举措，符合我国经济社会发展战略，也是企业创新发展的方向。

### 1. 循环经济

循环经济是在生产、流通和消费等过程中进行的减量化、再利用、资源化活动的总称。减量化是指在以上过程中减少资源消耗和废弃物的产生。再利用是指将废弃物直接作为产品，或者经加工后作为产品使用。资源化是指将废弃物直接作为原料进行利用，或者对废弃物进行再生利用。传统经济是“资源—产品—废弃物”的单向直线过程。循环经济要求把经济活动组成一个“资源—产品—再生资源”反馈式流程。循环经济的实施有三个层面：企业内部小循环、企业之间中循环、社会化大循环。

**【案例 12-1】**石膏生产硫酸联产水泥工艺。湿法磷酸工艺是以磷灰石与浓硫酸为原料生产磷酸，副产磷石膏。2012 年我国磷石膏产出 68Mt。磷石膏为含有杂质的硫酸钙，因堆积污染土壤而被认定为危险废物。如何处理磷石膏是世界性的难题。石膏生产硫酸联产水泥工艺原理是：在水泥窑炉高温下，废石膏分解得到氧化钙和二氧化硫，氧化钙在窑炉中成为水泥的原料，二氧化硫导出至硫酸生产车间去制取浓硫酸，浓硫酸用于生产磷酸。废物完全得到利用。有的磷化工企业已使用该工艺生产多年，但是该工艺仍然有需要改进之处。

以上案例是化工企业内部小循环的实例。促进循环经济发展，企业必须结合具体生产工艺进行技术创新，技术创新的难点往往是技术先进性与经济合理性的结合问题。

工业园区化是促进企业之间中循环的重要举措。国家鼓励产业集聚发展，实施园区循环化改造，推广能源梯级利用、水资源循环利用、废物交换利用、土地节约集约利用，促进企业循环式生产、园区循环式发展、产业循环式组合，构建循环型工业体系。

以各行各业的废弃物作为原料生产化工产品，是化学工业的优势。例如，农作物秸秆等农业废弃物以及林业废弃物数量巨大，除了生产纸张、板材之外，还可生产糠醛、木糖等多种化工产品，早已形成农产化工与林产化工行业。这类行业属于社会化大循环的环节。有些农产、林产化工产品，虽然利用了农林业的废弃物，但是生产过程污染严重，亟待改进。

循环经济可以使人类的生产、流通和消费等过程，都纳入到自然生态系统的循环过程中，实现人与自然和谐相处。发展循环经济是我国经济社会发展的一项重大战略，是加快转变经济发展方式，保护和改善环境，建设资源节约型、环境友好型社会，实现可持续发展的必然选择。《环境保护法》规定，国家采取有利于节约和循环利用资源、保护和改善环境、促进人与自然和谐的经济、技术政策和措施。国家制定了《循环经济促进法》和一系列优惠政策，推出循环经济发展战略及近期行动计划，推广应用了一批先进适用的循环经济技术，实施了一批循环经济技术产业化示范项目。例如，不少煤化电热一体化项目已经列入示范项目。目前，覆盖全社会的资源循环利用体系已经初步建立。

### 2. 清洁生产

清洁生产是指通过采用不断改进设计、采用先进的工艺技术与设备、使用清洁的能源和原料、改善管理、综合利用等措施，从源头避免污染，提高资源利用效率，减少生产、服务和产品使用过程中污染物的产生和排放，以减轻或者消除对人类健康和环境的危害。

我国制定了《清洁生产促进法》和一系列有利于清洁生产的优惠政策，并且不断总结、推广清洁生产示范案例。例如，在煤炭化工行业煤制天然气项目已经列入示范项目。

企业实现清洁生产的关键是设计创新，即在原料路线、单元操作、工艺装置及辅料等选择中，找到既经济又符合环境保护要求的最佳设计方案。企业应当尽可能采用清洁生产技术，减少污染物的产生。新建工业企业和现有工业企业的技术改造，应当采用资源利用率高、污染物排放量少的设备和工艺，采用经济合理的废弃物综合利用技术和污染物处理技术，使产品及其生产过程成为绿色环保型。在新一轮世界经济科技的竞争中，走绿色低碳循环的发展道路是必然的选择。科技人员应当密切关注本行业清洁生产技术的发展及推广情况。

### 3. 节约资源

清洁生产要求使用清洁的能源和原料。与欧美国家不同，我国以煤炭为主要能源。煤炭燃烧产生大量粉尘、二氧化硫及氮氧化物，这是导致我国环境污染的重要原因。欧美国家的造纸工业基本以木材为原料，对造纸产生的主要污染物——黑液采用碱回收法处理，基本能消除污染。我国的造纸工业多以农作物秸秆为原料。尽管我国碱回收工艺水平很高，但是将碱回收法用在草浆法上遇到巨大困难。目前，我国造纸工业的污染仍然居各行业之首。由此可见，一个国家的环境保护工作受到该国资源禀赋等条件的制约。

资源相对不足是我国的基本国情。我国环境保护工作受到资源紧张的严重约束。节约资源是我国的基本国策。我国资源再生行业通过化学及物理加工大量利用可再生资源，为节约资源做出了巨大贡献，但也存在化学加工水平低和环境污染等问题。

节约能源是节约资源工作的重中之重。国家实施节约与开发并举、把节约放在首位的能源发展战略。国家制定了《节约能源法》，实行有利于节能的产业政策，发展节能环保型产业。同时，国家大力开发风能、太阳能、水能等清洁能源，开发煤炭变油、煤炭制气技术，将我国丰富的煤炭资源转变为清洁能源，这些工作意义重大。节约能源资源不仅可以降低企业成本，也有利于环境保护。例如，在我国每节约 1 度电大约相当于节约 300g 标准煤，也就减少了相应数量的煤炭燃烧污染。节约能源资源相当于减少污染物排放。

企业要树立尊重自然、顺应自然、保护自然的生态文明理念，要把节约资源工作放在重要地位。要教育职工牢固树立节约资源和环境保护理念。节约资源、节约用水、降低物耗等工作要常抓不懈。企业不仅要为经济建设做贡献，也要为生态文明建设做贡献。

### 4. 淘汰导致持久性污染的化工产品

持久性有机污染物（POPs）是指通过各种环境介质（大气、水、生物体等）能够长距离迁移并长期存在于环境，具有长期残留性、生物蓄积性、半挥发性和高毒性，对人类健康和环境具有严重危害的有机污染物质。环境对于多数危险化学物质有一定的降解作用，对于POPs等环境不能或者难以降解的化工产品应该淘汰，开发替代产品。2001年5月我国签署了《关于持久性有机污染物的斯德哥尔摩公约》，又称POPs公约。POPs公约规定，至2011年应消除的持久性有机污染物有22种，其中艾氏剂、狄氏剂、异狄氏剂、滴滴涕、七氯、氯丹、灭蚁灵、毒杀芬属于杀虫剂类。根据国务院制定的实施计划，2009年我国已经全面禁止在中国境内生产、流通、使用和进出口以上杀虫剂类，实现了POPs的既定目标。

## 第二节　大气污染与化工废气处理

### 一、主要大气污染物

#### 1. 二氧化硫与酸雨

酸雨是指pH低于5.65的大气降水，包括雨、雪、雾、露、霜。酸雨对人体健康、生态系统和建筑设施都有直接和潜在的危害。酸雨可使儿童免疫功能下降，慢性咽炎、支气管哮喘发病率增加，同时可使老人眼部、呼吸道患病率增加。酸雨还可使农作物大幅度减产，小麦可减产 13%～34%，大豆、蔬菜的蛋白质含量和产量下降。酸雨对森林的危害也较大，常使森林植物叶子枯黄、病虫害加重，最终造成大面积死亡。

燃烧化石燃料如煤炭、石油、天然气等，产生的二氧化硫和氮氧化物是造成酸雨的主要原因。$SO_2$是导致我国酸雨的主要原因。我国有些煤矿开采的煤炭含硫量较高，需通过原煤洗选降低商品煤含硫量后再使用。2016年我国酸雨区面积约69万平方千米，占国土面积的7.2%，酸雨污染主要分布在长江以南-云贵高原以东地区，包括上海、浙江、江西、福建的大部分地区，湖南中南部、广东中部、重庆南部和江苏及安徽南部少部分地区。

#### 2. 氮氧化物

NO和$NO_2$等氮氧化物（$NO_x$）是造成大气污染的主要物质，曾经是北欧和北美酸雨区的主要成因，此外它还破坏平流层中的臭氧层。大气中氮氧化物含量是评价人类生存环境质量优劣的重要指标之一。

我国大气中氮氧化物主要来源于工业燃煤锅炉。国家在抓燃煤锅炉烟道气脱硫工作的同时，也大力抓$NO_x$的去除（脱硝），实行脱硫、脱硝电价补贴政策。2016年，全国已投运火电厂烟气脱硫机组容量8.8亿千瓦，已投运火电厂烟气脱硝机组容量9.1亿千瓦，分别占全国火电机组容量的83.8%和86.7%。欧美国家主要大气污染源是汽车废气，其防治措施集中于减少汽车尾气排放的$NO_x$和CO，因而规定了更为严格的汽车尾气排放标准。随着我国汽车拥有量的提高，提高汽油质量、严格汽车尾气排放标准是大势所趋。

#### 3. 臭氧层空洞

臭氧层是大气平流层（离地球表面15～40km）中$O_3$浓度最大处，是地球的一个保护层，太阳紫外线辐射大部分被其吸收。臭氧层空洞是$O_3$浓度大量减少的空域。臭氧层的$O_3$浓度减少，使得太阳对地球表面的紫外辐射量增加，对生态环境产生破坏作用，影响人类和其他生物有机体的正常生存。

关于臭氧层空洞的形成原因，世界上占主导地位的看法是：人类大量使用的氯氟烷烃化学物质（如制冷剂、发泡剂、清洗剂等）在大气对流层中不易分解，当其进入平流层后受到强烈紫外线照射，分解产生氯游离基，氯游离基同 $O_3$ 发生化学反应，使 $O_3$ 浓度减少，从而造成臭氧层的严重破坏。1987 年，世界各国签订了《关于消耗臭氧层物质的蒙特利尔议定书》，限量生产和使用氯氟烷烃等物质。经过多年不懈努力，推广使用氯氟烷烃等污染物的替代物，大气平流层中的臭氧层有所好转。

### 4. 碳排放与温室效应

温室效应主要是由于现代工业社会过多燃烧煤炭、石油和天然气，放出大量的 $CO_2$ 气体进入大气造成的。空气中的氮和氧都可以透过可见光与红外辐射，但是 $CO_2$ 气体不能透过红外辐射，具有吸热和隔热的功能。它在大气中增多的结果是，形成一种无形的罩，使太阳辐射到地球上的热量向外层空间发散量减少，其结果是地球表面变热。因此，$CO_2$ 也被称为温室气体。氯氟代烷、甲烷、一氧化氮等也属于温室气体。

温室效应不仅使全球变暖、冰川融化、海平面上升，而且导致气候反常、海洋风暴增多。当海水入侵后，部分沿海平原将发生盐渍化或沼泽化。同时，江河中下游地带江水水位抬高，泥沙淤积加速，洪水威胁加剧，使江河下游的环境急剧恶化。地球森林植被减少，水域面积减小，吸收和溶解 $CO_2$ 的能力减弱，也是大气中 $CO_2$ 增多的原因。

温室效应和全球气候变暖给人类经济和社会带来不利影响，这引起世界各国的普遍关注。1992 年 6 月，在巴西里约热内卢举行的联合国环境与发展大会上通过了《联合国气候变化框架公约》，这是世界上第一个应对全球气候变化的国际公约。1997 年各国又达成《京都议定书》。2015 年在巴黎气候变化大会上通过了《巴黎气候变化协定》，2016 年 4 月 22 日，170 多个国家领导人齐聚纽约联合国总部，共同签署气候变化问题《巴黎气候变化协定》，这是人类历史上应对气候变化的第三个里程碑式的国际法律文本。2016 年 9 月 3 日，经全国人大常委会批准，我国加入《巴黎气候变化协定》。

### 5. 细颗粒物与雾霾

细颗粒物即 PM 2.5，是指大气中粒径≤2.5μm 的颗粒物，也称为可入肺颗粒物。PM 2.5 粒径小，富含大量的有毒、有害物质，且在大气中的停留时间长、输送距离远，因而对人体健康和大气环境质量的影响更大。虽然 PM 2.5 只是地球大气成分中含量很少的组分，但它对空气质量和能见度等有严重的影响。PM 2.5 是雾霾天气的“罪魁”。由灰尘、硫酸、硝酸、有机碳氢化合物等粒子组成的气溶胶系统造成的视程障碍称为灰霾。霾粒子的尺度为 0. 001～10μm，平均直径为 1～2μm，是肉眼看不到的空中飘浮颗粒物。而雾是由大量悬浮在近地面空气中的微小水滴或冰晶组成的气溶胶系统。雾滴的尺度从几微米到 100μm，平均直径为 10～20μm，肉眼可以看到空中飘浮的雾滴。所谓雾霾就是雾与霾的混合体，早晚空气湿度大时，雾的成分多；白天湿度小时，霾的成分多。细颗粒物容易成为水汽的凝结中心，促进雾的形成；雾中的水滴容易吸附细颗粒物、溶解三氧化硫及氮氧化物成为酸，促进形成雾霾气溶胶系统。PM 2.5 是形成雾霾的基础，空气湿度大、流动差、空气中的细颗粒物不容易扩散等，这些不利气象状况是形成雾霾天气的必要条件。

减少雾霾应首先减少 PM 2.5 的来源。我国 PM 2.5 的来源，各地区不尽相同。比较一致的看法是：一些大城市排放的汽车尾气是 PM 2.5 的主要来源，工厂的二次污染和建筑施工扬尘也是重要来源；小城市燃烧煤炭低空排放的污染物以及道路扬尘是重要因素。农村冬季取暖时，燃烧煤炭和燃烧农作物秸秆排放的污染物不可忽视。

## 二、大气污染防治法

2015 年修订的《大气污染防治法》共八章 129 条，主要包括以下内容。

（1）大气污染防治标准和限期达标规划。应科学合理制定大气环境质量标准。未达到国家大气环境质量标准城市的人民政府，应按国务院或者省级人民政府规定的期限，达到大气环境质量标准。城市大气环境质量限期达标规划及其完成情况应当向社会公开。

（2）大气污染防治的监督管理与大气污染物排放总量控制制度。《大气污染防治法》规定：国家采取措施，有计划地控制或者逐步削减各地方主要大气污染物的排放总量指标；地方各级政府对本辖区的大气环境质量负责，应制定规划，采取措施，使本辖区的大气环境质量达到规定的标准；大气污染物总量控制区内有关地方人民政府，负责核定企业事业单位的主要大气污染物排放总量，核发主要大气污染物排放许可证。

（3）企业事业单位的责任。企业事业单位和其他生产经营者建设对大气环境有影响的项目，应当依法进行环境影响评价、公开环境影响评价文件。排放工业废气或规定的有毒有害大气污染物的，应当符合大气污染物排放标准，遵守重点大气污染物排放总量控制要求，应当取得排污许可证，依规设置大气污染物排放口，并对其排放的大气污染物进行监测，保存原始监测记录。禁止通过偷排、篡改、伪造监测数据，或者其他逃避监管的方式排放大气污染物。重点排污单位应当安装、使用大气污染物排放自动监测设备。

（4）大气污染防治措施。《大气污染防治法》对于燃煤和其他能源产生的污染防治、工业污染防治、机动车船排放废气污染及其防治、扬尘污染防治、农业和其他污染防治的主要措施、法律责任等均做了较为明确、具体的规定。

（5）重点区域大气污染联合防治。国家建立重点区域大气污染联防联控机制，统筹协调重点区域内大气污染防治工作。重点区域内有关省、自治区、直辖市人民政府应当确定牵头的地方人民政府，定期召开联席会议，按照统一规划、统一标准、统一监测、统一防治措施的要求，开展大气污染联合防治，落实大气污染防治目标责任。

（6）重污染天气应对。国务院环境保护主管部门会同气象主管机构等有关部门、国家大气污染防治重点区域内有关省、自治区、直辖市人民政府，建立重点区域重污染天气监测预警机制与体系，统一预警分级标准。

省、自治区、直辖市、设区的市人民政府依据重污染天气预报信息，进行综合研判，确定预警等级并及时向公众发出预警。县级以上地方人民政府应当将重污染天气应对纳入突发事件应急管理体系，应当依据重污染天气的预警等级，及时启动应急预案，根据应急需要可以采取责令有关企业停产或者限产、限制部分机动车行驶、禁止燃放烟花爆竹、停止工地土石方作业和建筑物拆除施工、停止幼儿园和学校组织的户外活动、组织开展人工影响天气作业等应急措施。

## 三、大气污染物排放标准

按照综合性排放标准与行业性排放标准不交叉执行的原则，我国现行的国家大气污染物排放标准体系中，锅炉、工业炉窑、炼焦炉、火电厂、水泥厂、汽车、摩托车和恶臭污染物都有各自的行业性大气污染物排放标准。此外均须执行《大气污染物综合排放标准》。

GB 16297—1996《大气污染物综合排放标准》规定了33类大气污染物的排放限值，包括二氧化硫、氮氧化物、颗粒物、氟化氢、铬酸雾、硫酸雾、氯化氢、氯气、某些重金属（铅、汞、铬、铍、镍、锡）及其化合物、苯、甲苯、二甲苯、酚类、甲醛等。其指标体系包括最高允许排放浓度、最高允许排放速率和无组织排放监控浓度限值等三项指标。最高允许排放浓度是指排气筒（如烟囱）中污染物任何1h浓度平均值不得超过的限值。最高允许排放速率是指一定高度的排气筒任何 1h 排放污染物的质量不得超过的限值。通过排气筒排放的污染物，必须同时达到以上两项指标。无组织排放是指大气污染物不经过排气筒的无规则排放，必须符合第三项指标。无组织排放监控浓度限值是指监控点的污染物浓度在任何1h的平均值不得超过的限值。我国环境空气质量功能区分为一类（自然保护区、风景名胜区）、二类（居民区、一般工业区）与三类（特定工业区）。最高允许排放速率标准相应也分为三级，即位于几类功能区的污染源执行几级标准。根据排气筒高度不同，每级标准又分几档。

现以氮氧化物为例加以说明。查GB 16297—1996表1可知，氮氧化物最高允许排放浓度：在硝酸、氮肥和火炸药生产场所为1700mg/m$^3$；硝酸使用和其他场所为420mg/m$^3$。氮氧化物最高允许排放速率标准分三级，每级标准又分十档（排气筒高度从15m到100m分十档），其中二级（一般工业区）一档（排气筒高度 15m）最高允许排放速率为 0.91kg/h；三级（特定工业区）八档（排气筒高度 80m）为 56kg/h。无组织排放源上风向设参照点，下风向设监控点，规定监控点与参照点浓度差值须在限值0.15mg/m$^3$之内。

## 四、化工废气处理技术简介

化工装置排放的废气通常为含一种或几种有害成分的混合气体。化工废气处理方法分为两大类：一类是通过化学反应直接除去废气中的有害成分；另一类是利用有害气体与其他物质在化学或物理性质上的差异，先将废气中的有害成分分离出来再进行处理。

### 1. 燃烧净化方法

燃烧净化法广泛用于含可燃性组分（如碳氢化合物或有机溶剂蒸气等）的废气处理。燃烧净化有几种方式：直接燃烧、热力燃烧和催化燃烧。

1）直接燃烧

在石油化工、冶金、电力、制药、食品加工、垃圾处理等行业，可燃废气处理多采用燃烧火炬直接燃烧处理，以避免直接排放危害大气环境。石油化工行业的干气有多种来源，包括全厂各系统正常生产中排放的尾气，还有发生事故以及停车、检修、开车时临时排放的气体。不同化工生产过程的干气的成分不尽相同，但主要是碳氢化合物。由于组成和数量不稳定，干气难以用作化工原料。世界各国石油化工行业曾经通过火炬直接将干气白白烧掉。如果将干气用作燃料，即使组成和数量不稳定也无大碍。干气回收系统通常包括一个容积巨大的气柜，通过气柜的缓冲作用调解气量与干气组成，稳定燃料供给。这种干气回收方法仍然属于直接燃烧法，只是将燃烧热量有效利用起来，可以兼顾环境效益与经济效益。

2）热力燃烧

热力燃烧一般用于处理废气中含可燃组分浓度较低的情况。它和直接燃烧的区别在于：直接燃烧的废气由于本身含有较高浓度的可燃组分，可以直接在空气中燃烧；热力燃烧废气中可燃组分的浓度较低，因此需要燃烧辅助燃料以提高废气的温度。当回收余热的价值大于辅助燃料的价值时，该法才有经济效益。如果废气中的氧含量低于 16%，废气只是被焚烧的对象，而不能作为助燃气体。如果废气含有足够的氧，应该用一部分废气助燃辅助燃料，以降低辅助燃料的消耗，其余部分废气则称为旁通废气。

热力燃烧过程包括三个步骤：①辅助燃料燃烧以提供热量；②旁通废气与高温燃气湍流混合达到反应温度（多为 760～820℃），并混合均匀；③保持废气在反应温度下有足够的停留时间，使废气中的可燃组分在此高温下完全燃烧。在供氧充分的情况下，反应温度、停留时间和湍流混合三个要素为热力燃烧进行完全的必要条件。

3）催化燃烧

汽车尾气净化是利用催化燃烧原理。催化燃烧是用催化剂使废气中可燃组分在较低温度下氧化的方法。只有铂、钯等少数几种贵金属催化剂可用于催化燃烧。催化燃烧不仅依赖于操作条件，而且依赖于催化剂的活性。为提高活性和节约贵金属，通常采用 $\gamma$-$Al_2O_3$ 为载体，以高度分散的过渡金属铂、钯为主要活性成分，由催化剂厂家专门制作。催化燃烧适用于含有可燃气体、蒸气的废气的净化，而不适用于含有大量尘粒雾滴的废气的净化，催化剂可能中毒失效。催化燃烧也不适用于含有催化活性较差的可燃组分的废气的净化。

### 2. 中和反应净化方法——锅炉烟道气脱硫为例

锅炉烟道气中的含硫化合物主要是 $SO_2$ 和 $SO_3$，其净化常用中和方法。可用的碱性脱硫剂有 $CaCO_3$（钙法）、MgO（镁法）、$Na_2CO_3$（钠法）、$NH_3$（氨法）和有机碱（有机碱法）。所用的碱性物质与烟道气中的 $SO_2$ 和 $SO_3$ 发生中和反应，生成亚硫酸盐和硫酸盐的混合物。如果反应在碱溶液中发生称湿法烟气脱硫技术。在湿法烟气脱硫系统中，碱性物质与烟气在喷雾塔中相遇。烟气中 $SO_2$ 和 $SO_3$ 溶解在水中，形成稀酸溶液，然后与溶解在水中的碱性物质发生中和反应。反应生成的亚硫酸盐和硫酸盐从水溶液中析出。湿法烟气脱硫反应速率快、脱硫效率高，缺点是有污水、废酸排出。所以，发展了多种干法或半干法烟气脱硫技术。

用固体碱性物质的浆液代替碱溶液，湿法烟气脱硫工艺可减少废液，处理脱硫产物也比较方便。目前，世界各国大型火电厂中，90%以上采用石灰石-湿法烟气脱硫工艺，脱硫率在90%以上。该工艺采用价廉易得的石灰石作为脱硫剂，石灰石经过破碎磨细成粉状与水混合搅拌制成吸收浆液。在吸收塔内吸收浆液与烟气接触混合，最终的反应产物称为脱硫石膏，其中 $CaSO_4 \cdot 2H_2O$ 含量在 90%以上。该法能够同时去除烟气中的某些其他杂质。脱硫后的烟气经过除雾器去除带出的细小液滴，经过热交换器加热升温后排入烟囱。脱硫石膏经过脱水装置脱水后回收。2012 年我国脱硫石膏产量约 70Mt。脱硫石膏、磷石膏等工业副产石膏的综合利用是重要研究课题。

### 3. 氧化还原反应净化方法——锅炉烟道气脱硝为例

混合气体中某些有害成分可以通过氧化还原方法变为无害成分。锅炉烟道气脱硝即去除锅炉烟道气中的氮氧化物，主要是 NO 和 $NO_2$。目前，国际上应用最为广泛的烟气脱硝技术为选择性催化还原法（selective catalytic reduction，SCR）脱硝技术。该技术没有副产物，不形成二次污染，装置结构简单，并且脱除效率高（可达 90%以上）。SCR 技术原理为：在催化剂作用下，向温度为 280～420℃的烟气中喷入氨，将 $NO_x$ 还原成 $N_2$ 和 $H_2O$。氨选择性还原 NO 和 $NO_2$ 的主要反应式如下：

$$4NH_3 + 4NO + O_2 \longrightarrow 4N_2 + 6H_2O$$

$$8NH_3 + 6NO_2 \longrightarrow 7N_2 + 12H_2O$$

$$2NH_3 + NO + NO_2 \longrightarrow 2N_2 + 3H_2O$$

由以上反应式可见，与催化燃烧不同，被脱除的 $NO_x$ 是氧化剂而不是燃烧对象。SCR 脱硝技术的关键是催化剂，催化剂的催化性能直接影响到 SCR 系统的整体脱硝效率，目前常用钒基催化剂，如 $V_2O_5$-$WO_3$/$TiO_2$ 和 $V_2O_5$-$MoO_3$/$TiO_2$。

#### 4. 吸收净化方法

吸收是一种化工单元操作。其原理是：在吸收设备中使某种液体吸收剂与含有害气体的混合气体充分接触，其他成分不溶解，而有害气体溶解于吸收剂中，从而与混合气体中的其他成分分离。吸收包括物理吸收与化学吸收。物理吸收是指有害气体仅仅溶解于吸收剂中。化学吸收是指有害气体溶解于吸收剂并与吸收剂中的某种组分发生化学反应生成新物质。例如，用稀酸吸收氨或者用碱液吸收 $H_2S$、$NO_2$、$SO_3$、$SO_2$ 等。采用吸收净化方法最重要的是吸收剂的选择，要选择对有害气体溶解度大的吸收剂，有害成分的去除率比较高。吸收过程是气液传质过程，常用板式塔或填料塔等气液传质设备。有害气体被吸收剂吸收后的尾气必须达到排放标准后再排放。

吸收了有害气体后的吸收剂如何处理，是吸收净化方法能否使用的关键。如果将吸收剂排放掉可能污染环境，能有效利用是最好的，如用水吸收氨后得到的稀氨水制氮肥。吸收剂也可以再生，如合成氨生产中，以添加了对苯二酚等催化剂的稀氨水吸收半水煤气中的 $H_2S$，吸收了 $H_2S$ 后的氨水，通入空气将硫化物氧化为硫磺，氨水得以再生。

#### 5. 吸附净化方法

吸附也是一种化工单元操作。其原理是：在吸附设备中使某种固体吸附剂与含有害气体的混合气体充分接触，有害气体被吸附剂吸附，从而与混合气体中的其他成分分离。吸附包括物理吸附与化学吸附。例如，防毒面具用活性炭去除毒气就是利用物理吸附净化方法，合成氨厂用氧化锌吸附半水煤气，去除其中的 $H_2S$，生成稳定的硫化锌，是化学吸附。

常用吸附剂有活性炭、分子筛、硅胶等多孔性物质。吸附净化方法最重要的是正确选择吸附剂。吸附剂应有良好的选择性，以实现有害气体与混合气体中的其他成分分离。吸附过程是气固传质过程，吸附剂应有很大的表面积，以保证较大的吸附量。在吸附过程中，吸附剂的吸附能力必然逐渐下降，吸附到一定程度就会达不到净化要求。此时，如果吸附过程是不可逆的，就要更换吸附剂；如果吸附过程是可逆的，应使吸附剂通过再生过程以恢复吸附能力。工业上常常用两个吸附设备并联使用，一个进行吸附剂再生时，启用另一个进行吸附。但是，再生过程中原来被吸附的有害气体又释放出来，还需要处理。

#### 6. 冷凝净化方法

如果混合气体中的有害气体与其他成分沸点相差较大，可以利用冷凝净化方法将其分离。该方法常用于空气中有机物蒸气等高沸点物质的分离，降温后有机物蒸气可部分冷凝成液体，从而与混合气体中的其他成分相分离。这种方法涉及两个过程：混合气体降温及有害气体冷凝过程和气液分离过程。能否采用这种方法，关键在于有害物质的沸点高低。如果沸点太低，需要将混合气体降低至很低的温度，就需要冷冻系统，可能经济上不合算。如果有害气体在常温下可以冷凝，且冷凝物经济价值较大，还可以考虑。但是，由于受蒸气压的限制，有害气体在冷凝器中只能是部分冷凝，所以分离不彻底。冷凝净化方法常作为第一级处理，而将燃烧或吸附净化方法作为第二级处理。

## 第三节　水污染与工业废水处理

### 一、水体污染与水污染防治法

1. 水体污染

水体污染是污染物进入水体，使水体的物理、化学性质或生物群落组成发生变化，降低水体使用价值的现象。水污染方式有点污染和面源污染。点污染是指污染物质从集中的地点（如工业废水及生活污水的排放口）排入水体。面源污染是指污染物质来源于集水面积的地面上（或地下），如农田排水常含有农药和化肥的成分，如雨水冲刷城市、矿山地面污物形成的地面径流等。面源污染的排放是以扩散方式进行的，时断时续，并与气象因素有联系。水体污染源主要包括城镇生活污水、工业废水和农业面源污染。不同废水所含污染物往往是不同的，有酸性、碱性废水，还有含各种重金属离子、毒物及各种有机物的废水等，其治理方法各不相同。

2. 水污染防治法简介

2017 年修订的《水污染防治法》共八章 103 条，主要内容包括以下几个方面。

《水污染防治法》规定，水污染防治应当坚持预防为主、防治结合、综合治理的原则。国家实行水环境保护目标责任制和考核评价制度，对重点水污染物排放实施总量控制制度。县级以上地方人民政府，对本行政区域的水环境质量负责，应将水环境保护工作纳入国民经济和社会发展规划，应当合理规划工业布局，统筹安排建设城镇污水集中处理设施及配套管网，提高本行政区域城镇污水的收集率和处理率。城镇污水集中处理设施的运营单位，应当对城镇污水集中处理设施的出水水质负责。环境保护主管部门应当对城镇污水集中处理设施的出水水质和水量进行监督检查。

《水污染防治法》规定，防治水污染应当按流域或者按区域进行统一规划，省、市、县、乡实行“河长”制度，分级分段对流域统一治理和保护。国家建立水环境质量监测和水污染物排放监测制度和水环境信息统一发布制度，完善水环境监测网络。重点排污单位应当安装使用污染监测设备，并与当地环境保护部门的监控设备联网。

《水污染防治法》规定了城镇、工业、船舶、农业和农村的水污染防治措施。排放工业废水的企业应当采取有效措施，收集和处理产生的全部废水，防止污染环境。含有毒有害水污染物的工业废水应当分类收集和处理，不得稀释排放。企业排放水污染物必须取得排污许可证，必须设立排污口，必须符合国家或者地方规定的水污染物排放标准，否则就要承担法律责任。企业向城镇污水集中处理设施排放水污染物，应当符合地方或国家水污染物排放标准，并缴纳污水处理费用。

《水污染防治法》严格实行污染环境的工艺、设备和产品淘汰制度。严格禁止新建不符合国家产业政策的小型造纸、制革、印染、染料、炼焦、炼硫、炼砷、炼汞、炼油、电镀、农药、石棉、水泥、玻璃、钢铁、火电以及其他严重污染水环境的生产项目。严格禁止以下不法行为：向水体排放、倾倒油类、酸液、碱液、剧毒废液、含病原体的污水、含放射性物质的废水、工业废渣、城镇垃圾和其他废弃物；利用渗井、渗坑、裂隙和溶洞排放、倾倒含有毒污染物的废水和其他废弃物；在江河、湖泊、运河、渠道、水库最高水位线以下的滩地和岸坡堆放、存储固体废弃物和其他污染物；把可溶性剧毒废渣埋入地下等。《水污染防治法》加大了对以上违法行为的处罚力度。对于私设暗管规避监管等行为，不仅有严厉的经济及行政处罚，给他人造成损失的可追究民事责任，构成犯罪的还追究刑事责任。

《水污染防治法》规定，任何单位和个人都有义务保护水环境，都有权检举污染破坏水环境的行为。因水污染受害的当事人，有权要求排污者排除危害和补偿损失。

## 二、污水综合排放标准

除了部分执行本行业排放标准的行业之外，其他水污染物排放一律执行《污水综合排放标准》GB 8978—1996。该标准适用于现有单位水污染物的排放管理，以及建设项目的环境影响评价、建设项目环境保护设施设计、竣工验收及其投产后的排放管理。

### 1. 第一类污染物最高允许排放浓度

《污水综合排放标准》将排放的污染物按其性质及控制方式分为两类，第一类污染物，不分行业和污水排放方式，也不分受纳水体的功能类别，一律在车间或车间处理设施排放口采样化验并执行同一标准；第二类污染物，在排污单位排放口采样化验。《污水综合排放标准》用 5 个表，分别规定了以上两类污染物的最高允许排放浓度及部分行业最高允许排水量，其中表 1 为第一类污染物最高允许排放浓度，见表 12-1。

**表 12-1　第一类污染物最高允许排放浓度**（单位：mg/L）

| 序号 | 污染物 | 最高允许排放浓度 | 序号 | 污染物 | 最高允许排放浓度 |
|---|---|---|---|---|---|
| 1 | 总汞 | 0.05 | 8 | 总镍 | 1.0 |
| 2 | 烷基汞 | 不得检出 | 9 | 苯并（a）芘 | 0.00003 |
| 3 | 总镉 | 0.1 | 10 | 总铍 | 0.005 |
| 4 | 总铬 | 1.5 | 11 | 总银 | 0.5 |
| 5 | 六价铬 | 0.5 | 12 | 总 α 放射性 | 1Bq/L |
| 6 | 总砷 | 0.5 | 13 | 总 β 放射性 | 10Bq/L |
| 7 | 总铅 | 1.0 | | | |

### 2. 第二类污染物最高允许排放浓度与最高允许排水量

《污水综合排放标准》中的表 2 与表 4 均为第二类污染物最高允许排放浓度标准，表 3 与表 5 均为部分行业最高允许排水量标准，1997 年 12 月 31 日之前建设的单位执行表 2 与表 3 标准，之后建设的单位执行表 4 与表 5 标准，使用该标准要注意以下事项。

（1）第二类污染物不仅要实行污染物总量控制，其排放浓度标准还要分级，目的是保证受纳水体水质符合规定用途的水质标准。根据处理后污水的去向，即受纳水体的功能类别（见《地表水环境质量标准》），第二类污染物最高允许排放浓度标准分三个等级，一级要求最严格，二级次之，排入设置二级污水处理厂的城镇排水系统的污水执行三级标准。例如，氨氮属于第二类污染物，对于一般排污单位，《污水综合排放标准》规定其排放标准为：一级和二级均为 1.0mg/L，三级为 2.0mg/L，对于染料等行业有所放宽。

（2）按照国家综合排放标准与国家行业排放标准不交叉执行的原则，合成氨、烧碱、聚氯乙烯、磷肥、造纸、船舶、海洋石油开发工业、纺织染料工业、肉类加工工业、钢铁工业等均执行各自的行业排放标准。GB 8978—1996 公布后，城镇污水处理等行业，又制定了本行业的排放标准，这些行业也不再执行《污水综合排放标准》。

### 3. 污水重要指标

#### 1）化学需氧量

化学需氧量（chemical oxygen demand，COD）是指在一定条件下，水中的还原性物质在外加的强氧化剂的作用下，被氧化分解时所消耗氧化剂的数量，以氧的毫克/升（mg/L）或 ppm 表示。COD 的标准测定方法一般外加重铬酸钾为强氧化剂。化学需氧量反映了水中受还原性物质污染的程度，这些物质包括有机物、亚硝酸盐、亚铁盐、硫化物等。一般水及废水中无机还原性物质的数量相对不大，而被有机物污染是很普遍的，因此 COD 可作为有机物质相对含量的一项综合性指标。COD 和 BOD 均属于《污水综合排放标准》中的第二类污染物。

#### 2）生化需氧量

生化需氧量或生化耗氧量（biochemical oxygen demand，BOD）是一个表示水中有机物等需氧污染物质含量的综合指标，它说明水中有机物由于微生物的生化作用进行氧化分解，使之无机化或气体化时所消耗水中溶解氧的总数量，其单位用 ppm 或 mg/L 表示。其值越高说明水中有机污染物质越多。微生物的生化作用速率较慢，且受温度影响，所以 BOD 的标准测定方法规定：测定温度为 20℃，微生物的生化作用时间为 5 天，水中溶解氧的减少数量即五日生化需氧量，记为 $BOD_5$。城镇污水处理行业标准规定，其污水 BOD 最高允许排放浓度为：一级（A）10mg/L、一级（B）20mg/L、二级 30mg/L、三级 60mg/L。

#### 3）氨氮

氨氮（$NH_3$-N）是以游离氨或铵盐的形式存在于水中，两者的组成比取决于水的 pH 和水温。当 pH 偏高或水温偏低时，游离氨的比例较高，反之铵盐的比例高。氨氮污染是导致江河湖泊水体富营养化的主要因素之一（水中的磷是更重要的因素）。水体富营养化，会使某些藻类恶性繁殖，出现“水华”现象，亦称“赤潮”现象。发生“水华”现象的藻类有十几类，水体颜色有深绿、蓝绿、褐绿、褐、黄褐和红色等。发生“水华”现象时，水体含氧量急剧下降，造成鱼类死亡，甚至发黑变臭。其中某些藻类含蛋白质毒素，可富集在水产品内，通过食物链使人中毒。水中的游离氨或铵盐可形成亚硝酸盐危害人类的健康。所以，氨氮是评价水体污染和“自净”状况的重要指标。我国现行地表水、地下水和渔业水质标准中，均规定了氨氮的浓度限值。我国氨氮废水总量每年超过上亿吨，对自然环境影响较大。氨氮主要来源于人和动物的排泄物和雨水径流，农用化肥的流失也是氨氮的重要来源。氨氮还来自化工、冶金、石油化工、颜料、煤气、炼焦、鞣革、化肥等工业废水。

## 三、工业废水处理技术简介

废水处理是指采用物理、化学、生物等方法，使废水水质符合规定的排放标准，或者达到再利用要求。以下重点介绍各种处理方法的适用范围。

### 1. 物理处理法

当废水中有不溶解的呈悬浮状态的固体污染物（包括油膜和油珠）需要分离、回收时，通常采用化工液固分离技术，如过滤技术、重力分离法、离心分离法、气浮分离法等。城市污水处理厂污水中的污泥就是通过过滤机械与污水分离的。除去重金属离子的一般方法是，首先用中和沉淀法或硫化物沉淀法等化学处理法，使废水中的重金属离子转变成不溶的固体金属化合物，然后用上述固液分离方法将不溶金属化合物固体从废水中去除。

### 2. 化学处理法

根据污染物的化学性质，使其发生化学反应，生成无害的新物质，就可以消除其污染性。化学处理法通过化学反应来分离、去除废水中呈溶解、胶体状态的污染物或将其转化为无害物质。例如，同时有酸性和碱性废水需要处理时，两种废水按一定比例混合可成为中性。在化学处理法中，混凝、中和、氧化还原法等常投加污水处理药剂。废水处理最常用的是絮凝剂。絮凝剂配制成水溶液，加入废水中，便会使废水中的悬浮微粒失去稳定性，胶粒物凝聚使微粒增大，形成絮凝体。絮凝体长大到一定体积后即在重力作用下脱离水相而沉淀，从而去除废水中的大量悬浮物，达到水处理的效果。无机型絮凝剂应用最广泛的有硫酸亚铁、硫酸铝、聚合硫酸铝、聚合硫酸铁、聚合氯化铝等。有机絮凝剂常使用的是聚丙烯酰胺。

氧化还原法有臭氧法和微电解法。微电解技术是处理高浓度有机废水的一种理想工艺，该工艺用于高盐、难降解、高色度废水的处理，不但能大幅度地降低 COD 和色度，还可大大提高废水的可生化性。该技术无须通电，将废水通入填充有微电解填料的微电解设备中，微电解填料形成无数电位差达 1.2V 的“原电池”。“原电池”以废水为电解质，通过放电形成电流对废水进行电解氧化和还原处理，以达到降解有机污染物的目的。

### 3. 物理化学处理法

利用传质作用的废水处理方法称为物理化学处理法，如萃取、汽提、吹脱、吸附、离子交换以及电渗析和反渗透等。电渗析和反渗透又合称为膜分离技术。例如，将含氨氮废水与空气或水蒸气充分接触，将氨氮从液相转移到气相（吹脱法），再用吸收法处理气相中的氨，该方法适宜用于高浓度氨氮废水（$NH_3$-N＞500mg/L）的处理。

### 4. 生物处理法

生物处理法是通过微生物的代谢作用，使废水中呈溶液、胶体以及微细悬浮状态的有机污染物转化为稳定、无害物质的废水处理法。根据作用微生物的不同，生物处理法分为好氧生物处理和厌氧生物处理两种类型。例如，好氧的硝化菌可以将废水中的氨氮氧化为亚硝酸盐或硝酸盐，而厌氧的反硝化菌（脱氮菌）可以将亚硝酸盐和硝酸盐还原为氮气。用于生物化学反应的装置称生物化学反应器。实际上，生物化学反应器中的菌落不是单一细菌，通常含多种多样的微生物，各微生物可能有协同作用。选育微生物并给微生物创造迅速繁衍的条件是生物处理法的关键。重金属离子可能使微生物中毒死亡。增加微生物浓度、控制重金属离子浓度是生物处理法的重要技术措施。

好氧生物处理必须在氧气存在条件下进行，处理速度快、散发臭气少，广泛用于中、低浓度有机废水的处理。好氧生物处理法包括活性污泥法与生物膜法。好氧菌在有机废水中大量繁殖，形成含大量活性微生物的茶褐色絮凝体即活性污泥。自然界中常见这种净化水的现象，活性污泥法模拟这种自然现象，采取措施加强净化过程。好氧生物处理法中通常使用风机与曝气装置，其作用是加强有机废水、活性污泥与空气的充分接触，这就是工程强化措施。生物膜法属于生物接触氧化法，通常是在生物化学反应池内充填填料，已经充氧的污水浸没全部填料，并以一定的流速流经填料。在填料上布满生物膜，在生物膜上微生物浓度高，污水与生物膜充分接触，污水中有机污染物得到去除，污水得到净化。

厌氧生物处理法在缺氧条件下进行，又称生物还原处理法，它不如好氧生物处理法应用广泛，但有特点：有的适用于去除含磷有机物质，有的可将有机物质转化为沼气，有的适用于处理高浓度有机废水。目前，在活性污泥等方法中，常将厌氧与好氧生物处理法联合使用。

## 四、水体的自净化功能

受污染的水体中都天然存在上述物理、化学和生物作用，分别称为物理自净、化学自净和生物自净作用，统称水体的自净化功能。充分利用和设法加强水体的自净化功能，是工业废水处理技术重点研究的课题。生物氧化塘法又称自然生物处理法，就是这类方法。在水体的自净化过程中，水体恢复到污染前的水平所需时间不同：如果水体污染是一次性的，易氧化的有机物所进行的氧化作用在数小时内即可完成；一般有机物在水中微生物作用下的生物化学氧化作用通常要延续数天；含氮有机物的硝化过程一般要延续一个月左右。如果水体污染是持续性的，那么水体污染与自净化就成为一对矛盾，水体污染程度取决于该矛盾向哪一个方向转化。水体的自净化能力是有限的，如果排入水体的污染物超过某一限度，将造成水体的永久性污染，这一限度称为水体的自净容量或水环境容量。影响水体自净能力的因素很多，主要有受纳水体的地理及水文条件、微生物的种类与数量、水温、复氧能力以及水体和污染物的组成和浓度等。

不少天然湿地具有很强的水体净化功能，被称为大自然的“肾脏”，应当珍惜保护并妥善利用。维护大自然的净化能力是生态保护的重要任务。

## 五、废水分级处理与资源化

### 1. 废水分级处理

多数情况下废水不可能一次处理达标，需要分级处理，常采用三级处理。一级处理的任务是从废水中去除呈悬浮状态的固体污染物，多采用物理处理法，一般经过一级处理后，悬浮固体的去除率达到 70%～80%，而生化需氧量的去除率只有 25%～40%。二级处理的任务是大幅度地去除废水中的有机污染物，以生化需氧量为例，一般通过二级处理后，废水中生化需氧量可去除 80%～90%，如城市污水二级处理后水中的生化需氧量含量可低于 30mg/L，好氧生物处理法的各种处理单元大多能够达到这种要求。三级处理的任务是进一步去除二级处理未能去除的污染物，包括微生物未能降解的有机物、磷、氮和可溶性无机物。

2. 废水资源化

废水资源化是指经处理后的废水不仅要达到环境排放标准，而且要达到某些行业（如农业灌溉）的使用标准，即在消除污染源的同时创造出新水源，这种新水源称为中水或再生水。废水资源化既可以解决废水污染问题，又有利于解决水资源短缺问题，适合缺水地区。

2010 年北京市再生水利用量 6.8 亿立方米，占供水比例 20%，再生水利用主要领域：工业冷却水 1.4 亿立方米、农业灌溉 3 亿立方米、景观河道补充水 2.1 亿立方米。2018 年全市再生水利用量 10.7 亿立方米，2020 年计划 12 亿立方米。北京的排水事业经历“污水收集、自然排放”和“污水收集、达标排放”两个阶段后，又进入“污水收集、达标处理、再生水利用”的新阶段。

采用合理的水处理工艺，配合水的深度处理，如经过超滤膜过滤、膜生物反应器和反渗透处理、活性炭吸附、臭氧处理等程序，再生水可以达到中水回收用水标准。有些工业用水（如冷却水）经过适当处理可以长时间循环使用，节约大量水资源，一些化工企业借此实现废水零排放。废水资源化与提高工业用水重复利用率，是减少工业废水总量的重要措施。

## 第四节　固体废物及其处理

### 一、固体废物分类与危险废物概述

《固体废物污染环境防治法》指出，固体废物是指在生产、生活和其他活动中产生的，丧失原有利用价值或者虽未丧失利用价值但被抛弃或者放弃的固态、半固态和置于容器中的气态物质，以及法律、行政法规规定纳入固体废物管理的物品、物质。未排入水体之前的液态废物也应按固体废物管理。所以，该法界定的固体废物实际是指固体废弃物或可用容器盛装的废弃物。固体废物处理不当容易污染土壤和地下水，造成巨大的危害。

按照来源，固体废物有工业固体废物和生活垃圾。工业固体废物是指在工业生产活动中产生的固体废物。生活垃圾是指在日常生活中或者为日常生活提供服务的活动中产生的固体废物。2015 年统计，全国一般工业固体废物产生量 32.7 亿吨，综合利用率为 60.3%。

按照危险性，固体废物分为有毒有害固体废物（称为危险废物）和无毒无害固体废物。危险废物主要包括医疗废物和化学品废弃物，是危害最大的固体废物。如果不及时处理或者处理不当，具有物理化学危险性的危险废物，可能造成安全事故（如案例 8-8），具有生物及环境危险性的危险废物，可能传播疾病或污染环境。处理危险废物既是环境保护问题，又有安全问题。应当建立危险废物处理中心，专职集中处理医疗废物。要监督并帮助企业，依法及时处理好危险废物。要严禁危险废物进口。某些国家以贸易作掩护，将危险废物转移到发展中国家。1989 年联合国环境规划署主持，在瑞士的巴塞尔通过了《控制危险废物越境转移及其处置巴塞尔公约》。巴塞尔公约于 1992 年 5 月生效，我国是该条约的签约国。要严防“洋垃圾”非法入境，威胁我国环境安全。

### 二、固体废物污染环境防治法简介

《固体废物污染环境防治法》是固体废物处理的法律依据。该法规定，国家对固体废物污染环境的防治，实行减少固体废物的产生量和危害性、充分合理利用固体废物和无害化处置固体废物的原则，促进清洁生产和循环经济发展。国家采取有利于固体废物综合利用活动的经济、技术政策和措施，对固体废物实行充分回收和合理利用。国家鼓励、支持采取有利于保护环境的集中处置固体废物的措施，促进固体废物污染环境防治产业发展。国家将危险废物处置工程、垃圾无害化处理工程列为国家重点环保工程。

《固体废物污染环境防治法》要求：县级以上人民政府应当将固体废物污染环境防治工作纳入国民经济和社会发展规划。国务院有关部门、县级以上地方人民政府及其有关部门组织，在编制城乡建设、土地利用、区域开发、产业发展等规划时，应当统筹考虑减少固体废物的产生量和危害性、促进固体废物的综合利用和无害化处置。国家对固体废物污染环境防治实行污染者依法负责的原则。产品的生产者、销售者、进口者、使用者对其产生的固体废物依法承担污染防治责任。

加强对固体废物的管理是避免或减轻其对环境污染的重要措施。固体废物应施行全过程管理，即应对固体废物的产生、运输、储存、处理和处置的各个环节都要进行有效控制管理。在产生环节，主要是通过工艺、设备、材料的改进，设法减少甚至杜绝固体废物的产生，或者尽量减少固体废物中的有毒有害成分的含量。在储存运输环节，主要是禁绝固体废物的偷排偷放和乱堆乱放。在处理和处置环节，鼓励固体废物的分类利用和集中处理。

## 三、固体废物处理技术简介

从技术上讲，固体废物处理的原则是：①减量化，即减少固体废物的产生数量；②资源化，即将固体废物加工利用变废为宝；③无害化处理，即对无法加工利用的固体废物进行无害化或少害化处理，避免其污染环境。

### 1. 资源化技术

废物是放错了地方的资源。对每一种废物要弄清其成分，分析其性质，找到其用途，研究其加工利用的技术，使废物资源化。某些废物只要分类回收就可以资源化。例如，对于废金属、塑料、纸张、木材、玻璃等，只要分类回收，就可以成为再生材料。这些再生材料的性质有的不如新材料，但可用于制作某些低档产品。某些废物则需要经过加工才可以资源化。例如，我国燃煤锅炉粉煤灰的综合利用比较普遍。粉煤灰的主要成分是硅铝酸盐，目前大量用于建材，还用于改良土壤或配制肥料，在环保产业中，利用其多孔性作为吸附剂处理废水。

废物资源化问题主要是企业经济效益与社会效益如何统筹兼顾的问题。许多废物从技术上讲可以资源化，但是从经济上分析很不合算，企业难以采取这种资源化技术。从资源化技术上进行创新，努力降低成本，提高资源化产品的品质，是一条路子。国家从经济政策上鼓励引导废物资源化也非常重要。大型化工企业只要产生废物，通常数量巨大，固体废物的堆放和处理往往成为难题，但是一旦找到资源化的途径，由于规模大废物又集中，比较容易实现资源化。案例 12-1 石膏生产硫酸联产水泥工艺是我国废物资源化的典型案例。

### 2. 塑料污染治理与热解技术

有人估计，城乡生活垃圾中约 13%为塑料。多数塑料难以降解，造成长期、深层次的环境问题。农用塑料薄膜破坏土壤结构，严重威胁农业生产。塑料废物进入海洋，会分解成无数的微塑料颗粒，严重威胁海洋生态系统。微塑料污染已成为重大全球环境问题。如何治理农用塑料薄膜等“白色污染”及微塑料污染是环境保护的重大研究课题。

塑料污染应当综合治理。首先应当减少使用量，我国早已采取限制使用塑料包装袋的措施。其次，加强回收，生产再生塑料。用生物可降解塑料代替传统塑料，是塑料污染治理的一个好办法。生物可降解塑料是指，可由自然界存在的微生物如细菌、霉菌和海藻等作用而降解的塑料。降解产物通常为二氧化碳、甲烷、水及无机盐等。降解可以在自然界如土壤或沙土等条件下自然进行，或在堆肥化厌氧消化条件下及水性培养液中进行。

热解技术是利用有机物的热不稳定性，在无氧或缺氧条件下加热，使大分子的有机物分解为小分子。废塑料、废橡胶等高分子有机化合物固体废料适合热解处理，其热解产物一般有氢气、一氧化碳等可燃气体，还有可燃液体以及残渣。热解技术需要消耗能量，因此只有那些数量大、可裂解且裂解产物有较高价值的固体废料，才比较适合使用热解技术。

#### 3. 生物处理技术

农村生活垃圾、农作物的秸秆等可以堆肥化。堆肥化是在有氧条件下，利用细菌、放线菌、真菌等好氧微生物，使有机废物生物降解，转化为稳定的腐殖质的生物化学过程。好氧微生物来自垃圾自身，也可以人工加入特殊菌种。在缺氧环境中，在一定的温度、湿度、酸碱度的条件下，通过厌氧微生物发酵作用，有机物质可转化为沼气。这些方法适于处理农村生活垃圾特别是家禽、牲畜粪便。

#### 4. 生活垃圾分类与处理

经验表明，经济发展到较高水平之后，生活垃圾处理将成为城市发展的重大障碍。县级以上人民政府应当统筹安排建设城乡生活垃圾的收集、运输、处置设施，提高生活垃圾的利用率和无害化处置率，逐步建立和完善生活垃圾污染环境防治的社会服务体系。目前，我国的生活垃圾以填埋处理为主，正在大力发展焚烧发电企业，开始推广生活垃圾分类制度。

（1）卫生填埋技术。

生活垃圾传统填埋方法不可避免要污染土壤和地下水。农村土壤和地下水一旦污染，对于广大农民的生活和农业发展的危害是不可估量的。卫生填埋技术采用的主要技术措施是：生活垃圾与地面要用塑料膜等隔离，防止渗液污染土壤和地下水；生活垃圾要压实，以减少体积；填埋后要及时推平、覆盖后再压实，以防止有害气体逸出。卫生填埋技术仍然难以完全避免污染土壤和地下水。

（2）焚烧法处理生活垃圾。

固体废物如果是可燃物质，通过焚烧处理最为合适。焚烧法属于固体废物热处理技术，是生活垃圾处理的重要方法。焚烧法不仅可以使生活垃圾减量化、无害化，而且可以资源化。其资源化的程度，取决于生活垃圾中的可燃物在焚烧过程中放出热量的多少，即生活垃圾的热值。世界各国的经验证明，经济越发达，居民生活水平越高，生活垃圾越多，生活垃圾的热值也越高。热值高的垃圾可以用来焚烧发电，而不必补充添加其他燃料。目前，我国已经建设了不少垃圾焚烧发电厂。需要注意，焚烧法处理生活垃圾产生的废气可能含二噁英、一氧化碳等有害成分。焚烧残渣仍需要填埋处理。

（3）生活垃圾分类。

随着人们生活水平的提高，生活垃圾数量成倍增长。许多城市已经难以找到合适的填埋地点。为了有效改善城乡环境、促进资源回收利用，2019 年我国开始推行生活垃圾分类制度。按照实施方案规定，将生活垃圾分为有害垃圾、易腐垃圾与可回收物三大类，分别确定投放暂存与收运处置办法，引导居民自觉开展生活垃圾分类。

填埋处理不是长久之计，生活垃圾分类与焚烧发电是解决生活垃圾问题的根本出路。

## 四、土壤污染及其修复技术简介

### 1. 土壤污染物来源及其危害

土壤污染物来源于以下几个方面：工业废水和生活污水含有大量重金属元素、酸、碱、盐和有机物等多种污染物，如果不加处理或处理不合格，与土壤接触后将污染土壤；工业固体废物与城市垃圾中也有多种污染物，如果不进行无害化处理甚至乱堆乱放，其中所含的污染物很容易随雨水流动，造成土壤或水体污染；杀虫剂、杀菌剂、除草剂和植物生长剂等各类农药的使用方法不合理、不科学，既污染农产品，也残留在土壤中。此外，大气中的污染物如二氧化硫、氮氧化物以及飘尘等也不断随雨水沉降到土壤中。

土壤污染物可能破坏植物根系的发育与吸收功能，影响植物的生长发育，导致农作物大幅度减产；可能影响土壤微生物的种群结构，造成植物疾病蔓延；可能在植物内积累，引起遗传变异；可能通过食物链进入人体，影响人类身体健康。土壤污染物不易扩散、稀释、降解，所以上述危害往往随着污染物长年累月地积累逐渐显现出来，有相当大的隐蔽性、滞后性和长期性。一旦发现土壤污染物对于植物、动物或人体已造成危害，即使立即切断上述污染源，后期土壤污染修复过程也极其漫长，代价极其巨大，所以土壤污染只能以预防为主。2018 年 8 月，我国颁布了《土壤污染防治法》，为土壤污染防治工作提供了法律依据。

### 2. 土壤污染修复技术简介

土壤污染修复技术包括化学、微生物和植物修复等三大类，每一类又有若干种技术，实际操作中常将两、三种技术组合使用即采用联合修复技术。土壤污染修复过程中，如果将被污染的土壤挖掘、输送至异地处理，称异位修复，否则为原位修复。

简而言之，化学修复技术就是将选定的化学物质与被污染的土壤充分接触，化学物质与污染物之间发生物理（溶解）或化学作用（反应），使污染物进入溶剂与土壤分离或转化为无害物质。化学修复可能遇到诸多技术或成本方面的难题：土壤中的水分降低化学物质的浓度；土壤与溶剂难以充分接触，更不易很好地分离，难以避免化学物质污染土壤等。

微生物修复技术主要是利用微生物的催化作用，通过生物降解去除土壤中的某些有机污染物，堆肥法就是最简单的微生物修复技术。

植物修复技术原理是：在污染土壤上栽种对污染物耐受性高、吸收能力强的植物，利用植物的生物吸收和根区修复机理（植物-微生物的联合作用），从污染环境中去除或固定污染物。有些植物对于某些重金属离子有超常的吸收与富集能力，称超积累植物，可以通过连年种植和收割超积累植物，有效缩短土壤污染修复时间。

## 五、地下水污染及其修复技术简介

地下水污染主要指由于人类活动引起的，因地下水化学成分、物理性质和生物特性改变而使水质恶化的现象。地下水污染物来源于以下几个方面：工业废水和生活污水等地表污水排放；各类化肥农药等土壤污染物随着雨水、灌溉用水渗入地下含水层；垃圾填埋场渗漏污染。其共同点是污染物先污染土壤，然后渗入地下含水层。此外，地下淡水的过量开采可能导致沿海地区的海水入侵。

因为来源不同，不同地区的地下水污染物有所不同，一般而言，氮元素是最常见的地下水污染物，且存在形式常以硝酸盐为主。1999 年国土资源部对我国东部试点地区地下水污染状况调查结果表明，微量有机污染物和金属元素普遍检出；致癌、致畸变和致突变物质不同程度检出；某些地区检出的地下水污染物达上百种之多，呈现地下水污染面积大、污染程度重、污染物由无机物向有机物发展的特点，形势极其严峻。

地表以下地层结构复杂，地下水流动极其缓慢，因此地下水污染具有过程缓慢、不易发现和难以修复等特点。所以，地下水污染必须以预防为主。预防土壤污染是预防地下水污染的重要前提和手段。传统修复技术是将被污染的地下水用水泵抽至地上，再用各种污水处理技术处理，达标后或回灌地下或排放。该法只能处理小范围的污染，可能破坏地下水的生态环境。地下水与土壤的污染修复应当同步进行。目前，正在探索物理化学修复技术和生物修复技术，生物修复技术包括微生物修复技术和植物修复技术。

## 思考题及练习题

1. 讨论清洁生产与循环经济的意义。
2. 讨论温室效应的危害和治理措施。
3. 讨论酸雨的形成原因和治理措施。
4. 讨论雾霾的形成原因和治理措施。
5. 举例说明废气处理常采用哪几种方法。
6. 为什么氨氮和 COD 是污水重要的污染指标?
7. 举例说明化学法处理废水的原理。
8. 解释“流水不腐”的原因。
9. 废水分级处理时，各级处理应当完成什么任务?
10. 试述固体废物处理的原则。
11. 讨论固体废物资源化技术的特点。
12. 讨论土壤污染与地下水污染的来源、危害与特点。
13. 调查本地区近年来的环境形势、主要污染物及近年来治理进展情况。
14. 讨论利用厨余垃圾生产肥料或饲料的方案。
15. 讨论地下水回灌技术与地下水污染修复技术相结合的可能性及方案。
16. 讨论本学校或本单位提高自来水的重复利用率以及利用中水的方案。

# 参 考 文 献


蔡凤英, 谈宗山, 孟赫, 等. 2009. 化工安全工程. 2 版. 北京：科学出版社
陈甘棠. 1990. 化学反应工程. 2 版. 北京：化学工业出版社
崔克清, 张礼敬, 陶钢. 2004. 化工安全设计. 北京：化学工业出版社
丹尼尔 A. 克劳尔, 约瑟夫 F. 卢瓦尔. 2006. 化工过程安全理论及应用. 蒋军成, 潘旭海译. 北京：化学工业出版社
龚敏. 2009. 金属腐蚀理论及腐蚀控制. 北京：化学工业出版社
胡国桢, 石流, 阎家宾. 1990. 化工密封技术. 北京：化学工业出版社
黄志坚. 2013. 密封原理、应用与维护. 北京：化学工业出版社
蒋军成. 2009. 事故调查与分析技术. 2 版. 北京：化学工业出版社
厉玉鸣. 2011. 化工仪表及自动化. 北京：化学工业出版社
梁法春, 陈婧, 寇杰. 2017. 油气储运安全技术. 北京：中国石化出版社
邵强, 胡伟江, 张东普. 2005. 职业病危害卫生工程控制技术. 北京：化学工业出版社
宋建池, 范秀山, 王训遒. 2004. 化工厂系统安全工程. 北京：化学工业出版社
孙玉叶. 2009. 化工安全技术与职业健康. 北京：化学工业出版社
王静康. 1995. 化工设计. 北京：化学工业出版社
许文, 张毅民. 2011. 化工安全工程概论. 2 版. 北京：化学工业出版社
阳宪惠, 郭海涛. 2007. 安全仪表系统的功能安全. 北京：清华大学出版社
中国石油化工集团公司安全环保局. 2004. 石油化工安全技术(高级本). 北京：中国石化出版社
周忠元, 陈桂琴. 2002. 化工安全技术与管理. 2 版. 北京：化学工业出版社